Bertrand Piccard
André Borschberg

MIT DER SONNE UM DIE WELT

Bertrand Piccard
André Borschberg

MIT DER SONNE UM DIE WELT

Der Jahrhundertflug der SOLARIMPULSE

Aus dem Französischen
von Dietlind Falk und Werner Damson

Mit 62 farbigen Abbildungen

MALIK

Mehr über unsere Autoren und Bücher:
www.malik.de

Die französische Originalausgabe erschien 2017
unter dem Titel »Objectif soleil« bei Éditions Stock, Paris.

Bis einschließlich Kapitel 11 wurde von Dietlind Falk übersetzt,
ab Kapitel 12 von Werner Damson.

MIX
Papier aus verantwortungsvollen Quellen
FSC® C014496

ISBN 978-3-89029-495-7
Oktober 2017

Redaktion: Joscha Faralisch, München
Satz: Uhl + Massopust, Aalen
Litho: Lorenz & Zeller, Inning a. A.
Druck und Bindung: GGP Media GmbH, Pößneck
Printed in Germany

Manche Menschen hören ihre innere Stimme
mit großer Klarheit. Sie leben nach dem, was sie hören.
Solche Menschen werden entweder verrückt oder zu Legenden.

Jim Harrison,
Legenden der Leidenschaft

Inhalt

Vorbemerkung

Als sie von ihrem Projekt erzählten, erklärte man die beiden für verrückt, und doch ist ihnen das Unmögliche gelungen. Millionen von Unterstützern auf allen Kontinenten verfolgten Bertrand Piccard und André Borschberg dabei, wie sie sich im Cockpit ihres Solarflugzeugs mit nur einem Sitz abwechselten und 43 000 Kilometer zurücklegten, ohne einen einzigen Tropfen Treibstoff zu verbrauchen. In ihrer Zusammenarbeit über dreizehn Jahre voller Hoffnungen und Zweifel, Erfolge und Rückschläge haben sie niemals aufgehört, an die Kraft ihres gemeinsamen Traumes zu glauben.

Dieses Buch erzählt ihre Geschichte, es ist eine Ode an den Pionier- und Entdeckergeist. Mehr noch als der Bericht über ein Flugabenteuer ist es die Geschichte des Schicksals zweier sehr unterschiedlicher Männer, ihrer Freundschaft und Rivalität; das Leben hat sie vereint, um zu versuchen, was niemand sich auszumalen gewagt hat: die erste Weltumrundung im Solarflugzeug.

Doch im Flugzeug war nur ein einziger Sitz; es gab stets nur Platz für einen der beiden Abenteurer. Ein Flugzeug für zwei Männer, die lernen mussten zu teilen: das Flugzeug, die Etappen, den Ruhm, aber auch die Mühen und die Tränen.

Fliegen mussten sie alleine – dieses Buch jedoch wollten sie gemeinsam schreiben, in zwei Stimmen, um ihre Geschichte jeweils selbst zu erzählen. So begegnen den Lesern zwei verschiedene Weltsichten, die aufeinanderstoßen und einander antworten, in denen die Lösung jedes Problems darin liegt, sich gegenseitig zu ergänzen.

Das Flugzeug wurde von der Kraft der Sonne und sauberer Technologie getragen. Ein Traum, wie Jules Verne ihn hätte träumen können, im Dienste einer einzigen Botschaft: Das Ziel eines Entdeckers heutzutage muss eine bessere Lebensqualität auf unserem Planeten sein.

Mit diesem Beispiel wollten die beiden Piloten vorangehen. Und deshalb sind Bertrand Piccard und André Borschberg am 26. Juli 2016, als Solar Impulse die Weltumrundung mit der Landung im Flughafen von Abu Dhabi vollendete, zu Legenden geworden.

1

Der innere Kompass

Bertrand

Die Sonne geht gerade unter, der Wind nimmt langsam ab. Der Flugplatz von Lausanne ist menschenleer. Die Zuschauer haben ihre Dosis Lärm und Emotionen bekommen. Für mich ist noch nichts zu Ende. Ich warte noch auf das Spektakulärste, das bei Weitem Wichtigste. Und auch das Unscheinbarste. Am Ende der Piste, im Schatten, mahnen die riesigen Tragflächen zur absoluten Stille. Günter Rochelt hat im winzigen Cockpit seines mit Pedalen betriebenen Ultraleichtflugzeuges Platz genommen, um die achthundert Meter Piste zu überfliegen. Sein Abheben verzögert sich. Ich betrachte die überdimensionale Spannweite der Maschine. Ist dies die Zukunft der Luftfahrt? Eine derartige Konstruktion vor mir zu sehen bringt mich plötzlich zurück zu jenem Traum der Luftfahrtpioniere, die ich in meiner Kindheit am Cape Kennedy kennenlernen durfte. In der aufsteigenden Dunkelheit prägt sich die disproportionale Silhouette in mein Gedächtnis ein. Seit jenem 24. Juni 1984 hat sie mich nicht mehr losgelassen.

Vierzehn Jahre später erwacht sie mit voller Kraft wieder zum Leben durch das Foto einer Solardrohne, die der geniale Wissenschaftler Paul McCready im Auftrag der NASA konstruiert hat. Als ich mir Bilder der Pathfinder ansehe, mit ihren sechs Elektromotoren, die entlang ihrer siebenunddreißig Meter Spannweite angebracht sind, staune ich, dass ihr niemand ein Cockpit und einen Piloten hinzufügen will. Ziel jenes NASA-Programms ist es, fliegende Telekommunikationsplattformen herzustellen, die monatelang in extremer Höhe fliegen können. Die könnte man doch auch für etwas anderes gebrauchen …

Ich komme gerade mit einem Flugzeug von Breitling aus Bristol, wo der Heißluftballon hergestellt wird, mit dem ich die Weltumrundung versuchen werde. Ich flüstere Stefano Albinati neben mir zu: »Hast du die Bilder von der Pathfinder-Drohne gesehen? Sag es noch niemandem, aber mit so etwas würde ich gerne die Weltumrundung versuchen, wenn es mir mit dem Heißluftballon gelingt.« Ist Solar Impulse an jenem Tag im September 1998 geboren worden, als die Sonne die Kumuluswolken entlang unserer Route in ihr Licht tauchte? Das Hirngespinst, ja. Der Traum noch nicht.

Ich musste den Erfolg des Breitling Orbiter 3 im März 1999 abwarten. 45 000 Kilometer in einem Flug von zwanzig Tagen ohne Unterbrechung, gemeinsam mit Brian Jones. Die erste Weltumrundung im Heißluftballon, erfolgreich absolviert unter Aufbietung all unserer Kräfte. Nach einundzwanzig fehlgeschlagenen Versuchen von einem Dutzend Teams über neunzehn Jahre hinweg. Zwei misslungene Versuche gingen dabei auf mein eigenes Konto. Bei der Landung in der ägyptischen Wüste waren von den 3700 Kilo Propangas, mit denen wir gestartet waren, nur noch 40 übrig: kaum fünf Stunden Autonomie nach 477 Stunden. Und jeden Tag, bei jedem neuen Stoß des Gasbrenners, um den Ballon neu zu beheizen, diese stillschweigende Angst davor, wegen einer Treibstoffpanne abbrechen zu müssen, bevor die Weltumrundung gelungen ist.

Wenn man von der Abhängigkeit von fossilen Brennstoffen spricht, in unserer heutigen Welt, in der wir an jedem Tag eine Million Tonnen Erdöl pro Stunde verbrauchen, ganz zu schweigen von Erdgas und Kohle, scheint das Ganze reine Theorie zu sein. Aus Gewohnheit verbrauchen wir die natürlichen Ressourcen unseres Planeten. Wie viel schwarzes Gold bleibt uns noch? Kaum noch etwas, sagen die einen, reichlich, sagen die anderen. Tatsächlich wissen wir es nicht. Doch hier, in meiner Gondel, wo die Brenner in regelmäßigen Intervallen ihre Propanflammen ausspucken, ist das kein theoretisches Konzept, sondern die permanente Angst, vom Himmel zu fallen. Einige meiner Konkurrenten mussten bereits wegen einer Treibstoffpanne frühzeitig notlanden, mal auf dem Wasser, mal auf dem Land. Bei jeder der zweiunddreißig Gasflaschen, die nach und nach leer werden, träume ich plötzlich von durchgängigen Flügen ohne Treibstoff, von der Möglichkeit, einfach so lange in der Luft zu bleiben, wie ich will, ohne Grenzen.

Bei der erfolgreichen Landung in der ägyptischen Wüste, mit Blick auf die letzte, von Raureif überzogene Titankapsel, weiß ich, was ich gerne tun würde. Alle Puzzleteile passen plötzlich zusammen: der Umriss des pedalenbetriebenen Flugzeugs, der Prototyp der NASA, mein Hirngespinst von einem ununterbrochenen Flug ohne Treibstoffsorgen, aber auch ein unauslöschlicher Entdeckergeist und die Sorge um die Umwelt, die mir mein Vater vererbt hat.

Alles ist da, doch ich weiß nicht, wie ich das alles in die Tat umsetzen soll. Bis zum September 1999. Die orangefarbene Gondel des Breitling Orbiter 3 thront mittlerweile im Smithsonian-Museum für Luft- und Raumfahrt in Washington, neben jenen Flugzeugen und Raketen meiner Kindheitshelden. Von 1968 bis 1970 verfolgte meine gesamte Familie die Vorbereitungen meines Vaters bei den Vorbereitungen für seine Erforschung des Golfstroms. Er hatte eigens dafür ein U-Boot gebaut, finanziert von der Grumman-Gesellschaft, die bereits die Mondkapsel hergestellt hatte. Wir waren am Puls des amerikanischen Raumfahrtprogramms. An einem Tag las ich in einem Buch von der Eroberung des Weltraums, am nächsten Tag lernte ich die Akteure kennen. Wernher von Braun, der Vater der Apollo-Rakete, war zum Freund der Familie geworden. Er war es, der uns zu den sechs Raketenstarts von Apollo 7 bis 12 einlud und der es mir ermöglichte, die meisten Astronauten der Programme kennenzulernen, von *Apollo*, *Gemini* und *Mercury*, die später im Film *Der Stoff, aus dem die Helden sind* verewigt wurden. Einige von ihnen kamen sogar, um sich das U-Boot meines Vaters anzusehen, sie kamen zu uns nach Hause und sahen mein mit Flugzeug- und Raumschiffpostern übersätes Kinderzimmer. Auch Charles Lindbergh kam, ich erinnere mich, wie eingeschüchtert ich von seiner riesigen Statur und seinen weißen Haaren war.

Binnen weniger Tage wurde ich Zeuge, wie mein Vater für einen Monat in den Golfstrom abtauchte und wie die Mannschaft Armstrong-Aldrin-Collins abhob, um zum Mond zu fliegen. Es gab zwischen meiner kindlichen Lektüre und den Erfahrungen, die ich machte, keinen Unterschied mehr; keine Grenze zwischen Traum und Realität. Dieser Eindruck, dass alles möglich ist, beeinflusste mein ganzes Leben. Alles, was man liest, träumt und sich vorstellt, kann zum Ziel werden, zu einem Lebensprojekt, zur Realität. Hatte Wernher von Braun uns nicht anvertraut, seine Entscheidung, eine Rakete zum Mond zu schicken, sei nach einem Konferenzvortrag meines Großvaters zu stratosphärischen Aufstiegen von 1931 und 1932 gefallen?

Und so träumte auch ich von Entdeckungsreisen, von wissenschaftlichen Abenteuern und Umweltschutz. Nichts anderes zählte mehr für mich. Als Jugendlicher ist es nicht leicht, mit dem öffentlichen Erwartungsdruck zu leben, wenn einem zwei Entdeckergenerationen vorausgegangen sind. Ich spürte eine enorme innere Energie, die drauf und dran war zu explodieren, doch ich wusste nicht, was ich mit ihr anfangen sollte. Alles schien bereits erreicht, es gab nichts mehr zu entdecken. Ich musste erst verstehen lernen, dass eine Entdeckungsreise keine Handlung ist, sondern eine Lebenseinstellung. Sie ist die Nadel unseres inneren Kompasses, die systematisch aufs Unbekannte zeigt, auf das, was noch nie zuvor getan worden ist, was als unmöglich angesehen wird. Sie ist in allen Bereichen – nicht nur im Spektakulären, sondern vor allem auch im »Außergewöhnlichen« – das, was uns aus unserer Komfortzone herauszieht. Der Mensch ist auf dem Mond umhergelaufen und hat den Sinn seiner irdischen Existenz noch immer nicht begriffen. Sowohl in der Psychologie als auch in der Spiritualität gilt es noch immer viele geheimnisvolle Dimensionen zu entdecken. Um die Innenwelt und das menschliche Verhalten besser zu verstehen, bin ich also Psychiater geworden und habe mich in der Hypnose und ihren Geheimnissen ausbilden lassen.

Im Alter von sechzehn Jahren begeisterten mich auch das Deltafliegen und der Umgang mit Ultraleichtflugzeugen, die zu dieser Zeit in Europa zunehmend beliebter wurden. Noch bevor ich Autofahren durfte, absolvierte ich Sprünge ins Leere, nur von einem Stoffdreieck gehalten. Mich faszinierte die zunehmende Erkenntnis darüber, wie sehr mir die Konfrontation mit dem Unbekannten dabei half, mein eigener Herr zu werden. Auf meine Art konnte ich so ein wenig vom Pioniergeist kosten; lernen, mit Risiken umzugehen und zu versuchen, was fast noch niemand vor mir gewagt hatte: Deltaflüge von einem Heißluftballon aus, gefolgt von Loopings und anderen akrobatischen Figuren; Expeditionen zu fernen Inseln im Ultraleichtflugzeug mit Kufen; die erste Atlantiküberquerung im Heißluftballon mit dem Belgier Wim Verstraeten, ein Schlüsselerfolg.

Nun war ich bereit für meinen persönlichen Traum, die erste Nonstop-Erdumrundung im Heißluftballon, die mir im dritten Versuch gelang. Und heute steht die Gondel ebenjenes Ballons neben der Mercury-Rakete von John Glenn, neben der Apollo 11, deren Start ich miterlebt hatte, neben der Spirit of St. Louis von Lindbergh, der X1, mit der Chuck Yeager die Schallmauer durchbrochen hatte, ganz zu schweigen von den Flugzeugen der Brüder Wright.

Ein erster Kreis hatte sich geschlossen. Dies hätte die Erfüllung meines Lebenstraumes bleiben können. Auch ich hatte nun ein historisches erstes Mal erreicht, wie andere Entdecker, wie die Piloten und Astronauten, die mich in meiner Kindheit so sehr inspiriert hatten. Doch ganz im Gegenteil war ich motivierter denn je. Was nützt der Erfolg, wenn man sich auf ihm ausruht? An diesem Punkt kristallisierte sich der neue Traum: in dieses Museum, dieses Heiligtum der Entdeckungsreisen, ein Solarflugzeug zu bringen, mit dem die erste Weltumrundung ohne Treibstoff gelungen wäre. Ein Traum, aus dem sehr schnell eine Obsession wurde, ohne dass ich mich traute, meinem Umfeld davon zu erzählen. Ich fürchtete, meine Idee könnte den Appetit der Rekordjäger anregen, dabei handelte es sich bei mir um das mächtigste aller Zeichen: zeigen, dass die erneuerbaren Energien, die 1999 noch in den Kinderschuhen steckten, das Unmögliche möglich machen könnten. Einen durchgängigen Flug, bei dem tagsüber genug

Sonnenenergie gespeichert würde, um die Nacht im Flugzeug zu verbringen, bis zum nächsten Morgen. Grenzenlos. Und somit zu zeigen, dass Entdeckungen noch immer die Welt verändern können … zum Besseren.

Natürlich wird es immer Menschen geben, die Ihnen erzählen, eine neue Idee sei nicht umsetzbar, und dies nur mit der Ausrede begründen, so etwas hätte es noch nie gegeben. Hören Sie nicht auf sie. Eben *weil* es etwas noch nie gegeben hat, muss man es versuchen. Wenn Sie sich jedoch selbst vorbeten, etwas sei unmöglich – nun, dann bleibt es das in jedem Fall!

André

Ich hatte Lust gehabt, an Höhe zu gewinnen, mit der Nase nicht mehr so tief in der frenetischen Welt der Start-ups zu hängen, und genau das habe ich getan. Ich habe mich aus meinen beruflichen Aktivitäten zurückgezogen, ohne irgendetwas Konkretes zu erwarten. Ohne wirklich daran zu glauben, erhoffte ich mir eine Perspektive, die über mich selbst hinausgeht, die meine Vorsätze übertrifft. Ich habe bereits viele Projekte durchgeführt, doch jedes davon hat sich als nicht ausreichend herausgestellt, hat mehr Frust als Befriedigung hervorgerufen. Mit der Zeit hat sich das Bedürfnis, mich mit einer Sache zu identifizieren, mich ihr voll und ganz zu widmen, immer tiefer in mich hineingefressen. Es ist immer weiter angewachsen, nach und nach, ohne dass ich mir dessen wirklich bewusst war, und eines Tages hatte ich nur noch eines im Kopf: etwas zu finden, für das es sich lohnt, morgens aufzustehen und dafür zu kämpfen. Insofern erschien es mir als die natürlichste Entscheidung der Welt, meine Geschäfte zu unterbrechen, eine neue Herausforderung anzunehmen, doch diesmal auf einem Gebiet, in dem ich mich kaum auskannte, im Sozialen, meine Fähigkeiten zu bündeln und mich nützlich zu machen.

Zuvor hatte ich die Weltumrundung im Heißluftballon verfolgt. Ich erinnere mich, dass ich mir selbst gesagt hatte, dass ich gerne eines Tages mit Bertrand zusammenarbeiten würde.

Doch wie sollte ich das angehen? Und was sollte ich ihm vorschlagen? Sein Abenteuer hatte mich nachhaltig bewegt. Dieses Gefühl erinnerte mich an meine Kindheit. Die Bücher, die ich in jungen Jahren las, haben in mir den Gedanken verankert, mich intellektuell zu engagieren, mein Leben für andere zu riskieren und mit Limits zu flirten. Es ist beinah amüsant, dass der kindliche Wunsch, ein Held zu sein, der ja in jenem Alter recht normal ist, mich nie so ganz verlassen hat.

Aufgewachsen bin ich in einem kleinen schweizerischen Dorf neben Lausanne. Mit zwölf sprang ich mit Freunden aus Spaß auf Skiern von den Dächern der Alpenhütten. Mit der Zeit wurde diese Mutprobe als einfach angesehen, also versuchte ich den Sprung auf nur einem Ski und mit einer kompletten Drehung in der Luft. Als ich stürzte, löste sich die Sicherheitsbindung meines Skis nicht, und durch die schnelle Drehung brach ich mir das Bein. Und zwar schwer. Ich litt furchtbar. Ich erinnere mich an die Abfahrt auf dem Schlitten bis zum Fuß der Piste. Ich sah, wie die Landschaft vorüberglitt, lag unter den Decken und erlebte aufgeregt ein einmaliges Abenteuer, das durch außergewöhnlichen Wagemut entstanden war. Die Nacht verbrachte ich in der Notambulanz. Ich sah Menschen mit noch schlimmeren Verletzungen als meiner eigenen. Ich war allein, denn Eltern war es zu jener Zeit untersagt zu bleiben. Mitten in der Nacht, als ich döste, um den Schmerz zu vergessen, gab es einen großen Aufruhr. Ein Mann wurde eingeliefert, dem ein Zug ein Bein abgerissen hatte. Ich sah etwas, das nur wenige Kinder in meinem Alter sahen.

Die Ergebnisse meiner Röntgenaufnahmen zeigten, dass sich mein Fuß um dreißig Grad nach innen gedreht hatte. Der Arzt, der sich um mich kümmerte, behauptete, die Knochen würden sich schon von allein wieder richten. Das taten sie am Ende auch, doch die Verdrehung blieb. Ein Jahr später musste ich mir den Fuß erneut brechen lassen und verbrachte zwei weitere Jahre zwischen Krankenhaus und meinem Bett. Zweifelsohne haben die Frustration und die Einsamkeit dieser Zeit aus meiner Traumwelt und Fantasie einen Rückzugsort gemacht, der für mich wichtiger war als für andere Jugendliche. Ich ging dem Sinn von alldem auf den Grund, was ich gesehen und erlebt hatte, und entwickelte jene kindliche Logik, nach der das Risiko etwas Außergewöhnliches hervorbringt. Gleichzeitig sind auch die merkwürdigen nächtlichen Ereignisse im Krankenhaus hängen geblieben, die drei Jahre eingeschränkter Mobilität im Alter von zwölf bis fünfzehn Jahren, die mich dazu gezwungen haben, niemals die triviale Realität hinter gewissen Grenzen zu vergessen.

In meiner Freizeit verschlang ich Bücher über die Pioniere der Luftfahrt aus dem 20. Jahrhundert. *Die große Arena* von Clostermann faszinierte mich. Gierig las ich alles, was meinen Hunger auf Heldentum und Abenteuer nähren konnte. Ich baute Modellflugzeuge. Ich ließ sie von meinem Bett aus fliegen. Ich stellte mir vor, Pilot zu sein. Im Cockpit würde ich zur Eroberung des Himmels starten und das fantastische Leben der großen Entdecker leben. Im Erwachsenenalter löste sich dieser Traum nicht in Luft auf – im Gegenteil, er entwickelte sich weiter. In meiner Fantasie baute ich mir eine Welt auf.

Diese Aspirationen haben mich nie verlassen. Als mich meine zwei Beine wieder trugen, machte ich eine Pilotenausbildung. Ich biss mich durch und bewarb mich zur Kampfpilotenausbildung beim Militär. Aus tausend Bewerbern wurden sechs angenommen. Ich gehörte zu jenen sechs Auserwählten und wurde Jagdflieger der Schweizer Armee; der außergewöhnlichsten Disziplin der Luftfahrt.

Die Kraft jener Maschinen zu kontrollieren, die Intensität der Formationsflüge zu spüren, den Geist der Kameradschaft zu leben, da jeder weiß, dass in der Luft das eigene Leben von den anderen abhängt – all das hat mich geprägt. Ich hatte gekämpft, um an jenen Punkt zu gelangen, und ich habe jeden einzelnen Moment genossen. Ich hatte als militärischer Pilot die Möglichkeit, diese Jagdmaschinen zu fliegen. Zwei Monate eines jeden Jahres, die jener fantastischen Aufgabe gewidmet waren. Doch mein Ziel war es nicht, daraus meinen Beruf zu machen. Pilot bei einer Fluglinie – keine Motivation. Eintönig, monoton. Mit meinem Bedürfnis zu handeln geht eine gewisse Risikobereitschaft einher, bis ans Limit zu gehen, um auszutesten, ob es möglich ist, noch weiter zu gehen. Testpilot zu werden, hätte mich gereizt. Dabei gab es wenigstens keine Routine. Zumindest nicht in den Vereinigten Staaten, die ja an der aeronautischen Entwicklung arbeiten – im Gegensatz zur Schweiz.

Parallel zu meiner militärischen Ausbildung studierte ich Maschinenbau mit Schwerpunkt Aeronautik. Ich wollte wissen, wie Flugzeuge fliegen, um vielleicht eines Tages eines bauen zu können. Ich studierte auch BWL, da man um die Finanzwelt nicht herumkam. Nach einigen Jahren in der Recherche habe ich mich in Richtung Consulting orientiert, bis hin zur Finanzierung und schließlich zum Aufbau einer Firma. Doch nichts konnte das ausradieren, was sich in meinen drei Jahren der Bettlägerigkeit in mir festgesetzt hatte. Je weiter ich vorankam, im Business, dessen einziges Ziel es war, noch mehr Business zu generieren, desto sinnloser kam mir das alles vor. Auf eine Art habe ich meine Karriere von hinten nach vorn gelebt. Und es wäre nicht eben falsch zu behaupten, dass mein Traum sich 1999 wieder zu regen begann, als ich Zeuge der Landung des ersten Heißluftballons wurde, der die Welt umrundet hatte.

Bertrand

In den drei Jahren nach der erfolgreichen Weltumrundung hatte ich keine Pause: Feiern, Reisen, Vorträge, Treffen mit Politikern, humanitäre Aktionen für die Vereinten Nationen und meine Stiftung *Winds of Hope,* deren Ziel es ist, das vergessene Leid von Kindern in den ärmsten Ländern der Welt zu lindern, nahmen mich in Beschlag. Doch 2002 wurden meine innere Unruhe zu stark. Ich kann mein Leben nicht damit verbringen, über Vergangenes zu reden. Nachhaltige Entwicklungen stehen der Gesellschaft bevor, selbst wenn sie noch in weiter Zukunft liegen. Der Klimawandel klopft an die Tür der politischen Entscheidungsträger. Keine Antwort sorgt für

Einigung, ohne Wachstum kommt es zum Aufschrei in der Wirtschaft und der Finanzwelt, während erneuerbare Energien, die noch zu teuer sind, bei vielen Menschen Angst vor einem Rückschritt auslösen, was Komfort und Mobilität betrifft. Jetzt ist der Moment zu handeln. In der Zwischenzeit hatte sich Paul McCreadys Prototyp weiterentwickelt. Mittlerweile heißt er *Helios*, hat eine Spannweite von siebzig Metern, ist drauf und dran, Tag und Nacht mit Sonnenenergie zu fliegen, hat jedoch noch immer kein Cockpit und keinen Piloten. Doch die Silhouette auf den Fotos fasziniert mich noch immer.

Wie viel Sonnenenergie müsste *Helios* abspeichern können, um zwei Piloten zu transportieren? Die Services Industriels de Génève, die Tag und Nacht versuchen, saubere Elektrizität herzustellen, liefern mir vielversprechende Kalkulationen. Also erwähne ich mein Projekt Brian gegenüber, mit dem ich mich in der Gondel des Breitling Orbiter 3 so gut verstanden habe. Er reagiert enthusiastisch auf den Vorschlag eines neuen Abenteuers, und ich bekomme von Breitling ein kleines Budget für eine Erkundungsreise in die USA.

Wir brechen nach Pasadena auf, einen Vorort von Los Angeles, in dem Paul McCready wohnt. Er hat mit seinen bahnbrechenden Erfindungen Geschichte geschrieben, mit der Gossamer Albatross beispielsweise und der Solar Challenger, die beide den Ärmelkanal überflogen haben, Erstere durch Muskelkraft, Letztere mit Sonnenenergie, und das vierunddreißig Jahre, bevor Airbus das Gleiche mit einem kleinen Elektroflugzeug gelingen sollte. Heute ist McCready ein älterer Herr, der sehr langsam spricht, viel zu langsam für meinen Geschmack, da ich es kaum erwarten kann, seine Meinung zu hören. Mein Traum gefällt ihm und er macht sich daran, die nötigen Parameter des Flugzeugs zu berechnen. In einem Fast-Food-Restaurant zeichnet er mir die Silhouette mit ihren überproportionierten Tragflächen auf; jenen Umriss, der mich seit 1984 in Beschlag genommen hat. Eine surreale Spannweite, die am Himmel für die Überwindung jeglicher Vernunft stehen wird, dafür, dass nichts unmöglich ist.

Nach einem letzten Tag bei Paul, dessen Frau uns glücklich

bewirtet, als beobachte sie ihre Kinder dabei, wie sie sich miteinander amüsieren, verlassen Brian und ich die kalifornische Hitze und fliegen in den New Yorker Schnee. Ich möchte mich mit Fred Mitlinski treffen, einem Spezialisten für Brennstoffzellen. Der Flughafen wird wegen des Blizzards geschlossen, und wir machen uns im Mietwagen mitten im Schneesturm auf, um das gottverlassene Kaff aufzusuchen, in dem Fred lebt, irgendwo am Ende von Connecticut. In jenem Moment verstand ich die Symbolik noch nicht: Dieses neue Abenteuer muss erkämpft werden, ganz oder gar nicht!

Fred hat mit McCready zusammengearbeitet. Er hat versucht, *Helios* mit Brennstoffzellen auszustatten, um seine Motoren mit Wasserstoff zum Laufen zu bekommen – ohne Erfolg: »Die Arbeitsleistung reicht nicht aus. Das System ist noch zu schwer, zu kompliziert. Ich kann Ihnen so etwas für Ihr Haus bauen, aber für ein Flugzeug empfehle ich Ihnen eher Lithiumbatterien.«

Und für so eine Antwort haben wir uns durch den Blizzard gekämpft. Darüber hinaus schwebt Fred nicht sofort eine Weltumrundung zu zweit und ohne Unterbrechung vor. Wir schlussfolgern, dass wir damit beginnen werden müssen, uns nach und nach an sämtliche Etappen der Luftfahrt heranzutasten, erst die Überquerung eines Kontinents, dann eines Ozeans und dann erst die Weltumrundung in Etappen.

Doch das alles hält mich nach meiner Rückkehr aus den Staaten nicht davon ab, mir die Konstruktion eines Zweisitzers für Brian und mich vorzustellen, mit dem es möglich wäre, die Welt in einem ununterbrochenen Flug in etwa fünfzehn Tagen zu umrunden. Doch wie können wir weitermachen? Wie so häufig in den nächsten Jahren, zwinkert mir das Schicksal zu.

Ich esse bei einem Freund aus Kindheitstagen zu Abend, Stefan Catsicas, der mittlerweile Vizepräsident und Rechercheleiter der École Polytechnique Fédérale de Lausanne ist, der berühmten EPFL, die gerade mitten in einer Umstrukturierung steckt. Mit dem Dessert kommt natürlich auch mein Thema auf den Tisch:

»Was hast du als Nächstes vor?«

»Die erste Weltumrundung im Solarflugzeug.«

»Genial! Das sieht dir ähnlich. Wie wirst du das anstellen?«

Mit ihm zu sprechen war eine gute Idee. Er ist die Art Mensch, die nicht gleich behauptet, so etwas sei ein Ding der Unmöglichkeit.

»Ich werde das Flugzeug von amerikanischen Spezialisten bauen lassen müssen, mit denen ich mich gerade getroffen habe.«

»Das müssten wir uns mal genauer ansehen. Wenn du willst, kann ich das in die Wege leiten.«

An der EPFL hatte es noch nie eine transdisziplinäre Studie gegeben: Das Projekt kam wie gerufen. Die Leitung hatte sich gerade verändert, ein mit Stefan befreundeter Mediziner, Patrick Aebischer, hatte soeben die Präsidentschaft angetreten, mit dem Ziel, die Institution zu modernisieren.

In den folgenden zwei Monaten organisiert Stefan ganz diskret ein Treffen mit den vierzehn Verantwortlichen der verschiedenen Fachbereiche, um sie zu bitten, an einer Machbarkeitsstudie mitzuarbeiten, ohne ihnen dabei allzu viele Details zu liefern. Er schlägt vor, einen Koordinator außerhalb jenes engsten Kreises zu suchen, um Reibungspunkte zu vermeiden, und denkt an einen Alumnus.

André

Anfang 2000 habe ich mich aus den geschäftlichen Verantwortungen meiner Firmen zurückgezogen. Mein Geld reicht für ein paar Monate. Ich will mir Zeit nehmen, nicht nur um neue Möglichkeiten auszuloten, sondern um sie beim Schopf zu packen. Alles besteht aus Gleichzeitigkeit, und ich will die Augen weit öffnen, um die Welt und ihre Möglichkeiten genau zu betrachten. Diese Situation erinnert an einen Sprung ins Leere, man muss die Dinge drehen und wenden, um darin eine Chance zu wittern, um sich in neue Gebiete vorzuwagen. Es steht mir nun frei, Risiken einzugehen, mich nützlich zu machen. Kurz: mir wieder einmal die Sinnfrage zu stellen. Also habe ich mit den Restos du Cœur angefangen und habe an Aids erkrankte Menschen am Ende ihres Lebens begleitet. Nach einigen Monaten erfuhr ich von einem Freund, sein Bruder wolle auf ein Gesuch der École Polytechnique Fédérale de Lausanne antworten. Sie seien auf der Suche nach Beratern, um an der Umstrukturierung der Hochschule mitzuarbeiten. Ich machte mir keine großen Hoffnungen und bewarb mich eher aus freundschaftlicher Verpflichtung. Wir wurden angenommen. Ich arbeite also an der Umstrukturierung im Gebiet Architektur mit, dann im Ingenieurswesen. Der neue Präsident hat begriffen, dass die Probleme, vor denen unsere Gesellschaft steht, komplexer werden, und es so notwendig sein wird, interdisziplinär zu arbeiten, um durchschlagende Lösungen zu finden. Während dieser Zeit lernen die Ingenieure mich kennen. Die Stimmung ist gut. So gut, dass ich gleich im Anschluss provisorisch zu meinem Unternehmerdasein zurückkehre und gemeinsam mit den Forschern der Hochschule eine neue Gesellschaft mitbegründe, diesmal im Bereich der Halbleiterchips. Ich rücke noch etwas näher an diese Institution heran. Nur nicht an die Aeronautik!

An einem Tag im Februar 2003 ruft mich Michel Declercq an und lädt mich zu einem Kaffee zu sich nach Hause ein, um mit mir über ein »interessantes« Projekt zu sprechen. Mehr verrät er mir nicht. Mysteriös. Michel ist der Dekan der Fakultät für Ingenieurwesen der EPFL. Er ist auch Pilot. Was das Fliegen betrifft, haben wir einiges an Erfahrung gemeinsam, die Art Vergangenheit, die einen verbindet.

Am nächsten Tag berichtet er mir von seiner Begegnung mit Bertrand Piccard, der das außergewöhnliche Vorhaben plant, die Welt ohne einen Tropfen Treibstoff zu umrunden, ausschließlich mithilfe erneuerbarer Energien. Wäre ich daran interessiert, an einem derartigen Projekt mitzuarbeiten? Es fällt mir schwer, all die Emotionen zu beschreiben, die mir in jenem Moment durch den Kopf gehen. Ich tue mein Möglichstes, denselbigen nicht zu verlieren. Doch es ist zu spät, meine Gedanken heben ab. Ein fabelhafter Moment. Die Art Idee, auf die ich etwa dreißig Jahre gewartet habe. Eine Tür öffnet sich und weckt den ältesten meiner Träume. Sofort denke ich an die

Welt aus *Tausend und eine Nacht*, nur etwas weniger orientalisch und dafür mehr von Jules Verne geprägt, aber ebenso magisch. Überglücklich verlasse ich unser Treffen.

Als sich Bertrand mit Stefan Catsicas traf, um mit ihm über seine Idee zu sprechen, hatte Stefan sofort an mich gedacht. Sie waren auf der Suche nach jemandem von außerhalb, der sich jedoch mit den internen Vorgängen der universitären Labore auskannte. Die EPFL wusste von meiner Vergangenheit als Unternehmer. Sie wussten um meine Flugbegeisterung. Ich war genau der, nach dem sie suchten.

Das Leben hält für jeden viele Überraschungen parat; wenn ich mir nicht das Sabbatjahr genommen hätte, wenn mich mein Freund nicht gebeten hätte, mit seinem Bruder zusammenzuarbeiten, wenn unser Projekt nicht angenommen worden wäre und wenn ich die Bande mit der EPFL nicht neu geknüpft hätte, dann hätte ich niemals Bertrands Weg gekreuzt.

Ich komme mir vor wie auf einem fremden Planeten. Was für eine Aufregung! Schon jetzt werde ich mir der Energie bewusst, die ich in dieses Projekt werde stecken können. Es ist ganz merkwürdig, ich besitze Fähigkeiten in verschiedenen Bereichen, doch ich habe sie noch nie in jenem Feld nutzen können, das mir am wichtigsten ist – in der Aeronautik. Bis zu diesem Tag. Ich spüre, wie die Kräfte in mir wachsen. Meine Erfolge, aber auch meine Niederlagen haben mir die nötigen Lektionen beigebracht, derer es bedarf, um diese Herausforderung anzunehmen. Eine Mischung aus Führungscharakter, Strategiebildung, Erfindergeist eines Ingenieurs und technischen Fähigkeiten. Das ultimative Ziel: in die Geschichte der Luftfahrt einzugehen.

Bertrand

Als ich gemeinsam mit Brian den Sitzungssaal der EPFL betrete, um die Machbarkeitsstudie zu besprechen, stellt Stefan mir die vierzehn Direktoren der Forschungsbereiche vor, die sämtliche Felder von der Thermodynamik bis hin zur Widerstandsfähigkeit der Materialien, der Elektronik, Mechanik und

Aerodynamik abdecken. Ich bin weder Ingenieur noch Physiker; all diese Spezialisten haben sich hier versammelt, um mir zu sagen, ob sich meine Vision realisieren lässt oder nicht. Ich bin beeindruckt und werfe Stefan einen anerkennenden Blick zu. Als er mir alle Personen am Tisch ringsum vorstellt, sitzt dort ein recht großer, etwas schüchterner Mann mit entschlossenem, aber auch freundlichem Gesicht: »Das ist André Borschberg. Er ist Ingenieur, Jagdflieger, Unternehmer im Start-up-Bereich und Berater der EPFL. Er hat ein ideales Profil, um unsere Studie zu koordinieren.«

André gefällt mir sofort. Er verkörpert Kraft, aber auch Sanftmut, Intelligenz und Leidenschaft. Er ist offen, ruhig, sympathisch. Zunächst noch ein klein wenig unscheinbar. Ich erinnere mich noch an das sehr formelle »Bonjour, Monsieur«, mit dem wir uns, zu diesem Zeitpunkt noch mit Schlips und Jackett, begrüßen.

Die Sitzung beginnt. Stefan bittet mich, meine Vision darzulegen. Er hat noch niemandem irgendetwas gesagt. »Ich würde gern die erste Erdumrundung im Solarflugzeug versuchen. Die Maschine muss mit zwei Plätzen ausgestattet sein, damit Brian und ich gemeinsam und ohne Zwischenlandungen fliegen können. Ziel ist es, die erneuerbaren Energien zu promoten, sie bis ans Extrem zu treiben, um Begeisterung für die Entwicklung nachhaltiger Energien zu wecken.«

Ich bitte alle Anwesenden, das Projekt geheim zu halten. Alle halten Wort, und tatsächlich bleibt das Projekt bis zu seiner öffentlichen Ankündigung neun Monate später unter Verschluss.

André

Das Projekt eignet sich perfekt für den transdisziplinären Ansatz der EPFL. Es kombiniert Recherchearbeit mit Lehre. Plötzlich bin ich, was man gemeinhin einen »Söldner« nennt: Man vertraut mir ein Mandat an und bezahlt mich dafür, es in die Tat umzusetzen. Die Bezahlung ist nicht berauschend, doch das Projekt scheint mir meine persönliche Investition wert zu sein.

Endlich lerne ich Bertrand Piccard kennen. Ich kenne seine Familiengeschichte. Die seines Vaters, Jacques, und des Bathyskaphen, den er gebaut hat, um fast 11 000 Meter in die Tiefen des Marianengrabens zu tauchen. Die Entdeckung von Leben in einer derartigen Tiefe hatte die Regierungen dazu gebracht, das Deponieren von radioaktivem Müll auf dem Grund der Ozeane zu verbieten. Sein Großvater, Auguste, dessen Erfindung der Kapsel zur stratosphärischen Erforschung der Luftfahrt in extremer Höhe den Weg geebnet hat, die die Ersparnis von Treibstoff ermöglicht, ist ebenfalls eine Legende. Er hat als erster Mensch die Erdkrümmung sehen können. Noch immer habe ich die erste Erdumrundung im Heißluftballon im Kopf, die Bertrand gelungen ist. Seine verrückten Abenteuer werden von seinen Träumen inspiriert und von seiner Vorstellungskraft genährt. Sein Leben der Durchführung von derlei Heldentaten zu verschreiben, verortet einen in einer Parallelwelt jenseits der Norm. Man muss anleiten, Lösungen finden und Erfolge feiern. Was danach passieren wird, ist im Vorhinein nicht klar. Man befindet sich genau am entgegengesetzten Pol von Wiederholung und sakrosankter Sicherheit. Hinter Bertrands blauem, durchdringendem Blick, hinter seinem sympathischen Lächeln spüre ich die unerlässliche Hartnäckigkeit, die es braucht, um Träume wahr werden zu lassen. Seine Worte packen mich. Genau wie sein Vater hat er eine wunderbare Art, die eigene Arbeit vorzustellen. Seine Vision ist präzise, konkret, zum Greifen nahe. Binnen weniger Minuten weiß ich, dass ich mich gemeinsam mit ihm auf den Weg machen werde.

Sofort gefällt mir bei ihm das Gefühl, dass es keine Einschränkungen gibt. Im Nachhinein glaube ich, dass ich nur darauf gewartet habe, ihn kennenzulernen. Die Probleme, die die anderen benennen, lassen ihn unbeeindruckt. Das gefällt mir augenblicklich. Ich betrete diese Welt mit Demut, beinahe wie ein Kind. Ich habe immer gewusst, dass ich eines Tages ein solches Abenteuer erleben könnte. Ich werde unter Beweis stellen müssen, dass ich der Richtige dafür bin. Bis jetzt ist das Projekt nur eine Vision, noch ist nichts entwickelt. Doch der Wunsch danach, an dieser Geschichte mitzuschreiben, ist so tief in mir verankert, dass er mir einen kolossalen Arbeitsantrieb verleiht. Ich bin kein Flugzeughersteller. Ich muss mir das Wissen aneignen. Doch diese mangelnde Erfahrung macht mich weniger anfällig für vorschnelle Urteile.

Auch Hannes Ross habe ich zu Beginn des Projekts kennengelernt. Er ist eine Schlüsselfigur in unserer Geschichte: Der Weise, der seine Erfahrungen, Ideen und Intuitionen stets mit uns teilte. Oft hat er mich angerufen und mir sehr offen seine Bedenken mitgeteilt, ob es mir gefiel oder nicht.

2

Aus dem Nichts

Bertrand

Nach meinen Gesprächen mit Paul McCready hatte ich den Eindruck, wir müssten in zwei Schritten vorgehen: Zunächst sollten wir ein paar Tests mit einem per Elektromotor betriebenen und mit Solarzellen ausgestatteten Zeppelin machen, und das möglichst bald, um Erfahrungen zu sammeln. Erst dann würde der Bau des Flugzeugs erfolgen.

Aus diesem Grund bringe ich Alan Noble zur EPFL, den Flugleiter und Erbauer des Breitling Orbiter. Ich wusste, dass ihn die Rückkehr ins Büro nach all den Emotionen rund um unser Abenteuer im Ballon etwas deprimiert hatte. Meine Einladung nahm er auf der Stelle an.

Was ich brauche, ist ein aussagekräftiges Modell, ein Computerprogramm, das automatisch sämtliche Parameter bestimmen könnte: Umfang, Volumen, Gewicht, Spannweite, Widerstand, Auftrieb und Stromverbrauch bei jedweder Änderung eines der Parameter. Seine letzten U-Boote hat mein Vater ebenfalls auf diese Art bauen lassen. Ich erinnere mich, ihn oft gefragt zu haben, warum er seine Tauchboote nicht ein wenig größer oder kleiner gebaut habe, in Relation zur Anzahl der Passagiere. Dann zückte er seinen Taschenrechner von Hewlett-Packard, den er mit Magnetstreifen programmiert hatte, und erklärte mir nach Berechnungen von weniger als fünfzehn Minuten, inwiefern sich dann das Gewicht, die Größe, die Dicke des Gehäuses und der Preis verändert hätten. »Ginge so etwas auch für einen Zeppelin und ein Solarflugzeug? So könnten wir verschiedene Lösungsansätze miteinander vergleichen.«

Bei meiner Forderung machen die Spezialisten große Augen. Dieser Psychiater weiß durchaus, wovon er spricht und was er will. In diesem Moment verdiene ich mir meinen Adelsbrief der EPFL! Wenn ich daran zurückdenke, wie sehr ich zu Beginn meines Medizinstudiums über die viele Chemie und Physik geflucht habe, die ich damals büffeln musste. Völlig unnötig für die Tätigkeit als Therapeut, sicher, aber unabdingbar, wenn man seine Karriere in Richtung Solarflug ändert! Sofort vertiefe ich mich in das Gefrieren von Photovoltaikzellen mit zunehmender Geschwindigkeit, den Anstieg an Stromverbrauch bei zunehmendem Widerstand, die »brushless-sensorless«-Hochleistungsmotoren. Ich danke dem Himmel, dass ich von alldem etwas verstehe.

André

Erster Schritt: sich ein Bild vom »State of the Art« machen – was ist der neueste Stand der Technik? Sofort nimmt mich Bertrand mit in die Vereinigten Staaten, um mich Paul McCready und seinem AeroVironment-Team vorzustellen. Im Chinarestaurant habe ich einen kleinen Zettel in meinem Glückskeks: »Du wirst riesige Ozeane überqueren.« Unfassbar!

Zurück in der Schweiz, rät mir eines der Mitglieder der EPFL, Peter Frei zu kontaktieren, einen alten gemeinsamen Freund. Wir waren in derselben Fliegerstaffel, dann haben wir uns aus den Augen verloren. Ihm war es möglich, die Gesetze der Thermodynamik mit der Praxis eines Piloten in Verbindung zu bringen – dies wäre für uns ein springender Punkt. Er begeistert sich für das Projekt. Er hat seinen ganz eigenen Kopf, was mir sehr gefällt. Peter ist ein außergewöhnlicher Experte für Aeronautik und die erste Person, die zu unserem Projekt stößt. Er wird sich in dieser ganzen Geschichte als Schlüsselfigur herausstellen.

Neun Monate vergehen, in denen meine Vision Form annimmt. Alan möchte natürlich, dass das Ganze auf einen Zeppelin hinausläuft. Er würde ihn bauen, und ich gebe zu, dass das die Sache sehr viel einfacher machen würde. André zeigt sich, trotz seiner Begeisterung für Flugzeuge, demgegenüber sehr offen, will aber keine Kompromisse machen: Die Ergebnisse der Berechnungen werden entscheiden. Sie ergeben, dass die Höchstgeschwindigkeit eines Zeppelins bei Nacht nicht über 15 km/h liegen dürfte, wenn die Batterien bis zum nächsten Sonnenaufgang halten sollen. 15 km/h reichen nicht, um gegen jedweden Wind von vorn oder der Seite anzusteuern. Da können wir auch gleich noch einmal im Heißluftballon um die Erde fliegen! Hinzu kommt, dass die Hülle niemals einhundert Prozent luftdicht sein kann und man in gewissen Abständen ein Minimum an Helium nachfüllen muss, um einen konstanten Flug sicherzustellen. Dies entspricht nicht meinem Ausgangsziel. Zu Andrés großer Freude wird ein Flugzeug die einzige Möglichkeit sein. Natürlich ist Alan sehr enttäuscht. Mich persönlich macht der Gedanke skeptisch, einen Zwischenschritt auszulassen. Im Folgenden werde ich recht behalten, und André schlägt mir zwei Jahre später vor, zunächst einen ersten Prototyp für ein Flugzeug zu entwerfen, bevor wir das definitive Modell bauen lassen.

Auch zeigen die Ergebnisse, dass der Wunsch, zu zweit zu fliegen, illusorisch ist. Ein zweiter Pilot bedeutet dreihundert Kilogramm zusätzliches Gewicht, rechnet man zum Körpergewicht die Ausrüstung, Nahrungsmittel, Sauerstoff und Vergrößerung des Cockpits hinzu. So wäre nur die Hälfte an Platz für Batterien, und ein Nachtflug wäre unmöglich, was ausgeschlossen ist. Oder aber es wären 30 m^2 mehr Tragfläche nötig, was einer Erweiterung der Spannweite um 10 Meter gleichkäme und die Maschine bei der winzigsten Turbulenz unsteuerbar machen würde. Schon jetzt sind es von der einen Flügelspitze bis zur anderen 80 Meter! Auch von der Vorstellung eines einzigen ununterbrochenen Fluges um die Erde müssen wir uns verabschieden. Ein Flug von fünfzehn bis zwanzig Tagen wäre allein zu gefährlich.

André

Der Schlüssel zu unserem Projekt ist die Energie: Wie kann man über den Tag genug Sonnenenergie speichern, um gleichzeitig zu fliegen und genug für die Nacht zu haben? Seit den späten 1970ern sind Solarflugzeuge ausschließlich bei Tag geflogen, gegen Mittag, mit der Sonne im Zenit. Keines von ihnen konnte genügend Energie für einen Nachtflug abspeichern. Der quantitative Sprung ist kolossal. Wird es möglich sein?

Die Menge der Sonnenenergie hat die Natur festgelegt. Mittags am Äquator, wenn die Sonne am höchsten steht, hat sie eine Kraft von etwa 1000 Watt pro Quadratmeter. 1000 Watt sind ungefähr notwendig, um einen Föhn zu betreiben. Je weiter sich die Sonne von ihrem Zenit entfernt, morgens und abends, desto weniger Energie wird auf eine horizontale Fläche übertragen. Das Tagesmittel beträgt in etwa 500 Watt. Um also bei Tag und bei Nacht zu fliegen, muss man die Menge noch einmal halbieren: 250 Watt. Die eine Hälfte für den Flug am Tag, die andere wird für die Nacht gespeichert. An diesem Punkt wird mir klar: Die Herausforderung dieses Projektes wird weniger darin bestehen, mehr Energie zu produzieren, sondern darin, wie man sie am sparsamsten verbraucht.

Wir zerbrechen uns also die Köpfe über ein Flugzeug, das es so noch nie gegeben hat, mit einer Spannweite von mehr als 70 Metern und dem Gewicht eines Autos. Es sollte einen verbesserten Auftrieb und einen möglichst geringen Luftwiderstand haben, um die Gleitzahl zu maximieren. So würde das Flugzeug weniger Kraft brauchen, also auch weniger Energie, um sich im horizontalen Gleitflug zu halten. Bisher existiert kein Fluggerät dieser Art. Ich frage mich, ob wir in der Lage sein werden, es zu bauen, ob man es wird fliegen können, ob es überhaupt fliegen würde. Vielleicht in der Schweiz an einem Tag mit sehr schönem Wetter, aber für einen Flug um die ganze Welt? Herr Piccard hat uns soeben um eine technische Revolution gebeten. Dieser Typ ist entweder verrückt oder genial. Oder vermutlich beides.

Bertrand

Diese Machbarkeitsstudie ist für mich ein notwendiger Prozess, sowohl strategisch als auch technologisch. Paul McCready hat mir bereits erklärt, wie mein Flugzeug ungefähr aussehen wird, und ich habe nicht viel davon verstanden. Mit der EPFL jedoch habe ich eine Institution bei der Hand, die meine Vision mit ihrem moralischen Rückhalt unterstützt und die Ingenieure zusammenbringt, die Lust haben, mit mir zusammen an der Umsetzung des Projekts zu arbeiten. Das Wichtigste ist nun, die Konstruktion des Flugzeugs zu planen, oder besser gesagt, einen Subunternehmer zu finden, der sich darum kümmert. Es wäre toll gewesen, hätte das Team um Paul McCready zugesagt, doch uns wurde sehr schnell klar, dass daran nicht zu denken ist. Paul schrecken die Probleme hinsichtlich Verantwortung und Versicherung ab, und er möchte weiterhin unbemannte Maschinen für die NASA und das Verteidigungsministerium herstellen:

»Wenn ein Pilot in einer meiner Maschinen umkommt, kann ich den ganzen Laden dichtmachen!«, sagte er uns.

Armes Amerika, anscheinend haben dort schon die Gerichte die Kontrolle übernommen. Wir müssen also einen Flugzeugbauer und die nötige Finanzierung in Europa suchen, um weiterzukommen. Herzlich willkommen in der Welt der falschen Versprechen und der Desillusionierung. Aber auch in jener der Überraschungen und der schicksalhaften Begegnungen.

Ein Pharmaunternehmen verspricht uns eine Spende von neun Millionen Dollar. Einzige Bedingung ist, dass wir in weniger als achtundvierzig Stunden eine Stiftung zum öffentlichen Wohl gründen. Am nächsten Tag sitze ich mit der Hand auf dem Hörer vor dem Telefon und warte auf die offizielle Bestätigung des Aufsichtsrats. Ich warte vergebens.

Der Schweizer Flugzeughersteller Pilatus antwortet mir, mein Projekt interessiere sie nicht. Sie sind vielleicht keine Visionäre, aber immerhin sind sie ehrlich. Der Chef von Boeing lächelt höflich, als ich ihm mein Projekt vorschlage, auf eine Art, die mir sagt, dass er amüsiert ist, das Ganze aber natürlich ausgeschlossen. Airbus reagiert erst gar nicht auf meine Anfrage. Es kommt noch schlimmer: Der beste Gleitflugzeughersteller meint, es sei ganz einfach unmöglich, so lange Flügel herzustellen, die einem so hohen Gewicht der Maschine standhalten.

Ein Gedanke tröstet mich: Die Glühbirne wurde nicht von Kerzenverkäufern erfunden. Und kein Autobauer hat das derzeit beste Elektroauto hergestellt, sondern ein Internet-Milliardär. Ohne jedwede Vorerfahrung war sein Geist frei genug, um den Tesla zu konstruieren. Mein Großvater hat seine Kapsel mit Druckausgleich nicht mithilfe der Aeronautikindustrie erfunden, sondern durch die eines Fabrikanten für Brauereitanks aus Aluminium. Und das in Belgien! Niemand sonst wollte sein »Selbstmordprogramm« gutheißen. Ein Spezialist kann nur bauen, was er zu bauen gelernt hat. Warum klammern wir uns daran, dass jemand aus der Welt der Luftfahrt ein Solarflugzeug mit der Spannweite eines Jumbojets und dem Gewicht eines Pkw bauen soll? Die Innovation besteht nicht so sehr darin, neue Ideen zu haben, sondern sich von alten Glaubenssätzen zu lösen. Wir müssen selbst handeln!

André

Sommer 2003. Ich treffe Bertrand in seinem Büro in Lausanne. Der Ausblick auf den See ist herrlich. Augenscheinlich verrät nichts, was bei diesem Treffen für mich auf dem Spiel steht. Ich spüre, was für ein Ehrgeiz in mir köchelt, was für unaussprechlich große Träume in mir wachsen. Zum ersten Mal versuche ich meinen »Söldnerstatus« zu verlassen. Äußerlich bin ich noch immer der Unternehmer/Ingenieur, der die Machbarkeitsstudie leitet, doch innerlich kommt es mir so vor, als hätte ich dieser Studie meinen persönlichen Stempel aufgedrückt. Die rein technischen Recherchen haben sich mit meinem Traum vermischt, in die Welt der Pioniere einzutauchen. Teil davon ist die Pilotenrolle. Der Gedanke, die Projektvorbereitung mit der Perspektive auszuführen, später zum Akteur zu werden und einige Missionsflüge zu absolvieren, sorgt bei mir für unermessliche Aufregung. Ich spüre in mir eine Entschlossenheit heranwachsen, mit der grenzenlose Arbeitsbereitschaft einhergeht. Und wie könnte es auch anders sein? Gleichzeitig haben wir untereinander noch nichts in dieser Richtung entschieden. Ich muss mit Bertrand sprechen. Natürlich bleibt das Ganze sein Projekt, doch bei den Ergebnissen der Studie ist die Zeit gekommen, meinen Status neu zu überdenken. Ich bringe ihm gegenüber also meine Bereitschaft zum Ausdruck, für die Konstruktion und auch einige der Flüge verantwortlich zu sein als Pilot von Solar Impulse. Ich denke noch gar nicht an jene sagenumwobenen Flüge über die Ozeane, nur an die Testphase dessen, was wir entwickeln wollen. Bertrand ist einverstanden.

Bertrand

Solar Impulse ist der Name, den wir in einem sehr lebhaften Brainstorming für dieses Abenteuer gefunden haben. Nächste Etappe: jemanden für den Bau finden. André und ich durchkämmen Europa in seinem Flugzeug. Mir wird klar, dass er der beste Pilot ist, den ich je kennengelernt habe, der vielseitigste, der fröhlich von einem Flugzeugtyp zum nächsten wechselt, zum Hubschrauber und wieder zurück. Er ist auch der ruhigste, der spielerischste, er reiht über den Alpen Loopings an Spiralen und absolviert Flüge durch Schneestürme so routiniert, als sei er hinter seiner Windschutzscheibe im Cockpit ebenso zu Hause wie am Schreibtisch im Büro: »Ich muss nicht sehen, was draußen ist, ich fliege nach meinen Instrumenten.«

Wir kommen gerade von einem Treffen mit einem Gleitflugzeughersteller, der auf große Spannweiten spezialisiert ist, und ein Räumfahrzeug muss uns die eingeschneite Startbahn freischaufeln. Das Treffen war umsonst. Der Aufbau unseres Prototyps muss im Vergleich zehnmal leichter sein als ihr Konkurrenzmodell. Der Chef macht uns einen Vorschlag: einen Vorschuss von zwei Millionen Euro für den Bau einer neuen Flugzeughalle, und dann mal sehen!

Wir kommen nicht weiter. Was die Finanzen angeht, auch nicht. Der Präsident der Kommission für Technologie und Innovation kommt zu uns. Er sichert der EPFL die drei Millionen Francs zu, die es für die ersten Entwicklungen und ein Anfangsteam braucht. Oder besser gesagt, die 2 999 999 Francs, die ohne Einwilligung des Parlaments ausgezahlt werden können. Der Vormund sichert mir eine schleunige Überweisung zu. Wären da nicht die elendigen Unterkommissionen, die Konkurrenz der Polytechnischen Hochschulen von Zürich und Lausanne und der administrative Papierkrieg. Drei Jahre später wird uns schließlich ein kleiner Teil der versprochenen Summe überwiesen, den wir mittlerweile nicht mehr gebrauchen können, da wir inzwischen unabhängig geworden sind.

Eine Elektronikgesellschaft sichert uns Ingenieure zu, die niemals auftauchen werden, ein Öko-Milliardär schwärmt mir von einer riesigen Finanzspritze vor, um kurz darauf von der Bildfläche zu verschwinden, und all meine Hoffnungen liegen plötzlich auf British Petroleum. Die Firma hat gerade eine Umweltkampagne ausgerufen, die sie Beyond Petroleum getauft hat und in der es einen Teilbereich für Solarenergie gibt. Anscheinend ein idealer Sponsor. Wir müssen alles auf eine Karte setzen: Ihr Name wird mit diesem Projekt in die Geschichte eingehen (und das auch noch mit meinen Initialen!), Michail Gorbatschow, mit dem ich mich gerade getroffen habe, könnte uns den Preis für Umweltschutz verleihen, den er ins Leben rufen will, und das Unternehmen würde glaubhaft seine energiepolitischen Ambitionen unter Beweis stellen. Doch so denkt die Marketingabteilung nicht. Die Eckdaten des Projekts werden in einen Computer eingespeist, und was er ausspuckt, entscheidet. Als mir dies zu Ohren kam, hätte ich auf der Stelle die Beine in die Hand nehmen sollen. Doch mir fehlte die Weitsicht. Ich hoffte so sehr auf eine positive Antwort. Nach einigen Londoner Treffen fällt die Entscheidung des Computerprogramms: Mein Solarflugzeug wird dem Unternehmen nicht ausreichend dabei helfen, genug Benzin für die Autos der amerikanischen Ostküste zu verkaufen! Die Finanzierung wird also verweigert. Noch ein Todesstoß. Ich hätte gleich merken müssen, dass ihre Kampagne Augenwischerei war, dass sie sich so schnell wie möglich der Photovoltaik-Unterdivision entledigen würden.

In dem Moment ist die Enttäuschung riesengroß, doch später wird sich herausstellen, dass die Absage ein Segen war. Unser Anfangsbudget ist auf vierunddreißig Millionen Francs geschätzt worden, und ich hatte British Petrol angeboten, einziger Sponsor zu werden. Ich darf mir gar nicht ausmalen, was für eine Katastrophe es gewesen wäre, hätten sie angenommen … Wir hätten sämtliche Vertragsklauseln neu verhandeln müssen, um andere Firmen zu finden, um die insgesamt hundertsiebzig Millionen Francs zu finanzieren, die sich im Laufe der zusätzlichen Jahre angehäuft haben! Manchmal ist das Leben eben hilfreicher als unser eigenes Handeln.

Die offizielle Ankündigung des Projekts soll am 28. November 2003 stattfinden, dem Tag der offenen Tür der EPFL. Wir haben keine Finanzierung, kein Team, keine Technologie. Wir haben nichts weiter vorzuweisen als den rein imaginären Blick eines Künstlers. Für Stefan ist die Ankündigung der transdisziplinären Studie der Höhepunkt der Feier. Für mich ist es eine Möglichkeit, das Schicksal herauszufordern, sämtliche Brücken hinter mir zu sprengen, die ein Zurück erlaubt hätten. Nun muss ich auch B sagen. Und das ist gut so, denn als wir später wieder hinter verschlossenen Türen über unseren Problemen brüten, hätte es sicherlich Momente gegeben, in denen wir versucht gewesen wären, das Handtuch zu werfen, hätte niemand Bescheid gewusst.

Das Geheimnis ist nicht durchgesickert. Die Presse hat sich morgens versammelt, um als Erste von dem zu erfahren, was sie später »Bertrand Piccards neues Abenteuer« nennen wird.

Ich stelle meinen Wunsch vor, die Entwicklung nachhaltiger Technologien durch diese historische Premiere zu unterstützen. Stefan erläutert die Rolle der EPFL und ihre Umstrukturierung. Dann präsentiert André die Ergebnisse der Machbarkeitsstudie. Zu diesem Zeitpunkt ist er noch nicht mehr als ein bezahlter Berater der EPFL und befindet sich auf dem Foto in zweiter Reihe, hinter Stefan, Brian und mir.

Am selben Abend stellen wir Solar Impulse den zweitausend geladenen Gästen der EPFL vor. Als Stefan mir das Wort erteilt, kreuzen sich unsere Blicke für eine Sekunde. Wir werden diesen wortlosen Austausch nie vergessen, der scheinbar eine Ewigkeit dauert. Wir haben das Ufer des Rubikon erreicht. Dieser Moment wird mein Leben auf den Kopf stellen. Schon jetzt berichtet CNN in Dauerschleife. Ich sage zu André: »Wir müssen es schaffen.«

Ein Journalist fragt mich, ob ich nicht Angst habe, dass ein Misserfolg dieses neuen Projektes einen Schatten auf meinen Erfolg im Heißluftballon werfen könnte. Nun, hätte ich diese Einstellung gehabt, hätte ich garantiert niemals die Weltumrundung im Breitling Orbiter geschafft!

André

Bertrand macht sich viel Arbeit damit, das gesamte Team, insbesondere mich, zu den verschiedenen Interviews und Projektvorstellungen mitzunehmen. Zum ersten Mal sehe ich ihn in der Öffentlichkeit reden, sich an die Medien richten. Die Menschen sind wie elektrisiert. Was für ein Glück, mit ihm zusammenzuarbeiten. Ich bin eher introvertiert und werde durch den Kontakt mit ihm lernen können, mich der Welt mehr zu öffnen. Davon abgesehen ist er sicherlich ein fantastischer Aeronaut, doch soweit ich weiß, hat er noch nie in seinem Leben ein Flugzeug geflogen. Im Gegenzug werde ich ihm also hierbei nützlich sein können, wenn der Moment erst einmal gekommen ist.

Doch eins nach dem anderen. Neben meiner Erfahrung als Pilot erlaubt mir meine Ingenieursausbildung, die technischen

Herausforderungen zu erahnen, mit denen wir konfrontiert sein werden. Und da ich nie in der Luftfahrtindustrie gearbeitet habe, habe ich keine Vorurteile. Allerdings habe ich einige Jahre bei McKinsey geschuftet, einer der weltweit führenden Consulting-Firmen. Dort muss man Probleme schnell und mit Weitblick lösen. Genauso schnell habe ich davon genug gehabt und bin Unternehmer geworden. Ich hatte Misserfolge und Erfolge, doch ich habe gelernt, eine Vision Wirklichkeit werden zu lassen und auf menschlicher und finanzieller Ebene die besten Strategien zu definieren.

Als dieses neue Kapitel beginnt, wird mir klar, auf welche Art ich bisher funktioniert habe: Ich habe einige neue Projekte angeleitet, doch zumeist kamen die Ideen von außen. Und hierbei liegt in Bezug auf Bertrand unsere größte Stärke. Er hat eine sehr klare Vision, und es scheint, als hätte ich die notwendige Kraft und den Wunsch, alldem eine Form zu geben.

Bertrand

Am Tag nach der offiziellen Ankündigung treffen André und ich uns allein in dem kleinen Büro, das mir die EPFL zur Verfügung gestellt hat. Mein ganz naiver Wunsch wäre, dass mein Flugzeug ganz einfach von der EPFL gebaut würde. Schließlich bündeln sich hier so viele Kompetenzen. Doch so weit ist es noch nicht. Stefan hat sich über die Regeln hinweggesetzt und ein Budget freigegeben, um die Gehälter von André, Peter Frei und Roger Ruppert zu bezahlen, einem früheren Studenten von Peter. Die Labore stehen weiterhin zu unserer Disposition. Dies ist der Zeitpunkt, an dem mir klar wird, wie viel Energie in André schlummert. Er rackert sich in sämtlichen Bereichen ab und bezirzt selbst Stefan per Telefon dahin gehend, dass er noch mehr Gelder freigibt. Stefan steckt gerade mitten in einer Sitzung mit der Geschäftsleitung und muss vor seinen verblüfften Kollegen den Hörer mit ausgestrecktem Arm von seinem Ohr weghalten, um keinen Hörschaden davonzutragen. Später vertraut er mir lachend an: »Ich glaube, mit André hast du jemanden bei der Hand, der den Knochen nicht loslässt, wenn er einmal zugeschnappt hat!«

Ich bewundere an André sein totales Engagement, seine Lust, diesen Traum Wirklichkeit werden zu lassen, den ich bereit bin, mit ihm zu teilen. Aber ich spüre, dass er ständig grübelt: »Was wird meine Rolle in deinem Projekt sein?«

Er ist Ingenieur und Unternehmer, er braucht Struktur, das ist bei mir nicht so: »Gehen wir Schritt für Schritt zusammen, dann werden wir schon sehen!«

Ich sehe ihn als Generaldirektor, doch für den Moment ist dieser Titel ein pompöses Nichts. Generaldirektor unseres winzigen Büros, wo er gemeinsam mit Peter und Roger daran arbeitet, eine Strategie für den Bau eines Flugzeugs zu entwickeln, das noch gar nicht existiert.

Was mich betrifft, muss ich meine Hartnäckigkeit und meine Kontakte benutzen, um die Finanzierung auf die Beine zu stellen. Unser allererster Partner ist Altran, eine französische Gesellschaft für Berater im Ingenieurswesen, die bereits meine humanitäre Stiftung *Winds of Hope* bei ihrer Gründung unterstützt hat. Von ihnen bekommen wir kein Geld, aber sie stellen uns einige Ingenieure zur Verfügung, bevor sie überhaupt einen Vertrag unterschrieben haben.

André

Die Absage von British Petroleum hat uns zunächst den Atem verschlagen. Wir dachten, dass wir zügig mit den Arbeiten anfangen könnten, und finden uns plötzlich in der Warteschleife wieder. Doch wir beruhigen uns: Zu schnell über große Summen zu verfügen, würde uns dazu bringen, vorschnell vorwärtszupreschen, ohne jene Vorteile und Nachteile im Detail wertzuschätzen, die nur Zeit und Geduld enthüllen. Wir wären dazu verführt worden, unüberlegte und insofern risikoreiche Entscheidungen zu treffen. Wäre der falsche Weg einmal eingeschlagen, bräuchte ich Zeit, mir dessen gewahr zu werden, und sicherlich noch mehr Zeit, um dies zu akzeptieren und ein paar Schritte zurück zu machen.

Bertrand

Ein paar Tage nach Ankündigung des Projekts werde ich nach Brüssel eingeladen, um vor den leitenden Angestellten des Chemieherstellers Solvay einen Vortrag über Innovation und Pioniergeist zu halten. Es ist der 17. Dezember 2003, auf den Tag genau vor hundert Jahren haben die Gebrüder Wright den ersten motorisierten Flug unternommen. Es ist ebenfalls das hundertvierzigjährige Jubiläum dieses Chemieherstellers, der von Ernst Solvay gegründet wurde. Er gehörte mit König Albert I. zum Fonds National de Recherche Scientifique, der die stratosphärischen Erkundungen meines Großvaters finanziert hat. Ich befinde mich also auf freundlichem Terrain. An jenem Abend soll nach meinem Auftritt eine große Zeremonie mit zweitausend Gästen stattfinden, darunter der zukünftige König Philippe. Ich bitte um einen zweiminütigen Vortrag, bei dem ich drei Bilder projizieren möchte, zwischen den offiziellen Vorträgen. Ganz offensichtlich ist dies keine einfache Bitte. Sie müssen den Ablauf des Abends verändern, das Timing, sie brauchen das Okay des royalen Protokolls und des Präsidenten von Solvay. Kein guter Start. Wenn es schon kompliziert ist, ein Programm zu ändern, wie soll sich dann die Partnerschaft ergeben, von der ich träume? Wäre da nicht die offensichtliche Begeisterung eines der Vorstandsmitglieder, Jacques van Rijckevorsel, mit dessen Hilfe ich die Bühne betreten darf:

Mesdames, Messieurs, nach seinem Aufstieg in die Stratosphäre wurde mein Großvater Auguste von König Leopold gefragt, was er als Nächstes zu tun gedenke: »Einen Bathyskaphen entwickeln, um die Tiefen der Ozeane zu erforschen.« Er verließ den Palast, kam zurück in sein Labor und sagte zu seinen Assistenten: »Tja, jetzt habe ich es dem König verkündet, also müssen wir es auch machen!«

Nach meiner Atlantiküberquerung im Heißluftballon stellte mir König Baudouin die gleiche Frage, auf die ich antwortete: »Die erste Weltumrundung im Heißluftballon.«
Heute, vor Prinz Philippe, engagiere ich mich dafür, die erste Weltumrundung im Solarflugzeug zu erreichen, und ich täte es gern in Zusammenarbeit mit Solvay.

Tosender Applaus. Ich habe alles auf eine Karte gesetzt, und Jacques kommt mich zwei Wochen später in Lausanne besuchen:

»Können Sie mir ein Dossier über Ihr Projekt mitgeben, damit ich es dem Vorstand vorstellen kann?«

»Das Dossier bin ich! Ich ziehe es vor, das Projekt selbst vorzustellen, statt ein Dokument bewerten zu lassen.«

Nach Jacques' Abreise bekniet mich meine Frau Michèle:

»Er wollte dir helfen. Du hast dir eine Möglichkeit entgehen lassen. Ohne ein Dokument wird er nichts tun können.«

»Solvay hat in seiner ganzen Firmengeschichte noch niemanden gesponsert. Ich hätte die Chance zunichte gemacht, wenn ich ihm etwas mitgegeben hätte.«

Einen Monat später bin ich in Brüssel. Einige Tische wurden zu einem U zusammengeschoben. Ich soll mich in die Mitte stellen und werde von Experten aus allen Feldern mit Fragen gelöchert. Ein alter Herr mit Glatze und Brille stellt sich als hartnäckigster Prüfer heraus und lässt zu keinem Zeitpunkt locker. Ich antworte mal gut und mal schlecht, wobei ich der Wahrheit immer den Vorzug gebe: »Es handelt sich um einen historischen Versuch. Um etwas, das noch nie erreicht worden ist, und es wird schwer werden. Für einen Erfolg werden wir Unterstützung brauchen, von Beratern, wir werden revolutionäre, ultraleichte Materialien benötigen und Geld. Deswegen bin ich heute zu Ihnen gekommen. Es handelt sich nicht um ein gewöhnliches Sponsoring, sondern darum, gemeinsam innovativ zu sein.«

Zu meiner großen Überraschung gelangt der alte Herr ans Ende seiner Fragen, lehnt sich zurück und erklärt: »Alle Antworten überzeugen mich. Ich bin für eine Partnerschaft.«

Es ist einer dieser Momente, in denen man von einer Welle des Glücks umspült wird, die einen die Absagen der Vergangenheit vergessen lässt, sodass man plötzlich denkt, alles sei möglich.

André

Von unseren deutschen Flugzeugherstellern hat keiner die Kapazitäten für ein derartiges Projekt. In ihren Augen ist es unmöglich. Wir müssen bei null anfangen – da können wir es auch gleich selber machen, so haben wir das gesamte Projekt unter Kontrolle. Von einem einzigen Fabrikanten abhängig zu sein, ohne uns auszukennen, wäre eine inakzeptable Position. Hier beginnt der zweite Teil des Abenteuers: Uns wird klar, dass wir alles selbst entwickeln müssen, inklusive unserer Fähigkeiten. Doch statt mir Angst zu machen, scheint mir dieser Umweg das Aufregendste von allem. Zum Glück ist mir noch nicht klar, was das alles bedeuten wird!

Ich muss mit Bertrand sprechen. Es ist wichtig, dass er die Entscheidung unterstützt und sich ihrer Implikationen bewusst ist. Sie zieht folgenschwere Konsequenzen nach sich.

Ohne größere Schwierigkeiten werden wir uns einig. Im Grunde gibt es auch gar keine andere Lösung. Ich bin jetzt für die Konstruktion eines Flugzeugs verantwortlich, das um die Welt fliegen soll. An diesem Punkt bin ich sehr glücklich darüber, dass ich von Natur aus Optimist bin. Sämtliche anderen Aktivitäten werde ich im Laufe der Zeit aufgeben, um mich ganz Solar Impulse zu widmen.

Bertrand

Dass André und ich so unterschiedlich sind, ist sehr ertragreich. Die Präsenz eines Ingenieurs beruhigt Solvay, ebenso wie die der EPFL. Die Verhandlungen über technische Details führen sie mit ihm. Ein Spezialist für Sportmarketing, Luiggino Torrigiani, hat sich uns angeschlossen. Mit ihm habe ich die Partnerschaften in einer Pyramide aus vier Stockwerken unterschiedlicher Wertigkeiten und progressiver Sichtbarkeit strukturiert. Nun müssen wir die Entscheidung des Vorstands abwarten.

Ich zwinge mich dazu, so viele Vorträge wie möglich zu halten, die auf für uns interessante Firmen abzielen. Manchmal muss ich Ausnahmen machen, beispielsweise für den Genfer Literaturkreis, da ich mit dem Vater der Präsidentin befreundet bin.

Ich bin erkältet, schlecht gelaunt und muss mich zwingen hinzugehen. Da nichts auf dem Spiel steht, bin ich etwas lockerer als sonst, und heraus kommt einer meiner besten Vorträge zum Pioniergeist. Nach der traditionellen Fragerunde tritt ein Mann an mich heran, der in etwa so alt ist wie ich, und sagt, dass er mich gerne unterstützen würde. Er bittet um einen Termin. Ist das schon wieder jemand, der mir sagen will, dass er jemanden kennt, der jemanden kennt, der mir vielleicht helfen kann? Ich bin etwas skeptisch, doch der Blick dieses Mannes scheint mir offen und entschlossen. Kaum sind wir bei mir, bietet er mir zwei Millionen Francs, um die ersten Gehälter zu bezahlen. Éric Freymond, den die Symbolkraft des Projekts begeistert, wird unser erster Mäzen. Während des gesamten Abenteuers spielt er eine entscheidende Rolle.

Einige Tage später ruft mich Jacques van Rijckervorsel mitten in einer Sitzung an der EPFL an. Schnell verlasse ich den Saal. Seine Stimme klingt jovial: »Solvay hat entschieden, dein erster großer Partner zu werden. Doch der Vorstand möchte, dass ihr mit der offiziellen Verkündung noch wartet, bis ein weiterer großer Partner zusagt. Wir können uns nicht erlauben, diskreditiert zu werden, falls das Projekt an der Finanzierung scheitert.«

Überglücklich verkünde ich »inoffiziell« die guten Neuigkeiten. Tosender Applaus. Das Projekt kann starten.

André

Endlich kann ich die Schlüsselfunktionen des Teams mit Experten besetzen. Das alles ist eine riesige Baustelle, aber nichts ist unmöglich. Eine Experimentierphase beginnt. Auf eine Art macht mich das etwas nervös: Wie soll ich in dieser wichtigen Phase sichergehen, alles im Blick zu behalten, alles zu studieren, mir nichts entgehen zu lassen, um die beste Lösung zu finden? Konkurrenz gibt es nicht und aufgrund des Geldmangels auch keinen Druck, sofort Erfolge zu liefern. Wir können also alle Möglichkeiten überdenken.

Ich wähle Menschen aus, die bereits Projekte umgesetzt haben, die Macher sind. Träumer haben wir schon genug. Peter Frei und Roger Ruppert leben im deutschsprachigen Teil der Schweiz, dort befindet sich auch ein Großteil der schweizerischen Aeronautikexpertise. Roger ist ein junger Ingenieur, der ein so leichtes Gleitflugzeug erfunden hat, dass man es auf den Schultern tragen und im Lauf abheben kann. Peter hat Roger während seiner gesamten Arbeitsphase beraten. Sie kennen und respektieren einander. Wenn sie als Duo funktionieren, werden sie von Anfang an ein großes Plus darstellen.

Wenn man ein neues Flugzeug entwirft, richtet man sich für gewöhnlich nach seinen Komponenten. Der Motor, der Aufbau, das generelle Design, die Materialien sind alle bekannt; wenn man mit einer Komponente experimentiert, tut man es an einem Teil des Flugzeugs, der bereits existiert. Das macht die Sache einfacher. Bei uns ist das genaue Gegenteil der Fall. Alles ist neu. Man darf sich also niemals von einer einzigen Lösung abhängig machen. Das Risiko, in einer Sackgasse zu landen, ist zu hoch. Man muss seine Chancen maximieren, indem man mehrere alternative Technologien entwickelt. Das Ganze ist ungeheuer komplex.

Bertrand

Im Sommer 2004 sind wir bereit, uns neu zu strukturieren. André hat mich weiterhin gefragt, was seine Rolle sein wird, und ich habe ihm immer geantwortet: die, die er verdient. Doch der Moment ist gekommen, unsere Beziehung offiziell zu besiegeln. Ich schlage ihm vor, uns zusammenzutun, um eine Gesellschaft zu gründen, von deren Anteilen er zehn Prozent erhält sowie den Posten des leitenden Direktors.

Auch Luiggino und Brian wären beteiligt. Ich möchte weiterhin mit meinem Kompagnon aus dem Breitling Orbiter 3 zusammenarbeiten, aus Freundschaft und Loyalität. Doch obwohl ich ihn mehrfach eines Besseren belehre, sieht er in André noch immer einen einfachen Angestellten, dessen Aufgabe es ist, den ersten Prototyp zu entwerfen. Brian bleibt in England und wartet das Ende der Konstruktionsarbeiten ab, um sich ins gemachte Cockpit zu setzen. Weder er noch ich haben unseren Flugschein. Für André als Kampfflieger steht die Welt kopf. Er arbeitet dafür, dass sich zwei flugunfähige Aeronauten in einen Prototyp setzen können, der zu den am schwierigsten kontrollierbaren Flugzeugtypen gehört.

André

Je weiter wir vorankommen, desto zentraler wird die Frage nach den Flügen. Wie werden sie aussehen? Wir müssen bis ins kleinste Detail verstehen, was uns erwartet. In welcher Höhe werden wir Tag und Nacht fliegen müssen? Bei welcher Temperatur? Bei welchem Druck? Wie hoch wird der Energieverbrauch sein, um bei Sonnenaufgang in achttausend Metern Höhe zu fliegen? Sobald wir diese Informationen erst einmal beherrschen, können wir die Maschine bauen, die wir benötigen.

Folgendes ist unsere Idee: Das Flugzeug steigt und lädt seine Batterien mit so viel Sonnenenergie wie möglich auf, um am Ende des Tages eine Höhe von neuntausend Metern zu erreichen. Sie liegt genau unter den Bahnen der regulären Fluglinien (zehntausend Meter), so stören wir den Flugverkehr nicht. In dieser Höhe kann man mit einer Sauerstoffmaske fliegen, sodass im Cockpit kein Druckausgleich herrschen muss. Die Temperatur liegt um die –40 Grad Celsius, ein Standard der Elektronik. Schon die Höhe an sich stellt eine Möglichkeit zum Stromsparen dar. Bei Sonnenuntergang erlaubt die sehr geringe Gleitzahl dem Flugzeug, für mehrere Stunden zu gleiten, ohne die Batterien zu beanspruchen. In diesem Gleitflug drehen sich die Propeller langsamer, um keinen zusätzlichen Luftwiderstand zu erzeugen. Erst nach drei oder vier Stunden dieses Sinkfluges, wenn es notwendig wird, die Flugphase mit Blick auf Berge, Wolken oder Turbulenzen zu stabilisieren, werden die Batterien angezapft, um es bis zum Sonnenaufgang zu schaffen. Trotz der immensen Spannbreite der Flügel wird die Stromreserve an jedem Morgen sehr niedrig sein. Als wäre das Flugzeug ein Handy, der Akku zeigt schon Rot an, und man kann nur noch einen einzigen Anruf tätigen. Nur dass es über dem Ozean keine Steckdose gibt – nur die Sonne. Und die aufgeladenen Batterien tragen einen nur knapp durch die Nacht. Eine größere Herausforderung gibt es wohl nicht!

Ich sehe mich schon im Cockpit und fange eine Diät an. Bertrand lacht mich aus, um mir auf sanfte Art zu sagen, dass es dafür ein wenig früh ist. Doch irgendein merkwürdiger Aberglaube lässt mich in der Überzeugung, dass dieser Gewichtsverlust den Bau des Flugzeugs vorantreiben wird.

Bertrand

Die Konstellation Bertrand–Brian–André–Luiggino bekommt Risse. Ich möchte das Gleichgewicht nicht aufs Spiel setzen, nur weil André bei allem so hochmotiviert ist, doch Brians Position ist einfach nicht mehr zu rechtfertigen, er hat jede Legitimität im Team verloren. Die Wahl ist ganz klar: Ich kann weiterhin mit meinem Freund Brian über einen Traum sprechen, oder aber André mehr Macht übertragen und weiterkommen. Leider versteht Brian die Situation nicht und unsere Freundschaft erleidet einen Knacks.

André wiederum ist der brillanteste Mensch, mit dem ich je zusammenarbeiten durfte. Abgesehen von Michèle, aber das ist ja eine andere Art der Beziehung. Auch ich hatte mir anfangs gesagt, dass ich den Bau dieses Flugzeugs in die USA auslagern könnte. Meine Familie träumte schon davon, einige Jahre in Kalifornien zu leben, doch sehr schnell wurde klar, dass dies ein Ding der Unmöglichkeit wäre. Einen Projektleiter zu engagieren, der in die Tat umsetzen könnte, was mir nicht möglich wäre, schien mir eine offensichtliche Notwendigkeit zu sein. Doch André ist nicht für einen dritten Platz gemacht. Er ist ein Draufgänger, ein Kämpfer, der sich zu hundert Prozent in das versenkt, was er tut, wenn er die nötige Motivation hat. Und ich will nicht, dass er sie verliert, diese Motivation.

André

Brians Anwesenheit wird zunehmend schwerer zu navigieren. Ich sehe, dass Bertrand meine Meinung teilt, doch in dieser Art Situation tendiert er eher dazu, abzuwarten, bis sich die Dinge von selbst auflösen. Hinzu kommt, dass Brian ihm sehr am Herzen liegt. Ich habe Brian mehrfach angeboten, sich wirklich ins Projekt einzubringen, doch er ist meinen Aufforderungen nicht nachgekommen. Es gibt keinen Platz für ihn und er sucht auch keinen. In einem Meeting, an dem wir alle drei teilnehmen, lasse ich es drauf ankommen. Ich stelle die Frage nach seiner zukünftigen Rolle. Die Fakten sprechen für sich. Die Sitzung ist sehr emotional. Es fällt mir schwer, Brian auszuschließen. Er ist ein fabelhafter Kerl, aber er ist auf den Zug nicht aufgesprungen, und der Schock sitzt tief. Ich habe für Solar Impulse alles aufgegeben. Es war notwendig, die Dinge offen auszusprechen.

Ich weiß, dass Bertrand mich versteht, und ich vertraue ihm. Und vielleicht ist er sich dessen noch gar nicht ganz bewusst, doch je weiter wir voranschreiten, desto mehr werden wir voneinander abhängig.

3

Ein Symbol und ein Flugzeug

Bertrand

Ich möchte aus Solar Impulse ein Symbol für Nachhaltigkeit machen. Es ist 2004, und dieser Begriff lässt gerade den Kreis der Spezialisten hinter sich, um in den alltäglichen Sprachgebrauch einzugehen. Er wird mit Skepsis aufgenommen. Die zusätzlichen Kosten und der Verzicht, der auf die Gesellschaft zukäme, sorgen für Bedenken. Wie können wir unsere aktuellen Bedürfnisse befriedigen, kurzfristig, ohne eine Hypothek auf die Zukunft der nächsten Generationen aufzunehmen?

Für mich ist dies das Abenteuer des 21. Jahrhunderts. Der Mensch hat den gesamten Planeten erobert, sogar den Mond. Es geht nicht mehr darum, neue Territorien zu entdecken, man kann auch nicht mehr rückgängig machen, was geschehen ist, es muss darum gehen, auf dieser Erde eine bessere Lebensqualität zu erschaffen. Wir müssen gegen die Armut kämpfen, für die Menschenrechte, für medizinische Forschung, Bildung, eine bessere Verwaltung der Staaten, und natürlich für den Umweltschutz und die Nachhaltigkeit. Und wie könnte ich meine Überzeugungen besser bewerben, als mit einem Solarflugzeug um die Welt zu fliegen, ohne Sprit zu verbrauchen? Dies wird das Credo unserer Internetseite:

> *Seit dem Beginn der Umweltbewegung in den 1970ern ist ein Graben zwischen den Umweltschützern entstanden, die eine Reduktion an Mobilität, Komfort und Wachstum fordern, und den Industriellen, die Arbeitsplätze und Kaufkraft garantieren. Heute kann dieser Graben zum ersten Mal überbrückt werden, und die Antwort lautet: »Nachhaltige Technologien.« Endlich*

gibt es Lösungen, die die Umwelt auf rentable Art schützen, während gleichzeitig Arbeitsplätze geschaffen und Gewinne erzielt werden können. Doch diesen Lösungsansätzen fehlt bisher die Förderung in der Politik. Umweltschützer können nicht gehört werden, wenn sie nicht die Sprache derjenigen sprechen, die sie überzeugen wollen. Sie müssen ihr Anliegen anziehend und sexy machen, nicht kratzbürstig. Ziel von Solar Impulse ist, hierzu einen Beitrag zu leisten und das Anliegen um den dem Entdeckergeist innewohnenden Enthusiasmus zu bereichern.«

Wir brauchen ein visuelles Markenzeichen. Luiggino verfasst ein sehr umfangreiches Briefing und heuert acht Werbefirmen an, um einen Vorschlag für ein Logo zu liefern. Alle machen exakt, was wir uns vorgestellt haben, doch trotzdem gefällt uns keiner der Entwürfe. Auftritt Jérôme Bontron, aus einer Genfer Agentur, den André gut kennt, mit seinem unvergleichlichen Stil:

»Euer Briefing ist falsch. Ich zeige euch hier einmal etwas, was ich für euch passend finde. Ich hatte nicht viel Zeit, also sagt ruhig, wenn es euch nicht gefällt ...«

Er zaubert aus seinem Aktenkoffer ein paar Bilder hervor, die eine Atmosphäre von Forschung und Technologie hervorrufen, dass es einem den Atem verschlägt:

»Ihr braucht ein Universum, kein Logo. Ihr verkauft kein Produkt, ihr verkörpert einen Traum.«

Wir nehmen seinen Entwurf an, und Jérôme und sein Team begleiten Michèle und mich während unseres gesamten Abenteuers.

André

Ich suche in verschiedensten Sektoren nach Leuten. Die Spezialisten aus der Aeronautik haben keine Erfahrung mit Elektromotoren. Niemand hat Ahnung, wie man Solarzellen auf Flugzeugtragflächen installiert oder wie man Energie mit Batterien speichert. Je außergewöhnlicher das Profil eines jeden

Ingenieurs ist, desto eher wird er Lösungen und Alternativen finden können. Jeder Rekrut bringt wiederum neue berufliche Kontakte mit sich. Doch wie sollen so viele Menschen miteinander kommunizieren, die einen unterschiedlichen kulturellen, sprachlichen Hintergrund haben, einen anderen Bildungsweg und unterschiedliche Erfahrungen? Ein tatsächlicher Prozess der Synergien wird in Gang gesetzt werden müssen, um den Spezialisten zu ermöglichen, richtige Entscheidungen zu treffen. Meine Aufgabe wird dabei sein, ihre Entscheidungen bezüglich ihrer Konsequenzen auf die Leistung des Flugzeugs zu bewerten und den Erfolg der Mission. Die Rolle des Direktors mit der des Piloten zu verbinden, ist ein Vorteil. Der Pilot ist hier eine Art Klient, dessen Leben vom richtigen Funktionieren der Maschine abhängt. Und der Klient muss sagen, was er braucht.

Was sollten wir nun intern angehen, und was sollten wir outsourcen? Es ist unerlässlich, die Kontrolle über alles zu behalten, was Konzept und Design angeht. Die Herstellung der Teile hingegen kann an Dienstleister von außerhalb abgegeben werden. Sie müssen jedoch zu einem frühen Zeitpunkt ins Design mit eingebunden werden. Wenn man etwas entwirft, was man dann gar nicht bauen kann, kommt nichts dabei heraus. Oder aber man riskiert, nicht alle technologischen Vorteile auszunutzen, die der Fabrikant bietet.

Meine Philosophie hierbei ist, alles zu simulieren und zu testen, bevor es in die Tat umgesetzt wird. Um das Risiko zu minimieren, und da ich weiß, dass jedes Flugzeug Millionen kosten wird oder mehrere zehn Millionen. Der Nachteil: Bis wir etwas Konkretes haben, werden drei Jahre vergehen.

Bertrand

Ich sehe, wie Andrés Selbstvertrauen steigt, schon lange ist er nicht mehr der Mann in der zweiten Reihe wie auf den ersten Fotos, die wir an der EPFL gemacht haben. Ich bewundere seine Arbeitsmoral, sein Organisationstalent. Bei einem als Team-Building geplanten Volleyballspiel bekomme ich die Gelegenheit, seine Persönlichkeit genauer unter die Lupe zu nehmen. Hinter seiner Schüchternheit versteckt sich ein Löwe im Käfig, der bereit ist, hervorzuschießen, sobald sich die Tür einen Spaltweit öffnet! Er hetzt jedem Ball hinterher, ob er nun für ihn bestimmt ist oder nicht, er spielt ab, macht Punkte. Seine Mannschaft gewinnt, dank ihm oder durch ihn, allerdings geht die Motivation der anderen dadurch flöten – sie merken schnell, dass es unnötig ist, sich zu bewegen. Sobald es ihm möglich ist, ist André überall, die ganze Zeit; das ist manchmal etwas anstrengend, gibt aber auch Sicherheit. Er ist darüber erstaunt, dass ich ihm, was die Projektleitung angeht, so blind vertraue, aber ich habe gar keine andere Wahl! Die Kehrseite der Medaille: Er tendiert dazu, sich darüber zu beschweren, dass zu viel auf seinen Schultern lastet. Daran werden wir uns wohl gewöhnen müssen.

Wie ich bereits zu Anfang gespürt habe, machen wir beide ganz natürlich das, was wir können. Der Ingenieur/Unternehmer dirigiert das Technikteam und entwickelt Konstruktionsstrategien, während der Psychiater/Abenteurer Partner heranschafft, die für Technologien und Finanzierung sorgen, und dabei die Message ausarbeitet, die er mit seinem Projekt übermitteln will. Genau wie ich hasst André politische Korrektheit. Wir machen Witze darüber, dass ich in unserer Partnerschaft das Geld ranschaffe und er es ausgibt. Wir lernen, uns zu sagen, was wir denken, unsere unterschiedlichen Persönlichkeiten und Erfahrungen auszunutzen, um uns gegenseitig zu bereichern. Ich weiß, dass André es hasst, Arbeit und Freundschaft zu vermischen, doch Freundschaft mischt sich zusehends in die Entwicklung unserer Beziehung ein. Ebenso wie gegenseitige Bewunderung und Respekt.

Ganz spontan machen wir beide Schritte aufeinander zu. Zu Beginn eröffnete André seine E-Mails an mich immer mit »Hallo Bertrand«, ich mit »Lieber André«. Daraus entwickelt sich ein »Hallo lieber André«.

Er ist Direktor und Innenminister, ich bin Präsident und Außenminister. Am Ende muss ich nicht wissen, wie das Flugzeug gebaut wurde, das Wichtige ist, dass es mich an mein Ziel bringt. André hält mich über die Konzeption auf dem Laufenden und motiviert mich dazu, im Ingenieursteam mehr Präsenz zu zeigen. Es wäre eigentlich in seinem Interesse, die totale Kontrolle über diesen Teil des Projekts zu behalten, doch er tut es nicht. Ich kann ihm vollkommen vertrauen. Er prescht schnell voran, manchmal schneller als ich, doch er lässt mich nie zurück. Ich muss seinem Rhythmus folgen.

Was uns beide zueinander hinzieht, ist die Tatsache, dass der andere für das steht, was uns selbst fehlt. Wir haben sehr unterschiedliche Fähigkeiten, selbst wenn wir dieselben spirituellen Werte teilen. Jenseits unserer unterschiedlichen Persönlichkeiten sage ich mir manchmal, dass André geworden ist, was ich hätte werden können, hätte ich an zwei Punkten im Leben anders entschieden. Ich war hin und her gerissen zwischen der Wahl, Ingenieur oder Arzt zu werden, entschied mich dann aber fürs Medizinstudium; und mir hat das Kunstfliegen so viel Spaß gemacht, dass ich mich gegen eine militärische Flugausbildung entschied. André hingegen war bei einem Deltaflug in den Kabeln eines Strommastes hängen geblieben und hatte anschließend bei den Jagdfliegern eine brillante Karriere hingelegt, bevor er Ingenieur wurde.

Ich habe mich oft gefragt, warum wir uns nicht früher kennengelernt haben, da unsere Schicksale so miteinander verwoben schienen. Stellen Sie sich vor: Zwanzig Jahre zuvor war Andrés Vater Professor an der HEC Lausanne gewesen und hatte dafür gesorgt, dass meine Frau Michèle auf den Geschmack kam, was Marketing anging, und ihr die nötigen Grundfähigkeiten vermittelt, die es ihr nun ermöglichen, Marketingberaterin von Solar Impulse zu werden.

André

Den größten Teil der Woche verbringe ich im deutschsprachigen Teil der Schweiz, zweihundertfünfzig Kilometer von zu Hause entfernt. Zwei bis drei Nächte pro Woche schlafe ich in einem mittelmäßigen Hotel. Der unpersönliche Charakter dieses Lebens liegt mir nicht. Mein Sozialleben leidet darunter. Manchmal, wenn die Abende zu deprimierend werden, lässt mich nur der Gedanke an eine Weltumrundung durchhalten. Die Kollegen sind mittlerweile wie eine zweite Familie, und der Teamgeist, der sich entwickelt hat, ist gut.

Wir gehen regelmäßig wie Exilanten in die Castro-Bar, um Dampf abzulassen. Es gibt Plastikpalmen, die Bar ist dekoriert wie ein Strand, mit bunten Scheinwerfern. Perfekt! Schon befinden wir uns in der Atmosphäre einer Weltumrundung. Die Mischung aus Rentnern und jungen Ingenieuren ist fabelhaft. Mit der Zeit nehmen wir gewisse Gewohnheiten an. Die Alten reden weiter über die Arbeit, die Jungen, verheiratet oder verlobt, nehmen einander aufs Korn, und die anderen scharen sich wie Kinder um die Kellnerinnen, die gar nicht mal schlecht aussehen.

Bei der Arbeit führe ich eine Regel ein: Jede Woche ein kleiner Erfolg. So lässt es sich leichter ertragen, weit weg von zu Hause zu sein, und das Investment lohnt sich. Verdammt, das alles ist es wert!

Bertrand ist mit seinen Vorträgen beschäftigt. Sie bringen uns neue Partnerschaften ein. Außerdem hat er auch noch einige Patienten. In dieser Zeit sind wir häufig voneinander getrennt. Ich weiß, dass der Erfolg des Projekts davon abhängt. Anders geht es nicht. Aber schwer fällt es mir trotzdem.

Paradoxerweise ist es fundamental wichtig, dass ich kein Ingenieur bin. Meine Ausbildung als Psychiater ist mir weitaus nützlicher. Natürlich müssen wir etwas bauen, doch dafür habe ich ja André und unser Technikteam engagiert. Meine Aufgabe ist es, das Risiko im Rahmen zu halten, genau wie ein Unternehmer. In erster Linie muss ich mich um die Finanzen kümmern und zusehen, dass die Leute bezahlt werden. Auf eine Art bin ich auch Promoter, denn das Projekt muss strahlen, um zu überleben. Unterm Strich bin ich es, der alles zu verlieren hat, sollte unser Projekt misslingen, meine Glaubwürdigkeit und meinen Ruf, niemand sonst.

Also weiß ich genau, was zu tun ist: Ich muss so viele Menschen wie möglich treffen, die eventuell bereit sind zu helfen, sei es aus der Industrie, der Finanzwelt, der Wirtschaft, der Politik oder den Medien. Meine Besuche in der deutschsprachigen Schweiz dienen lediglich dazu, dem Team Sicherheit zu geben. Aber ich muss klar sagen, dass ich andere Prioritäten haben muss, als zu verstehen, wie die Struktur des Flugzeugs kalkuliert ist.

Und ausgerechnet ich hatte einmal ein Ingenieursstudium in Erwägung gezogen. Ich hielt es für die einzige Möglichkeit, die Familientradition von Forschung und wissenschaftlichem Abenteuer aufrechtzuerhalten. Mein Vater hat einen sehr offenen Geist unter Beweis gestellt, als er mich selbst frei meinen Weg wählen ließ. In dieser Hinsicht hat der mütterliche Einfluss gewonnen. Meine Mutter war Tochter eines evangelischen Pfarrers und hat ihr Leben lang versucht, den Sinn unseres Aufenthalts auf dieser Erde zu verstehen, sie hat mich an ihren Nachforschungen im Bereich der Psychologie, der Philosophie und der Spiritualität teilhaben lassen, sowohl in der westlichen als auch der östlichen Tradition. Schon als Kind bombardierte ich sie bei ausgedehnten Spaziergängen in der freien Natur mit Fragen, auf die sie häufig antwortete: »Das frage ich mich auch.« So wuchsen meine Neugier und meine

Lust, mich selbst auf die Suche nach Antworten zu begeben. Ich spürte, dass dies mein Weg wäre, und entschied mich für ein Studium der Medizin, um Psychiater und Psychotherapeut zu werden. Ich wollte die innere Welt erforschen, das, was menschliche Wesen antreibt, sie dazu bringt, Erfolg oder Misserfolg im Leben zu haben, egal ob materiell oder spirituell.

Beim Deltafliegen entfachte ein bestimmter Aspekt ganz besonders meine Leidenschaft. Sich mit dem Risiko zu konfrontieren, weckt das Bewusstsein für sich selbst im Hier und Jetzt, sodass man gesteigerte Leistungen bringen kann. Obwohl ich als Kind eher ängstlich war, bin ich Europameister im akrobatischen Deltaflug geworden, wohl der beste Beweis, dass man sich von gewissen ungeliebten Charaktereigenschaften befreien kann. Zum Heißluftballon bin ich durch Zufall gekommen … Oder durch Schicksal. Ein belgischer Pilot interessierte sich für meine Hypnosetherapie, um die langen Flüge im Ballon besser zu verarbeiten, und er schlug mir vor, mit ihm die erste Atlantiküberquerung im Heißluftballon zu unternehmen. Fünf Tage und fünf Nächte des Fluges, gekrönt vom Erfolg, hatten mir Mut gemacht. Ich stürzte mich Hals über Kopf in den Traum vom ersten ununterbrochenen Flug rund um die Welt im Heißluftballon.

Auch damals bekam der Ballon für mich eine wichtige metaphorische Bedeutung. Wenn wir immer auf derselben Höhe fliegen, bringt uns der Wind immer in die gleiche Richtung. Da können wir noch so viel beten, weinen oder fluchen, nichts ändert sich. Der einzige Weg, unsere Flugrichtung zu ändern, ist ein Höhenwechsel, um eine atmosphärische Schicht zu finden, in der ein anderer Wind weht. Hierfür muss man Ballast abwerfen, sich leichter machen, damit man aufsteigen kann. Im Leben ist es genauso! Ganz gleich, was unsere Träume oder Ziele sind, die Winde des Lebens bringen uns dorthin, wo sie wollen, denn unsere Existenz ist unvorhersehbar. Wir sind in ihnen gefangen. Zumindest wenn es uns nicht gelingt, die Höhe zu verändern, indem wir unsere Art zu denken und zu handeln ändern, um andere Einflüsse, Antworten und Weltsichten zu finden. Hierzu müssen wir uns von unserem Ballast befreien, von unseren festgefahrenen Gedanken, unseren Überzeugungen und Annahmen, von allen Dogmen, wir müssen lernen, anders zu funktionieren, uns von Automatismen und Konditionierung befreien, die uns beigebracht worden sind. Die Innovation, das Krisenmanagement, die Kreativität, das Abenteuer, der Pioniergeist – bei all diesen Dingen handelt es sich darum, unterschiedliche Höhen zu erforschen, unterschiedliche Handlungsspielräume, um dort anzukommen, wo wir hin wollten. Auch Führungsqualitäten bestehen darin, anderen zu helfen, die Höhe zu finden, die für sie am besten ist.

Meine Erfahrung als Psychiater hat mir gezeigt, dass Menschen Schwierigkeiten mit Veränderung haben, wenn sie ihnen keinen kurzfristigen Vorteil bietet oder wenn es sich um eine Krisensituation handelt. Der Umweltschutz wird also für die Bevölkerung nur interessant werden, wenn er attraktiv gestaltet wird oder wenn wir so lange warten, bis die Verschmutzung unser Leben bedroht. Bei diesem Projekt rund ums Solarflugzeug ist es mir nicht wichtig, zu lernen, wie man einen experimentellen Prototyp baut, sondern ich will damit Werbung für eine bessere Lebensqualität durch erneuerbare Technologien machen, die neue Arbeitsplätze und Profite ermöglichen. Hierfür sind meine medizinischen Kompetenzen notwendig und meine Vorträge.

André

Anfang 2005. Schon zwei Jahre. Für alle vergeht die Zeit wie im Flug. Ich will schnell vorwärtskommen, um etwas vorweisen zu können. Die Partner, deren Unterstützung Bertrand gewonnen hat, haben uns mehrere zehn Millionen Euro in die Hand gedrückt. Hieran sind natürlich gewisse Erwartungen geknüpft.

Gerade haben wir den ersten Prototyp entworfen: vierundsechzig Meter Spannweite, vier Motoren. Mit ihm soll bewiesen werden, dass wir mindestens einen Flug von vierundzwanzig Stunden machen können. Dies wäre schon einmal der Beweis dafür, dass ein nahezu ununterbrochener Flug mit Solarenergie möglich ist, und würde unsere technische Orientierung bestätigen. Doch zunächst geht es erst einmal nur darum, überhaupt eine einzige Minute lang zu fliegen. So könnten wir mögliche Fehler analysieren.

Dann müssen wir nur noch ein Flugzeug bauen, dessen Struktur nicht nur Spezialisten für Karbonfasern benötigt – sie müssen auch innovativ arbeiten können.

Seit meiner Kindheit kenne ich Bertrand Cardis. Wir sind im selben Dorf neben Lausanne aufgewachsen, haben gemeinsam an unseren Mopeds herumgeschraubt, und knatterten fröhlich im Wettrennen miteinander durch die Gegend, um neue Geschwindigkeitsrekorde aufzustellen. Er ist ebenfalls auf die EPFL gegangen und begeistert sich fürs Fliegen ebenso wie für Technik. Er hat die Gesellschaft Décision S.A. gegründet, die die Alinghi-Boote gebaut hat, mit denen das Team aus der Schweiz zweimal den Amerika-Cup geholt hat. Ich habe in ihm immer die Seele eines Pioniers gespürt, die eines wundervollen Idealisten, eines Puristen. Manchmal macht er den Eindruck, auf der Suche nach dem Absoluten zu sein, durch neue und schwierige Projekte. Ein ideales Profil für uns: neugierig, hartnäckig, optimistisch.

Bei einem Projekt wie dem unseren liegt die Aussicht auf Erfolg häufig im gegenseitigen Vertrauen. Ich weiß schon im Voraus, dass er alles daransetzen wird, die Technologien voranzubringen, die wir benötigen. Ich weiß auch, dass er die Sicherheitsstandards einhalten wird, die wir uns gesetzt haben. Er hat keine Ahnung von der Luftfahrt, doch er beherrscht den Gebrauch von Karbonfasern in Perfektion. Wir müssen einfach mit ihm arbeiten. So viel ist sicher.

Bertrand

Ich freue mich sehr über die Wahl von Bertrand Cardis. Mit ihm habe ich bereits den Breitling Orbiter 3 verbessert. Im Vergleich zu dem, was mein englischer Konstrukteur baute, konnte ich mit Bertrands Hilfe und seiner Technologie das Gewicht der Kapsel deutlich verringern. Die thermodynamische Studie des Ballons und seiner Isolation, die er ebenfalls mit der EPFL durchgeführt hat, stellte sich später als von zentraler Wichtigkeit für den Erfolg der Weltumrundung heraus.

Als ich gemeinsam mit André seine neue Fabrik besichtige, dringen wir in eine neue Welt vor. Cardis zeigt uns, was er alles aus Karbonfasern herstellen kann, leicht wie eine Feder, hart wie Stahl. Zum ersten Mal glaube ich tatsächlich an den Bau eines Flugzeugs, das leicht genug ist.

Mithilfe seiner Kontakte zu den militärischen Streitkräften gelingt es André, geeignete Lokalitäten für den Bau und eine Konstruktionshalle auf dem Militärflughafen Dübendorf anzumieten. Noch ein Wink des Schicksals: Hier startete mein Großvater 1932 seinen zweiten Aufstieg in die Stratosphäre.

André

Als mir der Gedanke kommt, die Konstruktion aller Karbonteile in Bertrand Cardis' Hand zu geben, traut mein Team seinen Ohren nicht. Sie wehren sich sogar mit Vehemenz dagegen: »Ein Schiffbauer hat doch keine Ahnung von Flugzeugen, das klappt doch nie im Leben, etc.«

Auch seine Mitarbeiter wehren sich im Gegenzug: »Die haben doch keine Ahnung, was man mit Karbonfasern alles machen kann. Die können unser Handwerk überhaupt nicht wertschätzen und noch weniger all die Möglichkeiten ausreizen, die unsere Materialien bieten …«

Leicht wird das alles nicht. Bei uns zeigt sich schlechter Unternehmergeist. Jeder versucht dem anderen zu zeigen, dass seine Weltsicht und seine Lösungen die besten sind. Es wird zwei Jahre dauern, bis wir genug Vertrauen und gegenseitigen Respekt aufbauen, einander zuhören und einsehen, wie wir unsere eigenen Lösungen verbessern können. Da ich alle Teams angeleitet habe, ist mir aufgefallen, dass es schwieriger ist, eine gesunde Diskussionskultur aufzubauen, als die technischen Lösungen an sich zu finden. Es macht mir Spaß, das Team in der Entwicklung voranzubringen. Es ist genau wie das Flugzeug. Man muss seine Potenziale entdecken und sie koordinieren.

Für mich teilt sich die Zeit immer häufiger in gute Wochen und Scheißwochen. Wir müssen alles neu erfinden. Jede neue Frage eine neue Entwicklung. Sobald ich einen Moment habe, um zu entspannen, fürchte ich mich sogleich vor dem, was ich vielleicht bald werde bewältigen müssen. Wenn sich einmal ein paar Wochen lang wichtige Probleme aneinanderreihen, macht mir die Rückkehr nach Dübendorf regelrecht Angst. Sobald ich einen Fuß in die Halle setze, überhäufen mich drei, vier, fünf Leute mit ihren Sorgen und Nöten, wollen einen Kurs, Unterstützung, Ermutigung. Ich mühe mich ab, um ihnen klarzumachen, dass sie mit möglichen Lösungsansätzen zu mir kommen müssen, nicht nur mit Fragen. Jedes Mitglied des Teams muss verstehen, dass jeder Teil eines Ganzen ist und dass sein Erfolg von seiner Integration ins Ganze abhängig ist, nicht nur von der Lösung eines spezifischen technischen Knackpunkts.

Es ist schwer, diese Probleme beiseitezuschieben. Ich nehme sie mit nach Hause. Glücklicherweise ist mir Yasemine, meine Frau, eine große Hilfe. Sie hört aufmerksam zu, und ihre Ratschläge beruhigen mich. Langsam, aber sicher wird sie mich dahin bringen, Meditation und Yoga zu nutzen, um meine Arbeit besser zu bewältigen. Yasemine hat schon immer einen wirklich offenen Geist bewiesen, was meine beruflichen Entscheidungen betrifft. Ich habe niemals an ihrer Unterstützung gezweifelt. Ich weiß, dass sie mit jeder neuen Hürde, die wir nehmen, besser versteht, was für mich gut ist, und versucht, so gut es geht, auf meinen ehrgeizigen Plan einzugehen. Ihre Zärtlichkeit beruhigt mich, während ihre Geistesgegenwart mich davon abhält, mich ständig über mein Schicksal zu beklagen. Durch ihre klare Sicht auf die Dinge hat sie mich häufig dazu gebracht, mich nicht zu vielen Einflüssen auszusetzen und die richtigen Entscheidungen zu treffen. Ohne ihre Fähigkeit, meinen Geist zu erhellen, hätte ich es sicherlich nicht in so vielen Bereichen so weit gebracht, vor allem nicht auf persönlicher Ebene.

Obwohl Bertrand nicht physisch bei uns anwesend ist, spüre ich ganz deutlich, wie sehr er sich dafür ins Zeug legt, neue Partner zu finden. Das Team ist sich dessen nicht immer bewusst und es ist schwierig, unsere Leute für Vorgänge zu sensibilisieren, die so weit entfernt passieren. Dennoch sind es seine Anstrengungen, die unsere Gehälter bezahlen.

Bertrand

Unterdessen erweitere ich das Marketingteam. Ich hatte mit Luiggino angefangen, bevor Phil Mundwiller hinzukam. Mittlerweile sind wir etwa zehn, ohne die Grafiker und verantwortlichen Multimedia-Leute.

Das Projekt wird nur überleben, wenn es bekannt wird, und vor allem anerkannt. Hierzu muss ich die Befürwortung in Politik und in den Institutionen ausbauen sowie die Berichte in den verschiedenen Medien und die Finanzierung. Wir brauchen Pressemappen, Werbefilme und personalisierte Präsentationen für die Firmen, auf die ich abziele. Wir müssen Treffen organisieren, deprimierend verspätete Antworten akzeptieren und, was noch viel schwerer ist, mit negativen Antworten leben. Das heißt, wenn wir überhaupt eine Antwort bekommen, denn häufig kommt gar keine Rückmeldung …

Michèle hilft beim Inhalt, das Team bei der Verbreitung. Wir geben uns größte Mühe, unsere Message möglichst wortgewandt rüberzubringen: »Entdeckungen können die Welt verändern«, »Weiterkommen ohne Sprit«, »Wir bringen erneuerbare Energien zum Abheben«, »Das Unmögliche erreichen mit neuen Lösungen«. Für mich zählt jedes Wort, jedes Bild, damit unser Projekt als Symbol so wahrgenommen wird, wie es wahrgenommen werden sollte. André hat gerade die Biografie von Steve Jobs gelesen und sagt mir, wie sehr ich ihm in meinem Bedürfnis gleiche, alles bis ins kleinste Detail zu kontrollieren. Auch er verbrachte viel Zeit hinter seinen Mitarbeitern, um ihnen seine eigenen Ideen einzuflüstern. Ich weiß nicht, ob ich das als Kompliment auffassen sollte oder nicht, denn es ist tatsächlich meine Art, so zu handeln, auch wenn ich weiß, dass dies nicht leicht fürs Team es, dem ich so sehr wenig Spielraum lasse. Beim Bau des Flugzeugs wird alles diskret getestet, damit die Möglichkeit besteht, Teile neu anfertigen zu lassen, wenn sie kaputtgehen. Im Marketing kann uns der kleinste Fehler für immer ins Aus manövrieren.

Im Juni 2005 nutzen wir den Salon Aéronautique du Bourget, um die Partnerschaft mit Solvay und Altran öffentlich zu verkünden. Dassault Aviation ist als aeronautischer Berater dazugekommen. Um die fortschreitenden Arbeiten zu finanzieren, habe ich ein Unterstützungsprogramm ins Leben gerufen, bei dem man Pate für eine Solarzelle des zukünftigen Flugzeugs werden kann, sowie einen Zusammenschluss von Mäzenen, die wir nur unsere »Angels« nennen. Die wirklich dicken Fische lassen furchtbar lange auf sich warten. Ich muss mich daran gewöhnen, dass die Geldspritzen nie von dort kommen, wo es am logischsten wäre. Weder von Firmen aus der Flugbranche noch von den großen Energiefirmen oder klassischen großen Sponsoren – sie interessieren sich nicht für dieses Abenteuer. Jeder neue Partner und jeder neue Mäzen wird ausnahmslos zu einem überraschenden Moment zusagen, nach besonders deprimierenden Zeiten. Überraschend, aber niemals zufällig, denn jede Zusage ist das Ergebnis unserer systematischen, allumfassenden Recherche.

Ich fahre nach Mailand, um einen Vortrag zu halten. Ich bin in Gedanken vertieft. Am Vorabend hat mir ein sehr wohlhabender Bekannter gesagt, dass mein »Angels«-Programm absolut keine Chance bei privaten Spendern haben wird, jedenfalls nicht bei ihm. Das Handy reißt mich aus meiner schlechten Stimmung. Ein Großindustrieller im Ruhestand hat von Solar Impulse gehört und will uns eine Million Francs überweisen! Mehr noch, er schlägt vor, uns genug zu leihen, um bis zum nächsten Sponsor durchzuhalten.

Monsieur D. betritt in roten Stoffschuhen unser Büro, mit seinem Bankier, seinem Notar und seinem Anwalt im Schlepptau. Sie alle erledigen gründlich ihren Job:

»Wir schlagen vor, einen Trust zu machen, wie eine Stiftung, der mehrheitlich Monsieur D. gehört und auf dem Ihnen eine gewisse Summe zur Verfügung gestellt wird; über die Einzelheiten werden wir uns noch einigen müssen, bevor eine Teilüberweisung …«

»Machen wir's viel einfacher«, unterbricht Monsieur D. »Überweisen Sie denen vier Millionen im Austausch gegen einen Schuldschein und ein Rückzahlungsversprechen, sobald ein neuer Sponsor auftaucht.«

Einige Monate später zahlen wir die Summe zurück, als wir Omega als zweiten Hauptsponsor für uns gewinnen können. Omega gehört zur Swatch-Gruppe, dessen Gründer, Nicolas Hayek, sich bereits sehr früh für elektrische Mobilität eingesetzt hat. Und so ist es wenig überraschend, dass diese neue Zusammenarbeit unseren Finanzplan zur Verbesserung der Effizienz unserer Motoren übersteigt. Vonseiten dieses Visionärs handelt es sich um ein unglaubliches Zeichen der Anerkennung.

Unmittelbar danach unterschreibt die Deutsche Bank als dritter Hauptsponsor. Ich wollte eine Bank an Bord haben, um eine Annäherung von Wirtschaft und Ökologie zu propagieren. Der Organisator eines meiner Vorträge steht dem Generaldirektor nahe. Ich habe zwanzig Minuten Zeit, um ihn davon zu überzeugen, dass Solar Impulse es ihm ermöglichen wird, seine Investitionspolitik in Sachen erneuerbare Energien besser zu bewerben, die bisher noch kaum jemand kennt. Das Ganze ist ein Erfolg und eine unglaubliche Erleichterung. Nun können wir voranschreiten ohne ständige Angst im Bauch.

André

Die Größe der Vision ist nicht alles. Wir müssen Subunternehmer davon überzeugen, Teil dieses Abenteuers zu werden. Die Produktion von Teilen mit limitierter Auflage ist von keinem wirtschaftlichen Interesse – außer wenn es ums Image der Firma geht. Wenn es Zeit für Verhandlungen wird, haben die kleinen Hersteller kaum Mittel, und wir haben keine Wahl: Wir müssen sie bezahlen … mit einem Lächeln.

Immer öfter stellt sich die Frage, welcher Moment der richtige ist, um unseren Entwicklungsprozess abzuschließen. Wenn wir noch drei Monate drauflegen, bekommen wir ein Flugzeug, das sicherer ist und besser fliegt. Doch so findet man nie ein Ende. Der Bau der Tragflächen ist von wesentlicher Bedeutung. Er wird das generelle Aussehen des Flugzeugs prägen sowie seine grundlegende Leistung: Größe, Gewicht, Form, aerodynamische Charakteristika. Peter fertigt eine allgemeine Beschreibung an, die präzise genug ist, um einen ununterbrochenen Flug zu ermöglichen, und die Ladefaktoren beinhaltet, die unter Berücksichtigung von Geschwindigkeit und Turbulenzen möglich wären.

In sämtlichen Bereichen bewegen wir uns am Limit. Da alle Elemente aufeinander einwirken, verändern sich alle Faktoren, sobald man einen einzigen modifiziert. Nun stellt sich das ultrakomplexe Modell von Altran, das der Mathematiker Christophe Béesau und sein Team entwickelt haben, als ein riesiger Erfolg heraus. Uns wurde gesagt, ein erstes Konzept würde mindestens fünf Jahre in Anspruch nehmen. Binnen achtzehn Monaten wurden uns die Gleichungen für ein Modellflugzeug vorgelegt. Diese Schnelligkeit sorgt für eine Welle der Begeisterung in unserem Team.

Bei Solvay machen wir gigantische Schritte vorwärts, was die Verkapselungen der Solarzellen angeht. Ihre äußerst fragile Siliziumschicht mit dem Durchmesser eines Haares wird zwischen zwei Schichten eines durchsichtigen Polymers gepackt, die sie vor plötzlichen Bewegungen und Feuchtigkeit schützen. Sie sind flexibel genug, um sich der Krümmung der Tragfläche anzupassen, und werden so unzerstörbar.

Ganz langsam entsteht Solar Impulse 1 in drei Dimensionen im Programm Catia von Dassault Systèmes. Das Problem ist, dass die Struktur leicht sein muss, doch wenn sie zu leicht ist, ist sie nicht stabil genug. Wenn wir jedoch beschließen, die Flügel zu verstärken, werden sie zu schwer. Dann müsste man mehr Motoren einbauen, bräuchte mehr Batterien, mehr Effizienz. Die Ingenieure müssen sämtliche Kombinationen in Betracht ziehen.

Bertrand

Herbst 2006. Andrés Team arbeitet in Dübendorf, meines in Lausanne. Das Technikteam und das Marketingteam kennen einander nicht. Wir beschließen, alle auf der Rigi zusammenzubringen, in einem Berghotel, um ein erstes Team-Building durchzuführen. Hierzu gehören klassische Gruppenübungen, die von einer professionellen Moderatorin durchgeführt werden. Doch das Ganze reicht mir nicht. Wissen, was zu tun ist, und es gemeinsam zu tun, bedeutet noch lange nicht, dass der Teamgeist ausreicht. Ein Ziel zu haben, wie beispielsweise die erste Weltumrundung im Solarflugzeug, ist nicht genug. Hinzu muss ein Sinn für die eigene Tat kommen, die Intention hinter dem Ziel. Wenn man sich damit begnügt, jedem zu zeigen, was zu tun ist, um das Ziel zu erreichen, ist das bloßes Management. Leadership besteht hingegen darin, zu erklären, warum dieses Ziel erreicht werden sollte. Dies ist absolut notwendig, um die richtige Motivation aufrechtzuerhalten.

Ich schlage also folgende Übung vor: In Kleingruppen soll ein Zeitungsartikel verfasst werden, aus dem deutlich wird, was für einen Einfluss Solar Impulse auf die weltweite Energiepolitik haben wird. Und, Überraschung, es sind die Ingenieure, die als Erstes aus sich herauskommen. Wenn ein Ingenieur erst einmal feststeckt, steckt er fest, doch wenn er aus sich herauskommt, wird es richtig kreativ. Wir fangen an herumzuspinnen, lassen der Fantasie freien Lauf, doch das Ergebnis ist es wert. Vergnügt trägt Marcus Basien das Ergebnis vor versammelter Mannschaft vor. Schulter an Schulter mit Peter Frei koordiniert er das Design des Flugzeugs.

New York, 1. Juli 2025
Der Sekretär der Vereinten Nationen hat heute Morgen vor der Versammlung zahlreicher Staatschefs während der Generalversammlung den Solar-Impulse-Preis vergeben. Zuvor hatte der Präsident der Vereinigten Staaten den Preis für sich beansprucht, doch seine Energiepolitik ist als nicht ausreichend innovativ betrachtet worden, um die Solar-Impulse-Foundation zu beeindrucken.
Die Wahl fand zwischen zwei Kandidaten statt: Dänemark, das gerade auf seinem Hoheitsgebiet den Gebrauch von Kohlenwasserstoff verboten hat, sowie eine chinesische Luftfahrtgesellschaft für ihr zu 100% elektronisches Postsystem. Die weltweit 155 Millionen Unterstützer von Solar Impulse, die gleichzeitig als Jury fungieren, haben per Internet entschieden: Der Preis ging an Dänemark. Der Präsident der Volksrepublik China, der extra zu diesem Anlass nach New York gereist war, versprach, binnen fünf Jahren sämtlichen Gebrauch fossiler Brennstoffe zu verbieten, um so eventuell im nächsten Jahr den Solar-Impulse-Preis gewinnen zu können.
Am selben Tag verkündete General Motors in Chicago, sein letztes mit Benzin betriebenes Auto dem Museum für Wissenschaftsgeschichte zu spenden. Sie produzieren von nun an ausschließlich Elektroautos – es handelt sich um das wohl größte industrielle Mea Culpa der Menschheitsgeschichte.

Das Ergebnis ist bezeichnend. Dem Team wird ausdrücklich klar, dass sie nicht nur an der Entwicklung eines Prototyps mitarbeiten, auch nicht an der Werbung für ein Luftfahrtabenteuer, sondern viel eher am Beweis dafür, dass eine andere Gesellschaft möglich ist. Für uns alle wird Solar Impulse zu einem Geisteszustand, bei dem es um eine Verbesserung der Lebensqualität geht.

Das Wochenende endet mit einem Foto, auf dem jeder von uns ein Transparent hochhält, auf dem das Wort »Team« steht. Seit jenem Tag weiß das Team nicht nur, was es machen soll und mit wem, sondern auch, warum. Darüber hinaus gibt es ein kurzfristiges technologisches Ziel und ein langfristiges humanistisches.

Einige Monate später gehe ich in Zürich auf der Straße spazieren, als mich eine hübsche junge Frau zur Seite nimmt:

»Ich kenne Sie. Ihretwegen habe ich meinen Freund verloren.«

»Es tut mir wirklich sehr leid, aber ich habe keine Ahnung, wovon Sie reden. Normalerweise spanne ich jungen Frauen nicht die Freunde aus!«

»Das ist nicht lustig. Ich bin die Ex von Röbi, einem Ihrer Ingenieure. Er hat seine ganze Zeit damit verbracht, für Sie zu arbeiten. Wir konnten uns nicht mehr sehen.«

»Haben Sie ihm gesagt, dass er mit Ihnen ebenso viel Zeit verbringen soll?«

»Natürlich. Und wissen Sie, was er mir geantwortet hat? Er hat gesagt: Wenn man die Welt verändern will, muss man gewisse Opfer bringen.«

Zu jenem Zeitpunkt habe ich mir zum ersten Mal gesagt, dass wir es schaffen werden. Unser Ingenieur hatte verstanden, dass seine Arbeit die Welt verändern könnte. Er konzentrierte sich nicht nur auf technisches Design oder mathematische Formeln, nein, er war sich dessen bewusst, dass er eine Maschine bauen wird, die den Blick der Gesellschaft auf erneuerbare Energien revolutionieren soll. Ich war glücklich darüber, meine Leidenschaft auch dem Technikteam eingeimpft zu haben.

André

Die Aufgabe auf der Rigi ist besonders interessant, was die Ingenieure betrifft. Ihnen werden kaum Möglichkeiten gegeben, über den Sinn und die Funktionsweise von Teams nachzudenken. Selbst wenn es möglich ist, Probleme binnen eines

Tages zu lösen, ist es immer nützlich, Abstand zu bekommen. Es ist auch schön, Bertrand wiederzusehen. Das Glück, das er daraus zieht, die Dinge zu animieren, eine neue Perspektive auf seine Vision zu werfen und sein Engagement auf uns zu übertragen, hat uns belebt. Und sein strahlendes Gesicht zu sehen, wenn einer unserer Ingenieure es gewagt hat, selbst seine verrücktesten Hoffnungen zu übertreffen, ist ein Hochgenuss.

Nun ist das Technikteam beinahe vollständig, es wird von Marcus Basien geleitet, was mir Zeit gibt, die Flüge auszuarbeiten.

Die Gruppenstruktur stützt sich auf Peter Frei und Röbi Fraefel. Röbi kommt aus der Formel 1, in der ähnliche Ansprüche gelten wie bei uns: ans Limit gehen, Höchstleistungen, Zuverlässigkeit. Nach der allgemeinen Konfiguration berechnen, dimensionieren und designen sie jedes einzelne Teil mit hochmoderner 3D-Technik, dann stellen sie sie her und testen sie auf maximale Belastbarkeit. Die Ökonomik des Gewichts grenzt an eine Obsession. Wir reden hier nicht mehr von Kilos, sondern von ein paar Gramm. Wenn ein Teil bei unseren Tests nicht bei maximaler Belastung wie berechnet kaputtgeht, sind die Jungs stocksauer darüber, dass sie es nicht noch leichter gemacht haben.

Seb Demont, ein junger Ingenieur, der ebenfalls Pilot ist, leitet das Technikteam mit der beachtlichen Fähigkeit, Konzept und Programmierung kombinieren zu können.

Ohne Simulation läuft nichts. Ralph Paul, absoluter Spezialist in Flugdynamik, berechnet das Verhalten von Solar Impulse am Computer. Dies eröffnet uns die Instabilität des ersten Entwurfs und zwingt uns dazu, die Form der Tragflächen zu verändern. Der Bau des ersten Prototyps muss um sechs Monate nach hinten verschoben werden.

In der Werkstatt ist der jüngste Angestellte ein Lehrling von sechzehn Jahren, der älteste ein ehrenamtlicher Rentner von achtzig. Bei unserem anspruchsvollen Niveau müsste ich immer dreimal nachfragen, wer für etwas verantwortlich ist. Beispielsweise hat jemand den Flügelholm des horizontalen Stabilisators verrückt, ein Teil von zehn Metern Länge, das etwas weniger als zehn Kilo wiegt – per Hand. Nun sind drei Abdrücke im Karbon, und eine große Frage schwebt im Raum: Ist das Teil in Mitleidenschaft gezogen? Am Ende ist es ein Ingenieur, Martin Meyer, der sich fortan um derlei Angelegenheiten kümmert.

Um sicherzustellen, dass unsere Entscheidungen sämtliche Sicherheitskriterien erfüllen, bilden wir einen Expertenrat mit Blick von außen, genannt Safety Review Board (SRB).

Claude Nicollier, ein früherer Kamerad aus der Fliegerstaffel und Schweizer Astronaut, der bereits vier Weltraummissionen in amerikanischen Shuttles geflogen ist, wird die Verantwortung für das Testflugteam übertragen. Daran arbeiten Markus Scherdel, ein deutscher Testpilot, und die Ingenieure Christoph Schlettig und Michael Anger. Sie alle sind Gold wert, doch sie kennen einander kaum und haben nie gemeinsam ein Flugzeug getestet. Schon gar kein experimentelles Flugzeug wie das unsere. In unserem Projekt übernimmt jeder mehrere Aufgaben, da wir uns nicht für jede Funktion eine Vollzeitkraft leisten können.

Mein Grundgedanke war nicht gewesen, für jede Funktion einen Verantwortlichen zu finden, sondern für jeden Mitarbeiter eine Rolle, die seinen Qualitäten entspricht. Hierzu musste ich mit jedem Zeit verbringen, menschliche Probleme aus der Welt schaffen und ungeahnte Kräfte freisetzen. Ich versuche, den Mitarbeitern möglichst viel Freiheit zu geben. Viele von ihnen machen eine spektakuläre Entwicklung durch.

Bertrand

Zunächst betrachten wir den Flugsimulator wie ein Spielzeug. Schwerer Fehler! Keiner von uns, weder Markus noch André noch ich, bringt es fertig, das Flugzeug zu landen. Es reagiert so träge auf Befehle, die Reaktionen sind so verzögert und es reagiert so sensibel auf Turbulenzen, dass wir Oszillationen auslösen, die sich dahin gehend verstärken, dass sie uns jedes Mal über der Landebahn zermalmen.

Einem früheren Cheftestpiloten für die Flugtests der NASA ergeht es nicht besser. Seine Erfahrungen nützen ihm überhaupt nichts, auch er kann das Verhalten unseres virtuellen Prototyps nicht kontrollieren. Wutentbrannt verlässt er den Simulator und arbeitet die ganze Nacht lang an einem Plan, um es besser zu machen. Am nächsten Morgen klebt er ein paar Stück Tesafilm auf den Bildschirm, um fixe Referenzpunkte zu haben, sodass es ihm schließlich gelingt, Solar Impulse zu landen. Seine Schwierigkeiten beruhigen uns, was unsere Fähigkeiten als Piloten angeht, zeigen uns jedoch auch, wie schwer es ist, dieses Flugzeug zu kontrollieren.

Wir müssen nun dringend die genauen Witterungsverhältnisse kennenlernen, die uns auf dem Flug rund um die Welt begegnen werden. André hat den Einfall, virtuelle Missionen auf dem Computer durchzuführen, um Antworten zu finden.

Ich kontaktiere erneut einen Teil des Teams, das mich während meines früheren Projekts begleitet hat. Luc Trullemans antwortet mir sofort. Er ist ein außergewöhnlicher Meteorologe, dem es gelingt, die Evolution von atmosphärischen Phänomenen zu beobachten und daraus nützliche Schlüsse für Missionen von mehreren Tagen zu ziehen. Er ist so gut darin, dass man manchmal meinen könnte, er könne einfach über das Wetter entscheiden.

Auch Niklaus Gerber, ein Fluglotse aus meiner Zeit im Breitling Orbiter, schließt sich uns an, um die Gegenwart unseres Prototyps im Flugverkehr zu koordinieren. Ein ziemliches Wagnis, wenn man bedenkt, dass Solar Impulse aufgrund seiner sehr geringen Fluggeschwindigkeit am Himmel in etwa mit einem Fußgänger auf der Autobahn verglichen werden könnte!

Christophe Béesau passt das Programm von Altran an, dass es uns ermöglicht, ganze Missionen unter realistischen meteorologischen Bedingungen zu simulieren, inklusive Sonnenbestrahlung, Energieverbrauch des Flugzeuges, Flugstrecke, Flugprofil und administrativer Beschränkungen.

Auf diese Art simulieren wir jedes Jahr eine Weltumrundung. Luc gibt das Startsignal, das Flugzeug bahnt sich auf der Karte seinen Weg, die Ingenieure für die Mission rechnen sämtliche Flugbahnen sowie die Aufladung der Batterien aus, während die Fluglotsen ihm den Weg frei machen.

Auf diese Art gelingt es uns, die virtuelle Welt so perfekt zu beherrschen, dass die Unwägbarkeiten, die wir in der Realität erahnen, umso angsteinflößender werden.

André

Das Team für die Missionen muss unfehlbar sein. Für seine Leitung habe ich sofort an Raymond Clerc gedacht. Ich kenne ihn seit über dreißig Jahren. Ein alter Freund, ebenso früherer Kampfflieger. In besonders intensiven Trainingsflügen offenbart sich der wirkliche Charakter eines Menschen. Ohne mit der Wimper zu zucken, durchlebt man riskante Situationen mit derselben Konzentration, derselben Disziplin. Das schweißt zusammen. Und mit Blick auf das, was wir vorhaben, gefällt mir Raymonds Kaltschnäuzigkeit, seine fröhlichen 1,90 Meter, seine selbst unter Druck gleichbleibend gute Laune und seine Nervenstärke. Und er hat Humor, eine Qualität, die ich in sämtlichen Teams einzubringen bemüht bin. Sich nicht so ernst nehmen, aber die Dinge ernsthaft erledigen.

Bertrand dachte an Alan Noble, um das Kontrollzentrum zu dirigieren, wie schon beim Breitling Orbiter, doch mein Einfall gefiel ihm sofort. Raymond hatte wie er in den 1970ern das Deltafliegen betrieben. Manchmal warteten sie beide gemeinsam den ganzen Tag, bis sich der Nebel auflöste, sodass sie einander gut kennenlernen konnten. Raymonds Karriere als Deltaflieger war in einem Starkstromkabel geendet, und später gefiel es ihm zu behaupten, er habe das Elektrofliegen lange vor uns entdeckt!

Uns wird klar, dass der Wetterbericht es uns niemals ermöglichen wird, exakt vorauszusagen, wo das Flugzeug landen wird. Wie sollen wir im unvorhergesehenen Fall seine Sicherheit garantieren? Wir brauchen einen mobilen Hangar, der einem Wind von mindestens 100 km/h standhalten muss.

Unser ursprüngliches Projekt, das bereits überdimensioniert ist, zieht plötzlich ein weiteres nach sich.

Trotz größter Sicherheitsvorkehrungen wird der erste Hangar bei einem Test zerstört. Manchmal kommen mir Zweifel. Eine Baustelle zieht die nächste nach sich, abends kehre ich zurück in mein Hotelzimmer, weit weg von den Menschen, die mir nahestehen, um morgens zurück zur Arbeit zu fahren und dort doppelt so viele Probleme vorzufinden wie zuvor ... Ich fühle mich immer öfter schlecht. Und wenn es uns nicht gelingt? Der Rückschlag mit dem Hangar ist schwer zu verdauen. Wir brauchen eine zweite Formel, ein widerstandsfähigeres Material. Er muss sich mit dem Wind verformen, um nicht zu brechen, ohne jedoch seine ursprüngliche Form zu verändern, um das Flugzeug nicht zu beschädigen! Wir brauchen eine Schilfrohrstrategie, keine massive Eiche!

Bertrand

Im Mai 2007 nähern wir uns dem Bau von Si1, und die Größe des Teams hat sich beinahe verdoppelt. Die Erfahrung auf der Rigi war ein voller Erfolg, doch ich würde gerne noch mehr psychologische Kompetenzen wecken, um die Gruppenperformance noch zu steigern. In den Dübendorfer Büros sprechen wir darüber, wie sehr individuelle Unterschiede Voraussetzung für Kreativität sind.

Zu oft geben Ähnlichkeiten Sicherheit und machen Unterschiede Angst. Und doch bringen es Menschen, die sich ähneln, nur auf die Gleichung 1 + 1 = 1. Jeder kann von dem anderen nur erwarten, was er selbst schon weiß. Kein Streit, aber sicher auch keine Kreativität.

Es braucht ein Maximum an Diversität, wenn man wirklich innovative menschliche Energie hervorbringen will. Im elektrischen Kreislauf ist es ebenso, in dem mit entgegengesetzten Polaritäten gearbeitet wird, wieso also nicht auch in einem Team? Man will natürlich Kurzschlüsse vermeiden, also Situationen, in denen Rivalität und das Bedürfnis, den eigenen Willen durchzusetzen, die Leistung eines jeden Individuums auslöscht. Das wäre 1 + 1 = 0.

Ziel ist es, 1 + 1 = 3 zu erhalten oder die Kombination der Kompetenzen des einen und des anderen, um ein höheres Ergebnis zu erzielen als die bloße Summe. Wenn das gelingt, ist keine Konkurrenz mehr möglich, denn jeder kann nur durch die unterschiedlichen Erfahrungen erfolgreich sein, die der andere zu bieten hat.

In einer Gruppe muss die Kommunikation also darin bestehen, Erfahrungen zu teilen, was man nicht mit Informationen verwechseln sollte, also einem reinen Gedankenaustausch. Damit dies gelingt, müssen Gegensätze anerkannt werden, müssen Lösungen gesucht werden, durch die man voneinander lernt, statt dass man dem anderen etwas beweisen muss. Ein Kollege, der anderer Meinung ist, ist bei Weitem keine Bedrohung, sondern unsere einzige Möglichkeit, etwas Neues zu lernen. Wir alle müssen also das Unbekannte nutzen, statt uns an feste Glaubenssätze zu klammern, um im Leben weiterzukommen. Für Ingenieure heißt das Unbekannte Gefühl, Subjektivität, Unsicherheit, Zweifel, Intuition und noch viel mehr.

Am Ende hängen wir in den Arbeitsräumen gut sichtbar ein Resümee auf:

Kreativität bedeutet 1 + 1 = 3
Darum:
Fragen wir nicht nur was, *sondern vor allem* warum.
Legen wir es auf Diversität an.
Vergleichen wir Erfahrungen, statt Ideen auszutauschen.
Sehen wir das Gute in Konflikten.
Erkennen wir den Wert des anderen an.
Lernen wir von Unbekannten, statt uns auf Glaubenssätze zu berufen.
Verstehen wir, dass es immer einen größeren Zusammenhang gibt.
Gestehen wir jedem das Recht zu, seinen Gefühlen Ausdruck zu verleihen.
Rufen wir uns ins Gedächtnis, dass Kommunikation mehr ist als ein Ideenaustausch.

Wenn man das Unmögliche versuchen will, wird man von Menschen umgeben werden, die davon angetrieben werden. Wenn man etwas Leichtes vorhat, wird man sehr konventionelle Menschen anziehen. Was heißen soll, dass das Team, das Sie verdienen, sich ausschließlich aus dem Ziel begründet, das Sie anvisieren.

André

Bertrands Interventionen beeindrucken mich jedes Mal. Er findet die richtigen Worte, um Situationen, die wir erleben, zu erhellen, und uns zu helfen, etwas Abstand zu gewinnen. Es ist verrückt, wie sehr eine Handvoll Ideen, die perfekt formuliert werden, plötzlich einem ganzen Team neue Kraft geben. Diese beeindruckende Eloquenz verblüfft mich jedes Mal. Vielleicht arbeiten wir jetzt noch in der Anonymität, doch wenn alles so läuft wie geplant, werden wir vielleicht die Welt verändern. Das zu hören tut gut. Doch manchmal, wenn ein Ingenieur zu mir kommt, dem die unzähligen Probleme über den Kopf wachsen, reichen Worte nicht aus.

Die Kombination aus Arbeitsaufwand, Verantwortung und ständigem Reisen ist hart! Doch mein Ehrgeiz wächst. Trotz all der unbekannten Variablen, des Stresses, der Enttäuschungen lässt mich die Vorstellung, irgendwann hinter der Steuerung zu sitzen, ins Büro rennen. Ich kann einfach nicht anders, als mir die Ozeanüberquerung vorzustellen. Allein an Bord dieses Flugzeugs zu sein und den Pazifik oder den Atlantik zu überqueren – das geht in die Geschichte ein. Und genau das ist Bertrands Ziel. Doch noch ist er kein Pilot, und er war zu wenig da, um dem Flugzeug, das wir bauen, seine Persönlichkeit einzuhauchen. Er ist sehr verständnisvoll, und doch verrät er mir mit keiner Silbe, wann es losgehen soll. Ich muss mich vor meinem eigenen Verlangen nach Anerkennung in Acht nehmen. Ich mache ihm nicht seinen Platz streitig, doch ich werde für meinen Traum kämpfen. Ich bin fest entschlossen.

Bertrand

Ich muss Solar Impulse auch weiterhin in Politik und Medien gut platzieren, um die richtigen Hebel umzulegen. Ich versuche, die Interviews dahin gehend zu lenken, dass nach meiner Meinung zu nachhaltigen Technologien und erneuerbaren Energien gefragt wird, sodass ich in aller Welt zu Konferenzen eingeladen werde, bei denen es um diese Themen geht.

Alle wichtigen Partner habe ich dank meiner Vorträge oder persönlicher Kontakte gewinnen können, sodass ich mich plötzlich schuldig fühle, Einladungen abzulehnen, um keine Gelegenheit zu verpassen, wichtige Menschen zu treffen.

Meinem Vater war es schwergefallen, die Finanzierung für seine Projekte zu erwirken. Nur fünf aus fünfundvierzig konnte er in die Tat umsetzen. Die anderen sind in Papierform in seiner Schublade geblieben. Es waren sehr schöne Projekte von fundamentaler Nützlichkeit. Da er dies wusste, ging er davon aus, dass man sie natürlich finanzieren würde. Er war Wissenschaftler, kein Werbetexter, und jede Absage empörte ihn, jeder Mäzen, der sein Geld lieber anderweitig ausgab, als es ihm zur Verfügung zu stellen. Um gewisse Missionen zu finanzieren, hatte er eine Hypothek auf das Haus unserer Familie aufgenommen, und als Kinder lebten wir in der ständigen Angst, dass es ihm nicht gelänge, seine Schulden abzubezahlen.

Ich habe mir immer vorgenommen, es anders zu machen. Und ich gebe zu, dass ich mich manchmal in einer genau gegenteiligen Situation wiedergefunden habe, dass ich zu viel gemacht habe, dass sich meine Partner derart in den Vordergrund gestellt habe, dass man mich vielleicht manchmal für eine Plakatwand hielt. Doch dieses Vorgehen hat mir ermöglicht, meine Projekte in die Tat umzusetzen und mit meinen Partnern lange und treue Beziehungen einzugehen.

Wenn die Menschen hören, welch große Summen ich eingeworben habe, fragen sie mich oft, ob ich ein Rezept habe. In erster Linie ist der Schlüssel zum Erfolg, zu verstehen, dass jeder Mensch, dem Sie etwas vorschlagen, hin und her gerissen ist zwischen Zustimmung und Ablehnung. Diese Ambivalenz ist normal. Und sie bedeutet, dass Sie niemals versuchen sollten zu überzeugen. Zu überzeugen bedeutet, mit ihren eigenen Argumenten gegen die Tendenz Ihres Gesprächspartners anzukämpfen, Sie abzulehnen. Zumal sie ja keine Ahnung haben, ob Ihr Vorschlag ihm tatsächlich nützen wird. Und dies spürt Ihr Gegenüber! Daher sollten Sie versuchen, zu motivieren anstatt zu überzeugen. Wenn Sie motivieren, knüpfen Sie einen Band mit dem Teil des anderen, der bereit ist, Ihren Vorschlag anzunehmen, sich in etwas Neues einzubringen. Es liegt dann an Ihrem Gesprächspartner, ob er selbst fühlt, dass Ihr Vorschlag gut für ihn sein wird, nicht an Ihnen. Ihre Rolle besteht darin, ihm dabei zu helfen, sich auf dieser Schiene wohlzufühlen.

Auch ist es notwendig, dass die eingeworbene Summe nicht in Ihre eigene Tasche wandert. Um Vertrauen zu schaffen, habe ich mich bei Solar Impulse von Anfang an bemüht, kein eigenes Gehalt einzustreichen und meinen Lebensunterhalt ausschließlich mit meinen Vorträgen zu verdienen. Ich habe also nie für mich selbst um Geld gebeten. Mein Ziel war es nicht, irgendwen dazu zu bringen, meinen eigenen Traum zu finanzieren. Ganz im Gegenteil, ich habe versucht, ihn zu teilen, ihn denjenigen anzubieten, die sich vielleicht dazu bringen lassen würden, ihn zu finanzieren. Um glaubwürdig zu bleiben, habe ich auch die Schwierigkeiten nicht verschwiegen. Dies hat die wahrhaftigen Unternehmer neugierig gemacht, die auf der Suche nach technologischen Ausnahmeleistungen waren.

Deswegen haben wir auch aus unserem Vokabular das Wort »Sponsor« verbannt. Wir haben ausschließlich »Partner«, Startergesellschaften, die sich das Projekt angeeignet und es zu ihrem eigenen gemacht haben.

Natürlich habe ich bei jeder Absage innerlich gekocht, doch es waren hauptsächlich die starre Geisteshaltung und der Mangel an Pioniergeist, die mich nervten, ebenso wie die schlechten Argumente, die man mir entgegenbrachte. Doch was für ein Glück empfanden wir bei jeder Zusage! Als Christian

Courtin, der Inhaber von Clarins, Solar Impulse auswählte, um seine Vision des verantwortungsbewussten Handels für seine Kosmetikfirma voranzubringen; die Services Industriels de Genève und die Forces Motrices Bernoises, um ihr Programm für erneuerbare Energien zu erklären; Victorinox, um die Tradition zu wahren, ein Schweizer Taschenmesser auf sämtliche Expeditionen unserer Familie mitzunehmen.

Abgesehen von einigen staatlich geförderten Programmen sind alle großen Expeditionen über kurz oder lang auf Geldprobleme gestoßen, und diejenigen Entdecker, die in die Geschichte eingegangen sind, waren diejenigen, die finanziellen Erfolg hatten.

Selbst der Genuese Christoph Kolumbus musste auswandern, um die Unterstützung des spanischen Königs zu bekommen. Die Suche hat sich häufig als länger herausgestellt als die Reisen an sich.

André

Es gibt immer mehr Gründe, kalte Füße zu bekommen. Zu viele Sorgen. Ich kann nicht mehr schlafen. Ich schließe die Augen, und sofort geistern Fragen durch meinen Kopf. Ihre Zahl scheint niemals abzunehmen. Wer stellt sicher, dass die Motoren an die Struktur angepasst werden können? Funktionieren die Schnittstellen zwischen den Teams? Werden wir die notwendige elektronische Umsetzung schaffen? Können wir sichergehen, dass die Solarzellen die Flügel nicht verformen? Wie können wir sicher sein, dass das Flugzeug mehrere Tage und Nächte am Stück fliegen kann? Natürlich nimmt meine Müdigkeit unweigerlich zu. Ich weiß nicht, wie ich dagegen ankommen soll. Am Ende werde ich krank werden. Es gibt nur drei Dinge: mich richtig ernähren – leichte Kost –, keinen Kaffee und keinen Alkohol, Meditation und Yoga. Zum Glück ist Yasemin da. Sie ist mein Rückhalt. Sie leitet mich durch die Fragen, bringt mich dazu, Abstand zu gewinnen, weniger hinzunehmen. Sie hat mir den Weg gezeigt, meinen Geist ebenso zu trainieren, wie man seinen Körper trainiert, wie man Kraft seiner eigenen Gedanken die Art verändern kann, wie der eigene Geist funktioniert, und mein Energielevel zu regulieren. Ich hatte ebenfalls aus dem Blick verloren, dass das hauptsächlich männlich geprägte Universum unserer Ingenieursteams drastisches Dampfablassen erfordert.

Es gelingt mir, wieder genug Kraft zu tanken, um das Ruder herumzureißen: einen Elektroschock als Kickstart für all unsere Anstrengungen. Im Oktober 2007 lege ich den 10. Oktober 2008 als Datum unseres ersten Testflugs fest. Etwas willkürlich, aber absolut notwendig. Peter Frei unterstützt meine Entscheidung mit überraschendem Enthusiasmus. Obwohl er eigentlich Skeptiker und sehr vorsichtig ist, erklärt er vor dem Team, er sei der Überzeugung, das Ganze sei machbar. Diese Beschleunigung der Vorgänge vergrößert noch einmal die Distanz, die Bertrand vom technischen Level des Projekts trennt. Er ist sehr selten in Dübendorf zugegen, weit entfernt von Konzept und Design des Flugzeugs, hat noch kaum Pilotenerfahrung, und das anderthalb Jahre vor dem ersten Nachtflug, der seine Vision bestätigen soll. All das Wissen aufzuholen, das ich mir Tag für Tag aneigne, wird schwer für ihn werden. Ich mache mir ein wenig Sorgen darüber, gleichzeitig möchte ich unsere Beziehung nicht ins Wanken bringen, die sich ansonsten sehr gut entwickelt. Ich weiß, dass eine noch engere berufliche Zusammenarbeit für mehr Spannungen sorgen würde – Zwei Köche können den Brei verderben. Außerdem wird das Projekt derart komplex, und zwar auf allen Ebenen, dass diese Situation das Risiko birgt, mit unseren unterschiedlichen Erwartungen, Wünschen und Kompetenzen aneinandergeraten. Abgesehen davon habe ich ihn noch immer nicht in meinen Wunsch eingeweiht, bei der Weltumrundung mitzufliegen.

In dieser Phase ist es schwierig, dem Team begreiflich zu machen, was ich tue. Die Leute wissen um ihr Gehalt, aber ihnen ist nicht klar, dass ich derjenige bin, der diese Gelder auftreibt. Meine Arbeit ist für sie unsichtbar.

Und unser finanzieller Bedarf wächst mit den Jahren. Ein Budget festzulegen, ist sinnlos, denn alles dauert länger als geplant. Luiggino hatte vorgeschlagen, dass alle Partner eine festgelegte Summe über vier Jahre bezahlen. Das wäre perfekt gewesen, wenn sich das Projekt über die vorgesehenen sechs Jahre gezogen hätte, doch jedes Jahr kommt ein weiteres Jahr Verzögerung hinzu, was schließlich zu dreizehneinhalb Jahren und einem zweiten Flugzeug führt, das gebaut werden musste – das Budget hat sich verfünffacht. Ich muss immer neue Geldquellen auftun oder unsere bereits existenten Partner um Aufschub bitten. Nie haben wir länger als für ein halbes Jahr Geld. Zu manchen Zeiten ist die Frist sogar noch kürzer. 2013 haben wir noch Geld für zwei Monate, bevor wir pleite sind. Dies hätte, abgesehen von meiner persönlichen Enttäuschung, zur Folge, dass zig Familien dabei auf der Strecke bleiben würden. Forscher und Firmenchef – ich muss beide Rollen unter einen Hut bekommen. Und so bin ich jeden Moment damit beschäftigt, Förderungsgelder aufzutreiben, immer und immer wieder.

Jede neue Partnerschaft bedeutet automatisch neue Verpflichtungen. Ich muss zu weiteren Events fahren, mehr Vorträge halten, Promomaterial zur Verfügung stellen.

Was das Marketing betrifft, müssen wir unsere Message verfeinern und die Wichtigkeit von Energieeffizienz betonen. Dass die Sonnenenergie ausreicht, um die Motoren von Solar Impulse zu drehen und seine Batterien aufzuladen, liegt allein daran, dass das Flugzeug nur sehr wenig Energie verbraucht. Ebenso sollte die Menschheit darum bemüht sein, ihren Energieverbrauch zu reduzieren, statt es darauf anzulegen, immer mehr Energie zu produzieren. Wenn eine Badewanne undicht ist, ist es wohl sinnvoller, die Löcher zu stopfen, als das Wasser immer höher aufzudrehen! Wieso verhalten wir uns dann energiepolitisch genau gegenteilig?

Solar Impulse wird immer symbolträchtiger. Wenn der Pilot nachts mit der Energie aus seinen Batterien verschwenderisch umgeht, wird er den Sonnenaufgang nie erleben, und sein Flugzeug wird abstürzen. Und wenn die Menschheit nicht aufhört, die Energie und die natürlichen Ressourcen des Planeten zu verschwenden, steht die nächste Generation vor riesigen Umwelt- und Wirtschaftskatastrophen. In unserer heutigen Welt wird die Hälfte aller Energie durch Benzinmotoren verschwendet, durch schlecht isolierte Häuser, durch Heizungen und Klimaanlagen, durch Stromnetze und Glühbirnen, bei denen es sich noch um Systeme aus dem letzten Jahrhundert handelt oder aus noch älterer Zeit. Sie durch saubere und moderne Technologien zu ersetzen, ist eine riesige industrielle Möglichkeit.

Man braucht zwei Beine, um ohne Krücken zu gehen. Wir müssen unsere Energie sauber produzieren und effizient mit ihr umgehen. Bei Effizienz kommt es nicht nur auf das Resultat an, sondern auch auf den Weg dorthin. Es kann sehr wirksam sein, Energie zu sparen, indem man Wachstum verringert, nicht aber effizient, wenn man Arbeitslosigkeit, Armut und soziale Unruhen als Faktoren miteinbezieht, die folgen würden.

Energieeffizienz verlangt keine Opfer. Sie erfordert kein »ökologisches« Vorgehen, sondern ganz einfach »logisches« Handeln. Deshalb ist Solar Impulse als Projekt »clean«, nicht »green«. Es stammt nicht aus der Politik grüner Parteien. Meine Vorträge und Interviews werden zum Plädoyer, veraltete, umweltverschmutzende Systeme durch effiziente Technologien zu ersetzen. Meine Vorträge über Solar Impulse beende ich mit dem Bild von Magritte, auf dem steht »Ceci n'est pas une pipe«, also: »Dies ist keine Pfeife«. Dann folgt ein Bild von unserem Solarflugzeug mit dem Untertitel »Dies ist kein Flugzeug«. Nein, dies ist ein Symbol für die Förderung einer saubereren Welt.

Da dieser Diskurs zu der Zeit noch sehr neu ist, werde ich von zahlreichen Institutionen und politischen Instanzen eingeladen, doch André und seine Ingenieure sind nicht unbedingt Fans meiner Schlussfolgerung:

»Also jetzt übertreibst du. Natürlich handelt es sich um ein Flugzeugprojekt!«

»Ja, es handelt sich um ein Flugzeug, aber ein erträumtes Flugzeug. Darin liegt die Kraft unserer Message. Die Luftfahrt hat schon immer die Fantasie beflügelt, nur so hat sie Innovation und Fortschritt hervorgebracht …«

Die Tatsache, dass Solar Impulse ein Symbol ist, lässt niemanden kalt. Es stößt Firmen ab, die auf der Suche nach klassischem Sponsoring sind, zieht jedoch diejenigen an, die ihrem Handeln Sinn verleihen wollen.

4

Zwei Männer für ein Cockpit

André

Am 5. November 2007 findet die Pressekonferenz zum Bau des ersten Prototyps statt. Bertrand hat vorgeschlagen, sie in Anwesenheit des kompletten Ingenieursteams im Hangar abzuhalten. Trotz meiner anfänglichen Zweifel muss ich am Ende zugeben, dass dies eine geniale Idee war. Das Team fühlt sich wertgeschätzt und bekommt neue Motivation.

Die Menge an Partnern, Journalisten und Freunden ist riesig. Das Design des ersten Flugzeugs wird mit 3-D-Brillen bewundert. Bisher hatten wir nie etwas Konkretes vorzuweisen, was etwas frustrierend war. Doch heute: was für ein Moment!

Am nächsten Tag spricht die Presse über nichts anderes als »Piccards Flugzeug«. Nichts über das Team, meine Rolle darin, unsere Arbeit. Gut, vielleicht haben wir noch nichts Handfestes, und doch ist alles da, bereit, Form anzunehmen. Es fühlt sich an wie Betrug. Wir haben im Dunkeln gearbeitet. Für die Welt sind unsere Anstrengungen nicht existent. Nach drei Jahren technischer Kämpfe und schäbiger Hotels!

Doch die ersten Zeichen von Spannungen dürfen uns nicht aus der Bahn werfen. Ein Journalist hat mich gefragt:

»Frustriert es Sie, nicht so sehr im Licht der Öffentlichkeit zu stehen wie Bertrand?«

Meine Antwort:

»Bertrand steht nicht im Licht der Öffentlichkeit, er selbst ist das Licht. Jemand wie er ist außergewöhnlich, und davon profitiere ich auch persönlich.«

Für den Moment missfällt mir die Art, wie die Presse berichtet, sehr. Mir geht es nicht um Ruhm, sondern ganz einfach um die Anerkennung der Arbeit und der Rolle eines jeden in unserem Projekt.

Bertrand

Ich befinde mich in der gleichen Situation wie mein Vater vor vierzig Jahren vor der Grumman-Gesellschaft, die das U-Boot bei ihm in Auftrag gegeben hatte. Die Presse sprach über nichts anderes als das U-Boot von Piccard, und Grumman tobte und warf meinem Vater vor, die Presse für sich zu vereinnahmen. Mein Vater schlug den Amerikanern also vor, selbst eine Pressekonferenz einzuberufen, zu organisieren und durchzuführen, inklusive einer von ihnen selbst geleiteten Führung. Am nächsten Tag titelte die Presse: »Besuch beim Mesoskaphen von Jacques Piccard«. So ist das in der Presse, man muss die Leser durch einen berühmten Namen anlocken. In diese Kategorie fällt André noch nicht.

Durch unsere unterschiedlichen Kompetenzen sind unsere Rollen recht klar definiert, und wir treten uns nicht gegenseitig auf die Füße. Gleichzeitig befinden wir uns in zwei unterschiedlichen Welten. André muss sichergehen, dass die Konstruktion funktioniert, er erledigt das alltägliche Management und ist bei den Ingenieuren tagtäglich präsent, hierbei muss er mit einer ungeheuren Menge an organisatorischen Details klarkommen. Er glaubt, dass ich weiß, was das bedeutet, doch genau das Gleiche musste ich zwei Jahre lang mit dem Breitling Orbiter bewältigen. Ich für meinen Teil habe das Gefühl, dass er völlig unterschätzt, wie hart ich arbeiten muss, um das Geld einzuwerben, das die Zukunft des Projekts sichert. André muss ein Flugzeug bauen – ich muss ein Projekt am Leben halten.

Ich bin immer unterwegs, kann nie im Büro bleiben. Auch ich verbringe meine Nächte im Hotel, doch im Gegensatz zu André bin ich jeden Abend an einem anderen Ort. Häufig werde ich morgens wach und muss mich anstrengen, damit mir wieder einfällt, in welchem Land ich bin.

Mein ganzes Leben ist danach organisiert, wie ich Geld für unsere Operationen heranschaffen kann. Ich muss mich mit so vielen Menschen wie möglich treffen, weiterführende Gespräche führen, ganz gleich an welchem Tag und zu welcher Zeit, muss Vorträge halten und mich mit Firmenchefs treffen, mit verantwortlichen Politikern, mit Meinungsführern, Journalisten und potenziellen Mäzenen. Da mir jeder Anlass recht ist, nehme ich auch Einladungen an, die sich später als »Dinner der Idioten« rausstellen. Ich diene denjenigen als Aushängeschild, die meine Lage ausnutzen, um zu zeigen, dass sie mich kennen. Bei so mancher Gala merke ich, dass mir wohlsituierte Menschen den Rücken zudrehen, aus Angst, ich könnte sie um Geld bitten. Das Ganze ist sehr anstrengend, und da es eine einsame Arbeit ist, ist sich niemand dessen bewusst. Glücklicherweise begleitet Michèle mich häufig. Ich bin mir dessen nicht bewusst, aber anscheinend brauche ich eine Zeugin …

Es ist ungeheuer wichtig, dass meine Kinder sich mit meinen Aktivitäten identifizieren. Wann immer ich kann, versuche ich, sie in das einzubinden, was ich tue, und sie auf Reisen an interessante Orte mitzunehmen. Estelle, Oriane und Solange sind es gewohnt, dass ihr Vater die ganze Welt bereist. Sie kennen es nicht anders und gleichen diese Erfahrung dadurch aus, dass sie mich zu meinen Trainings begleiten, sei es Fallschirmspringen, im Heißluftballon oder im Flugzeug.

Zwischen mir und dem Technikteam tut sich ein Graben auf. Auf eine Art werde ich zu ihrem unsichtbaren Präsidenten. Den Ingenieuren ist nicht klar, was ich tue, was bei mir wiederum für Unwohlsein sorgt. Wenn ich zu einer Sitzung komme, habe ich Angst zu stören. So kommt es auch zu distanzierten Verhältnissen, es wirkt, als sei André der offenere, sympathischere Typ. Ich wäre in Dübendorf beliebter, wenn ich dort mehr Zeit verbringen könnte, doch dann käme das Projekt aufgrund finanzieller Schwierigkeiten zum Stillstand.

In der Werkstatt ist die Stimmung anders, wenn ich die Präzision der Arbeit bewundere, die dort gemacht wird. Ich werde mit einem »Guten Tag, Herr Oberboss« begrüßt.

»Wie, ist André nicht euer Oberboss?«
»Nein, André ist der Boss.«

André

Bertrand ist sich der Arbeit nicht bewusst, die ich verrichte. Er weiß nicht, was es bedeutet, ein Team anzuführen, jeden Einzelnen weg von seinen Zweifeln zu lenken und seine Kompetenzen voll auszuschöpfen.

Aus einer Partnerschaft, in der das Projekt zu hundert Prozent ihm gehört hat – die Vision, die Kontakte, die öffentliche Aufmerksamkeit –, hat sich eine Beziehung entwickelt, die gerechter definiert werden muss. Zwei Dinge stehen zur Debatte: wie wir zueinander stehen und die Frage der Flüge.

Einen Partner zu haben, auf den er sich komplett verlassen kann, wäre zu seinem Vorteil. Bisher ist genau das der Fall. Von Anfang an habe ich daran gearbeitet, seinen Traum Wirklichkeit werden zu lassen, doch auch ich würde eines Tages gerne mit dieser revolutionären Maschine um die Welt fliegen und meinen eigenen Traum verwirklichen! Ich bin bereit, alles Menschenmögliche zu tun, um den besten Prototyp zu bauen, der die größtmögliche Chance auf Erfolg bietet. Das Team vertraut mir zu hundert Prozent, und ich weiß, dass es mir folgen wird. Es aufzubauen und die Entstehung des Flugzeugs zu begleiten ist außergewöhnlich. Ich ziehe eine so große Freude daraus, dass es mir gelingt, selbst die größten Schwierigkeiten aus dem Weg zu räumen. Der Kraftaufwand gleicht derart einer Herkulesaufgabe, dass wir niemals die gleichen Resultate erzielen würden, wenn ich dieses Flugzeug nur für jemand anderen bauen würde. Dies muss ich ihm begreiflich machen.

Bertrand

Der Bau des Flugzeugs ist Andrés Ziel, der seine Ingenieure in der deutschsprachigen Schweiz anleitet. Für mich ist dieser Bau eine obligatorische Phase, um an die Maschine zu kommen, mit der ich ein Maximum an Menschen erreichen kann, um meine Message rüberzubringen.

Abgesehen von meinem Supportprogramm und den »Angels« rufe ich ein Patenschaftsprogramm ins Leben, unter anderem unter Beteiligung von Richard Branson, Albert von Monaco, Al Gore, James Cameron, Buzz Aldrin, Paulo Coelho, Nicolas Hulot, Jean-Louis Étienne, Hubert Reeves und Elie Wiesel. Jeder Name beinhaltet andere Forderungen, Erklärungen, Reisen und Gefallen. Um die internationalen Institutionen anzulocken, muss ich Interesse und Vertrauen hervorrufen. All das trägt noch zusätzlich zu meiner Berühmtheit bei, was André zusehends zu schaffen macht.

Michèle, die unsere Marketingchefin ist, wird sich dieser Schieflagen als Erste bewusst und macht sich Sorgen. Seit Beginn berät sie mich hinsichtlich der besten Möglichkeiten, meine Message zu promoten. Sie pendelt hin und her zwischen der Sanftheit, die ich brauche, um neue Kraft zu schöpfen, und der Strenge, um mich jeden Tag herauszufordern und mich dazu zu zwingen, meine Argumente zu verfeinern, präziser zu sein, konkreter. Es ist nicht immer leicht, zusammenzuarbeiten in diesem Abenteuer, das uns keine Verschnaufpause gönnt, doch es lohnt sich auch. Sie steckt so viel Energie in das Projekt, um es erstrahlen zu lassen, dass es mittlerweile zu unserem gemeinsamen Projekt geworden ist. Sie verdient einen Erfolg so sehr, dass ich bei einem Scheitern ihretwegen wohl enttäuschter wäre als meinetwegen.

Wir haben begonnen, André zu Interviews und Fototerminen mitzunehmen, damit wir beide gleich behandelt werden. Wir versuchen, die Formulierungen dahin gehend zu ändern, dass vom »Projekt von Bertrand Piccard und André Borschberg« die Rede ist, doch die Schwerfälligkeit der Presse ist überwältigend. Ich bin es, den die Journalisten interviewen wollen, aufgrund meiner Familiengeschichte und meiner Weltumrundung im Heißluftballon. Selbst nach mehreren Jahren steht in den Artikeln weiterhin, dass die EPFL »Piccards Flugzeug« baut, was für André jedes Mal ein Schlag ins Gesicht ist. Er weiß, dass ich alles tue, um ein Gleichgewicht herzustellen, wobei ich sogar in Kauf nehme, gelegentlich ein paar Gänge runterzuschalten. Als das Magazin von Altran mich allein aufs Cover nehmen will, ist André derart verärgert, dass ich diese wichtige Publikation ablehne und Solar Impulse der Effekt für den Salon de Bourget durch die Lappen geht. Ja, es gibt Situationen, in denen unsere Beziehung an Synergie verliert und ein miserables 1 + 1 = 0 dabei herauskommt.

Bei vielen Gelegenheiten akzeptiere ich Andrés Forderungen. Meine einzige Priorität ist die Durchführung dieses Projekts. Hierfür war es um jeden Preis notwendig, die Freundschaft aufrechtzuerhalten, die gerade im Entstehen begriffen war. Ich erinnere mich noch genau, dass ich mir dachte, er würde dies vielleicht als ein Zeichen der Schwäche auffassen, und ich dabei riskieren, dass er mehr und mehr verlangen würde.

Ich lobe André sehr für die vorbildliche Arbeit, die er verrichtet, doch manchmal verraten gewisse Details die Malaise unserer Beziehung. Wenn wir auf eine Tür zugehen – wer soll dann als Erster hindurchgehen?

»Gehen wir zusammen, André!«

»Du widersprichst dir selbst, Bertrand, denn in Wahrheit behandelst du mich wie die Nummer zwei.«

Wir haben einander versprochen, immer über alles zu reden und niemals im Grunde unseres Herzens die Art Vorwurf zu hegen, der die Kraft hätte, uns innerlich aufzufressen. Doch häufig braucht es einen konkreten Anlass, wie das Durchschreiten einer Tür, damit wir uns trauen, dies auch wirklich zu tun. Oder dass ich eine Entscheidung treffe und mich selbst sagen höre, dass ich »jetzt mal den Chef raushängen lasse«.

Wir befinden uns in einer Übergangsphase. André muss sich abrackern, um den Platz einzunehmen, der ihm zusteht, und mir fällt es nicht immer leicht, Raum an ihn abzutreten. Doch ich bin nicht nur derjenige, der von den Medien mehr Aufmerksamkeit bekommt, ich bekomme auch die Kritik ab: »Es wäre einfacher, eine Drohne herzustellen. Der einzige Pilot an Bord wäre dann das Ego von Piccard.«

André

Für gewöhnlich bin ich ein recht verschlossener und schüchterner Mensch. Solar Impulse zwingt mich dazu, an Präsenz zu gewinnen, mich selbst zu bestätigen, extrovertierter zu sein. Um in meiner Rolle anerkannt zu werden. Ich bin in diesem Projekt stets auch Bertrands Konkurrent. Yasemine hilft mir mit ihrer beruflichen Kompetenz, ein Gleichgewicht zu finden zwischen meinem Wunsch, fair zu spielen, und meiner Rivalität zu ihm. Wenn ich ganz gegenteilig zu meiner Natur plötzlich aus der Haut fahre, ermöglicht sie es mir, mich zu öffnen, mich dem auszusetzen und mich umso mehr mit meinem Gegenüber auszutauschen. Sie bringt mich dazu, ein besserer Zuhörer zu werden, und mich mit großer Klarheit um die Lösung persönlicher Konflikte zu kümmern. So habe ich mich zum Beispiel dazu erzogen, mir niemals Grenzen zu setzen, immer ins kalte Wasser zu springen und mit allem herumzuexperimentieren. Seit einigen Jahren gehen solch kolossale Veränderungen in mir vor, und dies habe ich hauptsächlich ihr zu verdanken.

Die letzte Pressekonferenz hat zwischen Bertrand und mir für eine gewisse Distanziertheit gesorgt. Wir haben zu lange zu weit voneinander weg gearbeitet und das mit zu viel aufgeregtem Elan. Im Nachhinein betrachtet musste die Situation instabil werden, doch sie bereitet mir mehr und mehr Sorgen. Ganz sicher kenne ich Bertrand noch zu wenig und weiß nicht gut genug, was er in den letzten Jahren durchgemacht hat.

Mai 2008. Wir haben jeder fünfundzwanzig Stunden im Flugsimulator verbracht, um zu üben. Sehr schnell fühlen wir uns hinterm Steuer wohl, auch wenn alles sehr reduziert ist und man die Beine nicht ausstrecken kann. Ich bin zufrieden mit meinem Umgang mit der Müdigkeit. Fünfundvierzig Minuten Konzentration und fünfzehn Minuten Entspannung in der Gleitphase. In diesem Flugzeug gibt es keinen Autopiloten. Ein paar Atemübungen, eine kurze Meditation, Freilassung der im Kopf angesteuerten Spannung. Ein wirkliches Wunder. Wir testen ebenfalls eine neue Schnittstelle zwischen Mensch und Maschine. Es handelt sich um eine Entwicklung der EPFL, die von den Teams von Omega perfektioniert wurde. Da wir viele akustische Alarmsignale haben, brauchten wir noch eine andere Art, wie unsere Aufmerksamkeit erregt werden kann. Wir haben uns also für ein System entschieden, das an beiden Armen zu vibrieren beginnt, wenn sich das Flugzeug in einem gefährlichen Winkel zu neigen beginnt, sodass der Pilot sofort reagieren und die Kontrolle zurückgewinnen kann.

Bertrand

Die Frage nach dem Piloten taucht häufig auf. Ich habe gerade meinen Flugschein gemacht, wohingegen André bereits viertausendfünfhundert Flugstunden in jedem erdenklichen Flugzeugtyp auf dem Buckel hat. Im Vergleich zu einem Kampfflieger zählen meine tausend Stunden im Ballon und fünfhundert Stunden im freien Flug nicht.

In der Theorie des Fluges nach Instrumenten bin ich wiederum exzellent, nur weiß das niemand. Ich bestehe die Prüfung mit 96 von 100 Punkten. In der Schweiz muss man für diese Disziplin ähnlich viel lernen wie für ein medizinisches Propädeutikum. Ein Jahr lang verbringe ich viel Zeit damit, Teilgebiete für Fluglinienpiloten zu lernen, dabei will ich einfach nur ein Solarflugzeug mit nur einem Sitz fliegen, das nicht schneller als 45 km/h sein wird. Da ich weniger Zeit habe, beginnt André, seine Meinung zu sämtlichen Angelegenheiten rund ums Marketing und Sponsoring kundzutun, was die Sache für das Marketingteam natürlich verkompliziert, da es nun plötzlich zwei Chefs mit unterschiedlichen Meinungen hat. Manch einer versucht dies auszunutzen, um uns gegeneinander auszuspielen, und das zu bekommen, was er will, und wundert sich anschließend, wenn die Kugel haarscharf an seinem Kopf vorbeizischt. Selbst in unserer Rivalität nehmen André und ich es niemals hin, dass jemand daraus persönlichen Nutzen zieht, und gegen feindselige äußere Umstände gelingt uns immer der Schulterschluss.

Wir haben beide ein ansehnliches Ego. Dies ist eine wichtige Kraft, die uns nach vorne bringt, die uns enttäuschende Momente durchstehen lässt, die Ungerechtigkeit gewisser Sarkasmen ertragen lässt, die uns dazu bringt, zu kämpfen, um an unser Ziel zu gelangen. Es gibt nur zwei Arten von Menschen, die kein Ego haben: Menschen mit tief sitzenden Neurosen und die großen Weisen. André und ich sind weder das eine noch das andere, was für nicht wenige Spannungen zwischen uns sorgt.

Um meine Message zu verbreiten, muss ich bekannt und vor allem anerkannt sein. In meiner Rolle als Fundraiser ist dies der einzige Weg, um das Interesse der unerreichbaren Leute zu erregen, an die ich rankommen will. Wir sprechen häufig darüber:

»Bertrand, ich muss ja kein Medienstar werden, ich möchte einfach nur dafür Anerkennung bekommen, dieses revolutionäre Flugzeug erschaffen zu haben.«

Ich hätte sofort zwischen den Zeilen lesen sollen, dass es André jenseits dieser Anerkennung auch um die mediale Aufmerksamkeit ging, selbst wenn er sie nicht unbedingt brauchte. So hätten wir einige Missverständnisse vermeiden und Regeln festlegen können, solange dafür noch Zeit war.

André

2. August 2008. Das Datum, das wir uns für den ersten Flug gesetzt haben, kann nicht eingehalten werden. Gerade haben wir die Konstruktion des Flugzeugrumpfs beendet. Wir setzen sie eine Woche lang maximaler Belastung aus, mehreren Tonnen. Um mögliche Deformationen zu simulieren, befesti-

gen wir große Bleimassen daran. Das Team hält den Atem an und sucht aufmerksam nach den winzigsten Rissen. Die Intensität der Arbeit ist unglaublich. Ich habe feuchte Hände und mein Herz schlägt. Werde ich die Kraft haben, noch einmal von vorne anzufangen, wenn die Ergebnisse schlecht sind? Doch genau daran darf ich jetzt nicht denken.

In jedem Moment ist der Eindruck, die Zukunft des gesamten Projekts hinge am seidenen Faden, sehr schmerzhaft. Tief einatmen. Der Herzschlag beruhigt sich. Mantra: Alles wird gut!

Der Flugzeugrumpf übersteht den Stresstest bemerkenswert gut. Dies ist das erste Mal, dass wir ein sehr großes Teil des Flugzeugs fertigstellen. Dies war eine große psychische Herausforderung, und die Etappe zu meistern, verschafft uns allen einen großen Schub an Selbstvertrauen.

Die EPFL, die es gewohnt ist, mit berühmten Designern zusammenzuarbeiten, ändert endlich ihre Meinung. Man hatte mir vorgeworfen, nur unbekannte Ingenieure anzuheuern, die mit so großem Druck nicht umgehen können. Ich habe mit meiner Linie recht behalten.

Bertrand

Anfang 2009: Einer der eindrücklichsten Tests ist der Vibrationstest am Boden. Das DLR, das deutsche Äquivalent zur NASA, installiert unter dem Flugzeug Druckkolben, die jedes einzelne Teil vibrieren lassen, um die sogenannten Eigenfrequenzen zu berechnen. Wird es die Vibration progressiv abmildern, oder werden sie ganz gegenteilig immer stärker werden, sodass das Risiko besteht, dass eine Tragfläche oder ein Teil der Außenelektronik beschädigt wird? Vielleicht kennen Sie dieses Video von einer Brücke aus den Vereinigten Staaten, die durch den Wind so stark in Schwingung gerät, bis sie schließlich komplett zusammenbricht. Dieses Phänomen müssen wir um jeden Preis verhindern, obwohl das Risiko dazu durch die extreme Spannweite und die Leichtigkeit der Karbonfasern verzehnfacht wird. Die Berechnungen wurden von unserem Team gemacht, und es verdient sich damit endgültig seine Lorbeeren. Aus dem Munde der Experten des DLR wird uns verkündet, dass der Abstand zwischen unseren Kalkulationen und der Wirklichkeit noch geringer ist als beim Airbus A-380. Mich beeindruckt die viele Arbeit eines jeden Mitarbeiters, um zu diesem Resultat zu gelangen, und ich bewundere André, der ein so fabelhaftes Team zusammengestellt hat.

André

Das Team hat nun eine ideale Größe, es ist groß genug, um komplexe Projekte anzugehen, und gleichzeitig kompakt genug, um komplizierte Prozeduren zu vermeiden.

Dass meine Tochter nun mit an Bord ist, gibt mir Sicherheit… Das ist kein Scherz, es ist wirklich eine Freude, mit ihr zusammenzuarbeiten, und ich weiß, dass sie erstaunliche Arbeit leistet, lückenlos und schnell.

In der Werkstatt wird nun teuflisch gut gearbeitet, kaum Fehler, praktisch keine Probleme. Das Team holt die Verspätung auf. Genial! Wir arbeiten sieben Tage die Woche. Die nahende Taufe des Flugzeugs steigert unsere Konzentration. In zwei Wochen werden wir es der Welt vorstellen. Es ist aufregend, wie die Maschine schließlich Stück für Stück zusammengebaut wird, vom Rumpf bis zu den Flügeln.

Am 24. Juni 2009 stellen wir Solar Impulse 1, kurz HB-SIA, den achthundert geladenen Gästen vor. Der Abend fühlt sich für mich wie eine Krönung an. Er war überragend, unvergesslich, eine unvergleichliche Kreation, ganz anders als jedes andere Industrieprodukt. Ein künstlerisches Meisterwerk! Nie habe ich in einem solchen Geisteszustand gearbeitet.

Das Zusammenspiel mit Bertrand ist während der Präsentation perfekt. Ich habe meinen Teil der Abmachungen erfüllt, die wir getroffen haben. Gut, das Flugzeug ist noch nicht geflogen, aber es ist jetzt da.

Am nächsten Tag lese ich das Presseecho mit einer Frustration, die mich zwei Jahre zurückkatapultiert. Ich brauche eine Entschädigung. Mir ist danach, Bertrand zu sagen, dass ich den ersten Nachtflug übernehme, den Flug, der die revolutionäre Seite des Flugzeugs unter Beweis stellt.

Wir frühstücken gemeinsam in Chexbres – einem kleinen Dorf am Fuße von Weinbergen. Das Treffen ist schmerzhaft. Bertrand weigert sich, unsere von Beginn an festgelegten Abmachungen zu ändern. Er ist bereit, mir gewisse Etappen zu überlassen, doch den ersten Nachtflug und die Überquerung der Ozeane will er selbst übernehmen. Mir kommt seine Einstellung wie ein Mangel an Anerkennung vor. Eine kalte Dusche.

Bertrand

Für André ist das Ganze offensichtlich das Resultat langer vorheriger Überlegungen. Ein tief gehegter Wunsch, der jahrelang in ihm wachsen musste, bevor er sich trauen konnte, ihn zu äußern. Für mich ist es eine totale Überraschung.

Ich habe meine Zeit damit verbracht, technologische und finanzielle Partner zu gewinnen, eine verrückte Idee in ein Projekt zu verwandeln, das von der EU-Kommission unterstützt wird, das in der Politik Rückhalt hat. Ich habe mich mit Enthusiasmus und Vertrauen an die Sache gemacht und war der Meinung, André sei sich dessen bewusst, was ich tue. Aber nein.

In einer derartigen Situation haben beide das Gefühl, härter zu arbeiten als der andere, und das Scheinwerferlicht insofern zu verdienen. André, indem er das Flugzeug gebaut hat, ich, indem ich das Projekt zum Leben erweckt habe. Er glaubt, die wichtigen Flüge stünden ihm einfach zu. Ich bin in meinem Leben immer offen dafür, Dinge neu infrage zu stellen, doch die Brutalität, mit der er einfordert, alles über den Haufen zu werfen, worauf wir uns zunächst geeinigt hatten, steigert nicht gerade meinen Willen, dies zu tun.

Ich habe André ins Boot geholt, um zu tun, was ich nicht tun konnte, nicht um meine Rolle zu verlieren. Ich bin schockiert von der Selbstverständlichkeit, mit der er fordert, dass ich ihm meinen Platz im Cockpit überlasse, obwohl er mir versprochen hatte, nur ein paar ganz normale Flüge übernehmen zu wollen. Ein Grund, misstrauisch zu werden.

Ich habe den Eindruck, gewisse Kapitel meiner Familiengeschichte noch einmal zu erleben. 1950 hatten die Offiziere der französischen Marine versucht, meinen Großvater um seine Erfindung des Bathyskaphen zu bringen. Dann hatten die Mitarbeiter meines Vaters sein Patent auf seine U-Boote infrage gestellt, um die Kontrolle zu übernehmen. Einer von ihnen hatte seine Karten zur Schweizer Nationalausstellung 1964 derart schlau ausgespielt, dass es meinem Vater untersagt wurde, in seinem eigenen Mesoskaphen abzutauchen. Das ist ein sensibles Thema, und es muss mir gelingen, damit besser umzugehen als mein Vater und mein Großvater, die darunter sehr gelitten haben.

Mit etwas zeitlichem Abstand betrachtet, habe ich den Eindruck, dass wir in meiner Familie den Menschen, mit denen wir zusammengearbeitet haben, zu viele Freiheiten gelassen haben. Wieder einmal eine Ambiguität: Ist es der Träumer in uns, der uns zu gutgläubig macht? Wir sind häufig zum erhofften Erfolg gekommen, doch der Preis, den wir gezahlt haben, waren Missverständnisse, und manch einer hat davon profitiert.

André

Ich habe eine Nacht darüber geschlafen und lasse nicht locker. Ich habe Bertrand gesagt, dass ich mich gedemütigt fühle. Er sieht mich nicht auf Augenhöhe. Ihm muss doch klar gewesen sein, dass diese sagenumwobenen Flüge für mich zu einer essenziellen Motivationsquelle geworden sind!

Die Welt hat sich verändert. Unsere Ausgangssituation hatte vorgesehen, dass ein Dritter das Flugzeug bauen würde, was sich als unmöglich herausgestellt hat, und so musste ich mich darum kümmern. Die Partner sind sich dessen ebenfalls bewusst. Wir sollten uns in einer gleichberechtigten Beziehung befinden.

Wir brauchen eine Lösung, die unsere gegenteiligen Positionen mit einbezieht. Es fallen harte Worte, die Gefühle sind schneidend. Dies hätte eine der ersten großen Krisen in unserer Zusammenarbeit sein können, doch es gelingt uns, darüber zu sprechen und einander zuzuhören.

Bertrand

Im Grunde hat mich die Forderung nicht inhaltlich destabilisiert, sondern die Heftigkeit, mit der sie vorgetragen wurde. Aus dem schüchternen André, den ich kennengelernt habe, ist eine Dampfwalze geworden, die alles zermalmt, was ihr im Weg steht. Meine erste Reaktion ist also, mich zu schützen. In meiner Familie bin ich der Älteste. Ich habe nie einen großen Bruder gehabt, der mir die Spielsachen weggenommen hat, und ich fühle mich in dieser Situation hilflos. Das Ganze wäre einfacher, wenn ich mich bereits als Pilot von Solar Impulse wohl in meiner Haut fühlen würde, doch das ist nicht der Fall. Zu Beginn war es meine höchste Priorität, an das geplante Budget zu kommen. Für meine Flugtrainings habe ich die Verzögerungen im Bau des Flugzeugs genutzt, doch gleichzeitig haben sie unsere finanziellen Bedürfnisse explodieren lassen. Ich befand mich in einer Zwickmühle: Entweder hätte ich meine Fluglizenz, nur wären wir inzwischen bankrott, oder ich hätte ein fertiges Flugzeug, aber keine Lizenz.

Ich versuche, die Wogen zu glätten, indem ich mir in Erinnerung rufe, dass das Flugzeug noch nicht geflogen und dass meine Ausbildung als Pilot noch nicht abgeschlossen ist. Intuitiv weiß ich, dass die Situation sich eher von selbst lösen wird als durch voreilige Entscheidungen.

André

Trotz zweier nicht unerheblicher Krisen vertraut Bertrand uns ausreichend, um uns für die finale Konstruktion des Flugzeugs völlig freie Hand zu lassen.

In Sachen Finanzierung wächst die Anspannung. Bertrand ist damit beschäftigt, seinen Flugschein zu machen. Mehr als fünfzig Prozent seiner Zeit steckt er in dieses Unterfangen. Für ihn beginnt eine komplizierte Phase. Er muss in sehr kurzer Zeit nicht nur seinen Pilotenschein machen, sondern auch möglichst viele Flugstunden ansammeln, um erfahrener zu werden. Ich habe mich entschieden, ihn sich ganz darauf konzentrieren zu lassen, denn nur er kann dieses Ziel erreichen. Nun muss er zeigen, was in ihm steckt.

Bertrand

Ich muss die Suche nach neuen Partnern forcieren. Vor allem, da meine Bemühungen nicht gezündet haben, mit Vertriebspartnern zusammenzuarbeiten. Ich muss alles selber machen. Ich nehme Kontakt zum neuen Chef von Swisscom auf, obwohl mir seine drei Vorgänger einen Korb gegeben haben. Er ist zunächst skeptisch und fragt, was für neue Elemente ich vorweisen kann.

»Alles, was ich von Ihnen möchte, ist eine plausible Antwort für all die Menschen, die mich fragen, warum eine Gesellschaft wie die Ihre kein Partner meines Projekts ist.«

Wir sind sofort auf einer Wellenlänge. Wie immer ist alles eine Frage der richtigen Bekanntschaft zum richtigen Zeitpunkt. Doch um Situationen wie diese herzustellen, muss man sich ständig mit jedem treffen! Swisscom nimmt die Herausforderung an, uns ein per Satellit funktionierendes Kommunikationssystem zu bauen, das achtmal leichter und effizienter ist als auf dem Markt erhältliche Anlagen. Die Partnerschaft wird vor achttausend Angestellten auf der Dübendorfer Basis verkündet, während eines Stephan-Eicher-Konzerts.

In der darauffolgenden Woche sollte ich eigentlich ein paar Tage mit meiner Familie verbringen. Eine Anfrage für einen Vortrag hielt mich davon ab. Gott weiß warum, doch ich nahm die Anfrage an. Ein Glück! Am Ende meiner Präsentation nimmt mich ein Mann zur Seite:

»Ich heiße Peter Krüger, ich bin Ingenieur bei Bayer MaterialScience. Ihr Projekt stimmt in jedem Punkt mit der Geisteshaltung meiner Firma überein. Suchen Sie noch Sponsoren?«

»Ja, absolut. Können Sie mir ein Treffen mit Ihrem Chef organisieren?«

Er organisiert nicht nur ein Treffen mit seinem Chef, Patrick Thomas, sondern ermöglicht mir auch einen Termin mit dem gesamten Vorstand. Ich erscheine mit dem Vorschlag einer technologischen Zusammenarbeit in petto, der sie reizt. Bevor Bayer MaterialScience den neuen Namen Covestro erhält, entwickeln sie für uns einen revolutionären Isolierschaum.

In beiden Fällen kommt zu dem wissenschaftlichen Support noch eine signifikante Finanzspritze hinzu. Für den Moment ist das Projekt gerettet, doch ich habe noch immer nicht die notwendigen Scheine, um Solar Impulse fliegen zu dürfen …

Was die Taufe des ersten Prototyps angeht, haben wir mit einem wesentlich größeren Medienerfolg gerechnet, doch der Tod von Michael Jackson am selben Morgen verbannt uns auf den zweiten Platz in den Nachrichten – was immer noch nicht schlecht ist für ein Flugzeug, das noch nie geflogen ist.

»Für zukünftige Pressemitteilungen«, verspricht uns Phil, »informiere ich mich vorher über den Gesundheitszustand von Nelson Mandela, des Papstes und Madonna!«

Phil war früher Journalist. Er kennt die Fangfragen, die man mir vermutlich stellen wird. Gemeinsam mit unserer Praktikantin Alexandra, die im Laufe der Jahre zur Chefin unserer Medienbeziehungen werden wird, machen wir uns manchmal den Spaß, die besten Antworten zu suchen, oder die mit denen wir am besten Dampf ablassen können. Phil gibt des Teufels Advokaten:

»Was sagst du jemandem, der behauptet, dein Projekt sei zu teuer?«

»Dass unsere Kosten vier Prozent dessen ausmachen, was ein Formel-1-Team im selben Zeitraum ausgibt.«

»Und wenn es jemand ist, der nicht auf die Formel 1 steht?«

»Dass es die Hälfte dessen ist, was für einen Hollywood-Film draufgeht, und den bekommt man dann am Ende für 7,90 Euro an der Tankstelle.«

»Dieses Projekt ist sinnlos!«

»Sie kommen hundert Jahre zu spät. Das hätten Sie den Gebrüdern Wright sagen sollen!«

»Glauben Sie wirklich, dass sich die Solarenergie für den Personentransport lohnt?«

»Mein Ziel ist nicht, die Luftfahrtindustrie zu revolutionieren, sondern die Art, wie die Menschen über das Thema Energieverbrauch denken.«

»Für halsstarrige Leute ist das etwas wischi-waschi.«

»Vielleicht so: Ich wäre verrückt, wenn ich darauf mit ›Ja‹ antworte, und ein Idiot, wenn ich ›Nein‹ sagen würde. Heutzutage gibt es noch keine Technologie dafür, doch die gab es zur Zeit der Gebrüder Wright auch noch nicht, und sehen Sie nur, was sich seither getan hat!«

»Glauben Sie ernsthaft, dass Sie damit die Welt verändern können?«

»Selbst wenn es mir nicht gelingt, unterscheide ich mich wenigstens von denjenigen, die die Hände in den Schoß legen.«

»Skeptiker sagen, dass Solar Impulse mit den bisherigen Solarzellen arbeitet, statt sie zu verbessern.«

»Ich will keine besseren Solarzellen hervorbringen, dafür gibt es Spezialisten, ich will geistige Einstellungen verbessern. Und wenn ich Sie so betrachte, denke ich, dass es in dieser Hinsicht noch viel zu tun gibt!«

»Mit einem Flugzeug, das derart langsam fliegt?«

»Es fliegt langsam, aber stetig. Wir mussten uns entscheiden: Geschwindigkeit oder Durchhaltevermögen. Fragen Sie mal Ihre Frau, was sie bevorzugen würde!«

Wir amüsieren uns köstlich, und sämtliche Antworten stellen sich mit der Zeit als nützlich heraus. Einige Wochen später nimmt mich ein Journalist bei einem Event der UNO zur Seite.

»Mit derselben Summe hätten Sie einige afrikanische Dörfer mit Solarzellen versorgen können.«

»Es handelt sich um Gelder, die sowieso nicht in die Entwicklungshilfe geflossen wären. Das waren Marketingbudgets, und statt in Fußballwerbung, in die Formel 1 oder an ein Golfteam gegangen zu sein, finanzieren sie nun technologische Forschung, Arbeitsplätze und mittelständische Unternehmen, die für uns arbeiten.«

»Das ändert nichts daran, dass Sie das Geld nach Afrika hätten fließen lassen können!«

»Unsere Partner haben ihr Geld aber in Solar Impulse gesteckt.«

»Dann treiben Sie doch trotzdem Gelder für Afrika auf!«

»Ich habe bereits eine Stiftung gegen Armut in Afrika ins Leben gerufen. Sie heißt *Winds of Hope* und Sie können gerne etwas spenden...«

Mein Gesprächspartner ist offenbar darauf aus, mich zu provozieren. Am Ende gebe ich nach:

»Wenn es Ihnen gelingt, hundert Millionen einzuwerben, können Sie damit gerne machen, was Sie wollen. Für den Moment bin ich derjenige, dem es gelungen ist, also mache ich damit auch, was ich will!«

Zu meiner großen Überraschung beruhigt sich der Journalist, lächelt und gibt zurück:

»Endlich die Antwort, auf die ich gewartet habe. Ich mag keine vorgefertigten Antworten. Ich bevorzuge die, die frei von der Leber weg kommen. Danke.«

Wir lieben Phils Humor, doch er wird uns verlassen. Genau wie Luiggino. Mehrere Freunde empfehlen uns dieselbe Person, um ihn zu ersetzen. Ich betrete das Büro, um zu sehen, wer sich hinter dem Namen Gregory Blatt versteckt, und erkenne den Diplomaten des World Economic Forum wieder, den ich einige Jahre zuvor in Davos kennengelernt hatte.

»Warum möchten Sie für Solar Impulse arbeiten?«

»Als ich Sie bei Ihrer Projektpräsentation in Davos gesehen

habe, wusste ich nicht, was Sie an diesem Tag geraucht hatten, aber ich habe mir gesagt, dass ich auch was davon will!«

Mit seinem Humor, seiner Intelligenz und seiner Loyalität, seinem Geschick und seiner Art, manchmal wie ein geprügelter Hund zu wirken, wird er zum dritten Mann bei Solar Impulse, zum Freund, mal zum Marketingbeauftragten, mal ist er verantwortlich für Flugerlaubnisse, mal Berater oder verantwortlich für Verträge, gleichzeitig Glucke, Boxsack und Hofnarr! Seine Vertragskonditionen handeln wir in Andrés Helikopter aus. Jedes Mal, wenn er unserer Meinung nach zu viel verlangt, setzt André zum Sturzflug an, was dem armen Greg den Magen umdreht. Am Ende des Fluges sind alle drei einverstanden!

5

Der ununterbrochene Flug

André

Als der erste Flug näher rückt, steigt die Aufregung exponentiell. Ein Auto auf der Straße kann rechts ranfahren, wenn eine Schraube locker sitzt; in einem Flugzeug bedeutet es eine Katastrophe und vier verlorene Jahre härtester Arbeit.

Am 20. Oktober 2009 übergeben die Ingenieure das Flugzeug der Gruppe für die Testflüge, bei der nun die gesamte Verantwortung liegt. Der Abend der Übergabe ist angespannt. Aufgrund ihrer Leidenschaft haben sie sich mit Körper und Seele abgemüht, sie haben einen Teil ihres Privatlebens geopfert. Sie sind nervös, müde, von Zweifeln zerfressen ... Und mir geht es ähnlich. Dieses Flugzeug ist ein Teil von uns geworden. Nun muss das Team für die Testflüge zeigen, was es kann. Zwei Dinge möchte ich loswerden:

Zunächst einmal ist unser Flugzeug absolut überwältigend. Durch seine Eleganz, seine Form, seine Größe und die vielen Jahre der Arbeit, die für den Bau notwendig waren, ist es eher ein Kunstwerk als ein Luftfahrzeug. Jeder hier kann stolz auf die Tage und Nächte sein, die verflossen sind, um es zu bauen.
Diese Projekt ist Pionierarbeit. Eine Maschine von dieser Größe, die leicht genug ist, um ohne Treibstoff fliegen zu können, bringt uns in den Bereich einer bisher nicht erforschten Welt. Bis zu diesem Tag musste ich sehr viel Druck machen, um den Zeitplan einzuhalten. Wenn wir bei den Tests nicht ungeahnte Risiken eingehen wollen, müssen wir diese Einstellung nun ändern.

Am 3. Dezember 2009, einem schönen Tag im Herbst, an dem sich der Nebel langsam unter einer strahlenden Sonne auflöst, ist das ganze Team versammelt, um Zeuge des ersten Fluges zu werden. Majestätisch verlässt unsere Maschine ganz langsam den Hangar und spannt auf dem Rollfeld ihre Flügel aus. Die vier Motoren geben dem Flügel eine animalische Form ... Wie ein riesiger Vogel, der nur darauf wartet, sich aufzuschwingen. Ich kann dem Verlangen, mich ins Cockpit zu setzen, nicht widerstehen. Aus drei Metern Höhe sehe ich von links nach rechts und kann das Ende der Flügel nicht erkennen. Was für ein Ausblick ...

Bertrand

Markus Scherdel wird die ersten Flüge durchführen. Er hat schon mehrere sehr komplexe Flugzeuge von großer Spannweite getestet. Ruhig und professionell, wie er ist, weckt er Vertrauen in uns allen.

Heute ist das Minimalziel, zu sehen, ob sich das Flugzeug kontrollieren lässt. Sämtliche Daten werden aufgezeichnet.

»Wenn wir abstürzen«, kommentiert André, »brauchen wir wenigstens Informationen, um das zweite richtig zu bauen.«

Der erste Testflug wird ein kleiner Hüpfer von dreißig Sekunden und fünfhundert Metern in fünfzig Zentimetern Höhe. Laut unseres ursprünglichen Plans wäre dies das Jahr der Weltumrundung, doch das Unmögliche braucht immer etwas mehr Zeit als das Mögliche...

Nach dem Erfolg am Jahresende verbringe ich meine Weihnachtsferien hinterm Steuerknüppel einer zweimotorigen Maschine in Wolken und Schnee und bestehe meine praktische Prüfung im Flug nach Instrumenten. Gerne wäre ich bereit für den ersten Nachtflug.

Die vorgegebene Route vom BAZL war simpel. Viel zu simpel. Ich habe die administrativen Anforderungen erfüllt und gehe davon aus, die Sache sei abgehakt. Ich habe keine Zeit gehabt, mehr als das Nötigste zu tun, da ich zu sehr damit beschäftigt bin, neue Partner zu suchen. Markus wird beurteilen müssen, was dies in der Realität bedeutet. Die Auswirkungen dieser Fehlannahme sind riesig.

André

Der Wettlauf gegen die Uhr geht weiter. Das neue Jahr startet spannend. Es steht viel auf dem Spiel: Wer wird beim ersten Nachtflug im Cockpit sitzen? Damit er gelingt, werden wir ihn im Juni oder Juli durchführen müssen, wenn die Nächte kurz und die Tage lang sind. Dann wird es für Bertrand und mich Test- und Trainingsflüge geben.

Wir sitzen nun nicht mehr in Dübendorf, sondern in Payerne, dorthin haben wir das Flugzeug per Straßenkonvoi gebracht. Die Schweizer Regierung hat uns genau den richtigen Hangar im passenden Moment zur Verfügung gestellt. Ironie des Schicksals: Er dient eigentlich zum Abstellen verunglückter Flugzeuge. Aber ich bin nicht abergläubisch.

Einmal in der Woche essen wir zusammen Fondue. Danach setzen wir der Völlerei noch eins drauf und vertilgen einen Eisbecher, und danach haben wir immer noch nicht genug. Wir gehen nicht mehr in die Castro-Bar, sondern in uralte Kneipen, die einige von uns besucht haben, als sie noch bei der Luftwaffe waren. Am Abend trifft man dort alte Bekanntschaften. Wir entspannen bei einem Bier, und ganz spontan taucht die Frage auf, wer Pilot von Solar Impulse werden wird. Die Möglichkeit, den ersten Flug durchzuführen, ist verführerisch, doch das hängt von den Umständen ab und nicht von dem, was ich will. Ich spüre einen kleinen Teufel auf meiner Schulter. Er sagt mir, dass meine niederen Handlungen von vor neun Monaten kurz davor sind, wieder hochzukochen. Bei unseren ständigen Verzögerungen wird Bertrand niemals bereit sein. Man wird mir Opportunismus vorwerfen oder dass ich mit versteckten Ambitionen voranpresche, doch so ist es nicht.

Wir haben noch Geld für acht Monate. Jetzt liegt alles an Bertrand. Trotz der Wirtschaftskrise, die alle Firmen trifft, mache ich mir keine Sorgen. Wenn ich erfolgreich bin, wird auch er erfolgreich sein. Jedes Mal, wenn es nötig ist, vollbringt er Wunder, nur dass seine technische Vorbereitung darunter leidet.

Im wenig vorhersehbaren Aprilwetter tut sich ein Zeitfenster auf, in dem der erste Höhenflug möglich ist. Vor drei Jahren konnte ich mir nicht vorstellen, dass jemand anderes als ich diesen ersten Flug machen würde. Mir war klar, dass ein Testpilot nötig wäre, doch gefühlsmäßig wollte ich dies nicht akzeptieren. Dann kam Markus. Heute weiß ich, dass er die richtige, die beste Person für diesen Flug ist. Er hat mein vollstes Vertrauen, und ich werde ihn in sämtlichen Entscheidungen, die er vielleicht treffen muss, unterstützen.

Bertrand

Francis Demange, der erste Fotograf, der sich fürs Projekt interessiert, will mich im Helikopter begleiten. André dagegen hütet sein Baby wie eine Hündin ihre Jungen. Ab diesem Punkt wissen wir, wer Mutter und wer Vater ist:

»Ich werde Markus im Helikopter begleiten. Ich muss sichergehen, dass alles gut klappt.«

»Ich nehme mit Francis einen zweiten Helikopter.«

»Ich will keine zwei Helikopter um den Prototyp herumfliegen haben. Wenn du dich auf mehr als zwei Kilometer näherst, lasse ich den Flug abbrechen!«

So hoch ist sein Frustrationsniveau. Darüber war ich mir wirklich nicht im Klaren. Er kompensiert, indem er versucht, den einzigen Bereich zu kontrollieren, den er kontrollieren kann. Ein Streit ist zwecklos, er würde nicht der Message dienen, die ich transportieren will. Ich plane auf lange Sicht. Ich hoffe, dass meine Stunde kommt.

André

Für die Ingenieure sind die Medien ein Plagegeist. Sie sehen in ihnen die Möglichkeit für falsche Entscheidungen. Erst nach mehreren Monaten erkennen unsere Leute, dass Marketing durchaus von Interesse ist. Es trägt das Projekt, macht die Finanzierung möglich und gibt dem Ganzen seine Existenzberechtigung. Glücklicherweise setzt sich Bertrand hier mit seiner Sicht der Dinge durch. Nur er weiß um die Wichtigkeit dieser Dimension. Was er tut, ist von zentraler Bedeutung.

Für den Moment ist die Situation angespannt. Um sich nicht arrangieren zu müssen, will Bertrand mit einem zweiten Helikopter den Flug verfolgen. Das ist legitim, aber gefährlich: Häufig passieren Crashs, wenn zwei Helikopter beieinander fliegen. Durch den Druck mache ich diese Option schonungslos zunichte und vergesse dabei, was das Ganze für ihn bedeutet. Vielleicht drängt mich auch eine innere Stimme dazu, mein Revier zu verteidigen. In diesem Augenblick lassen mich die technischen Prioritäten meinen Willen durchboxen. Wir beide haben nun eine Waffe, die wir gegeneinander richten, um den Weg des Projekts zu bestimmen.

Als Markus abhebt, folge ich ihm mit einigen Metern Abstand. Ich beobachte jede seiner Bewegungen. Der Prototyp reagiert überaus sensibel auf die geringste Turbulenz. Bei unruhigem Wetter nicht einfach. Nach zwei Stunden voller Flugmanöver ist die Landung wie ein Traum. Ich bin in einem tranceartigen Zustand. Nie war es schwieriger, einen Helikopter zu bedienen … Was für eine Euphorie, was für Glücksgefühle! Wir fallen einander in die Arme, wir weinen, wir jubeln wie im Delirium.

Am nächsten Tag folgt eine Nachrichtenlawine aus Berichten, Interviews, im Radio und im Fernsehen. Nun existieren wir! Das Ganze ist kein Projekt mehr, es ist eine Wirklichkeit. Die erste Seite des Abenteuers wurde geschrieben.

André und ich träumen davon, die Steuerknüppel zu übernehmen. Markus bringt einen Nimbus 4 nach Payerne, das Segelflugzeug mit der größtmöglichen Spannweite. An André und mich werden die gleichen Anforderungen gestellt, nur sind sie für ihn ein Klacks und für mich ein Berg an Arbeit, der so hoch ist, dass das Team für die Flugmissionen glaubt, ich würde ihn niemals erklimmen. Durch die thermischen Aufwinde wird mir schlecht, in Turbulenzen gelingt es mir nicht, die riesigen Flügel zu stabilisieren, und in dem geschlossenen Cockpit erkenne ich keinen einzigen Grundpfeiler meiner Erfahrung im Deltafliegen wieder. Ich bin völlig erstaunt darüber, wie sehr sich alles von dem unterscheidet, womit ich vertraut bin. Ich fange an, mich festzubeißen, und begehe einen riesigen Fehler: Ich versuche, meine Schwierigkeiten zu verstecken und meine Fehler kleinzureden, obwohl sie für alle erkennbar sind. Da es unmöglich ist, einen erfahrenen Lehrer zu täuschen, hätte ich mich genau gegenteilig verhalten müssen: »Markus, der Nimbus 4 bereitet mir Probleme, ich fliege nicht gut, hilf mir, mich weiterzuentwickeln.«

Er hätte mir geraten, noch ein paar Stunden in dem Segelflieger der Schule zu verbringen, und wir hätten ein Jahr an Zeit gewonnen. Stattdessen hatte ich Angst, dass man mir verbieten wird, Solar Impulse zu fliegen, und ich bin weiter auf falschem Kurs geblieben, in einer Maschine, deren Komplexität meine Fähigkeiten überstieg.

Nach einem Besuch beim BAZL verliere ich für lange Zeit meine Glaubwürdigkeit. André fliegt den Nimbus sehr gut, und der Experte schlägt ein Datum für seine Prüfung vor. Obwohl ich geflogen bin wie ein Klotz, verlange auch ich ein Datum, um Zeit zu gewinnen. Als ich sehe, wie konsterniert alle gucken, wird mir klar, dass ich besser den Mund gehalten hätte. Zu spät. Das Kind ist in den Brunnen gefallen. Ich gelte als Gefahr für die Öffentlichkeit und als jemand, der sich seiner eigenen Unerfahrenheit noch nicht einmal bewusst ist. Was für ein Idiot ich bin. Meine Angst, aus dem Cockpit von Solar Impulse verbannt zu werden, hält mich für lange Zeit von ihm fern.

Dennoch wird die Messlatte nun noch höher gehängt. Da mein Flugschein ganz offensichtlich nicht ausreicht, verlangt man von mir auch noch einen kompletten Segelflugschein. Da Markus noch weitere Verpflichtungen hat, trainiere ich mit privaten Lehrern unter Leitung eines Kampffliegers, der für Airbus fliegt und siebenmaliger Schweizer Meister im Segelflug ist: Gaby Rossier. Wir lassen uns nicht lumpen.

Der andere Marcus, Marcus Basien, schätzt mich seit unserem Gruppenwochenende auf der Rigi sehr.

»Du kannst dieses Projekt nicht dirigieren, es erstrahlen lassen, die Finanzierung sichern und gleichzeitig Pilot sein. Wenn du dir das wirklich so in den Kopf setzt, wird das Projekt scheitern. Du bist derjenige, der es trägt, mit deiner Persönlichkeit und deinen Kontakten. Nur du kannst Sponsoren finden und die Message rüberbringen.«

»Ich werde niemals glaubhaft sein, und niemand wird auf die Message hören, wenn ich nicht selbst fliege.«

»Ich habe einen Vortrag von Richard Noble angehört, dessen Auto die Schallmauer durchbrochen hat. Irgendwann hat er eingesehen, dass er nicht alles auf einmal machen konnte, und hat einen Piloten angeheuert: Andy Green. Ich leihe dir sein Buch, aber gib es mir zurück, es ist signiert.«

Ich nehme es, um ihm eine Freude zu machen, ohne ihm zu sagen, dass ich es nicht lesen werde:

»Ich verstehe, was du mir sagen willst, Marcus, aber ich bin nicht einverstanden.«

André

Ich habe angefangen, mit Bertrand Fliegen zu üben. Durch seinen außergewöhnlichen Enthusiasmus und seine beachtenswerte Willenskraft lässt er sich dazu hinreißen, die Dinge zu unterschätzen. Wenn man ihm zuhört, könnte man meinen, seine Vorbereitungen wären überhaupt kein Problem. Ein schlechtes Zeichen. Jedes Mal, wenn ich zu ihm komme und ihn frage, ob er einen guten Flug hatte, sagt er: »Alles super.« Diese Art, mich auf Distanz zu halten, hält mich davon ab, ihm helfen zu können, und die fehlende Kommunikation nährt eine diffuse Angst in mir. Ich habe Lust, darüber mit ihm zu reden, doch ich habe Angst davor, mich schlecht anzustellen. Ich möchte nicht automatisch als Konkurrent wahrgenommen werden.

Auch er muss spüren, dass der Druck steigt. Ich glaube, seine Selbstsicherheit ist nur eine Fassade, die die instinktive Angst übertüncht, seines Projekts beraubt zu werden. Ich bin mir dessen bewusst, was Bertrand alles zu tun hat. Ich versuche nur, ein Gleichgewicht zwischen unseren Rollen und unserer Arbeit zu finden.

Bertrand

Da Markus mein Angestellter ist, traut er sich nicht, mir ins Gesicht zu sagen, dass meine Vorbereitungen mangelhaft sind, und überlässt dies Gaby. Dessen immense Flugerfahrung flößt Respekt ein. So kann er deutlich aussprechen, was sich die anderen insgeheim denken.

Gaby lässt das Missionsteam zusammenkommen und rattert die Liste meiner Fehler herunter, aus der er schließt, dass ich absolut nicht in der Lage bin zu fliegen! Die letzten Trainings im Segelflugzeug zeigen, dass ich ein solides theoretisches Verständnis besitze, aber meine Reflexe noch nicht ausreichend entwickelt sind, um mich aus brenzligen Situationen in einem experimentellen Prototyp herauszubringen. Nach der Sitzung nimmt er mich zur Seite:

»Bertrand, wenn du darauf bestehst, Solar Impulse noch in diesem Jahr zu fliegen, dann rufe ich deine Frau an, um sie zu warnen, dass du dich umbringst, und danach kündige ich.«

Dieses Mal knicke ich ein. Ich bin in Tränen aufgelöst. Mein Traum verwandelt sich in einen Albtraum. Ich komme offenbar auch ganz ohne Solar Impulse ins Straucheln! Ganz allein habe ich mich in einen Teufelskreis begeben, und ich komme nicht heraus, ohne ganz von vorne anzufangen.

»Okay, Gaby, ich habe verstanden. Aber hilf mir weiterzukommen.«

»Trainiere in allem, was fliegt, und ruf mich an, wenn du dich bereit fühlst. Und als Erstes beruhigen wir uns alle mal.«

Er hat richtig daran getan, mich wachzurütteln. So finde ich aus der Abwärtsspirale heraus, in der ich feststecke. Ich bin hier nicht mehr der Europameister im Deltaflug und auch nicht der Akteur der ersten Weltumrundung im Heißluftballon. Ich bin einfach nur ein Typ, der sich übernommen hat, und ich muss mich neu ausrichten. Es tut gut, Ballast abzuwerfen und aufzuhören, hinter einem Wunder herzurennen. Ich lasse die Verbissenheit und den Druck los, die mich fast erdrosselt hätten. Zurück bleibt nur die Traurigkeit.

André

Am Ende hat Bertrand mit ziemlich viel Klasse akzeptiert, später zu fliegen. Er ist ehrlich zum Team gewesen, das ihn nun wieder hundertprozentig unterstützt. Alle sind nun bereit, ihm nach Kräften zu helfen. Das Privileg, als Erster zu fliegen, wird von einer leichten Traurigkeit meinerseits überschattet, wenn ich mir vorstelle, wie sich dies für ihn anfühlen muss. Er bleibt optimistisch und fest entschlossen. Dennoch ist die Mehrheit des Teams der Überzeugung, dass er niemals fliegen wird, oder wenn, dann höchstens eine kleine Etappe. Das ist normal, er war in den letzten sieben Jahren so weit weg, Sie haben noch immer nicht verstanden, mit wem sie es hier zu tun haben. Bertrand wird reguläre Flugetappen übernehmen. Dessen bin ich mir sicher. Aus dem triftigen und einfachen Grund, dass ich ihn kenne und genau weiß, dass er nicht so viele Gelder eingetrieben hat, um der Erfüllung seines Traumes vom Boden aus zuzusehen. Und ich werde ihm helfen, sein Ziel zu erreichen.

Dies ist auch der Moment, mit unseren weiteren Trainings fortzufahren. Wir üben den freien Fall im Windkanal, um unser Material zu testen und die Position unseres Körpers neu zu erlernen für den Fall, dass wir mit dem Fallschirm abspringen müssen. Diese Erfahrungen fühlen sich für uns ein wenig so an, als wären wir Kinder, die miteinander herumalbern. So entstehen einige denkwürdige Momente, in denen wir mit Bertrand lachen, das Gesicht vom Ventilator verzerrt, der uns in der Luft hält.

Stück für Stück nähert sich mein erster Flug mit Solar Impulse! Ich überlasse nichts dem Zufall. Abends im Bett gehe ich jede Etappe noch einmal durch, jede Bewegung, jede Handlung, um in der Luft ruhig zu bleiben.

Am 24. Mai 2010 muss ich ins Cockpit springen und alles beim ersten Versuch beherrschen. Die Aufregung, in die sich Angst mischt, verfliegt, als es losgeht. In meiner Trance höre ich das »Viel Glück« um mich herum kaum. Nur Yasemin hebt sich von allen Anwesenden ab. Sie sehe ich als Letztes, ihr Bild nehme ich mit.

Alle sehen mich an. Sie müssen sich denken: »Hoffentlich crasht er unser Baby nicht!« Dies ist die heilige Verantwortung gegenüber dem Team und unseren Partnern. Also los, volle Kraft voraus, und nach weniger als hundert Metern befinde ich mich bereits in der Luft. Ich höre im Funk »Bugrad abgehoben«, dann »Hauptfahrwerk abgehoben«. Wachsam bleiben, Tragflächen stabilisieren, gerade bleiben, Startgeschwindigkeit von 51 km/h beibehalten. Nach zwei Minuten kann ich den Blick genießen, die rauschenden Motoren, das gleitende Flugzeug in der Ruhe des Morgens.

Nach dreihundert Metern ziehe ich manuell mithilfe einer Kurbel das Fahrwerk ein – fünfundachtzig Mal kurbeln – und beginne mit meinen Übungen. Die Befehle erscheinen mir einfach, es ist kaum Aufwand nötig, um die Finnen für Kurven zu steuern. Doch die Geschwindigkeit beizubehalten, damit das Flugzeug gut funktionieren kann, erfordert Konzentration.

Auf dem Rückweg überrascht mich der Einfluss des Windes. Im Simulator ist die Landung häufig danebengegangen.

Schlechtes Szenario. Eine Schieflage von nur einem Zentimeter würde das hier in einen Albtraum verwandeln. Eine Landung kann aus vielen Gründen schiefgehen: Man ist zu langsam, man ist zu schnell, liegt schief, setzt das Bugrad vor dem Hauptfahrwerk auf, sodass der Rumpf kaputtginge. Das Hauptfahrwerk berührt den Boden. Jede Sekunde ist ein Erfolg. Die Geschwindigkeit nimmt ab. Ich sehe, wie das Bodenteam neben mir her läuft. Sie fangen das Flugzeug ein, stabilisieren es. Geschafft! Genial!

Als mein Geist ebenfalls landet, denke ich als Erstes an Bertrand. Ich weiß, dass auch er schon bald diese Freude kennenlernen wird. Der Traum, an dem ich seit sieben Jahren mit ihm arbeite, nimmt Form an. Und das Beste liegt noch vor uns.

Bertrand

Andrés Glück mit anzusehen bereitet Freude. Er ist Pilot eines Flugzeugs, dessen Bau er geleitet hat, das muss ein fabelhaftes Erfolgsgefühl sein. Am Steuer ist er einfach großartig. Man könnte meinen, er habe Solar Impulse schon sein Leben lang geflogen und würde nicht mehr viel Training benötigen, um den Nachtflug zu übernehmen.

Unser Ziel ist nun, unter Beweis zu stellen, dass ein ununterbrochener Flug mit einem Solarflugzeug möglich ist.

Wir stehen in den Startlöchern. Das Wetter ist perfekt. Das Technikteam bereitet Si1 vor, während die Journalisten und geladenen Gäste zur Pressekonferenz ankommen. Plötzlich flüstert uns einer der Techniker ins Ohr, dass die Telemetrie nicht funktioniert. Das Kontrollzentrum würde keine Flugkoordinaten empfangen. Unter diesen Umständen ist ein Start undenkbar.

André kann so viel Pilot sein, wie er will, alle Augen sind auf mich gerichtet. Ich muss die Verantwortung tragen und den Start auf ein unbekanntes Datum verschieben. Doch genau das ist Teil des Pioniergeistes: Versuche zu unternehmen, ohne zu wissen, ob es funktioniert, das Risiko für ein Misslingen in

Kauf zu nehmen, und dies in meinem Fall vor aller Öffentlichkeit, da wir unseren Partnern gegenüber mediale Verpflichtungen haben. Doch die Transparenz zahlt sich aus und die Presse zeigt sich verständnisvoll.

Am Abend bin ich natürlich draußen, um den Himmel unter die Lupe zu nehmen. Ein unvorhergesehenes Unwetter über dem Jura verdeckt die Sonne mit einer nicht unerheblichen Nebelschicht. Unter diesen Bedingungen hätte André noch vor der Nacht zurückkehren und landen müssen. Da ist mir ein Fehler in der Telemetrie lieber.

André

Am 7. Juli 2010 wagen wir einen neuen Versuch. Alles läuft sehr langsam und in Stille ab, und extreme Konzentration wohnt jeder Geste inne, sodass vieles beinahe sakral wirkt. Wir haben alles simuliert, was passieren könnte. Die Frage ist, was wir unterschätzen oder vielleicht nicht verstanden haben.

Die Anwesenheit meiner Familie macht mir Mut. Und doch spüre ich die Anspannung, die sie sich nicht anmerken lassen wollen. Sie lächeln mich an und sehen auf meinen Fallschirm. Ich hatte ihnen vorgeschlagen, in Spanien einen Trainingssprung mit mir zu absolvieren. Das kleine Flugzeug war auf viertausend Meter gestiegen. Wir warfen einander aufgeregte Blicke zu, bis die Tür sich öffnete. Die Luft strömte in den Innenraum, und die Tausende Meter der Leere schienen uns beinahe wütend zu rufen, bereit, Knochen zu zermalmen. In diesen Momenten hat niemand mehr eine große Klappe. Wir alle waren starr vor Angst. Und doch mussten wir springen. Elâ, meine Tochter, lächelte eisern. An ihrer Einstellung hatte sich nichts geändert. Wir alle haben sie angesehen und ich bemerkte, dass meine beiden Söhne Denis und Theo innerlich das Gleiche dachten wie ich: Wie mutig sie ist, Hut ab! Dann sind wir gesprungen. Auf dem Boden angekommen, sagten wir ihr, wie bewundernswert das war. Sie hatte uns dabei geholfen, springen zu können. Sie erzählte uns, die Angst vor dem Nichts habe es ihr unmöglich gemacht, ihren Gesichtsausdruck zu verändern, und so hatte sie weiterlächeln müssen. Sie hat sich ein Beispiel an uns genommen und ist gesprungen. Diese Erfahrung hat allen besser zu verstehen gegeben, wie real die Herausforderung des Projektes ist.

Eine Stunde vor dem Start richte ich mich im Cockpit ein und kontrolliere alles. In diesem Moment, ganz allein, erinnere ich mich an die Träume meiner Kindheit. Sie bringen mich zum Flugpionier Geoffrey de Havilland, von dessen Abenteuern ich gelesen hatte. Ursprünglich stammte er aus der Welt des Radrennsports, hatte jedoch dann ein Flugzeug gebaut und war der Erste gewesen, der es testete. Das Flugzeug brach auseinander, doch er überlebte. Mit dem wenigen Geld, das ihm noch blieb, baute er ein zweites, mit dem ihm endlich ein Flug gelang, und das ohne Lehrer, um ihm alles zu erklären. Der Gedanke, in ein Flugzeug zu steigen, von dem man nicht weiß, wie man es steuert, hat mich immer beeindruckt. Später baute er die ersten Düsenjäger, die ich in der Schweizer Armee flog – Vampire und die Venoms. Bin ich dabei, es den legendären Fliegern meiner Kindheit gleichzutun?

Der unmittelbar bevorstehende Start reißt mich aus meinem Traum. Die Ingenieure haben sich selbst übertroffen. Nun darf ich es nicht vermasseln. Das Flugzeug ist auf Position, das Cockpit verschlossen. Nach und nach verschwinden die Kameramänner, meine Familie, meine Freunde. Nur zwei Mitglieder des Teams bleiben, um die Tragflächen zu stabilisieren. Ich höre die Stimme von Claude Nicollier, der mich fragt, ob ich bereit bin. Es ist 6:40 Uhr. Ich drücke die vier Schalthebel nach vorne.

Hundertfünfzig Meter reichen aus. Das Flugzeug hebt ab. Alle Angst löst sich in Luft auf. Kein technisches Problem. Ruhige Stimmung. Doch die sich lösende Anspannung macht sich in meiner Blase bemerkbar. Eine ungünstige Kombination. Zum Urinieren gibt es Flaschen, die man dann leeren kann. Keine Toilette. Also habe ich drei Tage vor Abflug aufgehört, faserhaltiges Essen zu mir zu nehmen, um keine Reste im Darm zu haben.

Als ich den Solargenerator angeschlossen habe, betrachte ich die riesigen Schweizer Seen, die von grünen Reflexionen durchzogen werden. Die Langsamkeit des Flugzeuges haucht der Landschaft eine merkwürdige Kraft und Grandezza ein.

Bertrand

Ich habe mich ganz ehrlich gefragt, wie ich diese vierundzwanzig Stunden emotional überstehen soll. Wie gerne hätte *ich* diesen Flug unternommen! Die Tatsache, dass dies unmöglich ist, tröstet mich vielleicht auf intellektueller Ebene. Aber nicht in der Tiefe meines Herzens. Die Realität unterscheidet sich sehr von meinem ursprünglichen Traum. Ich stehe am Rand der Startbahn, mehrere Kameras sind auf jede meiner Gesten gerichtet, und ich muss meine Tränen runterschlucken. Ich versuche verzweifelt, den Ballast meiner Traurigkeit loszulassen, um eine innere Höhe zu finden, die mich in eine andere Richtung trägt. Ich erinnere mich daran, warum ich dieses Projekt ins Leben gerufen habe, was ich bewirken will. Ich stürze mich ganz in die Teamarbeit, die Ladung der Batterien zu überwachen, die Leistung gemessen an der Höhe, die Entwicklung des Wetters und das Echo der Medien. Der Tag wird intensiv. Ich freue mich für André. Ich hoffe mit all meiner Kraft, dass das Abenteuer gelingt.

Ich beobachte die kleinsten Reaktionen des Teams für die Flugmissionen, das aus sehr ernsten Ingenieuren besteht. Sie finden es merkwürdig, neben sich einen Präsidenten stehen zu haben, der noch nie in ihrem Flugzeug saß, und einen Direktor, der ein ziemlicher Draufgänger ist. Ihre Aufgaben sind klar definiert, unsere nicht. André und ich sind überall und nirgends, unsere respektiven Rollen öffnen der Verwirrung Tür und Tor, wenn sie sich nicht sogar in Rivalität äußern. Bei einer Operation von der Größe von Solar Impulse wäre es logisch zu denken, der eine baut, der andere finanziert, und wenn einmal alles fertig ist, engagiert man einen Piloten für die Flüge. Kurz gesagt: Dieser Hauch von Verrücktheit, der uns antreibt, schlägt für das Team, je ernster es wird, in ein Risiko um. Hier ähneln André und ich uns sehr, und es ist einer der Faktoren, der uns in unserer Freundschaft stärkt.

André

Konzentriert in meinem Cockpit habe ich den Eindruck, dass ich nicht das hundertprozentige Vertrauen des Kontrollzentrums genieße. Auch das noch. Es wird einige zusätzliche Flüge brauchen, damit der Respekt nicht mehr nur eine Frage der Hierarchie ist.

Das Wetter ist unglaublich, der Ausblick endlos. Am Ende des Morgens wird die Sauerstoffmaske notwendig. Bei jedem Einatmen kommt ein kleiner Luftstoß. Durch die Atmung bildet sich Kondenswasser in der Maske, das in dieser Höhe gefriert und die Schläuche teilweise blockiert. Die Zufuhr wird geringer und der Alarm immer öfter ausgelöst. Ich erreiche neuntausend Meter. In einer derartigen Höhe verliert man nach fünfundvierzig Sekunden ohne Sauerstoff das Bewusstsein.

Ich konzentriere mich auf das, was ich mir vorgenommen habe in gewissen Abständen zu tun, um zu verhindern, dass ich über die gesamte Flugzeit nachdenke. Ich schließe die Augen für fünf Sekunden, atme tief ein. Ich mache Bauchtanz, um die Blutzirkulation im Unterleib und den Beinen anzuregen. Zum Glück ist Yasemin Türkin.

Die wirkliche Arbeit beginnt nun. In mehr als hundertneunundvierzig Millionen Kilometern Entfernung geht der Stern unter, dessen Energie ich abzapfe, und wirft seine zauberhaften Reflexe an den Horizont. Bald werde ich im Gleitflug sinken, danach habe ich nur die Batterien, um mein Flugzeug am Laufen zu halten.

Bertrand

Der Sonnenuntergang muss von dort oben aus wahnsinnig aussehen. André wird mir später davon erzählen. Doch nicht alles ist Poesie. Der Flügelrücken muss sich nun nach Westen richten, damit die Solarzellen die letzten Strahlen einfangen können. Wir müssen also zwei Stunden lang östlichen Kurs halten. Das Problem ist, dass die Höhenwinde mit etwa 60 km/h aus westlicher Richtung kommen und Si1 binnen einer halben Stunde vom Jura zu den Alpen wehen, wo es umkehren muss, um zurück nach Payerne zu fliegen. So fehlen uns anderthalb Stunden Energie, um die Nacht zu überstehen. Niemand kennt die Sicherheitsreserven, denn dies ist das erste Mal, dass ein derartiger Flug ausgetestet wird. Also folgen wir allem mit Argusaugen, beziehen sämtliche Parameter mit ein. Am Ende erscheint mir das Risiko akzeptabel, und im Einvernehmen mit dem Team gebe ich André grünes Licht, mit dem Flug fortzufahren. Doch während der Nacht müssen wir, so gut es geht, Zonen mit thermischem Abwind vermeiden.

André

Schlechte Nachrichten. Trotz der Isolation der Flaschen ist das Wasser gefroren. Für lange Zeit habe ich nichts zu trinken. Mein Ziel ist es, so langsam wie möglich an Höhe zu verlieren – denn die Höhe ist eine notwendige Energiereserve, bis zum Morgen durchzuhalten. Es gibt keinen Autopiloten, ich darf während der schwarzen Nacht nicht in meiner Konzentration nachlassen. Ich genieße den Flug. Die Nacht hüllt mich ein, und das Cockpit verwandelt sich in einen Kokon.

Nach dreiundzwanzig Stunden bin ich auf tausendfünfhundert Meter gesunken. Die Flaschen sind wieder aufgetaut. Das herrlich kalte Wasser, das ich trinke, während ich die kleinen Schweizer Dörfer in der Ebene schimmern sehe, schmeckt göttlich. Man könnte meinen, es sei durch eine Zauberformel aus Kälte und Licht erschaffen worden. Um dem Ganzen etwas Spielerisches zu geben, suche ich mit dem Kontrollzentrum nach Zonen ohne Abwind, in denen ich sogar noch etwas steigen könnte. Um Energie zu kämpfen, ist eine gute Beschäftigung. Ich erzähle Bertrand, was sich hier oben abspielt. Er beschreibt die Stimmung unter den Gästen und in den Medien. Zum ersten Mal in der Geschichte haben wir die Nacht und somit mehr als vierundzwanzig Stunden nur durch Solarenergie im Flug verbracht.

Bertrand

Ein Teil von mir befindet sich im Cockpit und stellt sich alles vor, was dort passiert. Schlaf ist ausgeschlossen, noch nicht einmal eine Minute. Ich bleibe bei Michael und Christoph, um Regionen zu finden, in denen es noch Aufwinde gibt. Wenn es mir schwerfällt, die Augen offen zu halten, gehe ich draußen ein paar Schritte auf und ab. Dort bin ich mit mir selbst allein. Dann verliert sich mein Blick in der Stille der Nacht, über der die schwarze Silhouette von Solar Impulse mit ihren grünen und roten Lichtern langsam über Payerne ihre Kreise zieht.

In einem großen Sessel sehe ich unter einer Decke einen unserer Techniker, in seinem Arm eine Angestellte von Swisscom. Ich frage ihn, ob alles gut ist, und er hebt als Zeichen vollkommenen Glückes einen Daumen. Am nächsten Tag sagt er mir, dies sei die schönste Nacht seines Lebens gewesen, wenn vielleicht auch nicht aus den gleichen Gründen wie bei uns …

Das erste Tageslicht, dann taucht die Sonne auf. Noch zwei Stunden bis zu dem Moment, den wir »energy neutral morning« nennen, da die Sonne so hoch am Horizont steht, dass sich die Motoren ohne Hilfe der Batterien drehen. Wir haben bereits den Countdown begonnen. Das Team, die Presse, alle hängen gebannt vor dem Chronometer:

»Zehn Minuten … zwei Minuten … 45 Sekunden … 5, 4, 3, 2, 1, *we made it guys,* wir haben es geschafft!«

André ist live am Funk mit dabei. Seine Stimme hallt durch die Lautsprecher:

»Unglaublich, völlig unglaublich.«

Wir brauchen sechsundzwanzig Stunden, um zu beweisen, dass sich die Batterien genug aufladen, um wieder auf 9000 Meter zu steigen. Damit ist endgültig bewiesen, dass ein ununterbrochener Flug möglich ist. Noch drei Stunden muss André durchhalten, und die Sonne knallt auf sein Cockpit:

»Ich komme mir vor wie ein Spanferkel hier oben!«

André

Ich habe den Eindruck, ein Wunder zu erleben. Wir haben die Nacht dank der Sonnenenergie überstanden, die wir während des Tages gesammelt haben! Ich höre Bertrand in meinen Kopfhörern rufen: »4, 3, 2, 1, wir haben es geschafft!« Bei der Anzahl an Dezibel besteht jedenfalls keine Gefahr, dass ich einschlafe.

Jetzt muss ich das Flugzeug nur noch landen. Ich konzentriere mich wie verrückt, um die Landung nicht zu vergeigen. Bei jeder Turbulenz wächst der Druck. Ich bin zu hoch. Ich justiere die Luftbremsen. Noch immer zu hoch, ich bremse noch mehr, mehr … und alles geht gut. Aber was für ein Kampf!

Wir haben das Ziel erreicht, das wir uns für diesen ersten Prototyp gesetzt haben. Selbst wenn das Projekt hier enden würde, wäre das schon außergewöhnlich. Ich bin stolz, mit Bertrand zu arbeiten. Wie er hingenommen hat, den ersten Flug nicht selbst durchführen zu können, ist bewundernswert. In diesem Abenteuer wachsen wir alle.

6

Ohne Benzin kommt man weiter

Bernard

Im September 2010 laden uns die Flughäfen Genf und Zürich ein. Dies ist unser erstes Aufeinandertreffen mit dem internationalen Flugverkehr.

Die Flüge über der Schweiz besiegeln den technischen Erfolg von Si1. Wir wollen das Flugzeug den Menschen vorstellen und einige wichtige Stätten des Landes überfliegen: das Schloss Chillon, den Sitz von Nestlé in Vevey, die École Polytechnique de Lausanne, die mich mit offenen Armen empfangen hatte, den Vierwaldstätter See und das Bundeshaus in Bern. An diesem Tag wird ein neuer Bundesrat gewählt. Ich stehe im telefonischen Kontakt mit einem Parlamentarier, der im richtigen Moment all seine Kollegen nach draußen kommen lässt, um sich dieses neue Verständnis von Energie genauer anzusehen. Das Problem ist, dass Beweise allzu häufig nicht als Motivatoren für die Politik zählen. Streitereien zwischen den Parteien dafür umso mehr.

Bei ihrer Analyse der Flugeinträge kommt das BAZL zu dem Schluss, dass André zu tief über bewohntes Gebiet geflogen ist, und brummt ihm ein Bußgeld auf. Da gehen die Vorstellungen offenbar auseinander …

André

Unmittelbar nach dem erneuten Start in Zürich erlebe ich meine ersten Schrecksekunden in Solar Impulse. Mitten im Aufstieg geht der rote Alarm von Motor Nr. 3 los. Ich schalte ihn augenblicklich ab. Gleichzeitig komme ich durch eine Turbulenz aus dem Gleichgewicht. Die Nase des Flugzeugs hebt sich. Ich erreiche den steilsten Winkel. Wie wild drücke ich die Steuerknüppel. Währenddessen schrillt der Alarm in meinen Ohren. Nach einigen Sekunden, die mir wie eine Ewigkeit vorkommen, gewinne ich wieder ein wenig an Geschwindigkeit. Doch es ist noch nicht vorbei. Ich rieche Rauch. Scheiße, es brennt an Bord. Ich sehe zu Boden, ob ich weit genug von bewohnten Zonen entfernt bin. Ich peile landwirtschaftlich genutzte Flächen an, falls ich mit dem Fallschirm abspringen und das Flugzeug abstürzen lassen muss. Kein Rauch im Innenraum. Der kaputte Motor ist wahrscheinlich durchgebrannt und der Rauch ist über den Flügel ins Cockpit eingedrungen.

Die Turbulenzen sind noch immer heftig. Ein kontinuierlicher Kampf. Ich warne das Bodenteam, doch unser Kontrollzentrum ist noch rudimentär. Es besteht aus Raymond im Wagen auf der Autobahn, der die Verbindung hält. Ich halte weiterhin Kurs auf Payerne. Künftig müssen wir uns um mögliche Flughäfen für Notlandungen kümmern.

Bertrand

Das Jahr 2010 endet mit einem Paukenschlag, als Schindler zu unserem vierten Hauptpartner wird. Das Kreuz ist endlich komplett, mit einem starken vierten Quadranten neben Solvay, Omega und der Deutschen Bank. Selbst die Journalisten applaudieren bei der Pressekonferenz. Alle haben verstanden, dass dies der Garant für unseren Fortbestand ist.

Diese Partnerschaft führt zu einem ganzen Jahr der Annäherungsarbeit, der Treffen und der Schaffung eines Klimas voller Vertrauen und beidseitiger Freundschaft. Für Alfred Schindler geht es darum, den Unternehmergeist und die Innovation in der Schweiz voranzubringen, im Kontext eines Fahrstuhl- und Rolltreppenbauers, der pro Tag eine Milliarde Menschen transportiert. Energieeffizienz ist hier absolut sinnvoll – für die Umwelt, aber auch als kommerzielles Argument. Alfred hat mich gebeten, das Projekt persönlich vor seinem Aufsichtsrat vorzustellen. Es ist berauschend, wochenlang Dossiers mit allen Argumenten vorzubereiten, und anschließend binnen Minuten der Präsentation über die Zukunft des Projekts zu entscheiden. Ich bin an den Punkt gelangt, dass ich diese Momente liebe, in denen ich alles geben muss, damit der Zeiger zur richtigen Seite ausschlägt, in denen ich merke, dass das Menschliche schwerer wiegt als die Zahlen.

Nun muss ich Flugerfahrung sammeln. Die einzige Möglichkeit, nicht mit den Notwendigkeiten des Projekts in Konflikt zu kommen, besteht darin, die Weihnachtsferien in Bloemfontein, in Südafrika, zu verbringen, wo gerade Sommer ist. Michèle spürt, dass ich ihre Unterstützung brauche, und begleitet mich in diese verlorene Stadt, in der sie vermutlich die einzige Touristin ist. Wie viele Frauen versuchen alles, um ihren Mann vom Fliegen abzuhalten! In zwei Wochen absolviere ich zweiundsechzig Flugstunden in mehr als zehn Flugzeugtypen, in verschiedenen Gleitflugzeugen und Hubschraubern. Sechsmal mehr, als private Piloten durchschnittlich im Jahr fliegen!

Hier lernt man auf eine andere Art, zweimotorige Flugzeuge zu fliegen, als bei uns: Stundenlang fliege ich in einer Höhe von nur zwei Metern querfeldein und über Hindernisse wie ein springendes Zebra oder durchquere Canyons, die unter dem Meeresspiegel liegen. Für die Landung übe ich, innerhalb des Landebahnbereichs auf 320 km/h bei Rückenwind zu beschleunigen, um Tiere und Rasenmäher zu verfolgen, und anschließend im Steilflug die Räder und Bremsen auszufahren und am anderen Ende zu landen.

Nun reicht es auch mit den Flugzeugen. Ich muss in den Gleitflieger. Ich leihe mir aus Deutschland eine Stemme S10, ein Gleitflugzeug mit großer Spannweite, in dem ich verabscheuungswürdig viel Zeit verbringe. Die erlaubte Flughöhe beträgt nur fünfzig Meter, doch die Landebahn ist lang genug, um abzuheben und gleich wieder zu landen. Alles, was ich tun kann, um nicht umsonst gekommen zu sein, sind siebenundvierzig Starts mit umgehender Landung. Als Markus die Aufzeichnungen über die Flugstunden liest, ist er schockiert:

»Du brauchst siebenundvierzig Versuche, um das Gleitflugzeug landen zu können?«

Alles wird zu meinen Ungunsten interpretiert. Ich lerne mich in Geduld zu üben. Und in Ruhe. Eine sogenannte Freundin bemerkt Michèle gegenüber:

»Du wirst schon sehen, Bertrand wird es nicht schaffen. Das ist zu schwierig für ihn.«

Mit Erstaunen stelle ich fest, wie sehr Missgunst zu einem Antrieb werden kann, um das Gegenteil unter Beweis zu stellen.

Von Januar bis März 2011 fliege ich, wann immer es geht, mit der S10 über die Schweizer Alpen, einer wunderbaren Maschine. Ich nehme Freunde mit und natürlich meine Familie, die ich nun endlich mit einem schönen Moment dieses Projektes verbinde. Nach hundertzwanzig Flugstunden rufe ich Gaby an:

»Du kannst kommen, ich bin bereit.«

»Glaubst du wirklich, dass sich der Weg lohnt?«

»Das musst du selbst beurteilen.«

Als er kommt, bin ich es, der die Befehle erteilt: »Schieb den rechten Flügel, setz dich, check den Gurt.«

Ich funke den Tower an, stelle den Motor an, justiere mich und hebe ab. Gaby ist der Passagier. Auf zweitausend Metern schalte ich den Motor ab und den Propeller. Wir machen sechs Stunden Gleitflug. Ich erwische eine Böe, fliege Spiralen durch die Thermiken, überfliege die Walliser Alpen. Bei der Landung sitzt neben mir nicht mehr derselbe Gaby, und er sagt mir, dass auch ich nicht mehr derselbe Bertrand bin.

»Ich erkenne dich gar nicht wieder. Diesmal ist es gut, ich rufe Markus und das BAZL an, um zu sagen, dass du bereit bist.«

Markus kann es kaum glauben, doch Gaby bleibt beharrlich:

»Ich habe Bertrand im letzten Jahr Nein gesagt, lass mich nun Ja sagen.«

Ein Jahr nach André kann ich endlich die Prüfung ablegen, die ich aus Dummheit zu früh angehen wollte. Der Experte des BAZL testet mich auf sehr intelligente Weise, nicht nur mein

Wissen, sondern auch meine Gelassenheit während des Fluges. Nach der Notlandung und der Landung ohne Luftbremse sagt er mir: »Folgen Sie genau meinen Anweisungen. Beschleunigen Sie auf 160 km/h. Halten Sie die Geschwindigkeit. Ziehen Sie nun sanft am Steuerknüppel. Halten Sie ihn gezogen.«

Die Nase hebt sich. Ich weiß, dass ich reden muss, um zu zeigen, dass ich genug emotionalen Abstand zu meinen Handlungen als Pilot habe.

»Wollen Sie, dass ich einen Looping mache?«

»Halten Sie den Steuerknüppel angezogen.«

Wir fliegen auf dem Kopf. Ich warte auf Anweisung, wie gefordert.

»Ziehen Sie ihn noch etwas mehr an und etablieren Sie eine neutrale Flugposition. Genau, perfekt. Sie sind bereit, Solar Impulse zu fliegen.«

»Warum sind Sie sich ausgerechnet nach dieser Übung dessen so sicher? Ich werde doch mit einem Solarflugzeug keinen Looping veranstalten!«

»Weil Sie sehr sanft am Steuerknüppel gezogen haben. Ich habe einige Male daran gewackelt, und er war fast locker. Die meisten Flugschüler sind so angespannt, dass ich ihn überhaupt nicht bewegen kann.«

Der erste Glücksmoment nach der Unterschrift von Schindler.

André

Bertrand hat eine gewaltige Hürde übersprungen. Diese Fluglaubnis zu bekommen war eine ziemlich große Sache. So jemand wie er ist dem BAZL vermutlich lange nicht untergekommen! Nun hält ihn nichts mehr davon ab, Solar Impulse zu fliegen. Ich kann es aus Freude und Dankbarkeit kaum erwarten, ihn am Steuer zu sehen. Endlich wird sich unsere Freundschaft auch auf die geteilten Flüge ausdehnen.

Natürlich gebe ich ehrlich zu, dass dies nicht im Alleingang geht. Die Zurückhaltung des Teams setzt sich auch in mir fest, und als ich ihn im Flugzeug sehe, bekomme auch ich unweigerlich Bammel. Nun sind wir zwei Piloten, wir müssen lernen zu teilen, und ich verliere meinen Einzelkämpferstatus. Doch es ist der einzige Weg zum Erfolg.

Bertrand

Jemand aus dem EU-Parlament schreibt mir aus Brüssel und bittet mich, seine Kollegen zu überreden, eine ambitioniertere Politik in Sachen erneuerbarer Energien anzustreben. Er braucht Solar Impulse, um ihren Enthusiasmus anzufachen.

Die Ingenieure arbeiten bereits am Entwurf für ein zweites Flugzeug, und das Team für die Flugmissionen muss sich auf die Weltumrundung vorbereiten. Was gäbe es da für eine bessere Gelegenheit? Zumal uns der Salon du Bourget eingeladen hat, Solar Impulse als Ehrengast zu empfangen. Wir können einen Dreiecksflug machen: Payerne – Brüssel – Paris – Payerne. André am Steuerknüppel, ich in der Politik – alle sind glücklich.

Uns bleiben noch zwei Monate vor Beginn der europäischen Etappen, und es wäre unverzeihlich, mit Si1 in diesem Stadium auch nur das geringste Risiko einzugehen. Also entscheide ich zur riesigen Erleichterung des Teams, meinen ersten eigenen Flug noch bis zum Sommer aufzuschieben. Noch immer muss ich das Projekt vor meine eigenen Interessen stellen.

Andrés Einstellung ist rührend. Er hat die Anerkennung erreicht, die ihm zusteht, und unsere Freundschaft profitiert davon. Und so bereitet es mir ein großes Vergnügen, ihm dabei zuzusehen, wie er sich nach Brüssel zum ersten internationalen Flug mit unserem Prototyp aufschwingt.

André

Eine Woche lang steht Brüssel symbolisch für unsere erste Party. Für öffentliche Auftritte sind wir binnen einer halben Stunde ausgebucht. Wir halten zahlreiche Vorträge. Es ist das erste Mal, dass ich eine Bühne betrete. Die Stimmung ist fabelhaft und wir improvisieren gerne: Jeder sagt einen Satz, den der andere vervollständigt. Wir wissen nicht, wo uns dieses Spiel hinführen wird. Nur mit Mühe unterdrücken wir unser lautes Lachen, wenn wir merken, was dadurch für große Schnitzer entstehen können.

Ich entdecke, wie wichtig Marketing für Pionierarbeit ist. All das ist für mich neu. Ich habe den Eindruck, genau wie ein Flugzeug meinen Hangar zu verlassen. Wenn ich Bertrand dabei beobachte, mit was für einer Leichtigkeit er die Öffentlichkeit fasziniert, fühle ich mich plötzlich wie der kleine Bruder. Ich bin hierbei vermutlich noch mehr Anfänger als er am Steuer von Solar Impulse. Ich beobachte, mit wie viel Genuss die Menschen mit unseren Teammitgliedern diskutieren, wie sie staunen. Plötzlich wird mir die Durchschlagskraft unseres symbolischen Projekts bewusst.

Bertrand

Unsere Ankunft fällt in die Woche für Umwelt. Vincent Colegrave aus dem Marketingteam findet im Lobbyismus seine Berufung. Dank ihm fliegen wir mit europäischer Flagge auf dem Flugzeugkörper, und sämtliche Institutionen laufen in einer Schlange eine Woche lang an unserem Flugzeug vorbei, um diesen Fahnenträger der sauberen Technologien zu bewundern.

Der großartigste Moment ist ein Dinner unter den Flugzeugflügeln mit dem Präsidenten des EU-Parlaments und der Vizepräsidentin der EU-Kommission, die ich bereits zu verschiedenen Anlässen getroffen habe. Alle Teile des Puzzles fügen sich zusammen. Endlich ernten unsere Partner die Früchte ihres Engagements. Es ist interessant zu beobachten, dass die Industriellen selbst die Regierungsmitglieder dahin gehend beeinflussen, wie die Energiepolitik der Zukunft ausgerichtet sein wird, indem sie die Richtung vorgeben, in die sie investieren. Das europäische »3 X 30« ist ein guter Anfang: 30 Prozent reduzierter Co_2-Ausstoß und 30 Prozent Verbrauch aus erneuerbaren Energien bis 2030. Noch immer müssen neue Lösungen promoted werden, um an dieses Ziel zu gelangen, und genau hierbei sind wir nützlich.

André

10. Juni. Paris wartet auf uns. Die Anspannung steigt. Lucs Wetterberechnungen sind grenzwertig. In jedem Moment können wir nach Brüssel zurückfliegen müssen. Wir gehen das Risiko eines Starts um 18:30 Uhr ein. Le Bourget am Abend mit einem Solarflugzeug anfliegen – was für ein Irrsinn.

Der größte Teil des Teams befindet sich bereits auf dem Weg. Es sind weitaus mehr Journalisten zugegen als erwartet. Da niemand da ist, um sie zu empfangen, können Sie überall herumspazieren und ich muss sie in dem Moment abfangen, in dem ich mich eigentlich konzentrieren müsste.

Ich steige ins Cockpit, noch immer im Inneren des Hangars, völlig blind, und bekomme von Röbi die Infos. Noch immer riesige Kumuluswolken auf tausendfünfhundert Metern Höhe. Ich frage sämtliche Verantwortliche, ob sie ein schlechtes Gefühl haben: Röbi, Tahan, den Delegierten von Raymond Clerc, und Nils, der fürs Bodenteam verantwortlich ist. Doch ich frage alle einzeln, nicht alle zusammen. Ein fataler Fehler. Röbi macht sich am meisten Sorgen, doch er ist nicht der Pilot und niemand hört auf ihn. Auf der einen Seite entscheidet das Missionszentrum in der Schweiz über den Flug, basierend auf den Vorkehrungen von Luc, und dann hat der Pilot selbst das letzte Wort, allerdings vom Inneren eines Hangars aus.

Um 18:00 Uhr sind die Winde annähernd akzeptabel. Wir

beschließen, den Versuch zu wagen. Kaum bin ich abgehoben, erwischen mich bereits Turbulenzen, die mich in Richtung des Hangars tragen. Ich kämpfe wie ein Irrer, um die Situation zu entschärfen. Es ist unmöglich, die Schnauze zu kontrollieren, aber für Angst bleibt keine Zeit. Ich muss die Steuerung bis an ihre Grenzen treiben, ein paar ewige Sekunden lang, bevor das Flugzeug endlich reagiert. Ich weiche einigen Hindernissen knapp aus und setze alles daran, an Höhe zu gewinnen, um eine ruhigere Zone zu erreichen.

In ungefähr eintausend Metern Höhe kann ich das Fahrwerk einfahren. Bei all den Turbulenzen kann ich plötzlich nicht mehr sehen, in welche Richtung ich die Kurbel betätigen muss.

Ich frage das Kontrollzentrum, die sehen im Handbuch nach: im Uhrzeigersinn kurbeln. Ich versuche es vorsichtig, ohne die Kontrolle über das Flugzeug zu verlieren. Plötzlich ein merkwürdiges Geräusch, und alles blockiert. Ich sitze in der Klemme.

Der Ingenieur stand derart unter Druck, dass er sich vertan hat. Das MCC (Mission Control Center) wollte mir nicht glauben, aber glücklicherweise werden sämtliche Gespräche aufgezeichnet. Wenn es mir nicht gelingt, die Blockade im Fahrwerk zu lösen, muss ich mit dem Fallschirm abspringen und das Flugzeug abstürzen lassen. Röbi kommt mit dem Helikopter. Er begutachtet das Fahrwerk und leitet mich Schritt für Schritt an. Langsam dreht sich die Kurbel, und endlich kann ich es ganz ausfahren. Was für eine Erleichterung! Doch nun traue ich mich nicht mehr, es einzufahren, was mehr Widerstand erzeugt. Die Wolkenschicht ist dicker als gedacht, und der Gegenwind ist nicht ohne. Wir werden es nicht schaffen! Wir entscheiden also kehrtzumachen. Gegen Mitternacht lande ich wieder in Brüssel. Wir haben zu sehr mit dem Limit geflirtet.

Achtundvierzig Stunden später starte ich am frühen Morgen erneut, was für ein Solarflugzeug deutlich vernünftiger ist. Sehr schnell befinde ich mich über einer kompakten Wolkendecke. Das ist nicht weiter schlimm, solange es keine Panne gibt. Die Einsamkeit über diesem endlosen weißen Meer lässt mich an die Piloten denken, die über die Anden flogen, nur nach Instinkt, ohne dass sie wussten, wohin der Weg sie führen würde. Ich denke auch an Saint-Exupéry: *Der Flieger*, *Südkurier* und *Nachtflug* begleiten mich auf meiner Mission.

Da für unser eigenes Kontrollzentrum bisher nur wenige Mittel zur Verfügung stehen, fühle ich mich wirklich als Pionier, mir selbst überlassen. Dies wird bald ein Ende haben. Wir werden immer professioneller.

Um in Le Bourget zu landen, muss ich eine Schneise durch die Wolken finden. Doch unter mir ist nur eine durchgehende weiße, kompakte Masse. Kein Loch, keine Möglichkeit. Diese Situation ist mir in der Armee häufiger begegnet. Man musste dann im Jet über der Wolkendecke fliegen und in enger Formation winzige Löcher ausfindig machen, um ohne die Hilfe des Radars zurück zur Basis fliegen zu können. Daraus ist quasi ein Instinkt geworden.

Weit entfernt kann ich im Sonnenuntergang den Eiffelturm ausmachen. Ha ha! Ich werde ihnen etwas bieten: einen Looping, in einer riesigen, langsamen Bewegung, parallel zum Kontrollturm. Anschließend werde ich vom SRB, der Instanz, die sich intern um die Flugsicherheit kümmert, ordentlich zusammengestaucht werden, denn ein solches Manöver war nicht vorgesehen.

Bertrand

Wenn André landet, beginnt für mich die Arbeit. Möglichst viele Menschen müssen sich in unserem Zelt Solar Impulse ansehen. Unsere Freunde von Dassault rühren wie verrückt die Werbetrommel: Lange Besucherschlangen formen sich. Insgesamt kommen einhundertfünfzigtausend Menschen in fünf Tagen. Der Präsident der Region Île-de-France vergleicht unsere Anwesenheit mit dem ersten Schritt auf dem Mond, und der Chef von Airbus, der gerade achthundert Maschinen verkauft hat, sieht sich unser Solarflugzeug an und gibt zu, dass er etwas neidisch auf unseren Erfolg ist. Auch Menschen aus dem Showbiz machen ihre Aufwartung, vor allem, da ich gerade zur Ökologischen Persönlichkeit des Jahres gekürt wurde. Präsident Sarkozy vergleicht in seiner Eröffnungsrede die Schwingen von Solar Impulse mit den Schienen in die Zukunft. Was ihn nicht davon abhält, einige Wochen später der Nuklearindustrie zu erzählen, dass das mit der Sonnenenergie niemals funktionieren wird, da die Sonne nachts nicht scheint. Solar Impulse fliegt trotzdem!

Einige Tage später landet André meisterhaft in Payerne, in der Abendsonne. Ich bin glücklich, dass Si1 endlich wieder in der Schweiz ist, da ich nun mein Training beginnen kann.

Wie Markus und André lerne auch ich durch Rollübungen, die immense Spannweite zu kontrollieren. Das ist einfacher, als ich dachte. Die blauen Ampullen des von Omega entworfenen Instruments zeigen den Neigungswinkel bis auf ein Grad genau an, und so kann man sehr schnell reagieren. Dann kommt schließlich der Moment, den Boden zu verlassen. Alles ist wie im Simulator, inklusive des Genusses, den dieser Moment bereitet. Ich fühle mich wie in einem riesigen Ultraleichtflugzeug. Sofort bemerke ich die charakteristische Instabilität auf den drei Achsen. Ich habe das Gefühl, an einem einzigen Punkt zu hängen, und muss sämtliche Steuerungen gleichzeitig bedienen, um eine gute Flugposition beizubehalten. Wie in einem Hubschrauber. Das Training in Südafrika trägt Früchte. Ich bin konzentriert, aber auch sehr entspannt. In der Ferne fliegt ein Heißluftballon und zeigt mir den Weg, den ich seit zwölf Jahren beschreite.

»Bertrand, Markus hier. Lass dich auf zweitausendfünfhundert Fuß sinken und reih dich in die Flughafenschleife ein.«

Das große Finale nähert sich, in dem das Flugzeug am schwierigsten zu stabilisieren ist. Vor allem muss man Oszillationen vermeiden. Ich schlage mich ganz gut und lande sanft auf der Landebahn von Payerne. Michèle sagt mir später, dass ich das strahlende Lächeln auf den Lippen hatte, das sie so liebt. Das Team feiert mich, doch das Ganze war keine Heldentat. Ich habe ganz einfach getan, was Markus und André seit einem Jahr mit schöner Regelmäßigkeit leisten.

»Markus, wir müssen den zweiten Flug planen.«

»Welchen zweiten Flug?«

»Nun ja, das weitere Training.«

»Aber ich dachte, dass du nur einen Flug machen würdest. Um zu sagen, dass du Solar Impulse geflogen bist. Mehr nicht...«

André

Bertrand hat es geschafft, Solar Impulse zu fliegen. Er kehrt in einem Zustand riesiger Freude von seinem Flug zurück. Dies ist ein zentraler Moment in unserer Beziehung zum Projekt. Eine neue Etappe zu erreichen tut gut. Markus bereitet ein sehr strenges Trainingsprogramm vor, mit sehr präzisen Abfolgen, die man dem BAZL vorführen muss. Wir müssen teilweise Höhenflüge abbrechen, weil das Wetter dafür exzellent sein muss, und nächtliche Fahrten auf der Landebahn absolvieren, die dreimal pro Woche möglich sind. Das Ganze ergibt überhaupt keinen Sinn. Wir schießen uns mit unserer Rigidität selbst ins Bein. Angesichts der Zeit, die wir so verlieren, ruft Bertrand das BAZL an. Wenn es uns nicht gelingt, diesen administrativen Unsinn zu umgehen, wird er niemals zur rechten Zeit fertig sein, doch für das Testflugteam ist das ein Drama. Sie kommen sich übergangen vor.

Bertrand

Dass ich sowohl Präsident als auch Flugschüler bin, stört. Wäre ich im letzten Jahr nicht so dumm gewesen, könnte ich mal mit der Faust auf den Tisch hauen, doch in meiner Situation ist es wohl besser, den Kopf geduckt zu halten. Das BAZL lässt sich auf etwas mehr Flexibilität ein und mein Training nimmt endlich Fahrt auf, tagsüber, nachts, um den Flugplatz herum und schließlich in größerer Höhe.

Mein längster Flug endet um drei Uhr morgens, indem ich

eine gefrierende Nebelschicht durchfliegen muss, die meine Windschutzscheibe undurchsichtig macht.

»Bertrand, hier ist Markus, ist es schlimm?«

»*No problem*, du hast mir doch den Flug nach Instrumenten beigebracht, oder nicht?«

Nach zwei Stunden Schlaf fahre ich zurück nach Zürich, um mich dort mit zwei Versicherungsfirmen zu treffen, mit denen ich gerne eine Partnerschaft eingehen würde. Die erste zeigt sich im ersten Moment sehr interessiert, lehnt jedoch später ab, die zweite, zunächst skeptisch, wird mein Angebot annehmen. Es handelt sich um Swiss Re Corporate Solutions, eine neue, unabhängige Unterfirma des Versicherers Swiss Re, bei der ich bereits ein Dutzend Vorträge gehalten und mich ebenso oft um eine Partnerschaft bemüht habe. Jetzt, mit ihrem neuen Geschäftsführer Agostino Galvagni, ist der richtige Moment gekommen. Was für ein traumhafter Tag: Pilot und Fundraiser in einem!

Ich feiere den Aufschwung des Jahres 2012 mit einem wundervollen Flug über das Matterhorn vor einem kristallblauen Himmel: »Die Chance des Jahres«, wie Luc vorhersagt. André begleitet mich im Hubschrauber, mit offenen Türen für die Schnappschüsse von Jean Revillard und David Patthey, die sich später vor Kälte bibbernd mehrere Stunden lang aufwärmen müssen. Wir haben Solar Impulse vor dem fotogensten Symbol der Schweiz für die Ewigkeit festgehalten.

André

Wir müssen für die Langstreckenflüge trainieren. Die größte Herausforderung wird die Überquerung der Ozeane. Der längste Überflug, über den Pazifik, wird mindestens fünf Tage und fünf Nächte dauern. Wie soll ein Pilot bei einem derart langen Flug die Kontrolle behalten? Ist es möglich, jeden Tag auf die Höhe des Mount Everest, also auf neuntausend Meter, zu steigen ohne eine Kabine mit Sauerstoffausgleich? Wie soll man sich erholen? Wie soll man sich ernähren und seine natürlichen Bedürfnisse befriedigen? Wir haben eine exakte Replik des Cockpits von Si2 bauen lassen, in dem der Pilot ein Minimum von drei Tagen und drei Nächten verbringen muss.

Ich bin sehr gespannt darauf zu sehen, wie ich selbst auf die Schlafproblematik reagieren werde. Sind unsere Hypothesen korrekt? Ich war schon immer ein Fan des »power napping«, von kurzen erholsamen Nickerchen. Zwanzig Minuten erscheinen mir ideal. Lang genug, um Kraft zu tanken, ohne jedoch wirklich tief zu schlafen. Besser wäre natürlich ein kompletter Schlafzyklus von anderthalb Stunden, doch dies erlaubt das Flugzeug nicht. Probieren wir es also mit zwanzig Minuten.

Ich habe das in den Ferien ausprobiert, indem ich sechsmal in vierundzwanzig Stunden für jeweils zwanzig Minuten geschlafen habe – also insgesamt zwei Stunden –, vier Tage lang. Alle gingen schlafen, und ich hatte das Gefühl, auf kontinuierliche Art und Weise zu leben, ohne die Nacht und den Schlaf, die zum nächsten Tag führen. Da ich beim Lesen einschlafe, fing ich an zu zeichnen.

Als ich mich im Cockpit einschließe, sind Teams der EPFL und Ärzte unseres Partners Hirslanden vor Ort, um die wissenschaftliche Dimension der Erfahrung zu betonen.

Um nicht an die Anzahl der verbleibenden Stunden zu denken, strukturiere ich die Zeit in Aktivitäten. Wenn ich Yoga mache, konzentriere ich mich auf die körperlichen Auswirkungen. Wenn ich esse, denke ich an den Geschmack. Diese außergewöhnlich hohe Bewusstheit werde ich später während meiner ersten zehntägigen Schweigemeditation wieder entdecken. In der Nacht, wenn alles ruhig und geheimnisvoll ist und auch schwer, habe ich zum Glück meine Tochter, Elâ, mit der ich über Funk diskutiere. Sie ist nur fünf Meter von mir entfernt, doch durch den Vorhang, der uns trennt, scheint sie Tausende Kilometer weit weg zu sein. Sie ist vor ein paar Jahren zu uns gestoßen, um sich um die Internetseite und unsere ersten Auftritte in den sozialen Medien zu kümmern.

Am dritten Tag ändere ich im Protokoll gewisse vorgesehene Tests, die mir überflüssig erscheinen. Das Missionsteam ist damit ganz und gar nicht einverstanden. Sie glauben, dass ich die Tests nicht machen will, weil ich Angst habe, sie nicht zu bestehen. Wenn sie schon fünf Meter entfernt so ein Unverständnis zeigen, wie soll das dann erst über dem Ozean werden?

Bertrand

Nach dieser Erfahrung trifft sich das SRB rund um Röbi, Raymond, André und mich in Zermatt. Wir müssen die Regeln für das Zusammenspiel von Piloten und MCC, also dem Missionskontrollzentrum, festlegen. Zu viel Abenteuerlust erhöht das Risiko zu versagen, zu viel Sicherheit senkt die Chance auf einen Erfolg. Ohne jemandem auf die Füße zu treten, versuche ich zu erklären, dass ich mit einem SRB die ersten beiden Anläufe der Weltumrundung im Heißluftballon nicht vergeigt hätte, mir jedoch der dritte und erfolgreiche Versuch ebenfalls nicht gelungen wäre …

Für Peter Frei stellen die doppelten Ämter, die André und ich belegen, ein Sicherheitsrisiko dar. Wenn es nach ihm ginge, würden die Entscheidungen für den Flug vonseiten der Ingenieure und nicht vonseiten des Managements getroffen. André und mir geht es jedoch darum, alle wichtigen Dinge selbst zu entscheiden. Diese Schieflage wird später dramatische Folgen haben. Claude hat das letzte Wort:

»Wenn ihr glaubt, dass Sicherheit zu teuer ist, wartet mal ab, bis ihr einen Unfall baut …«

7

»Hallo Marokko!«

Bertrand

Vor zwei Jahren hatte mir der Geschäftsführer einer marokkanischen Telekommunikationsfirma vorgeschlagen, Solar Impulse in seinem Land vorzustellen. Ich hatte darin keinen großen Nutzen gesehen, bis ich erfuhr, dass König Mohammed VI. gerade ein visionäres neues Programm ins Leben gerufen hat und nun in Ouarzazate die größte Wärmekraftanlage der Welt baut. Wir treffen uns mit Mustapha Bakkoury, dem Präsidenten von Masen, einer marokkanischen Agentur für Solarenergie. Schnell entsteht eine Freundschaft, und wir werden eingeladen, mit Si1 unter Schirmherrschaft des Königs zur Eröffnung der Bauarbeiten der Solaranlage zu fliegen.

André und ich müssen die Etappen untereinander aufteilen. Das Missionsteam redet nicht lange um den heißen Brei herum: Die erste Etappe wird die längste und schwierigere sein, wegen der Pyrenäen, und muss daher von André geflogen werden, der damit den Weltrekord für den längsten Flug mit einem Solarflugzeug aufstellen wird. Das bedeutet, dass ich über Gibraltar fliegen werde, also den ersten interkontinentalen Flug übernehme. Ironischerweise serviert mir meine Unerfahrenheit diese historische Premiere auf dem Silbertablett! Ich hätte mir nichts Schöneres erträumen können.

André

Nach drei Wochen des Wartens mache ich mich auf den Weg nach Madrid. Über Frankreich erwischt mich die Höhenkrankheit, während ich Interviews gebe. Ich hätte meine Sauerstoffmaske sehr viel eher aufziehen sollen. Kopfschmerzen, ein mulmiges Gefühl im Magen, Übelkeit. Mir geht es wirklich schlecht. Die Symptome werden stärker. Noch acht Stunden dieses fordernden Fluges verbleiben. Das Team hat mich für diese Etappe ausgewählt, da sie auf meine Fähigkeiten als Pilot geschielt haben, und nun sind es die Höhe und der Sauerstoff – Bertrands Stärken –, die mir Probleme bereiten! Es wird immer schwieriger, mich zu konzentrieren. Elâ spricht stundenlang mit mir. Ihre Stimme beruhigt mich, ihre Anwesenheit gibt mir Sicherheit. Dank ihr halte ich durch.

Bei Toulouse steigt eine riesige Wolkenmauer vor mir auf. Unmöglich, sie zu überfliegen. Wie durch ein Wunder ermöglicht mir eine Öffnung den Flug über die Pyrenäen, auf fast neuntausend Metern Höhe, und bringt mich ans Ziel.

Während des Sinkflugs in Richtung Madrid verschwinden die Symptome langsam. Von meinem großen Vogel aus, der still vor sich hin gleitet, sehe ich, wie sich die Dunkelheit langsam über die spanische Hauptstadt legt und sie plötzlich wie von Geisterhand durch winzige Lichter erleuchtet wird. Ein wunderschöner Trost.

Am nächsten Tag reiche ich die Fackel zum ersten Mal an Bertrand weiter. Augenscheinlich unterscheidet sich dieser Moment nicht von anderen, doch als sich unsere Blicke kreuzen, kann man darin den Traum ablesen, der zu diesem Abenteuer geführt hat. Ich vertraue ihm Solar Impulse an. Auf eine Art ist es zu meinem Flugzeug geworden. Ich bleibe immer in seiner Nähe, aufmerksam und beschützend, wie eine Mutter. Bertrand amüsiert sich darüber. Ich erkläre ihm, dass ich eine ziemliche Gefühlsachterbahn durchmachen musste, was die Flüge anging, vom Gedanken, überhaupt keinen wichtigen Flug machen zu dürfen, bis zu dem Punkt, da ich glaubte, alle

Flüge übernehmen zu müssen – und nun habe ich endlich ein Gleichgewicht gefunden. Ein gefühlsintensiver Moment. Am Ende lachen wir: »Salut, mein alter Freund, hab einen guten interkontinentalen Flug!«

Bertrand

Wahre Freundschaft besteht nicht darin, Streitigkeiten zu vermeiden, sondern zu lernen, mit Differenzen umzugehen. Hierin liegt unsere Stärke.

Ich habe wenig geschlafen, fühle mich aber fit. Bis zu dem Moment, als ich am Flughafen ankomme und sehe, dass Si1 noch im Zelt geparkt ist: »Es ist zu windig«, sagt mir Daniel. »Zu viele Böen.«

Daniel Ramseier ist ein alter Fallschirmfreund. Er war es auch, der mir die Materialien für die ersten Deltasprünge von einer Heißluftballongondel aus zur Verfügung gestellt hat. Mit Catherine Zanga ist er für das Pilotenequipment verantwortlich. Um Catherine die Röte ins Gesicht zu treiben, haben wir beschlossen, dass Daniel uns für die Flüge anzieht und Catherine uns nach der Landung auszieht. Nur so können wir uns auf die Landung freuen …

André steht hundertprozentig hinter mir.

»Mach dich in Ruhe fertig. Ich fahre das Flugzeug raus und ich bin sicher, dass das Wetter sich in einer Stunde beruhigt hat.«

Wie erhofft, legt sich der Wind und ich hebe bei Vollmond ab. Der Flug über Madrid ist beeindruckend. Schon bald begleitet der Sonnenaufgang zu meiner Linken den Mond, der auf der anderen Seite untergeht. Ich fliege über Spanien, glücklich wie lange nicht mehr. Medien von sämtlichen Kontinenten folgen diesem ersten interkontinentalen Flug und interviewen mich per Satellit: »Was können Sie den Bewohnern von Fukushima sagen? Wann kommen Sie nach Lateinamerika? Warum gibt es nicht mehr Solarindustrie in Afrika? Sollte Europa seine Subventionen für erneuerbare Energien beibehalten?«

Der Seitenwind ist stark und ich halte langsam dagegen, die Flugzeugspitze zeigt in Richtung Brasilien, unter meinem linken Flügel liegt Gibraltar. Der Moment ist gekommen, die Kontrollzentrale Casablanca anzufunken.

»Casablanca, guten Morgen, HB-SIA, ich begebe mich in Ihren Luftraum, Route Tanger, Höhe vierundzwanzigtausend Fuß.«

»Solar Impulse, herzlich willkommen in Marokko. Es ist uns eine Ehre, Sie bei uns begrüßen zu dürfen.«

Die Luftraumautoritäten des ganzen Landes haben sich im Büro der Kontrollzentrale versammelt, um diesen Moment mitzuerleben. Langsam gleite ich die Atlantikküste entlang.

»Casablanca, HB-SIA, bitte um Erlaubnis, auf fünftausend Meter zu sinken.«

»HB-SIA, Erlaubnis erteilt.«

Da unser maximaler Sinkflug dreißig Zentimeter pro Sekunde ist, sinke ich binnen zehn Minuten nur zweihundert Meter:

»HB-SIA, wann gedenken Sie zu sinken?«

»Ich habe den Sinkflug bereits eingeleitet, aber um auf fünftausend Meter zu kommen, werde ich fünf Stunden benötigen.«

» … seltsames Flugzeug, das Sie da haben …«

Man muss dazusagen, dass ich versuche, möglichst wenig Energie zu verbrauchen, um die Batterien für André voll zu lassen, der anschließend nach Ouarzazate fliegen wird. Eine rote Sonne verschwindet im Dunst, während sich der Vollmond über dem Atlas erhebt. André eskortiert mich im Hubschrauber über die Lichter von Rabat, dann leite ich die Landung ein. Plötzlich Motorengeräusche und Navigationslichter, die knapp an mir vorbeifliegen:

»MCC von Solar Impulse, wer ist in der Luft neben mir?«

»Niemand, André ist bereits gelandet.«

Ein unbekannter Hubschrauber beobachtet mich in der Dunkelheit. Vermutlich ein hohes Tier, das sich selbst eine Privatvorstellung gönnt.

Die Landung ist perfekt, die Autoritäten sind euphorisch.

André öffnet mir das Cockpit, ich stelle mich auf den Sitz und rufe laut: »Hallo Marokko!« Und gewinne damit Freunde im ganzen Land. Mustapha Bakkoury empfängt uns wie Helden und geleitet uns zur Pressekonferenz. Man sollte immer mit einem Schlüsselsatz anfangen:

»Ich komme von einem Kontinent, auf dem die Unterstützung für erneuerbare Energien von Jahr zu Jahr sinkt. Ich beantrage also energetisches Asyl in Marokko, das mit seinem Programm für Solarenergie ein Vorbild für die ganze Welt ist.«

Ich kann das Fliegen mit meiner Message für saubere Technologien verbinden. Heute bin ich wunschlos glücklich.

André

Zum ersten Mal sehe ich die Landung des Flugzeugs bei einem Missionsflug. Es ist interessant, die andere Seite mitzubekommen und gleichzeitig exakt zu wissen, was passiert. Unser Team zu leiten und unsere Journalisten und Gastgeber aus Marokko kennenzulernen, bereitet mir große Freude.

Unser Empfang ist einmalig. Alle Gäste sind auf der Landebahn. Was für eine Stimmung für Bertrands ersten Flug! Er kann stolz darauf sein, es so weit gebracht zu haben. Und er legt direkt vor, der erste interkontinentale Flug mit Solarenergie. Beim Ausstieg aus dem Cockpit ruft er sein berühmtes »Hallo Marokko!«. Ich würde ihm gerne gratulieren, doch durch den allgemeinen Tumult schaffe ich es nicht. Es gibt hier keinen Platz für mich und ich möchte mich nicht aufdrängen. Ich erlebe also, was Bertrand sicherlich während der vorangegangenen Missionsflüge durchgemacht hat. Nicht einfach …

Bertrand

Einige Tage später vertieft sich meine freundschaftliche Beziehung zu diesem Land, als der Palast einen privaten Demonstrationsflug für die königliche Familie sehen möchte.

André führt den Flug aus, während ich für den Thronfolger kommentiere. Mit seinen zehn Jahren zeigt der Prinz bereits eine erstaunliche Reife. Ich schmücke meine Erklärungen damit aus, was ein künftiger Monarch meiner Meinung nach hören sollte: dass Pioniergeist wichtig ist, dass es notwendig ist, eine bessere Lebensqualität zu fördern, dass man die Umwelt respektieren sollte, aber auch die Menschheit. Ich sehe nicht, dass seine Mutter hinter ihm steht, bis sie mir wie wild Zeichen gibt weiterzumachen. Die Sonne scheint ihr in den Rücken und wirft den Schatten ihrer Gesten vor ihren Sohn, der sich plötzlich gewahr wird, was dort hinter ihm vor sich geht. Alles endet in großem Gelächter.

Nach der Landung möchte die Ehefrau des Königs das Cockpit sehen. Da sie ausgebildete Ingenieurin ist, interessiert sie sich natürlich für die technischen Einzelheiten des Flugzeugs. André und ich bleiben einige Minuten bei ihr, beeindruckt von ihrer Eleganz, ihrem Wissen und der Neugier dieser jungen Frau. Am Nachmittag sind wir in die königliche Schule eingeladen, wo die beiden Kinder gemeinsam mit anderen Jugendlichen aus verschiedenen Milieus unterrichtet werden. Sie sind im gleichen Alter, das ich hatte, als ich die Astronauten von Cape Kennedy kennenlernte. Die gleichen Fragen, die gleichen Antworten, das gleiche Staunen vor der Welt großer Entdecker. Was für ein Glücksgefühl, zurückgeben zu können, was mir einst zuteilwurde.

André

Der folgende Flug, der Rabat mit Ouarzazate verbindet, ist eine Herausforderung. Man muss den Atlas überfliegen, eine Gebirgskette, die bis zu viertausend Meter hoch ist. Die thermischen Winde können sehr hoch steigen und sehr heftig wehen. Dann müssen wir in der Wüste landen. Ihr Geheimnis liegt darin, dass die klimatischen Phänomene sowohl bei Tag als auch bei Nacht für Menschen wie uns unvorhersehbar sind. Sandstürme und plötzliche Winde erheben sich ohne Vorwarnung. Sehr anders als in unseren Schweizer Bergen. Da wir bei Nacht landen müssen, habe ich beschlossen, dorthin vorzufahren und mich unter dem Firmament an den Rand der Landebahn zu setzen, um zu beobachten, nachzufühlen und eine Verbindung zu dieser Natur herzustellen. Es gehen keine Flüge mehr, alles ist ruhig. Ich bin allein in der Nacht, bleibe wach und bewundere die Sterne, die in der Unendlichkeit leuchten. Ich denke an Saint-Exupéry, als er in Cap Juby stationiert war, nicht sehr weit von hier, auf die Kuriere von Aéropostale wartete, in völliger Harmonie mit der Wüste. Am nächsten Tag reise ich mit einem guten Gefühl wieder ab.

Dennoch scheitert ein erster Versuch, und wir müssen auf ein neues Fenster warten. Nach drei Wochen habe ich keine Lust mehr, ausschließlich Tajines zu essen. Mit der ganzen Familie, die mich begleitet, beschließen wir, in ein chinesisches Restaurant zu gehen, das uns sehr angepriesen wurde. Stundenlang laufen wir durch unbekannte Straßen und finden es schließlich am Ende einer kleinen Passage. Ausgehungert bestellen wir das Menü einmal rauf und runter. Die Gerichte werden im Überfluss serviert, darunter einige Salate. Diese Änderung im Speiseplan lässt uns völlig vergessen, wo wir sind, und wir fallen gierig mit einem Riesenhunger darüber her. Ein paar Stunden später wird mein Sohn Teo zur Rehydrierung in die Notaufnahme gebracht, und ich muss mich für den Flug nach Ouarzazate bereit machen. Einzige Lösung: in den örtlichen Krankenhäusern Windeln finden, die groß genug sind. Als ich mich anziehe, bringt mich die Anwesenheit einiger Kameramänner und Fotografen dazu, die Windel über den Slip zu ziehen und nicht andersherum, sodass Catherine kommentiert, ich hätte meine Kinder wohl nie gewickelt.

Auf neuntausend Metern wird mir unwahrscheinlich kalt. Daran ist sicherlich die Vergiftung schuld. Ich fange an, krampfartig zu zittern. Der Sauerstoffanteil in meinem Blut fällt unter die vorgegebenen Sicherheitswerte. Das Blut entzieht sich den Spitzen meiner Extremitäten. Ich kann nicht mehr mit dem Boden kommunizieren. Ich fange an zu hyperventilieren, überzeugt davon, dass mir Sauerstoff fehlt. Ich muss wegen der Winde über dem Atlas länger in der Höhe bleiben als vorgesehen. Ich habe die Sonne im Rücken und kein einziger Strahl fällt in die Kabine. Mein Zittern und die Sauerstoffprobleme werden schlimmer. Ich spüre, dass ich bald die Kontrolle über meinen Körper verlieren werde. In der Ferne höre ich die Stimme meiner Tochter. Falle ich in ein Delirium? Sie redet lauter und lauter mit mir. Ich verstehe, dass das MCC sie gerufen hat, damit sie mir dabei hilft, nicht das Bewusstsein zu verlieren. Ich entscheide mich für einen notgedrungenen Sinkflug, schnellstmöglich, mit ausgefahrener Luftbremse, um eine wärmere Zone zu erreichen, in der die Probleme mit dem Sauerstoff verschwinden.

Es gelingt mir, sicher und gesund in Ouarzazate zu landen, und der Flug ist mir eine Lehre in Sachen Achtsamkeit bei der Nahrungsaufnahme vor einem Flug.

Bertrand

Ouarzazate ist beinahe ein anderes Land, so groß ist der Unterschied zum Norden. Wenn man hier jemanden begrüßt, führt man danach die Hand zum Herzen. André wird von traditionellen Tänzerinnen mit Tamburin auf der Landebahn begrüßt und von Kamelen. Greg schnappt sich eins davon, lässt es jedoch zum Glück vor Ort. Wir überreichen Mustapha symbolisch eine eingerahmte Solarzelle. Die Menschen verbringen Stunden im Autokorso, um uns dafür zu danken, ihnen Solar Impulse gebracht zu haben. Einige einsame Dörfer, die bereits gefordert haben, ans Stromnetz angeschlossen zu werden, fahren zu den Autoritäten zurück, um sie um Photovoltaikanlagen zu bitten. Das gesamte Team speist mit dem Gouverneur in der großen Kasbah aus ockerfarbener Erde. Wir sind in *Tausend und einer Nacht*.

Ich muss nach Kasachstan, um im Rahmen der Kandidatur von Astana für die Weltausstellung 2017 die erneuerbaren Energien zu promoten. Ein schlechter Moment, aber was soll man machen. Das richtige Wetterfenster, um nach Rabat zurückzukehren, öffnet sich während meiner Abwesenheit, und ich muss meinen Flug aufgeben. André überfliegt den Atlas in die entgegengesetzte Richtung, und für die Rückkehr in die Schweiz absolviere ich drei Flüge in Folge: Rabat–Madrid, Madrid–Toulouse und Toulouse–Payerne.

André

Peter Frei ist ausgelaugt und hat sich ein paar Monate freigenommen. Seb Demont, eine weitere Säule unseres Projekts, hat uns ebenfalls verlassen. Zwei große Figuren, die uns fehlen. Zum Glück entwickelt Röbi sich weiter.

Als ich aus Marokko wiederkomme, wird gerade der Flügelholm getestet, der wichtigste Teil des Flugzeugs, der sozusagen die Wirbelsäule des Flügels ist. Fast ein Jahr hat es gebraucht, um ein Design zu finden, das möglichst leicht, aber auch möglichst widerstandsfähig ist. Und ein Jahr lang wurde gebaut. Beim letzten Test bricht der Flügelholm mit einem fürchterlichen Geräusch wie bei einer Explosion, kurz bevor die hundert Prozent des Belastungstests erreicht sind. Wir sind zu nahe ans Limit gekommen, nur um Gewicht zu sparen. Vielleicht hat uns der weise Rat von Peter Frei gefehlt.

In jedem Fall haben wir einen schwer zu verändernden Faktor unterschätzt. Ein Jahr Arbeit, ein Jahr Bau und zusätzliche Kosten von zehn Millionen Euro, wenn sich das Projekt um ein Jahr nach hinten verschiebt.

In Dübendorf finde ich ein am Boden zerstörtes Team vor. Erste Reaktion: keine Verletzten, das ist das Wichtigste. Zweite Reaktion: eine Lösung für das Problem finden, alle zusammen. Keine Schuldigen suchen. Wir müssen so schnell wie möglich Erkenntnisse aus dem Vorfall ziehen.

Dennoch haben sich Zweifel in die Seelen eingenistet. Genau das wollte ich verhindern. Darüber hinaus besteht die Gefahr, dass nun jeder Test ungeheure Angst auslöst. Noch ein oder zwei Unfälle dieser Art, und das gesamte Design des Flugzeugs wird infrage gestellt werden.

Zum ersten Mal habe ich Angst. Das Team ist riesig, die laufenden Kosten können nicht reduziert werden. Die Budgets zu kürzen, würde bedeuten, sich von wichtigen Mitgliedern trennen zu müssen, und es hat Jahre gebraucht, um sie auf das heutige Niveau zu bringen. Eigentlich wollte ich den Flugzeugbau Anfang 2013 abschließen, um die Maschine den Partnern präsentieren zu können. Die Ziellinie war schon in Sicht! Nun verschiebt sich alles um ein weiteres Jahr. Vorausgesetzt, wir finden die finanziellen Mittel dafür.

Bertrand

Greg und ich warten in Rabat. Als André uns anruft, mit geschlagener Stimme, sind wir gerade auf der Terrasse des Hotels. Der Flügelholm von Si2 ist beim Belastungstest gebrochen. Der Eindruck ist ganz merkwürdig: Auf der einen Seite weiß ich, dass das eine Katastrophe ist, auf der anderen Seite bin ich der tiefsten Überzeugung, dass sich dadurch nicht viel ändern wird. Vielleicht habe ich einen so starken Glauben an das Projekt, dass es mir unbesiegbar vorkommt. Ich bin der festen Überzeugung, dass André eine technische Lösung finden wird, und dass es mir gelingen wird, noch mehr Geld aufzutreiben. Perspektivisch gesehen viel Arbeit für uns beide, aber mehr auch nicht. Nun muss ich selbst anwenden, was ich bei meinen Vorträgen schon seit Jahren predige: »Eine Krise, die man annimmt, ist ein Abenteuer, ein Abenteuer, das man ablehnt, bleibt eine Krise.« Jeder muss selbst entscheiden, was er aus den Hindernissen macht, die sein Leben mit sich bringt: eine Enttäuschung oder ganz im Gegenteil einen Anlass, sich weiterzuentwickeln und neue Fähigkeiten zu erlernen.

Hier, in Marokko, habe ich das Glück, noch immer im Pilotenmodus zu sein. Ich werde Solar Impulse zurück nach Payerne fliegen. Ich verlasse Rabat zum Flug über den Atlantik. Ein Öltanker zieht eine lange Teerspur hinter sich her. Das Bild, das in die Vergangenheit gehört, ist noch abstoßender, wenn man es aus einem futuristischen Solarflugzeug betrachtet.

Die Westwinde über Spanien sind heftig und würden dazu führen, dass ich Richtung Barcelona abdrifte und Madrid verpasse. Das Team schlägt mir eine interessante Strategie vor. Von Rabat aus werde ich auf dreitausend Metern bis an die portugiesische Grenze fliegen und anschließend die Flugzeugspitze in Richtung Wind drehen, um im Rückwärtsgang Richtung Madrid zu fliegen! Sehr angenehm, den Sonnenuntergang vor sich zu sehen, während man in die andere Richtung fliegt:

»Luc, sag mir von Zeit zu Zeit, was sich hinter mir befindet, ich habe keinen Rückspiegel!«

Madrid–Toulouse wird ein Flug in niedriger Höhe um die Pyrenäen herum über Biarritz, wobei die Möglichkeit besteht, per Satellit mit James Cameron zu sprechen, der besser für seine Filme bekannt ist als für sein außergewöhnliches Engagement als Forscher im Namen des Umweltschutzes. Er wird es sein, der zweiundfünfzig Jahre nach meinem Vater in den Marianengraben zurückkehrt, übrigens mit einem Foto meines Vaters im Gepäck, um den Meeresgrund mit moderner Technik zu filmen.

Meine Rückkehr nach Payerne ist Balsam für die Seele des Teams. Ich komme bei Tag an und drehe bis zum Sonnenuntergang über dem Flughafen meine Kreise. Dies wird die letzte Landung von Si1 sein, und André hat eine Überraschung für mich vorbereitet. Schon über den Funk höre ich die Vorfreude, mit der er sie vorbereitet hat: Auf dem Boden erwartet mich sämtliche Schweizer Folklore, inklusive Alphorn, Fahnenträger und Jodler. Unsere Freunde sind da, um mich zu empfangen. Ich lande trotz leichter Turbulenzen am Ende des Tages perfekt, bringe das Flugzeug zum letzten Mal zum Stillstand und schließe das Visier meines Helms, um unbemerkt in Tränen auszubrechen. Noch weiß ich nicht, dass dies bei Weitem nicht mein letzter Flug in diesem Prototyp gewesen sein wird.

André

Warum ist der Flügelholm gebrochen? Warum waren wir so schlecht? Wir sind mit drei Problemen konfrontiert: erstens die Finanzen, zweitens die Technik, drittens das Selbstvertrauen. Unsere geistige Verfassung wird alles entscheiden. In stressigen Momenten gehe ich allein im Wald spazieren, zu zwei bestimmten Orten. Dank des Sauerstoffs, der körperlichen Bewegung und der Natur denke ich hier anders. Ausgestattet mit einem Notizbuch, halte ich Kleinigkeiten fest, die am Ende ein neues Szenario ergeben. Langsam wird mir klar, dass wir nicht ein Jahr verloren haben, sondern ganz im Gegenteil – wir haben eins dazugewonnen. Diese unterschiedliche Wahrnehmung wird die Einstellung des Teams und unsere Moral verändern. Wir können also unser erstes Flugzeug in die Vereinigten Staaten bringen. Als ich mich mit Bertrand und Greg treffe, sind sie bereits zum selben Schluss gekommen. Dies wird also die richtige Lösung sein: die sagenumwobene Bewegung von Westen nach Osten. Der Weg aller Pioniere. Dies war immer Bertrands Traum. die Amerikaner wissen immer nur, was bei ihnen selbst passiert. Solange wir nicht in ihrem Land fliegen, existiert Solar Impulse für sie nicht. Im Team herrscht Durcheinander. Sie glauben, wir haben nicht mehr alle Tassen im Schrank.

8

Amerikanischer Traum, amerikanischer Albtraum

Bertrand

Die Route quer durch die Vereinigten Staaten von Amerika, das berühmte »Coast to coast«, ist ein Mythos in der Geschichte der Luftfahrt. Auf den Spuren der Vin Fiz von Calbraith Perry Rodgers, einem der ersten zivilen Klienten der Gebrüder Wright. Damals war es ein Wettrennen unter den Pionieren dieser Zeit, es ging um fünfzigtausend Dollar. Nachdem die Frist von einem Monat abgelaufen war, hatte noch niemand mehr als ein Drittel der Strecke zurückgelegt, und alle gaben auf. Alle außer Calbraith. Wegen der schönen Geste, nicht für das Geld, hat er die Vereinigten Staaten in siebzig Etappen überquert, inklusiver diverser Abstürze und Krankenhausaufenthalte. Ein Reparaturwagen folgte ihm. Als er in Pasadena landete, wenige Kilometer von der Küste entfernt, brach er sich den Fuß, wartete die Genesung ab und startete erneut. Erst als er auf dem Strand landete und ein Rad ins Wasser fuhr, sah er die Wette tatsächlich als gewonnen an. Ich hoffe, dass wir von ihm seine Hartnäckigkeit erben, nicht unbedingt seine Probleme!

Was unsere Finanzen angeht, muss ich auf zwei Ebenen arbeiten. Neue Partner finden, um die zusätzlichen Kosten abzufangen, die das Verlängerungsjahr mit sich bringt, und die bereits existenten Partner davon überzeugen, unsere amerikanische Mission zu unterstützen. Solvay, Schindler, Bayer Material Science, Swiss Re Corporate Solutions, Altran, Swisscom, Clarins, Victorinox und die Forces motrices bernoises bündeln ihre Kräfte, um uns Mittel zur Verfügung zu stellen.

Wir unternehmen mehrere Reisen nach New York, Washington und San Francisco. Die Amerikaner haben sich den Pioniergeist der Luftfahrtgeschichte beibehalten; sowohl im Pentagon als auch in der FAA, der Bundesluftfahrtbehörde, sucht man nach Lösungen für die Bedürfnisse unseres Projektes. Auf der NASA-Basis in Moffett, Kalifornien, stellt der Direktor dies überdeutlich unter Beweis:

»Normalerweise dauert es ein halbes Jahr, um von der Behörde eine Erlaubnis für zivile Flieger einzuholen, und uns verbleiben noch sechs Wochen. Wir werden alles tun, um es zu schaffen.«

Und er schafft es tatsächlich, zwei oder drei Tage bevor Si1 in seinem Frachtflugzeug ankommt. Der Gedanke an Solar Impulse auf einer NASA-Basis rührt mich. Mein Versprechen, das Leben eines Entdeckers zu führen, habe ich mir in meiner Kindheit gegeben, die ich teilweise in Cape Kennedy verbrachte.

André

Bertrand präsentiert unseren derzeitigen Partnern unsere Intention wie eine Chance auf mehr Sichtbarkeit. Jean-Pierre Clamadieu, der Chef von Solvay, wird mir später erzählen, wie erstaunt er darüber war, Bertrand nach dem zerbrochenen Flügelholm zu sehen, nicht niedergeschlagen, sondern erfreut über diese einzigartige Möglichkeit.

Diese Fähigkeit, die er besitzt, andere Menschen zu motivieren, beeindruckt mich. Wir könnten unseren Slogan ändern: »Gemeinsam ist alles möglich.« Wir haben neuen Kampfgeist. Gespannte Aufregung beim Team, die Partner bedanken sich bei Bertrand. Ich liebe diese Situationen, in denen man sich anpassen muss, schnell reagieren und Risiken eingehen. Was für ein Leben!

Wir treffen uns mit der Leitung des Kennedy Airport und fragen nach, wie nahe man an New York heranfliegen kann. Antwort:

»Es gibt nur eine Lösung. Landen Sie bei uns, auf dem JFK.«

Mir gefällt dieser Enthusiasmus der Amerikaner. Es heißt

sofort »Ja«, selbst wenn man weiß, dass die Sache später kompliziert wird.

Für ein kleines Team wie das unsere bedeutet der Transport des Flugzeugs nach Kalifornien eine technische Meisterleistung. Die amerikanische Mission wird uns als Generalprobe für die Weltumrundung dienen. Die Verlockung der Staaten hat uns völlig verändert. Statt uns von einer Enttäuschung lähmen zu lassen, elektrisiert uns die Herausforderung.

Bertrand

Ende Februar 2013 wird Si1 in Einzelteilen aus dem Bauch eines Jumbos gezogen und in einem riesigen mobilen Hangar wieder zusammengesetzt. Es ist das erste und einzige Mal, dass seine riesige Spannweite winzig aussieht. Wir haben vor dem Abflug zwei Monate eingeplant, den ersten, um das Flugzeug nach dem erneuten Zusammenbau zu testen und uns wieder daran zu gewöhnen, den zweiten für Events mit unseren Partnern. Wie gewöhnlich bei unserem Projekt passiert nichts so wie vorhergesehen. Die Wetterverhältnisse sprengen unseren Zeitplan. Der erste Monat ist verloren. Die Testflüge überschneiden sich mit Vorträgen für unsere Partner, und gewisse Gäste betreten einen leeren Hangar. Das Team ist bereits müde, bevor die Überquerung überhaupt begonnen hat. Ein letzter Testflug ist nötig, doch Markus wird durch seinen zweiten Arbeitgeber gezwungen, nach Europa zurückzukehren. Am Ende macht er morgens den Flug und steigt mittags in seinen Linienflug. Das war knapp.

Unser Wunsch nach Flexibilität führt dazu, dass André und ich uns gegenseitig auf die Füße treten. Zuvor gab es einen Piloten und einen Redner. Nun sind wir plötzlich zwei Piloten und zwei Redner, allerdings nicht von gleicher Qualität. André ist jedes Mal genervt, wenn ich in meinen Flügen nicht präzise genug bin, und er kommt mir vor wie ein Bremsklotz, wenn ich unser Projekt den Partnern und Gästen vorstelle. Für ihn als auch für mich ist es anstrengend.

Glücklicherweise hat das Silicon Valley eine belebende Wirkung. Selbst die Bäume wachsen hier höher als anderswo. Man fragt uns nicht wie in Europa, wozu unser Flugzeug gut sein soll, wenn es keine Passagiere befördern kann, oder wie in China, wie viele Maschinen wir verkaufen werden. Hier sagt man uns ganz einfach: »Was für ein fantastisches Projekt. Es ist neu und wir lieben Innovation.«

Moffett ist nur einen Katzensprung vom Google-Hauptquartier entfernt, dem idealen Partner, der uns noch fehlt. Beim Weltwirtschaftsforum in Davos habe ich mehrfach versucht, die beiden Gründer Larry Page und Sergey Brin für unser Projekt zu interessieren. Ohne Erfolg:

»Wenn dein Flugzeug ferngesteuert wäre, dann würden wir das aufregend finden, aber mit Pilot an Bord, das ist altbacken.«

»Meinst du, man würde vom ersten Schritt auf dem Mond sprechen, wenn er von einem Roboter gemacht worden wäre?«

»Der Punkt geht an dich, aber Google arbeitet gerade an ferngesteuerten Autos. Das ist die Zukunft.«

Wir ziehen noch einmal alle Register, und Larry kommt mit Frau und Kindern, um einen Samstagmorgen mit uns zu verbringen.

»Mensch, Bertrand, bei euch ist ja einiges vorangegangen seit dem letzten Mal.«

Nachdem er gefahren ist, sagt Larry seinem Büro, dass er uns helfen will, doch noch wissen wir nicht, auf welchem Niveau. Etwas Hoffnung, mehr nicht.

Die beiden schönsten Momente für mich sind ein Ausflug mit Michèle an der wilden Pazifikküste und der Überflug der Golden Gate Bridge. Wir hätten davon nicht zu träumen gewagt, bis uns die amerikanische Behörde für zivile Luftfahrt genau das vorschlägt:

»Wir nehmen einmal an, dass Sie ein Foto in der San Francisco Bay machen wollen?«

»Das ist doch genau die Einflugschneise des Internationalen Flughafens.«

»Keine Sorge, wir reservieren Ihnen eine Flughöhe.«

Ich starte am frühen Morgen. Chesley Sullenberger ist als Kommentator für einen Fernsehkanal vor Ort. Er war es, der einen Airbus mit Motorschaden auf dem Hudson River notlandete und sämtlichen Passagieren das Leben rettete.

»Ich habe gehört, dass du hier sein würdest, also habe ich meine Schwimmweste eingepackt!«

Als ich mich der Brücke nähere, erstreckt sich der Nebel bereits über das Meer und kommt rasch näher. Ich rufe per Satellitentelefon im MCC an:

»Raymond, ruf André an, damit er so schnell wie möglich kommt. Das Foto geht uns durch die Lappen!«

Es gelingt André, die Reservierung für den Hubschrauber zu ändern, doch als er zu mir stößt, ist die eine Hälfte der Brücke bereits verschwunden. Uns bleiben nur noch zehn Minuten für ein paar Schnappschüsse. André tanzt mit dem Hubschrauber wie bei einem verrückten Rock'n'Roll um mich herum, nach vorn, nach hinten, zur Seite, um die Künstler zufriedenzustellen, die sich auf beiden Seiten um den besseren Winkel streiten. Ich habe nie eine solche Virtuosität gesehen. Er hätte diesen Flug mit Si1 selbst gern gemacht, doch ohne ihn im Hubschrauber hätten wir kein Foto gehabt. Das Ergebnis wird atemberaubend.

Den Rest des Tages verbringe ich damit, meine Runden über der Bucht zu drehen, zwischen kleinen touristischen Highlights und Linienfliegern, in der Vertikale von Alcatraz und der Zelle von Al Capone.

André kommt gegen Abend für den Sonnenuntergang zurück, und ich lande gegen zehn Uhr, wobei ich direkt einen Anpfiff bekomme, weil ich mich bei der Ansteuerung angeblich nicht an die GPS-Punkte gehalten habe. Am nächsten Tag ruft mich Raymond an:

»Erstens: Setz dich. Zweitens: Das Kontrollzentrum entschuldigt sich vielmals. Die Koordinaten, die du bekommen hast, waren falsch. Du bist perfekt geflogen, basierend auf dem, was wir dir durchgegeben haben, wir haben uns verrechnet.«

»Wenn es André gewesen wäre, hättet ihr erst einmal nachgerechnet, bevor ihr ihn angepflaumt hättet ...«

Ich muss mich damit abfinden, sie werden mir immer auf die Finger gucken. Ich bin in der Welt der Jetpiloten ein Eindringling.

André

Bertrand hat einen wunderbaren Flug hingelegt. Die Bilder beweisen es. Doch ich verspüre wieder einmal die Notwendigkeit, uns zu repositionieren. Eine Krise kündigt sich an. Anfangs ging es darum, unseren jeweiligen Platz zu finden, nun steht unsere Entwicklung im Angesicht des anderen auf dem Spiel.

Glücklicherweise berauscht uns Kalifornien, macht uns Lust, in den Sonnenaufgang zu fliegen.

In Marokko war eine weitere verrückte Idee entstanden, uns das Leben als Team leichter zu machen. Wir alle waren krank geworden, ermüdet von einer zu unterschiedlichen Ernährungsweise. Darüber hinaus ist es schwierig, für jede Mahlzeit den Flughafen zu verlassen und wieder zurückzufahren. Wir haben uns entschlossen, eine mobile Küche ins Leben zu rufen, mit zwei Köchen. Nein, nicht Bertrand und ich! Mit zwei echten Köchen. Ganz gleich, in welchem Hangar, ein gutes Essen zu teilen lässt Gemeinschaftssinn entstehen. »Genau wie zu Hause« – das ist essenziell für Moral und Zusammenhalt. Ich ziehe meinen Hut vor Carole Marguerон. Sie hatte nach ihrer Hotelfachfraulehre bei unserem Projekt als Praktikantin angefangen und ist schließlich verantwortlich fürs körperliche Wohl der Teams geworden, hat sich um Visa, Flugtickets, Hotelbuchungen und Verköstigung gekümmert. Sie ist eine sehr gut organisierte junge Frau mit Humor, und sie ist überaus großzügig. Man muss wohl nicht erwähnen, dass sie für viele Teammitglieder schnell zu einer Art Ersatzmutter geworden ist.

Während all dieser Zeit entwickelt sich in der Schweiz Si2 weiter. Die Ingenieure testen unseren neuen Flugzeugrumpf: sechs Wochen Arbeit für zehn Belastungstest. Wir denken an den Flügelholm zurück, der kurz vor Erreichen der Höchstbelastung explodiert ist, und die Anspannung lässt uns nicht los.

Bertrand

Am 3. Mai sind wir bereit für den Flug. Ich werde die erste Etappe übernehmen, da André die Mission in Marokko begonnen hat. San Francisco – Phoenix, Arizona. Der Flug ist einfach, führt von der feuchten Vegetation der Küste in die Mojave-Wüste. Ich fliege über die Edwards Air Force Base, auf der Chuck Yeager die Schallmauer durchbrochen hat, die ersten Astronauten ihre Testpilotenscheine gemacht haben, wo Dick Rutan seine ununterbrochene Weltumrundung im Flugzeug begonnen und beendet hat und sein Bruder Burt sein Space Ship One in den suborbitalen Flug geschickt hat. Alles Helden, die ich kennenlernen durfte, Raser allesamt, deren Heiligtum ich mit sechzig Stundenkilometern überfliege, lautlos und ohne Abgase.

Arizona empfängt mich zum Sonnenuntergang mit seinen rötlichen Steinhügeln, und ich ziehe zwei Stunden lang über Phoenix meine Kreise, bis sich der Wind legt. Die Stadt ist anfällig für UFO-Geschichten. Unbekannte Lichtphänomene haben diesen Trend irgendwann losgestoßen. Um mir einen Spaß zu erlauben, schalte ich mehrere Male die sechzehn Landungsbeleuchtungen an meinen Flügeln an und aus. Das Ergebnis lässt nicht lange auf sich warten. Neunhundertfünfzig Anrufe gehen bei der Polizei ein. Ein Hubschrauber wird sofort losgeschickt. Ich höre per Funk, wie er den Tower um Starterlaubnis bittet:

»Über dem Süden der Stadt befindet sich ein Unbekanntes Flugobjekt.«

»Das ist kein UFO, das ist ein Solarflugzeug.«

»Mitten in der Nacht, das soll wohl ein Scherz sein.«

»Drehen Sie zur Landung um, Sie sind ohnehin nicht autorisiert, sich dem Flugzeug zu nähern.«

So verstärkt man die Verschwörungstheorien derjenigen, die an sie glauben.

Ich lege eine perfekte Landung hin, mit einem »Good morning Arizona«, das die Behörden begeistert. Die Gouverneurin von Arizona nennt uns moderne Lindberghs. Obwohl sie politisch äußerst konservativ ist, will sie aus ihrem Bundesstaat den Spitzenreiter in Sachen Solarenergie machen.

Während wir in Dallas auf gutes Flugwetter warten, schlängeln wir uns mit einer Harley Davidson die Straßen entlang, die zwischen den Millionen riesiger Kakteen durch die Wüste führen. Unsere Vorkehrungen für den Tag des Abflugs sind begrenzt. Selbst mit André am Steuer ist Markus skeptisch.

»Ich glaube überhaupt nicht, dass das ein Tag zum Fliegen ist.«

»Markus, ich habe alles neu berechnet, und ich weiß ganz genau, wie ich es anstellen muss.«

In Wahrheit hat André Luc gebeten, die Sicherheitsmargen für die zugelassenen Windwerte für Solar Impulse zu erweitern. Diese Art, immer zu erreichen, was er will, ist wirklich außergewöhnlich.

André

Dieser Flug über Dallas ist schwierig und die Entscheidung zu fliegen nicht einfach. Es wird sehr starken Wind geben. Fünftausend Fuß über dem Flughafen wird unser Flugzeug die maximale zugelassene Geschwindigkeit betragen. Wenn die Ansteuerung nicht perfekt eingeleitet wird, gibt es keine Möglichkeit zu landen.

Bertrand hat eine Zeremonie organisiert, in der eine Apachen-Schamanin meinen Flug segnet. So können wir uns vor diesem neuen Abenteuer auf das Wesentliche konzentrieren.

Als ich über Dallas bin, bittet man mich, senkrecht über dem Flughafen zu warten. Der Wind hat dreißig Knoten, die gleiche Geschwindigkeit wie das Flugzeug. In vier Stunden fliege ich keine einzige Schleife. Ich bleibe im Wind und tue mein Möglichstes, um nicht rückwärts zu fliegen. Ich muss mich dem Wind mit winzigen Justierungen im Kurs anpassen, sonst würde er mich weit wegtragen.

Ich arbeite an meiner Strategie für die Landung, die meine komplette Aufmerksamkeit erfordert, und merke gar nicht, dass es Abend geworden ist. Selten war ich so aufgeregt. Ist meine Position gut? Wird der Wind zunehmen, abnehmen, mich zu nah an die Landebahn oder zu weit von ihr wegfegen? Ich bin beinahe in Trance, nichts existiert mehr außer dem Flugzeug, dem Wind und der Landebahn. Der Tower erteilt mir die Landeerlaubnis, auf eigenes Risiko. Ich kenne diesen Flughafen nur von Karten, und die Dunkelheit schränkt meine Sicht ein. Was für eine wunderbare Herausforderung! Noch immer mit Gegenwind lasse ich das Flugzeug seitlich sinken, um mich dem Rand der Landebahn anzunähern.

Nachdem ich sicher gelandet bin, brauche ich bei geöffnetem Cockpit mindestens fünf Minuten, um aus meiner Trance zu erwachen. Ich erkenne vertraute Personen kaum wieder. Alles ist fremd geworden. Ich spüre, wie ich langsam zurückkomme, bevor ich mit ihnen lachen und reden kann. In der Zwischenzeit kommen die Journalisten. Ich muss ihnen antworten. Ich weiß noch immer nicht, wo ich bin.

Bertrand

Als wir in Dallas/Fort Worth ankommen, lernen wir, dass der Leiter aus seinem Flughafen ein Symbol für saubere Technologien machen will. Während der Nacht, wenn die Produktion von Elektrizität nicht möglich ist, wird dort unter dem Boden Frostschutzmittel abgekühlt, sodass tagsüber, wenn es an Energie mangelt, eine beinahe umweltneutrale Klimaanlage betrieben werden kann. 2016 wird dieser texanische Flughafen der erste klimaneutrale in Amerika sein – bewundernswert für einen Ölstaat.

Wir befinden uns am Rand eines Tornadogebiets, und das Wetter macht dies ziemlich deutlich. Unwetter folgt auf Unwetter, unser Zelt wird überflutet und unsere Solarzellen gehen leer aus. Ich platze vor Ungeduld. Unser Start verzögert sich immer weiter – glücklicherweise! Ein Tornado wird den Hangar zerstören, der Solar Impulse in Saint Louis empfangen soll. Wären wir bereits dort angekommen, hätte er unser Flugzeug in tausend Stücke zerfetzt. Wie sagt der Dalai-Lama so schön: »Genau das zu bekommen, was man sich wünscht, ist nicht immer ein Segen.«

Ein günstiges Wetterfenster kündigt sich an. Die Gelegenheit, um den aufblasbaren Hangar zum ersten Mal zu testen, den wir seit Beginn mit uns transportieren. Es ist viel wolkiger als angekündigt. Ich fliege auf achttausend Metern direkt unter einer sehr dichten Zirrostratusschicht und die Eiskristalle tanzen um mein Cockpit. Trotz des Nebels laden sich die Batterien auf. Gut zu wissen.

Um mich an die Vorgaben der Luftraumkontrolle zu halten, kreise ich im Sonnenuntergang über Mississippi, über einem Grenzpunkt, der BGOOD getauft wurde. Erinnert Sie das nicht an Rock'n'Roll? Chuck Berry, der große, unvergleichliche Chuck Berry, empfängt uns mit seinen sechsundachtzig Jahren und erfährt voller Freude, dass sein legendärer Song *Johnny B. Good* sogar die Luftraumautoritäten inspiriert hat.

Ich lande in der Stadt, spüre den *Spirit of St. Louis,* und werde von den örtlichen Autoritäten mit Lindberghs original Overall und Sonnenbrille empfangen. Man erzählt uns, dass ein großer Flugzeugbauer der damaligen Zeit sich geweigert hatte, sein Modell an diesen jungen Piloten ohne viel Flugerfahrung zu verkaufen, der damit im Alleingang den Atlantik von New York nach Paris überfliegen wollte. Lindbergh musste auf einen anderen Fabrikanten ausweichen, der sich traute. Alle Geschichten von Pionieren ähneln sich. Sie handeln zunächst von verrückten Träumern, deren Erfolg schließlich andere inspiriert … und die Probleme sind immer die gleichen.

André

Endlich in Missouri angekommen. Saint Louis. Hier ist die Welt von Lindbergh, des Mercury-Programms, vom Schatten des Herstellers McDonnell Douglas und des legendären Jagdflugzeugs F-15. Luftfahrt ist Teil der Kultur vor Ort, und die Menschen begeistern sich für unser Abenteuer.

Wir bekommen eine Privatführung durch das Lindbergh-Museum. Nach den Räumen, in denen Objekte ausgestellt sind, die mit seiner Legende verknüpft sind, geleitet uns der Guide ins Archiv, in dem Lindberghs persönliche Gegenstände aufbewahrt werden. Auf Dutzenden staubbedeckten Regalen führen uns die alltäglichsten Dinge weg von dem Mythos, der den berühmten Piloten umgibt. Ein eindrucksvoller Moment. Mein Kindheitstraum, der gerade dabei ist, in Erfüllung zu gehen, wurde direkt von dieser außergewöhnlichen Persönlichkeit inspiriert. Seine Legende beruht auf seinen Flügen, seinen Heldentaten, seinen politischen Positionen, doch häufig wird der persönliche Teil seiner Existenz von der Öffentlichkeit nicht beachtet. Ich lerne, dass Lindbergh in verschiedenen Ländern drei Familien hatte, die nichts voneinander wussten. Durch den Zugang zu diesen intimen Fragmenten bekommt der Mythos eine menschliche Dimension. Häufig sind es die versteckten Schwächen hinter historischen Figuren, die ihre Menschlichkeit offenbaren. Und ich beschwere mich manchmal über Bertrand …

Die Simulationen von Altran ergeben keine Möglichkeit für einen Direktflug Saint Louis–Washington und schlagen einen kurzen Zwischenstopp auf dem Flughafen von Cincinnati vor. Ich lande am späten Nachmittag vor einem Publikum, das diese überraschende Last-minute-Chance nutzt. Die Nacht über steht das Flugzeug draußen, und als Bertrand starten soll, hüllt uns schnell der Nebel ein. Kondensation dringt ein, sogar ins Innere der Flügel, die mit Wasser volllaufen. Wir müssen sie mit Spritzen aus der Notaufnahme punktieren, sonst würde das zusätzliche Gewicht die Gefahr mit sich bringen, die Flügel während des Fluges so sehr in Schwingung zu bringen, dass sie brechen.

Bertrand

Um zehn Uhr morgens kann ich endlich starten, und schon bringen mich die Turbulenzen zum Tanzen. Chuck Berry wäre stolz. In geringer Höhe überfliege ich Virginia, während mir das Kontrollzentrum *Take Me Home, Country Roads* vorspielt. Sämtliche Spitzen der Hügel wurden durch den Kohlebergbau abgetragen, und nun gleicht diese einstmals grüne und bewaldete Landschaft eher einer Industriebrache. Davon erzählt das Lied nichts.

Selbst ein Zweiundzwanzig-Stunden-Flug macht mir nichts aus. Es gefällt mir so sehr, dieses Flugzeug zu fliegen, dass ich es niemals müde verlasse. André gefällt das gar nicht, für ihn bleibe ich ein Eindringling in seiner Welt:

»Sag das nicht dauernd in den Interviews, das schmälert die Leistung des Piloten.«

»Ja, aber es gibt jedem Hoffnung, Entdecker oder Pionier zu werden. Und das ist auch die Message von Solar Impulse.«

Ich habe nur einen Bruchteil seiner Erfahrung in der motorisierten Luftfahrt, doch vielleicht sind es meine Expeditionen im Heißluftballon, durch die ich resistenter gegen dauerhaft anderen Luftdruck bin. André ist die kurzen und intensiven Flüge im Jagdflugzeug gewohnt, und natürlich hält man nicht leicht zwanzig Stunden durch, wenn man mit einer derartigen Konzentration fliegt. Selbstverständlich macht er weniger Fehler als ich, doch bei der Landung finde ich ihn müde vor. Das erstaunt mich – er wirkte auf mich immer unverwüstlich. Ich glaube, dass ihn der Wettkampf, den er mit mir um die Aufmerksamkeit der Öffentlichkeit führt, ebenfalls auslaugt, so wie mich meine Lehrzeit als Pilot ausgelaugt hat. Unser Projekt verlangt uns alles ab, es wird durch unsere Rivalität noch komplizierter, doch andererseits bringt sie uns auch beide voran.

Unser Halt in Washington ermöglicht es uns, unsere Message an einige Senatoren und Kongressmitglieder des Kapitols weiterzugeben, ebenso wie an die Kommission für Wissenschaft und Technologie des Weißen Hauses. Um sich in den Vereinigten Staaten Gehör zu verschaffen, sollte man besser den Profit betonen, der durch die aufstrebende Industrie sauberer Technologien gemacht werden kann, als den Umweltschutz. Die Natur gewinnt am Ende ohnehin.

Das Zelt von Solar Impulse befindet sich direkt neben dem Nationalen Luft- und Raumfahrtmuseum, in dem sich die Kapsel des Breitling Orbiter 3 befindet. Die Gäste geben sich um das Flugzeug herum die Klinke in die Hand, und der Energieminister, Ernest Moniz, findet bei der Pressekonferenz lobende Worte:

»Dieses Wunder ist das perfekte Beispiel für einen technologischen Sprung nach vorne, der uns in zehn Jahren dazu bringen wird, unsere jetzige Zeit als veraltet zu betrachten.«

André

Nach den Anschlägen des 11. September 2001 ist die Etappe Washington–New York sicherlich am schwierigsten auf die Beine zu stellen. Und die Bilder live auf die Bildschirme des Times Square zu bekommen, während wir die Freiheitsstatue überfliegen – was für ein Programm!

Wir haben alle kontaktiert, vom Chef der FAA bis hin zum Weißen Haus, über Senatoren, die Gouverneure von New York und New Jersey, um die Flugerlaubnis zu bekommen.

Start um 5:00 Uhr morgens. Um 14:00 Uhr fliege ich die Atlantikküste entlang, Richtung New York, als der Hubschrauber, von dem aus die Fotos geschossen werden sollen, mir durchfunkt, dass sich ein Teil der Bespannung meines linken Flügels gelöst hat. Ein Stromschlag fährt mir durch den ganzen Körper. Darüber muss ich mehr wissen. Der Hubschrauber macht Fotos und schickt sie ans MCC.

Wenige Minuten später eine erste Rückmeldung der Ingenieure. Sehr schlechte Neuigkeiten: Sie sind überrascht, dass sich der Flügel noch nicht in seine Einzelteile zerlegt hat! Die Solarzellen können sich jeden Moment lösen. Ich bereite mich darauf vor abzuspringen, räume in der Kabine herum, stelle weg, was meinen Sprung stören könnte, zurre noch einmal meinen Fallschirm fest und gehe die Bewegungsabläufe des Absprungs durch. Das MCC hat bereits die Küstenwache informiert. Hoffen wir, dass sie schnell sind, der Ozean hat kaum 10 °C.

Mir kommt die Erinnerung daran in den Kopf, was ich am selben Morgen in einem der Interviews gesagt habe: »Der große Vorteil dieses Flugzeugs ist die Zeit, über die man verfügt. Das gibt uns die Möglichkeit, den gegenwärtigen Moment bewusster zu leben, uns dessen bewusst zu sein, was wir tun, und der Gründe, weshalb wir es tun!«

Der Moment, all das in die Tat umzusetzen und zu allem bereit zu sein, ist gekommen. Ich gehe alle Alternativen durch, über dem Atlantik abzuspringen oder das Flugzeug bis JFK zu bringen. Ich bin zu allem fähig. Und wenn schon. Eine solche Erfahrung macht man im Leben nur einmal: von einem kaputten Experimentalflugzeug abspringen.

Mit diesem Gedanken kehrt meine Ruhe zurück. Mit ein wenig Druck auf die Steuerung halte ich das Flugzeug auf der geringstmöglichen Geschwindigkeit. Wir entscheiden, eine Landung in New York zu versuchen und bewohnte Gebiete zu meiden. Der Traum, die Freiheitsstatue zu überfliegen, löst sich in Luft auf. Als ich bereit zur Landung bin, blockieren die Behörden den Flugverkehr. Ein Flugzeug von British Airways fragt per Funk, warum der Verkehr aufgehalten wird. Ich höre, dass man ihm antwortet, ein experimentelles Solarflugzeug werde landen und dass es Priorität hat. Die Landung gelingt mir gegen elf Uhr abends.

Ich bin beflügelt von dem Erfolg, aber ebenso ausgelaugt von der Anstrengung der letzten Stunden. Wenn ich hätte springen müssen und wir das Flugzeug verloren hätten, hätte das Projekt aufgehört. Der Vorfall ruft mir die Fragilität unserer Mission zurück ins Gedächtnis. Bertrand ist mit den Journalisten beschäftigt. Ich habe nicht mehr die nötige Motivation für Gespräche. Ich will meine Familie wiedersehen, die unter großem Druck stand. Ich weiß, dass es schwierig für Yasemin war, deren Nerven eine Zerreißprobe mitgemacht haben. Wir verbringen einige tröstende nächtliche Stunden in New York.

Alle sind niedergeschmettert. Als das Bodenteam am Hangar 19 erscheint, nachdem es das Flugzeug zwei Stunden lang per Hand geschoben hat, sind André und ich bereits weg. Die Ankunft ist eine totale Enttäuschung. Es ist das Wochenende des Unabhängigkeitstages, niemand ist zur Landung gekommen, die Freiheitsstatue hat nichts gesehen und wir hätten beinah unseren Prototyp verloren. Die gelben Schals, das Symbol des kleinen Prinzen, die uns die Saint-Exupéry-Stiftung geschenkt hat, flattern im Wind und stechen auf den Fotos hervor. In echt bemüht sich André gar nicht erst, seine schlimme Laune zu verbergen, er will sofort zurück ins Hotel. Er ist bereits im Auto, und ich bin so schwach, ihm zu folgen, obwohl ich beim Team hätte bleiben müssen. Niklaus schickt mir eine Nachricht aus dem MCC:

»Wir wollen auf jeden Fall mit euch in New York feiern gehen!«

»Nik, hier denkt niemand ans Feiern, wir sind total deprimiert. Lasst drüben bei euch die Korken knallen, hier wird es nichts in der Richtung geben …«

Wenigstens sind wir dazu eingeladen worden, bei der Eröffnung der NASDAQ die Glocke zu läuten, und die Bilder von Solar Impulse flackern über einen riesigen Bildschirm am Times Square. Ban Ki-moon empfängt uns im Sitz der Vereinten Nationen, wo wir das Projekt Repräsentanten aus allen Ländern vorstellen. Für unsere Partner, deren Klienten wir am Fuß des Flugzeugs empfangen, ist das alles ein großer Erfolg. Doch wir selbst sind nicht mit vollem Herzen mit dabei.

Das Projekt steht kurz vor seinem Abbruch. Wir rufen Philippe Rathle an, unseren Finanzdirektor. Genau zwei Monate lang sind wir noch liquide. Der Zeitpunkt, das gesamte Team zu entlassen, wenn wir die gesetzliche Kündigungsfrist einhalten wollen. Ob Sie mir nun glauben oder nicht, genau in diesem Moment ruft Google an, um zu verkünden, dass sie uns aufgrund ihres riesigen Jahresumsatzes unterstützen werden.

Das Ergebnis eines Prozesses, an dem wir bereits einige Jahre gearbeitet haben und das uns neue Hoffnung schöpfen lässt.

Am 5. August kehrt Si1 im Bauch seines Jumbos zurück in die Schweiz. Die ganze Presse ist vor Ort:

»Wieso sind Sie in die USA geflogen?«

»Als wir in der Schweiz geflogen sind, seid ihr nicht gekommen. Nun bringen wir das Flugzeug in seinen Einzelteilen zurück, und ihr seid da.«

Wenn man in der Schweiz bleibt, ist man ein Niemand, wenn man über Europa fliegt, ist man Schweizer, doch wenn man die USA durchquert, ist man global.

André

Die Amerikamission, die eigentlich dazu gedacht war, uns nach dem zerbrochenen Flügelholm wieder aufzufangen, hat nicht nur Probleme gelöst. Sie hat das Projekt gerettet, uns jedoch auch erschöpft. Diese Mission hat Verwirrung gestiftet. Die Beziehung zu Bertrand hat sich verschlechtert und ist nun wegen des Fluges über New York ziemlich im Eimer. Die Teams verstehen nicht mehr, wer von uns welche Rolle hat. Manche Mitarbeiter könnten in Versuchung kommen, die Spannungen anzuheizen, um unsere Streitigkeiten auszunutzen. Das hat es schon gegeben. Meine gesteigerte Präsenz in der Öffentlichkeit und die Tatsache, dass ich immer die wichtigen Flüge übernehme, machen Bertrand sicher zu schaffen. Wir treten einander auf die Füße. Der Moment ist gekommen, für unser Umfeld ein Dokument aufzusetzen, das unsere jeweilige Position erklärt.

Bertrand

Die Ankunft in New York bleibt eine der schlechtesten Erinnerungen des gesamten Projekts. Es war die Quittung für unsere Egostreitigkeiten. Und doch, wenn ich die Fotos von mir und

André direkt nach der Landung betrachte, überrascht mich die Zärtlichkeit, die unsere Beziehung ganz offensichtlich prägt. Es gibt diese Fassade nach außen hin, die uns dazu bringt, unsere Kompetenzen und unseren Ehrgeiz zu fördern, doch abgesehen von der Rivalität, die dadurch entsteht, sind wir einander sehr nahe und funktionieren gut, wenn wir nicht den Blicken der Öffentlichkeit ausgesetzt sind. Wir haben unsere Lektion gelernt und sehen die kommende Weltumrundung nun in einem wesentlich besseren Licht.

André

In zwei Wochen fliege ich mit Greg nach China, um mich um Landeerlaubnis und Medienwirksamkeit zu kümmern. Je mehr Interesse wir wecken, desto leichter wird es sein, an die offiziellen Dokumente heranzukommen.

Als ich zurück bin, beschließe ich, mal durchzuatmen. Die Sonne strahlt über den Alpen. Ideal für ein wenig Training im Hubschrauber. Leichter Wind aus Nordwest. Nicht der Rede wert. Ich lande ein paarmal in der Region von Zermatt. Alles klappt gut. Ich mache Fotos und schicke sie an meine Familie. Elâ ist in Thailand, Teo in China, Yasemin in Südafrika. Nur Deniz ist in der Schweiz. Wir wollen gemeinsam zu Abend essen.

Wind kommt auf. Ich entscheide mich, ein paar Landeflüge zu simulieren, ohne wirklich zu landen. Plötzlich erfasst mich eine Böe und drückt mich nach unten. Ich drehe in Richtung Tal, um zu entkommen, doch die Turbulenz schiebt mich in Richtung Hang. Ich habe die Leistungsgrenze für diese Höhe erreicht. Es wird nicht gut gehen. Binnen Sekunden werde ich zum hilflosen Zuschauer des kommenden Crashs. Ich versuche, den Aufprall bei 100 km/h auf dem Boden abzumildern. Der Schnee ist gefroren und das Aufkommen brutal. Der Propeller, die Türen, das Cockpit – alles zerstört. Ich verhindere einen Überschlag. Ohrenbetäubender Lärm, ein heftiger Stoß. Dann nichts. Alles ist still.

Keine Schmerzen, ein Wunder! Ich winde mich aus der

Kabine und stehe ein bisschen wie Bruce Willis vor dem zerstörten Hubschrauber. Ich entferne mich ein wenig, da ich Angst habe, er könnte explodieren. Was war ich für ein Esel, in diese Falle zu tappen. Der Vorfall holt mich auf den Erdboden zurück, buchstäblich: Auf 3500 Meter Höhe, –15 Grad Celsius, 50 km/h Wind aus nördlicher Richtung. Mein Handy ist kaputt. Ein Glück, ich wäre vermutlich auf der Suche nach dem Netz über den Gletscher gelaufen, der von Spalten durchzogen ist. Ich habe einen Notrufpeilsender im Hubschrauber. Jemand wird bald kommen. Die Zeit vergeht, doch niemand kommt. Die Zentrale hat das Signal empfangen, doch Gott weiß, warum, sie halten das Ganze für einen Fehler und forschen nicht weiter nach. Wäre ich verletzt gewesen, hätte ich keine Chance gehabt, der Situation zu entkommen. Die nahe gelegenen Skistationen geben mir Hoffnung, dass jemand mit einem Hubschrauber vorbeikommen wird. Das Licht nimmt ab. Die makellose Oberfläche der Landschaft wird grau, immer wieder fegen Windböen zwischen den Wipfeln hindurch. Anderthalb Stunden Warterei, nichts. Ich muss mich wohl damit abfinden, die Nacht auf diesem Gletscher zu verbringen. Mit überraschender Klarheit kommen Erinnerungen an das Überlebenstraining zu mir zurück, das ich in der Luftwaffe absolviert habe.

Ich gebe nicht auf. Ich bin heute Abend mit meinem Sohn verabredet. Wenn ich nicht zu ihm komme, wird er Alarm schlagen. Aber mir wird langsam kalt. Ich sammle einige Wrackteile auf. Der Schnee auf dem Gletscher ist zu hart und kompakt, um mir einen Unterschlupf zu bauen. Ich habe zwei Möglichkeiten: Entweder ich bleibe draußen und bewege mich, doch dann bin ich dem Wind ausgesetzt, oder ich suche im Wrack Zuflucht, das mich vor dem Wind schützt, aber nicht vor der Kälte. Das Gefühl schwindet aus meinen Gliedmaßen. Die Müdigkeit macht sich bemerkbar. Mit jeder vergehenden Minute scheint der Kampf sinnloser. Ich beobachte den Himmel, spitze die Ohren. Plötzlich, in der Ferne, ein Motorengeräusch. Es kommt näher. Das Militär. Sie haben mich dank ihrer Infrarotbrillen bemerkt. Der Wind macht die Landung schwierig. Ich werde ins Krankenhaus gebracht.

Meine Körpertemperatur ist auf fünfunddreißig Grad Celsius gesunken. Im Wartesaal kommt eine Krankenschwester vorbei und ich sage ihr, dass mir kalt ist. Als einzige Reaktion deutet sie auf eine Thermoskanne Tee. Immer noch besser als der Gletscher.

Als mein Sohn zum Essen vorbeikam, waren weder ich noch der Hubschrauber dort. Er hat Yasemin in Südafrika angerufen, sie hat unsere Freunde kontaktiert, darunter auch Bertrand. Sie wiederum haben alle Hebel in Bewegung gesetzt, um Hilfe zu holen. Ich habe ein paar ganz fabelhafte Schutzengel gehabt, und ich danke ihnen. Aber was für ein Stress für meine zarte Ehefrau. Mal wieder!

Ich schwanke zwischen zwei Lehren. Erstens: Man ist niemals unbesiegbar, man kann Fehler machen. Der Vorfall mahnt mich zu Vorsicht und Bescheidenheit. Zweitens: Selbst wenn das Schlimmste eintritt, gibt es eine Lösung.

Bei jedem Unfall, den ich im Leben hatte, bin ich um Folgeschäden herumgekommen, wenn ich den Schock akzeptiert und geweint habe, um meine Emotionen rauszulassen. Ich habe an Erfahrung dazugewonnen und fühle mich sicherer als jemand, der noch nie einen Unfall erlebt hat.

Bertrand und mich hat der Vorfall näher zueinander gebracht. Wir haben das Kriegsbeil begraben. Es war Zeit.

Postskriptum: Was das Marketing angeht, ist es öffentlichkeitswirksamer, mit seinem Hubschrauber abzustürzen, als mit einem revolutionären Flugzeug quer durch die USA zu fliegen. Diese Art Artikel liest jeder. Mir wird eine überwältigende Anzahl an tröstlichen Nachrichten und Unterstützung zuteil, an Hilfsangeboten im Falle psychologischen Stresses, was mich sehr rührt.

Bertrand

Als ich André nach seinem Unfall in meine Arme schließe, wird mir die Stärke der Zuneigung bewusst, die ich ihm gegenüber empfinde, ganz jenseits von unseren amerikanischen Streitigkeiten.

Der Dezember 2013 endet mit einem Treffen mit dem neuen Chef von ABB und meinem virtuellen Flug von zweiundsechzig Stunden im Simulator. Ganz besonders wertvolle Erfahrungen!

Jahre zuvor, und ich erzähle dies, um zu zeigen, dass der Flügelschlag eines Schmetterlings tatsächlich auf der anderen Seite der Welt einen Tsunami auslösen kann, werde ich für einen Vortrag in den Rotary Club Zürich eingeladen. Man kündigt mir an, alle Großindustriellen seien dort anwesend, bereit, Solar Impulse zu finanzieren. Natürlich ergibt sich nichts. Ich habe mir mal wieder einen Bären aufbinden lassen. Dann kontaktiert mich letzte Woche mein Platznachbar des Abends, der ein Buch über das fünfzigjährige Bestehen seiner Firma schreibt und mich mit Uli Spiesshofer interviewen möchte. Dieser leitet seit sechs Monaten ABB. Seine drei Vorgänger haben mich abgewiesen, und ich will mein Glück ein viertes Mal versuchen. Ich bestehe darauf, dass das Interview in unserem Hangar in Dübendorf aufgezeichnet wird. Als Spiesshofer ankommt, arbeiten die Techniker gerade an einem Flügel, der die gesamte Länge eines Hangars einnimmt, der eigentlich für etwa zehn Flugzeuge bestimmt ist. Sofort überträgt sich die Stimmung auf ihn, und er zeigt sich sehr beeindruckt von den Menschen, die er trifft.

Im Interview geht es um unsere jeweilige Vision für Innovationen, die Motivation unserer Teams, die Rentabilität von sauberen Technologien. Am Ende fragt mich Spiesshofer:

»Warum befindet sich das Logo von ABB nicht auf dem Cockpit und auf Ihren Anzügen?«

»Weil Ihre Vorgänger allesamt abgelehnt haben!«

»Ich verspreche Ihnen, dass ich das regeln werde. Ich rufe Sie an.«

Das »Ich rufe Sie an« ist ein schlechtes Omen, es klingt nach »auf die lange Bank schieben«, aber versprochen ist versprochen.

Am nächsten Morgen um acht betrete ich gut gelaunt den Flugsimulator, um darin zweiundsechzig Stunden zu verbringen. Eine hypothetische Vorbereitung auf einen Flug New York–Sevilla. Im Back-Office sitzen vierzig Personen, von den Ingenieuren der EPFL bis zu den Ärzten von Hirslanden, neben Ernährungsberatern von Nestlé und den Mitgliedern des MCC. Alles wird wie eine echte Mission organisiert. Ich trainiere polyphasischen Schlaf, den Toilettengebrauch, wie ich die Nahrungspäckchen zu mir nehme, gespickt mit Wachsamkeitstests der NASA und Landemanövern, um meine Leistung bei Müdigkeit zu kontrollieren. André hatte dieselbe Aufgabe ein Jahr zuvor meisterlich bestanden. Schnell wird mir bewusst, dass es sich bei mir eher um einen Test handelt als um eine Aufgabe. Als ich die Autohypnose von der Schlafzeit trennen will, die man mir zugesteht (zwölf Mal zwanzig Minuten in vierundzwanzig Stunden), redet Raymond per Intercom direkt Tacheles:

»Machst du die Augen zu, ist das Schlafzeit. Okay? Ich will sehen, ob man dich allein über einen Ozean fliegen lassen kann. Wenn du nicht dazu fähig bist, werde ich dich davon abhalten.«

»Alles klar, mein lieber Raymond. Aber wenn du wirklich sehen willst, wozu ich fähig bin, dann pass mal gut auf. Ich habe noch Reserven …«

In der letzten Nacht verzichte ich auf vier Schlafzyklen, lege nach zweiundsechzig Stunden eine perfekte Landung in Sevilla hin, verbringe den Tag in Dübendorf und fahre zweieinhalb Stunden mit dem Auto nach Lausanne zurück.

»Du bist verrückt, selbst zu fahren!«

»Ich sollte dir doch zeigen, dass ich mit sehr wenig Schlaf auskomme. War das nicht das Ziel?«

9

Spiel gegen die Zeit

André

Im Januar 2014 nimmt in Dübendorf das zweite Flugzeug Form an. Die Entwicklung hin zu Si2 ist von enormer Komplexität, was Leistung, Ausstattung und Sicherheit angeht. Wir wollen in allen Bereichen noch weitergehen. Damit der Pilot eine Woche an Bord überleben kann, muss alles wie am Schnürchen laufen, sonst landet er im Wasser.

Die Ingenieure sind müde. Das erste Team war unglaublich agil und aufmerksam. Doch mit dem Erfolg kommt eine gewisse Trägheit.

Ziel ist, Si2 vom BAZL zertifizieren zu lassen, damit wir eng besiedelte Gebiete überfliegen dürfen, nicht nur Wüsten. Dies ist mit einem experimentellen Flugzeug noch nie gelungen. Wir müssen alle möglichen Probleme studieren und die möglichen Konsequenzen evaluieren, damit nicht eine doppelte Panne zu einem Absturz über einer Stadt führt. Leider haben wir die Schwierigkeit eines derartigen Zertifikats bei Weitem unterschätzt. Wir machen trotz Unsicherheiten weiter, und es kommen immer neue Probleme dazu. Die Herausforderung ist riesig.

Wir bitten Altran um Hilfe, unseren Partner, was die Ingenieursarbeit angeht. Ihr Team widmet sich mit frischem Blick dieser Aufgabe. Peter Frei versteht einmal mehr, was auf dem Spiel steht, und mit der Hilfe von Thomas Seiler, dem neuen Verantwortlichen für Elektrosysteme, einem unermüdlichen Ingenieur, übernimmt er die Verantwortung für eine interne Studie.

Bertrand

Noch immer keine Neuigkeiten von Uli Spiesshofer, nur eine Einladung, vor seinen Angestellten zu sprechen. Ich nehme sie unter der Voraussetzung an, zuvor ein Gespräch unter vier Augen mit ihm führen zu können. Das einzig mögliche Datum ist am Tag vor meiner Präsentation. Dies lässt mich nicht gerade darauf hoffen, dass am nächsten Tag die Partnerschaft verkündet wird. Darüber hinaus fallen die fraglichen Tage mit dem Training des Missionsteams zusammen, das von Raymond geleitet werden wird. Ich werde nicht teilnehmen können und spüre die Hoffnung des Teams, dass ich mit vollen Taschen wieder zurückkehre.

Ich habe mich mit der Philosophie zu nachhaltiger Entwicklung von ABB auseinandergesetzt, die sie mit ihrem Slogan deutlich machen: »Wir können die Erde am Laufen halten, ohne sie zu verbrauchen.« Diese Firma hat sich auf die Produktion von effizienten Elektrosystemen spezialisiert. Sie ist die praktische industrielle Umsetzung der Symbolik von Solar Impulse. Ich bin bereit, ihnen zu verdeutlichen, wie eine Partnerschaft ihre Strategie voranbringen kann.

Doch das ist nicht alles. Sie müssen auch den Mut haben, sich auf höchster Ebene zu zeigen. Stolz präsentiere ich ihnen die Marketingmöglichkeiten, die Michèle mit der Zeit entwickelt hat. Die Simulation der Größe ihres Logos auf dem Flugzeug ist ziemlich gewagt. Die drei Buchstaben sind prägnant, mächtig und von Weitem sichtbar.

Ich hatte wohl kein Glück bei meiner Pilotenausbildung, dafür aber umso mehr dabei, Gelder aufzutreiben. Als sich die Leitung der Deutschen Bank ändert, entscheidet der neue Chef, sich von seinem Vorgänger zu distanzieren und unsere Zusammenarbeit zu beenden. Da bereits alles gezahlt wurde, akzeptiert er, dass das Logo ohne Rückerstattung ersetzt wird. Dies war sehr großzügig von ihm, da ich die Platzierung auf diese Art ganz offen ein zweites Mal verkaufen konnte.

Wird ABB diese Chance beim Schopf packen und einer der

vier Hauptpartner werden? Oder werden sie sich mit einem niedrigeren Sichtbarkeitslevel zufriedengeben, das weniger kostspielig ist? Ich spüre, dass die Entscheidung von meinem Vortrag am nächsten Tag abhängt. Sehr schlau von Spiesshofer.

Stellen Sie sich also meine Konzentration vor, als ich die Bühne betrete, bei allem, was auf dem Spiel steht! Ich kämpfe mit allem, was ich habe. Jedes Wort ist wohlüberlegt, um die Lust anzuregen, bei diesem Projekt mit dabei zu sein. Ein absoluter Erfolg, stehende Ovationen von zweihundert Mitarbeitern und die erste Frage im Saal:

»Wird ABB Partner werden?«

Geschafft! Spiesshofer verkündet unter tosendem Applaus unsere Partnerschaft. Er und ich werden von der Firma befürwortet. Doch wie hoch wird die Summe sein?

Wir treffen uns auf ein Bier. In diesem Moment geht es um mehrere Millionen. Jeder Teil dieses Projekts ist ein Abenteuer!

»Welches Level darf es sein, Uli?«

»Das höchste. Hauptpartner. Ich will, dass Solar Impulse zum Aushängeschild für unsere Werte wird!«

Ich platze fast vor Glück und rufe umgehend beim Missionsteam an.

Raymond lässt später einen kleinen Zettel an meine Hoteltür kleben, den ich bei der Rückkehr nach Payerne vorfinde:

Lieber Bertrand,
nach einem Supertag mit dem Team des MCC gehe ich nun ins Bett, meine Gedanken sind die ganze Zeit bei dir … und deinem Kampf gegen Windmühlen.
Du bist wirklich unglaublich in dem, was du WILLST!
Und die Ergebnisse sprechen für sich.
Ich hoffe, dass ich diesem genialen Team gerecht werden kann.
Schlaf gut und bis bald,
Raymond, 18. März 2014, 23:30 Uhr

ABB musste sich schnell entscheiden, denn unser zweites Flugzeug wird in drei Wochen getauft. Michèle und ich überarbeiten die komplette Sichtbarkeit unserer Partner und sorgen für Kleidung, Overalls, Transparente, Pressemappen, Dokumentationen, Videos und die Internetseite. Mit sämtlichen Partnern muss über die Neuplatzierung der Logos auf dem Flugzeug verhandelt werden, denn die Tür nimmt einen großen Teil der Oberfläche des neuen Cockpits ein.

Einmal mehr sind wir am Rand des Möglichen, aber es klappt. Am Ende scheint das Ergebnis ganz logisch zu sein, wie bei allem, was wohlüberlegt ist.

André

Als es endlich fertig ist, wird Si2 nach Payerne gebracht. Trotz des Problems mit dem Flügelholm haben wir es in dreieinhalb Jahren gebaut.

Seine Enthüllung am 9. April 2014, vor blauen Scheinwerfern, ist spektakulär. Ein großer Vorhang fällt und enthüllt die Zulassung HB-SIB. Im Fernsehjournal verortet TF1 Payerne in den USA, als wäre die Schweiz unfähig, ein derart revolutionäres Flugzeug zu bauen!

Am 17. April, als gerade alles wie am Schnürchen läuft, kommt plötzlich ein neues Problem auf uns zu. Das Flugzeug wird zum ersten Mal für eine komplette Inspektion der Solarzellen ausgefahren. Zurück im Hangar hören wir ein lautes Krachen am rechten Flügel, dessen Unterseite sich sofort verformt. Schon wieder der Flügelholm?

Fünf Minuten später: dasselbe Geräusch, dieselben Auswirkungen am linken Flügel. Das Team ruft mich beunruhigt herbei. Röbi ist am Boden. Niemand weiß, was los ist, doch offenbar ist die Situation kritisch. Als ob das nicht schlimm genug wäre, wird jeden Moment eine Besuchergruppe kommen, um sich das Flugzeug anzusehen, etwa sechzig Mann. Niemand darf etwas bemerken. Wenn dieses Gerücht die Runde macht, wären die Folgen katastrophal.

Hypothetisch ist dies das Ende des Projekts. Dasselbe Teil war schon einmal kaputt und hat uns in die USA geschickt. Ich frage mich, ob ein Fluch auf uns lastet. Wenn der Flügelholm wieder gebrochen ist, war's das. Wir können unmöglich eine weitere Verlängerung von unseren Partnern fordern.

Die Gäste kommen. Ich lasse mir nichts anmerken, halte meine Rede, auf Autopilot. Ich weiß selbst schon nicht mehr, was ich sage. Der Besuch scheint eine Ewigkeit zu dauern. Unter diesen Umständen eine Maske zu tragen, ist reine Folter. Endlich ziehen die Gäste zufrieden ab. Ich renne zu meinen Ingenieuren.

Das äußere Gehäuse ist luftdicht, obwohl es so nicht hätte sein sollen. Wir haben einen trivialen Fehler gemacht. Doch warum?

Der Temperaturunterschied hat im Innern des Flügels einen Unterdruck erzeugt und den Flügelholm implodieren lassen. Wir groß wird der Schaden sein?

Das Team ist demoralisiert. Auf der anderen Seite ziehe ich dieses Fazit vor: Das Ganze ist erklärbar. Wir müssen reparieren. Eine ganz schöne Achterbahn, dieses Projekt!

Bertrand

Endlich kann Markus Scherdel die Testflüge durchführen, danach übernehmen André und ich. Das Flugzeug fliegt gut, doch die Interaktionen zwischen den verschiedenen Systemen erzeugen erhöhte Risiken für eine Kettenreaktion im Fall einer Panne. Um eventuelle Probleme zu vermeiden, die das Flugzeug in den Abgrund stürzen könnten, haben die Ingenieure ein Gesamtsystem von überwältigender Komplexität erschaffen.

Da das BAZL von uns eine erneute Sicherheitsanalyse verlangt, bevor unser Flugzeug zertifiziert werden kann, muss das Cockpit neu überdacht werden. Michael McGrath könnte mittlerweile seine Doktorarbeit über das Sauerstoffsystem schreiben. Wie André so schön sagt: Das Sicherheitssystem ist derart redundant, dass es selbst für eine Marsmission der NASA zu kompliziert wäre. Jedem System muss eine Unmenge an Knöpfen und alternativen Schaltkreisen zugefügt werden. Es gibt einen Alarm für alles, sogar einen Alarm für den Fall, dass ein Alarm nicht funktioniert. Um uns herum piepst so vieles, dass André und ich uns angewöhnen, jeden Alarm reflexartig auszuschalten, ohne auch nur nachzusehen, warum er losgegangen ist. Zu viel Sicherheit ist gefährlich. Der Verkehrsminister sagt mir später:

»Meine Dienststellen vergessen manchmal, dass es sich um ein Abenteuer handelt und nicht darum, eine neue Flotte aufzubauen.«

Das alles ist schwierig für das Technikteam, doch die Funktionäre stellen sich stur, und wir verstehen natürlich, was für eine Verantwortung sie im Falle eines Unfalls tragen würden. Alles war weitaus einfacher, bis vor einigen Jahren ein von Amateuren gebautes Flugzeug auf ein Wohnhausdach gestürzt ist. Seither haben sich die Regeln geändert.

Ich kontaktiere einen Mäzen, der mir schon lange versprochen hat, mir zu helfen, sollte uns eine bestimmte Sache Probleme bereiten und sein Einschreiten bitter nötig sein. Diese unvorhergesehenen Arbeiten, die dazu dienen, die Sicherheit zu gewährleisten, gefallen ihm, und er kommt großzügig der Bitte nach, sie zu finanzieren.

André

Die Dynamik ist nun anders als beim ersten Flugzeug. Statt der Aufregung über die neuen Entdeckungen ist es nun ein Wettlauf gegen die Zeit. Wir müssen alles gleichzeitig machen: den Bau beenden, die Flugerlaubnisse erhalten, die Logistik für die Weltumrundung, die virtuellen Flüge für das Missionsteam, richtige Flüge, um die Systeme zu testen. Wie sollen wir das alles vor Ende des Jahres bewältigen? Trotz der außergewöhnlichen Arbeit, die Thomas und sein Team leisten, steht uns das Wasser bis zum Hals, was die Elektroniksysteme angeht. Zur

Verstärkung habe ich Seb Demont zurückgeholt, unseren früheren Chefelektriker.

Ich bin müde und verliere die Gesamtheit aus dem Auge. Zu viele Karten auf der Hand. Auch das Alter wirkt sich sicherlich auf mein Energielevel aus. Es ist interessant, die eigenen Grenzen vor Augen geführt zu bekommen. Ich wusste immer, dass dieser Moment eintreten kann, doch zum ersten Mal im Leben spüre ich, wie sich das anfühlt. Eine schwarze Mauer, die immer näher kommt und die ich mithilfe von Yoga und Meditation nach hinten zu verschieben versuche.

Ich teile die verbleibenden neun Monate in kleine Zwischenetappen auf, die allen machbar erscheinen. Das motiviert das Team. Auch Peter Frei ist am Ende seiner Kräfte. Er will überall mitmischen und beklagt sich ohne Unterlass darüber. Im technischen Bereich leistet er bemerkenswerte Arbeit, ebenso bei der Vorbereitung der Missionen.

Damien Rizet flattern die Nerven. Er hat bei uns damit angefangen, das Flugzeug auf die Landebahn zu schieben, bis sein Chef ihn für Größeres auserkoren hat. Nun ist er verantwortlich für die gesamte Logistik und sieht sich mit der Realität einer selten schwierigen Aufgabe konfrontiert, nämlich alles zu transportieren und über die Grenzen zu schaffen, was wir bei der Reise vom einen Land ins andere benötigen: den mobilen Hangar, Werkzeug, Ersatzteile, Ausrüstung, Werbematerial, mobile Küche, Bodenteam, Wartungsteam. Natürlich wissen wir nie genau, wann wir abreisen, manchmal noch nicht einmal genau, wo wir ankommen. Eine unfassbar harte Nuss! Er ist zu mir gekommen, um mir zu sagen, dass ich verrückt bin, mich auf ihn und sein Team zu verlassen. Ich vertraue ihm vollkommen!

Bertrand

Das Abenteuer im Breitling Orbiter hat mir gezeigt, wie wichtig China für eine Weltumrundung ist. Das Reich der Mitte ist schon per Definition der Mittelpunkt, und man kann nicht darauf hoffen, irgendwie drumherum zu kommen. Die Verhandlungen begannen bereits 2008 in Peking, unter der Ägide der Association internationale du transport aérien, die ich als institutionellen Partner rekrutiert hatte. Das Treffen verlief freundschaftlich. Alle erinnerten sich noch an meine Weltumrundung im Heißluftballon. Die jungen Funktionäre von damals haben nun wichtige Positionen inne, für das Auswärtige Amt oder in der zivilen Luftfahrtgesellschaft (CAAC). Für die Chinesen entsteht Vertrauen durch lang anhaltende Beziehungen, dies kommt uns nun zugute.

Die Schweiz hat uns versprochen, uns bei der Beantragung der Flugerlaubnisse zu helfen, im Rahmen der Partnerschaft mit Présence Suisse, dem Werbeorgan der Konföderation. Mich hat die Effizienz der schweizerischen Auslandsbeziehungen und ihrer Botschaften schon immer fasziniert. Bei dieser Gelegenheit werden wir die Schweiz als Land der Innovation und der Spitzentechnologien präsentieren, nicht der Schokolade und der Banken. Der Slogan, den ich vorgeschlagen habe, um Solar Impulse mit unserem Land in Verbindung zu bringen, hat sie gepackt: »Eine Idee mit Wiege in der Schweiz!«

Zum fünfundsechzigsten Jubiläum der diplomatischen Beziehungen zwischen der Schweiz und der Volksrepublik China hat die Konföderation Greg und André Kontakt zu den richtigen Personen vermittelt. Um unsere Chancen zu erhöhen, hecken Fürst Albert von Monaco und ich einen Parallelplan aus, um Präsident Xi Jinping direkt zu erreichen. Dies schmeckt den Schweizer Diplomaten nicht unbedingt, räumt aber viele Hindernisse aus dem Weg. Ich begleite den Fürsten also nach China, wo es ihm gelingt, Solar Impulse vor dem chinesischen Präsidenten zu präsentieren. Dieser hatte bereits davon gehört und zeigt sich sehr interessiert:

»Dies ist ein wichtiges Projekt für mein Land, das Solarenergie benötigt. Es wird nicht einfach sein, da die Erlaubnis eine Ausnahme darstellt, trotzdem sollte es möglich sein.«

Es ist interessant zu sehen, dass wir in China aufgrund der ökologischen Dimension akzeptiert werden. Was Solarenergie betrifft, ist dieses Land federführend, und wenn man das Desinteresse unserer westlichen Welt in puncto saubere Technologien bedenkt, werden sie schon bald Nummer eins sein.

Es gelingt mir auch, das Projekt dem Vizeaußenminister vorzustellen, um den Besuch von André und Greg drei Wochen später vorzubereiten.

André

Peking, 19. September. Eine wunderbare Woche in China, unser dritter Besuch in diesem Land, und die Dinge scheinen sich zu klären. Trotzdem eine große Baustelle.

Wir haben eine Beraterin engagiert, um uns durch diese so fremde Kultur zu leiten, und wir haben gut daran getan. Die Doktorin Li, ehemalige Soldatin, die ihren Doktortitel in den USA erworben hat, kennt jeden und wird zwei Jahre mit uns zusammenarbeiten, um uns die Dinge zu erleichtern.

Die Tatsache, dass wir ein Schweizer Projekt sind, das von unserer Regierung gestützt wird, sorgt für eine positive Dynamik, doch formal gibt es keine Einigung. Eine Absage erteilt man uns jedoch auch nicht. Alle wollen ihre Trümpfe möglichst lange auf der Hand halten. Gegen unseren Willen werden wir zu einer diplomatischen Geisel in einem weitaus größeren Spiel. Der chinesische Vizeaußenminister hält eine lange Tirade über die Beziehung zwischen unseren Ländern, um bei dem Besuch des Dalai-Lama zu enden, der bald in der Schweiz ansteht. Ohne Umschweife legt er uns nahe, dafür zu sorgen, dass dieser Besuch strikt privater Natur bleiben sollte. Als läge das in unserer Hand! Die chinesischen Autoritäten würden einen offiziellen Empfang als Affront auffassen, was sämtliche Hoffnungen auf eine Flugerlaubnis zunichtemachen würde.

Zur selben Zeit werden andere Karten zu unserem Vorteil ausgespielt. Das amerikanische Wirtschaftsembargo zwingt China dazu, sich im Wissenschaftssektor auf kleinere Länder zu konzentrieren. Für ihre Ziele ist unser Projekt ideal: Neue Technologien, erneuerbare Energien, und wir sind interessant für die CAST, das Propagandaorgan der Partei, das Wissenschaft und Technologie dem Volk nahebringen soll. Wenn sie sich das Projekt aneignen, haben wir gewonnen.

Bertrand

Im November bleibt mir noch ein einziger Trainingsflug. Kaum in der Luft, bekomme ich eine Nachricht vom MCC:

»Da formt sich Nebel. Du musst sofort wieder landen.«

Glück im Unglück. Meinen letzten Trainingsflug absolviere ich also zwei Wochen später, am selben Abend, an dem André und ich unsere Abschiedsfeier in Payerne organisiert haben, und so erleben die anderen eine Landung bei Nacht in der ersten Reihe. Als hätten wir es von langer Hand geplant!

Auch müssen wir lernen, im Fall der Katastrophe im Meer zu überleben. Markus hat uns einen Kurs bei der Deutschen Marine in Nordholz organisiert. Nichts für schwache Nerven: Aus zehn Metern Höhe mit voller Ausrüstung abspringen, sich im Wasser des Fallschirms entledigen, ins aufblasbare Rettungsboot klettern, sich hochziehen lassen. Außerdem müssen wir uns aus einem überfluteten Cockpit befreien, in dem wir kopfüber angeschnallt sind. Wenn ich daran dachte, bekam ich feuchte Handflächen, doch vor Ort ist die Erfahrung derart berauschend, dass wir mehrfach darum bitten, sie wiederholen zu dürfen.

Am Ende des Jahres 2014 ist es mir auch gelungen, das komplette Budget einzuwerben. Einige langjährige Partner, noch immer dieselben, haben eingewilligt, ihre Unterstützung zu erhöhen im Tausch gegen zusätzliches Werbematerial, das ich auf jeden Partner zugeschnitten habe. Solvay kauft den ersten Prototyp, um ihn in der Cité des Sciences in Paris ausstellen zu können. Nestlé Research ist zu uns gestoßen, ebenso Moët Hennessy, eine Verbindung, die durch Éric Freymond zustande kam, mal wieder. Ihr großartiger Ansatz: »Nachhaltige Entwicklungen zu feiern«… mit Champagner.

Dies ist das erste Mal, dass die Finanzierung bis zum Ende des Abenteuers gesichert ist. Was für eine Erleichterung, nicht nur für das Abenteuer an sich, sondern für die hundertfünfzig Teammitglieder, denen ich mich verpflichtet fühle.

Ich führe eine besondere Partnerschaft mit der Regierung von Monaco und der Nachhaltigkeit fördernden Stiftung Fürst Albert II. zur Vollendung, indem ich den Sitz des MCC nach Monaco verlege. Ich sitze im Wissenschafts- und Technikkomitee dieser Stiftung, und Albert ist seit der ersten Stunde Pate von Solar Impulse. Aus dem Mission Control Center wird das Monaco Control Center. Raymond kreiert einen speziellen Button: »*Cogito ergo circumnavigat*« (Ich denke, also fahre ich um die Welt).

Das Jahr endet mit einer letzten Versammlung aller Mitglieder. Mein Ziel ist es, jeden in den Geisteszustand eines Entdeckers zu versetzen:

Die nächsten Monate werden schwierig, aufregend, stressig, deprimierend, ermüdend, fröhlich. Es liegt an uns, wie wir sie erleben wollen. Genau das ist Pioniergeist. Der Erfolg ist uns nicht sicher, aber wir haben den Mut, es zu versuchen. Mit einem Team wie unserem haben wir die besten Chancen. Nach allen technischen und finanziellen Rückschlägen beginnt nun unser Abenteuer im Dienste der sauberen Technologien. Wir sind alle Akteure der Veränderung, und darauf können wir stolz sein.«

André

Anfang Februar 2015 wird Si2 nach Abu Dhabi transportiert und wieder zusammengesetzt. Zum vierten Mal reise ich nach China, um die Erlaubnis einzuholen, in Chongqing zu landen. Der Flughafen weigert sich kategorisch, uns zu empfangen. Hier lebte Bo Xilai, eine politische Persönlichkeit, der im Gefängnis endete. Die Region ist unter die Fuchtel Pekings geraten. Diesmal sind wir Spielball innerer Beziehungen. Wir drehen uns im Kreis, was irgendwie auch zu China gehört. Endlich scheinen sich alle einig zu sein, doch niemand will ein Risiko eingehen. Uns wird gesagt, die offizielle Autorisierung käme, »wenn die Zeit reif« sei. Der Dalai-Lama besucht am 7. und 8. Februar die Schweiz. Wir durchforsten die Zeitungen. Nichts. Das Damoklesschwert verschwindet.

Auch der Flughafen von Ahmedabad stellt sich quer. Man müsste einen Durchbruch durch eine Wand vornehmen, damit Gäste Si2 ansehen können, ohne jedes Mal durch die Sicherheitskontrolle zu gehen, doch niemand weiß, wer die Arbeiten bezahlen soll. Der Flughafendirektor fragt, wo sein Anteil sei … Damien ist mit der strikten Anweisung vor Ort, niemanden zu bestechen.

Wir haben zwei Teams: Das eine versucht, das Flugzeug fertigzustellen – am Ende, müde, noch immer an der Arbeit. Das andere wartet geduldig vor Ort, geht shoppen und postet Fotos auf Facebook! Nicht einfach, das unter einen Hut zu bringen.

Mit der Nase über dem Lenkrad rufe ich eine Nummer an, um ein Interview zu geben. Nach zehn Minuten merke ich, dass die Person am anderen Ende … Sanjeev Bhanot ist, mein Yogalehrer! Die Sekretärin hat die falsche Nummer gewählt! Keine guten Voraussetzungen für eine Weltumrundung.

Apropos Weltumrundung, Bertrand und ich haben noch nicht einmal die Gelegenheit gehabt, über die Aufteilung der Flüge zu sprechen. Wer wird nun in ein paar Tagen abheben?

10

Der Moment der Wahrheit

Bertrand

Gegen Mittag verlassen André und ich das Zelt von Solar Impulse mit unserem Essen, um gemeinsam in einer Privatlounge des Flughafens zu essen. Ich habe keinen Hunger. Andrés Teller nach zu urteilen geht es ihm genauso. Die Diskussion, die nun ansteht, kann sich als einfach oder äußerst heikel herausstellen. Schon seit langer Zeit müssen wir sie führen. Alle haben uns schon Fragen gestellt, doch wir hatten keine Antworten. Haben wir dieses Thema unbewusst bis heute vermieden?

Ich beginne damit, dass André im Büro in Lausanne vorgeschlagen hatte, die Weltumrundung in zwei Teile aufzuspalten: Der eine Pilot bekäme den Start von Abu Dhabi aus, den zweiten Teil der Pazifiküberquerung und den Atlantik. Der andere den ersten Teil des Pazifiks, die längste und gefährlichste Strecke, mit der Rückkehr nach Abu Dhabi. Er fand das gerecht, und ich hatte den Vorschlag angenommen. Er hatte gesagt, er sei mit beidem einverstanden, und wollte die Wahl mir überlassen.

André hatte den ersten Flug der marokkanischen Mission übernommen, ich den in den USA. Logischerweise war er wieder dran. Ich hatte ohnehin Lust, die Weltreise zu beenden, in Abu Dhabi die letzte Landung zu vollführen, mit der sich der Kreis schließen wird. Und hier kam auch der Pazifik ins Spiel.

Ich sage also:

»Wenn ich es mir aussuchen könnte, würde ich gerne den Pazifik und die Ankunft machen.«

Stocksteif, beinahe die Beherrschung verlierend, gibt André zurück:

»Okay, dann halte ich den Vortrag vor den Vereinten Nationen.«

Ein schlechter Anfang.

André hat das Gefühl, dass ich ihm *den* Flug nehme, der ihm als Pilot dieses Flugzeugs zusteht. Es stimmt, dass es an mir ist, unsere Message zu verbreiten, die Vorträge, die Treffen mit den Politikern der UNO und so weiter, um nachhaltige Technologien voranzubringen, doch ebenso bin ich Abenteurer, und der erste Teil des Pazifiks fasziniert mich. Zum ersten Mal wird ein Flugzeug so lange Zeit ohne Spritverbrauch fliegen. Das ist mein Traum, der ununterbrochene Flug.

»Ich bin noch nie die Nacht durchgeflogen. Du hast wenigstens schon den ersten Sechsundzwanzigstundenflug absolviert. Wenn das Abenteuer der Weltumrundung vorzeitig endet, geht mein Traum nicht in Erfüllung, wenn ich nicht wenigstens den Pazifik gemacht habe.«

Zum ersten Mal spiele ich die Sicherheitskarte aus. André durchschaut mich sofort.

»Also ich erkenne dich kaum wieder. Du machst mich echt sprachlos.«

Komischerweise sprechen wir von der Strecke China–Hawaii immer als »dem Pazifik«, dabei handelt es sich eigentlich nur um den ersten Teil dieses Ozeans, der bis nach Amerika führt. Doch der zweite Teil scheint im Vergleich zu den achttausend Kilometern des ersten leichter.

Wir teilen die Weltumrundung also folgendermaßen auf: André bekommt den Start, die zweite Pazifiketappe und den Atlantik. Ich bekomme den ersten Teil des Pazifiks und die Ankunft. Es ist wahr, dass ich die Sicherheitskarte ausgespielt habe. Wenn ich wüsste, dass das Flugzeug es problemlos bis Hawaii schafft, fiele meine Wahl anders aus. Auch der Teil, den André bewältigen wird, die Atlantiküberquerung in einem Rutsch, wird eine historische Premiere sein, sehr symbolträchtig in den Fußstapfen von Charles Lindbergh.

André

Jeder von uns beiden sieht in diesem Flug die Erfüllung all seiner Träume. Mit dem, was auf dem Spiel steht, wächst auch der Wunsch, in die Geschichte einzugehen. Bertrand ist der erste Mensch, gemeinsam mit Brian, dem die sagenumwobene Weltumrundung im Heißluftballon gelungen ist, ohne Zwischenlandung. Der Pazifik wird die Krönung seiner Vision des technischen Wunders sein, das ich entwickelt habe.

Einige Bemerkungen Bertrands haben mir gezeigt, dass er an dieser Etappe hängt. Zwischen Kindheitstraum, Entdeckergeist und der Lust, einen Rekord aufzustellen, muss ich zugeben, dass auch mir dieser Wunsch innewohnt. Bertrand ist der Vater dieses Projektes. Alles hat mit ihm angefangen. Bisher war es im Interesse des Teams, dass ich die schwierigen Missionen übernehme. Heute ist es klar, dass er Priorität hat.

Als er mir jedoch seine Entscheidung verkündet, ist es ein Schock. Um ihn zu provozieren, gebe ich zurück, dass ich dann seine Reden vor den Vereinten Nationen übernehme! Keine gute Lösung.Wenn er versagt, wird man sagen, das war ja klar; wenn es ihm gelingt, dass es ein Leichtes war. Nach der bösen Überraschung lässt der Schreck nach. Diese neuen Verhältnisse könnten auch interessant werden. Ich ändere die Perspektive und suche nach Möglichkeiten: Die Etappe aufzugeben, würde mich aus meiner ausschließlichen Identität als Pilot herausheben, und ich hätte mehr Zeit dafür, zu lernen, wie ich meine Erfahrungen und meine Gedanken nach außen trage. Bertrand gewährt mir Zutritt zu seinem Universum, weil er ein großer Pilot werden will.

Es ist sein gutes Recht, den Pazifik überqueren zu wollen. Wir können beide davon profitieren. Und doch kenne ich uns beide und habe die Intuition, dass diese Frage nur provisorisch gelöst ist. Sie wird an anderer Stelle noch einmal die Rivalität wecken, die wir für den Moment zur Ruhe gelegt haben.

Bertrand

Am nächsten Tag geben wir unsere Entscheidung bekannt:

»André hat das Flugzeug gebaut, also sollte er die Weltumrundung beginnen.«

»Bertrand hat dieses Projekt ins Leben gerufen, um eine Botschaft zu verbreiten, ihm gebührt die Ehre, dieses Abenteuer zu Ende zu führen und siegreich in Abu Dhabi zu landen.«

Das ganze Team erhebt sich zum Applaus. Es ist der bewegendste Moment, den wir teilen, seit es Solar Impulse gibt. In unserer Art, uns auf uns zwei zu konzentrieren, haben wir noch nicht einmal daran gedacht, das Safety Review Board in die Entscheidung mit einzubeziehen. Dazu später mehr.

Doch für den Moment überlassen wir uns dem Freudentaumel und kleben einen riesigen Aufkleber auf das Cockpit, der sämtliche Namen der Teammitglieder trägt:

»Ich halte das Versprechen, das ich euch vor zwei Jahren gegeben habe. Jeder, der zu Beginn der Weltumrundung noch in unserem Team ist, macht sie mit uns gemeinsam. Es ist euer Flugzeug!«

In dieser Zeit reiht sich ein Promotion-Event ans nächste. Ich nutze die Chance und stelle zwei wichtige Verantwortungsträgern im Energiesektor einander vor: den Schweizer Generalsekretär und den EU-Kommissar. Ich falle aus allen Wolken, als mir klar wird, dass sie einander noch nie begegnet sind. Einmal mehr kann Solar Impulse die politische Rolle spielen, die ich mir für das Projekt wünsche.

Gemeinsam mit Al Gore nehmen André und ich am World Future Energy Summit teil. Hier hatte mir ein paar Jahre zuvor Scheich Muhammad bin Zayid Al Nahyan seine Unterstützung für Solar Impulse zugesichert, nach meinem Gespräch mit dem chinesischen Premierminister und dem Generalsekretär der Vereinten Nationen. Er würde sein Versprechen halten, unser »treuer Unterstützer« zu sein. Wir werden offiziell von Masdar empfangen, der Agentur der Emirate zur Entwicklung erneuerbarer Energien, und ihrem Präsidenten Sultan Al Jaber.

Wir teilen die gleichen Vorstellungen über die nötige Spektrumserweiterung von Energien und den Gebrauch von sauberen Technologien. Heute produzieren die arabischen Emirate Solarenergie zu einem günstigeren Preis als das Gas, das in ihrem Boden liegt.

André

In Abu Dhabi sind zahlreiche Autorisierungen notwendig, um Schnappschüsse von Solar Impulse aus der Luft zu machen, da wir über die Paläste fliegen. Ein Security-Beamter muss uns folgen und unsere Fotos freigeben. Ein sehr professioneller Typ mit harter Schale, der sich am Ende als herzensguter Kerl herausstellt.

Eines Tages machen wir vom Hubschrauber aus, ohne es zu wollen, ein Foto von einem Ort, den zu fotografieren wir nicht lizensiert sind. Wir vernichten es sofort. Er ist nicht nur wütend, er ist starr vor Angst bei dem Gedanken, dass seinem Emir, den er vergöttert, etwas zustoßen könnte. Diese Herren, die über Leben und Tod ihrer Untergebenen bestimmen, schützen und ernähren die Familien, wenn das Unglück sie heimsucht. Wenn in den Emiraten Wahlen stattfänden, würden die derzeitigen Herrscher gewählt werden. Die Demokratie würde nichts an den Machtverhältnissen ändern.

Bertrand

André rackert sich furchtbar ab, um die definitive Flugautorisierung zu bekommen, die berühmte »Flugerlaubnis«. Sie wird von sämtlichen Ländern schon Monate im Voraus verlangt, damit man uns die Rechte einräumt, sie zu überfliegen oder zu landen. Eine Delegation des BAZL ist nach Abu Dhabi bestellt worden:

»Dieses Flugzeug hat das geringste Sicherheitslevel, das jemals von den Schweizer Behörden zugelassen worden ist. Das

Risiko, es bei einem Flug aus technischen Gründen zu verlieren, beträgt eins zu hundert. Und wenn man andere Faktoren wie das Wetter und Pilotenfehler mit einrechnet, ist das Risiko noch zehnmal höher. Ihr Projekt weist also das gleiche Risiko wie eine Apollo-Mission auf. Die Chance, dass ein Flug schlecht endet, ist eins zu zehn.«

Ich kann mir nicht verkneifen, die Atmosphäre etwas aufzulockern:

»Und? Wer macht den zehnten Flug?«

Glücklicherweise haben Statistiken kein Gedächtnis, und die Berechnungen gelten für jeden Flug aufs Neue, unabhängig von vorherigen Flügen.

Die offenen Bürokratiefragen stressen das Team mehr als die Flugvorbereitungen. Rein rechtlich betrachtet müssen André und ich jeweils noch dreimal starten und landen, um unsere Autorisierung, mit Si2 um die Welt zu fliegen, gültig zu machen, doch das dürfen wir nicht, bevor das Flughandbuch nicht fertiggeschrieben und alle operationellen Vorgänge angeglichen sind.

Ich frage André:

»Glaubst du, am Ende wird uns das BAZL die Flugerlaubnis erteilen?«

»Klar. Und das sollten sie auch, bei allem, was wir für sie tun!«

Schließlich erteilt man uns eine provisorische Erlaubnis, aber nur bis zum 2. März um Mitternacht.

»Das ist Schweizer Zeit. Hier gilt sie bis um 3:00 Uhr morgens am 3. März«, witzelt André, genau das Zeitfenster, das wir brauchen, um unsere letzten Flugübungen bei Nacht zu absolvieren.

André hat turbulente Bedingungen bei der Landung und muss den Fuß vom Gas nehmen, auch wenn diese Redewendung für ein Solarflugzeug so gar nicht passt. Er landet, nachdem er eine Schleife gegen den Uhrzeigersinn geflogen ist, aber mit einer derartigen Sicherheit, dass sich niemand traut, ihm gegenüber eine Anmerkung zu machen.

Als ich dran bin, ringt sich das MCC schüchtern ab:

»Du bist der Einzige, der die Schleife des Flughafens ordnungsgemäß geflogen ist.«

Dies bestätigt nur, dass ich immer unter einfachen Bedingungen fliege. Ich bin weiterhin der Flugschüler, André der Pilotenhaudegen.

Das Verrückteste ist, dass meine drei Manöver unter besten Bedingungen für die Verwaltung genauso viel zählen wie Andrés Landung bei schweren Turbulenzen.

»Bertrand ist startklar, André noch nicht«, stichelt Markus, bevor ihm Andrés erboste Miene Schweigen gebietet.

André bringt die momentane Situation auf den Punkt: »Die Piloten sind bereit, das Flugzeug ist fertig, wir könnten Sonntag losfliegen, aber die bürokratischen Probleme halten uns am Boden.«

Greg reißt sich die Haare aus. Die Inder wollen unseren Abflug aufgrund einer Schweinegrippe-Epidemie nach hinten verschieben, die Omanis wollen, dass wir früher kommen, um nicht am Wochenende zu landen!

»Bei diesem Abenteuer entscheidet sowieso das Wetter!«, rufen André und ich im Chor.

Und genauso kommt es auch. Aufgrund eines Sandsturms sind sich alle einig, dass wir am Montag, den 9. März starten. Wir haben noch keine endgültige Flugerlaubnis, doch man gesteht uns einen Start zu, wenn wir nicht über bewohnte Gebiete fliegen, nicht an Bord schlafen und jeweils, sobald wir in der Luft sind, ein letztes Mal den Fall einer Motorpanne trainieren. Die ersten zwei Etappen der Weltumrundung werden also offiziell als »Trainingsflüge« verbucht.

André

Hätte man mich an jenem Morgen gefragt, wie es mir geht, hätte ich geantwortet, dass ich mich wunderbar fühle. Ein schöner Start in den Tag. Stell dir immer diese Frage und antworte ehrlich.

Der erste Flug steht unmittelbar bevor. Kaum zu glauben.

Der 9. März ist der Geburtstag meines Vaters. Er ist 2000 verstorben. Ich bin glücklich darüber, ihm dieses Geschenk machen zu können. Wir sind uns nie sehr nahe gewesen. Die Kommunikation zwischen uns lief nicht gut. Wir beide konnten Streit nicht ertragen, und das machte unsere Beziehung nicht einfach. Er war ein Mann von sehr unabhängigem Charakter, auf seine Art ein Freigeist. Nachdem ich so viele Hindernisse überwunden habe, um auf dieser Startbahn zu stehen, verstehe ich ihn sehr viel besser und denke mit sehr viel mehr Dankbarkeit an das, was er mir gegeben hat.

Hier sind wir nun. Die Presse, die Gäste, die Freunde, die Oberhäupter warten auf den Start. Ich begrüße sämtliche Teammitglieder. Ich esse etwas, während ich telefonisch vom Monaco-Kontrollzentrum gebrieft werde. Dann gehe ich zu Daniel Ramseier, der mir hilft, die Ausrüstung anzuziehen. Da er weiß, wie wichtig seine Aufgabe ist, führt er sie beinahe wie eine Mission aus. Der Ablauf wird von Land zu Land zu einer Tradition werden, die mir immer wieder vor Augen führt, wie dankbar ich für dieses Team sein kann.

Dreizehn Jahre nach Beginn dieses verrückten Abenteuers setze ich mich endlich ins Cockpit, um zur Weltumrundung zu starten. Der Moment ist gekommen, die Tür zu schließen. Das Ganze ist etwas surreal. Es fällt mir schwer, meine Gedanken zu ordnen. Zum Großteil sind sie bei Yasemin. Auch Bertrands Lächeln und seine Emotionen berühren mich. Alter Freund! Ich verspreche dir, dass wir ankommen.

Bertrand

Der bevorstehende große Abflug beeindruckt mich. Seit sechzehn Jahren frage ich mich schon, wie das sein wird, und versuch, mir die Gefühle vorzustellen. Ich bin angespannter, als wenn ich selbst fliegen müsste. Das alles ist keine Befreiung, wie ich gedacht hätte, sondern eine nagende Angst. Der Moment kommt mir wie der wichtigste und gleichzeitig wie der schlimmste vor. Wir sind so nahe am Ziel und gleichzeitig so weit entfernt. Alles kann passieren, Erfolg oder Misserfolg, all unsere Mühen können belohnt oder zunichtegemacht werden.

Ich fühle mich, als würde ein neuer Teil meines Lebens beginnen. Es ist auch etwas schwer, am Boden zu bleiben und André dabei zuzusehen, wie er ins Cockpit steigt. Genauso wird es für ihn schwierig sein, in einigen Monaten meiner Landung zur Beendigung der Weltumrundung zuzusehen, wenn wir es denn schaffen. Doch das alles hält mich nicht davon ab, mich für ihn zu freuen. Diese Weltumrundung gehört weder mir noch ihm. Sie gehört uns.

Mein Blick ruht auf Si2 auf der Startbahn. Etwas anderes sehe ich nicht. Ich zittere vor Kälte in der morgendlichen Luft, die noch von ein paar Sandsturmüberresten gezeichnet ist. Greg ist neben mir, wie immer, treuer Freund ebenso wie Marketingdirektor des Projektes, der mittlerweile tief in den Autorisierungsanfragen steckt. Das Warten dauert eine Ewigkeit. Per Funk höre ich, dass einer der Elektrokonverter Probleme macht. Das Cockpit muss noch einmal geöffnet werden. Hans macht sich mit Schraubenzieher ans Armaturenbrett und kontrolliert die Kontakte. Ich schaue auf die Uhr. Es wird immer später, das Zeitfenster für den Start wird sich bald schließen.

André

Eine Sorge holt mich zurück in die Realität. Ich muss den Elektriker kommen lassen. Wir liegen schon neun Tage hinter der Zeit. Selbst wenn wir noch nicht ganz bereit sind, muss es unbedingt losgehen. Das Flugzeug muss in Bewegung kommen. Ein Gefühl der Notwendigkeit bricht durch. Auch das Team spürt das Verlangen nach dem Start. Dieser Flug ist noch immer eine Art Test. Wir versuchen, alles unter einen Hut zu kriegen, die Sicherheitsvorkehrungen ebenso wie unsere Handwerkkunst, »home made«.

Bertrand

Falscher Alarm. Die Tür wird wieder geschlossen und ich nehme meinen Sitz am Rand der Startbahn ein. Ich vergesse die auf mich gerichteten Kameras und schluchze einen Moment hinter vorgehaltenen Händen, damit die Anspannung entweichen kann. Sechzehn Jahre ziehen in einer Sekunde an mir vorbei: meine Hoffnungen, meine Ängste, meine Träume, meine Vorstellungen. Das alles lag immer in der Zukunft, wie ein Konzept, das sich nach und nach entfernte, wenn ich einen Schritt darauf zuging. Und plötzlich ist es heute, ist es jetzt. Die Propeller drehen sich, Si2 setzt sich in ohrenbetäubender Stille in Bewegung. Wie in einem Film, in dem stumm Bild auf Bild folgt. Die Begleitung durch einen Hubschrauber habe ich untersagt, um die Magie des Momentes nicht zu stören. Ich weiß ganz genau, was André fühlt. Auch ich bin in diesem Cockpit.

Der Start. Selbst die Journalisten applaudieren. Die Weltumrundung hat begonnen. Wir sind ins Ungewisse gesprungen. Si2 verschwindet sehr schnell im morgendlichen Nebel, wenn nicht gar hinter meinen benetzten Augen.

André

Das wars, wir sind gestartet. Der erste Teil des Fluges ist schwierig. Ich sehe keinen Horizont, und es gibt Turbulenzen. Der Sandsturm nimmt mir vollkommen die Sicht. Der Staub ist überall in der Luft. Das ist bedrückend. Ich fliege nach Instrumenten. Durch den Zeitmangel habe ich nicht alle Sauerstofftests gemacht. Noch ist nicht viel zu merken von der Magie, die ich mir vorgestellt hatte. Aber egal, wir sind losgeflogen. Das ist alles, was zählt. Der Flug um die Welt hat tatsächlich begonnen, und endlich ergebe ich mich der Euphorie.

Bertrand

Der Empfang in Maskat, im Sultanat von Oman, ist *Tausend und einer Nacht* würdig. Weiße Dishdashas, prunkvolle Säbel am Gürtel, bunte Turbane. Ein Zelt wurde eigens errichtet für alles, was Rang und Namen hat. Dort finden auch die Pressekonferenz, das anschließende Bankett und eine Ausstellung zu erneuerbaren Energien statt. Dies ist für uns eine völlige Überraschung, da unser Aufenthalt nur etwa eine halbe Nacht lang dauert, ein *pit-stop* mit dem Logistikteam. Der Veranstaltungschef hatte die Daten unserer Ankunft mit Greg ausgehandelt, ohne dass wir genau wussten, warum. An diesem omanischen Abend vertraut er mir an:

»Hätten Sie Ihre Ankunft noch einmal verschoben, hätte das meine Karriere beendet.«

Er war das Risiko eingegangen und hatte gewonnen. Genau daraus besteht das Abenteuer. An diesem Abend war er der Held.

Besteht die Magie des Aufenthalts in seiner Kürze? Ein Solarflugzeug kommt am Abend an und macht sich noch in der Nacht wieder auf den Weg, doch die vielen Blicke, die überraschten Gesichter und der Stolz, Teil dieses Abenteuers zu sein, erhellen diesen Moment außerhalb der Zeit, diese Mischung aus Karbonfasern und traditioneller Musik.

André

Mit der Ankunft im Oman, gegen zehn Uhr abends, endet ein Flug von dreizehn Stunden. Ein kurzer Flug, aber er ist geschafft. Nach der Landung umringen mich begeisterte Menschen. Noch unter dem Einfluss dieser ersten Etappe reichen ein paar Sekunden aus, um mich in eine moderne Welt zu holen, auf die Zukunft ausgerichtet, in ein von ursprünglichen Traditionen regiertes Universum. Die Lichter flackern. Ein Festzug aus Männern mit bunten Turbanen führt uns zu einem Zelt, wo ein prachtvolles Büfett und einige gedeckte Tische aufgebaut worden sind. Ich befinde mich nicht mehr in der Atmosphäre des Cockpits, sondern in der ihrer Großzügigkeit. Ich muss nichts mehr steuern. Ich lasse mich von dieser surrealen Stimmung tragen. Der Zwischenstopp dauert eine Nacht, und wir genießen sie in vollen Zügen.

Zwei oder drei Stunden Schlaf für mich, nicht so für das Team, das bereits damit beschäftigt ist, das Flugzeug für den Start fertigzumachen. Selbst wenn sie gekonnt hätten, glaube ich nicht, dass irgendjemand wollte.

Am frühen Morgen sind sämtliche Spuren der bezaubernden Folklore des Vorabends wie in einem Traum verschwunden. Der Terminal ist menschenleer. Ich komme gerade an, als Bertrand ins Flugzeug steigt. Der Himmel ist grau. Langsam zeigt sich die Sonne und wirft ein orangenes Licht an den Horizont. Nicht ein Windstoß.

Bertrand lässt das Cockpit geöffnet, und wir diskutieren, während das Flugzeug in Richtung Startbahn geschoben wird. Dass wir uns mit den Flügen nun abwechseln und der gemeinschaftliche Elan, der sich daraus ergibt, tragen zur Schönheit des Momentes bei. Bertrand fliegt nach Ahmedabad. Ich denke zurück an die Zeit, in der ich noch der einzige Pilot dieses Flugzeugs war. Unsere Wechsel scheinen nun wie ein Spiel!

Bertrand

Die Vorbereitung des Cockpits verläuft etwas chaotisch. Für das Team in Monaco bin ich noch immer eher Flugschüler als Missionspilot. Ihre Anweisungen aus der Distanz decken sich nicht mit meinen Bedürfnissen. Ich will mich alleine durchschlagen, doch ich spüre, dass sie mich selbst vom anderen Ende des Satellitentelefons aus bemuttern.

Ich setze meinen orange-blauen Turban ab und meinen Helm auf. Nils weist das Bodenteam an, das Flugzeug zum Anfang der Startbahn zu schieben. Keiner von ihnen hat geschlafen, vor allem nicht Nico, der die Nacht damit verbracht hat, auf einer Leiter zu stehen und den Sand von den Solarzellen zu fegen, der sich dort ansammelte. Was für ein Glücksgefühl, die vier Hebel der Motoren bis zum Anschlag durchzudrücken. Ohne einen Anflug von Lampenfieber hebe ich ab. Endlich bin ich Pilot der Weltumrundung.

Wird es irgendwann in diesem Abenteuer einen Genuss geben, den man nicht zu einem hohen Preis mit einem Problem bezahlt? Die Regierung von Oman hat mich gebeten, die Freitagsmoschee zu überfliegen, damit von einem Armeehubschrauber aus Fotos gemacht werden können. Die Nachricht wurde nicht an das Missionsteam weitergegeben, ganz abgesehen vom BAZL, das sich echauffiert, da ich ein paar Häuser überfliege. Der Flug über dicht besiedelte Gebiete kostet das Team ebenso viel Energie wie die Flugerlaubnisanfragen fremder Länder. In diesem Projekt zählt der Pilot kaum etwas. Ich erinnere mich noch an die strenge Abmahnung, die André vor vier Jahren kassiert hat, weil er es gewagt hat – wie gotteslästerlich! –, das Publikum vor der Landung in Paris mit einem Looping zu begrüßen.

Der Himmel ist noch etwas verhangen vom Staub der letzten Tage, und das gelbe Licht, in dem ich bade, hat etwas Bezauberndes. Der Anstieg führt durch dreitausend Meter Nebel, in dem ich weder Meer noch Sonne sehe, bevor ich die Trübnis verlasse und mich mitten im blauen Himmel wiederfinde.

Da das Flugzeug nicht fertig war, um unsere Trainingsflüge abzuschließen, muss ich, genau wie André gestern, einige Motorpannen simulieren, um für weitere Flüge zugelassen zu werden. Ich habe nur anderthalb Stunden geschlafen und fürchte die Müdigkeit. Ganz grundlos. Kein einziger Müdigkeitsanfall während des gesamten Flugs. Nur Markus, in seiner Rolle als Chefausbilder, befürchtet, ich könne müde sein, nachdem ihm zu Ohren kommt, wie wenig ich geschlafen habe. Genau wie mein Vater früher. Wird es mir irgendwann gelingen, diese fälschliche Annahme abzuschütteln, dass man zwangsweise müde ist, wenn man wenig geschlafen hat?

Dank Nahim, einem Kollegen aus Karatschi, ist es Niklaus und Yves-André sehr einfach gelungen, die Flugerlaubnis zum

Überflug von Pakistan zu bekommen, die für gewöhnlich nur sehr schwer zu bekommen ist. Erst vor wenigen Tagen sind bei einem Massaker in einer Schule hundertvierzig Kinder ums Leben gekommen, und unser Abenteuer wird von den Medien wie ein Zeichen der Hoffnung beschrieben. Am Vorabend meines Fluges ruft Nahim bei Yves-André an:

»Wir sind jetzt Freunde, und ich möchte dich um etwas bitten.«

Yves-André wird sofort von dem westlichen Reflex abgeschreckt, eine persönliche Bitte zu erwarten. Misstrauisch gibt er ein zögerliches Ja zurück, und Nahim sagt daraufhin:

»Nun, Solar Impulse ist ein wundervolles Symbol für uns. Könntest du uns Videos vom Flugzeug schicken, damit wir sie im Fernsehen zeigen können? Und auch ein Interview mit dem Piloten organisieren?«

Das Interview findet statt, und wenige Minuten später erzählt mir Yves-André vom MCC aus die ganze Geschichte, wobei er mir vorschlägt, Nahim auf seiner Frequenz anzurufen.

»Karatschi-Kontrolle, hier ist Hotel Bravo Sierra India Bravo, ist unser Freund Nahim da? Könnten Sie ihn rufen?«

Der Funker läuft los und kommt wenig später mit Nahim wieder, dem ich so persönlich danken kann.

Nach diesem pakistanischen Zwischenspiel setze ich meine Reise fort. Die Wettervorhersagen von Luc und Wim stellen sich als hundertprozentig präzise heraus. Die wenigen Zirruswolken, die den Solarzellen gefährlich werden könnten, liegen zu meiner Linken und eine königliche Schneise öffnet sich auf Ahmedabad.

Beim Überflug des Arabischen Meeres schlage ich den Distanzrekord, den André aufgestellt hat. Aber sicher nicht für lange! Ich erreiche das Meer über Windungen, die sich schlangenartig mitten in einer weißen Salzwüste winden, bevor sie im Indischen Ozean enden. Die Sonne strahlt immer stärker und lässt die Arme des Flusses im abendlichen Licht glitzern. Ich schicke per Satellit Fotos ans Kontrollzentrum, um sie an diesem wunderschönen Flug teilhaben zu lassen. Gern beziehe ich sie in alles ein, was ich als himmlisch erlebe.

Die Nacht bricht an und ich bereite das Cockpit auf die Dunkelheit vor, indem ich die Helligkeit der Instrumente senke. Ich bin glücklich, entspannt, und genau so begehe ich den Fehler, der mir den Rest des Fluges vergällen wird.

André

Halb neun Ortszeit. Ich befinde mich mit dem Team im Zelt, das wir im Flughafen von Ahmedabad aufgebaut haben. Wir bereiten die Landung vor. Plötzlich Krisensitzung im MCC. Raymond ruft von Monaco aus an. Bertrand hat gerade ein Instabilitätsproblem signalisiert und versteht nicht, was passiert. Bald wird er nur schwer die Kontrolle über das Flugzeug behalten können. Die Tragflächen schwanken nach links und nach rechts, obwohl es keine Turbulenzen gibt. Einige Ingenieure mutmaßen, dass sich ein Teil des Flügels gelöst haben könnte, andere, dass die Steuerung fehlerhaft sei. Wir müssen einen kühlen Kopf bewahren! Das Beste wäre, das Flugzeug genau anzusehen. Sollen wir nach einem Hubschrauber suchen? Zu ihm fliegen? Wir gehen die Möglichkeit durch, dass Bertrand mit dem Fallschirm abspringen muss. Falls es tatsächlich ein bauliches Problem gibt und er abstürzt, müssen wir auf der Stelle eine unbewohnte Zone finden. Alle machen sich Sorgen. Wir versuchen, eine Diagnose mithilfe der Informationen zu stellen, die uns vorliegen. Monaco leitet diverse Manöver ein, um den Ursprung der Instabilität herauszufinden.

Bertrand

In der Dunkelheit begehe ich den Fehler, weiter nach Kurs zu fliegen wie bei Tag, statt dem künstlichen Horizont zu vertrauen, wie ich es beim Instrumentenflug gelernt habe. Was bedeutet, dass ich mich selbst bemühe, meine Flugposition gerade zu halten, statt mich darum zu kümmern, die Flügel zu fixieren. Durch die Trägheit kommt es so zu Oszillationen, die es unmöglich machen, den Autopiloten einzuschalten. So entsteht der Eindruck, die Atmosphäre sei instabil, was ich das MCC wissen lasse. Zweiter Fehler. Da Monaco per Telemetrie keinerlei Turbulenzen feststellen kann, kommen sie zu dem Schluss, dass etwas mit der Steuerung nicht in Ordnung sein muss. Ein Katastrophenplan setzt ein. André und Michèle werden in Ahmedabad alarmiert, das Team sucht eine unbewohnte Zone, damit ich mit dem Fallschirm abspringen kann. Ich verstehe ihre Reaktion nicht, denn von meiner Seite aus verspüre ich keinerlei Angst. Eine ganze Welt trennt das MCC von meinem Cockpit – bei ihnen bricht anscheinend Panik aus, während ich die Situation bereits unter Kontrolle habe und nichts meine Glücksgefühle darüber trüben kann, in Indien anzukommen.

Der Steuerungstest, den Monaco anfordert, zeigt mir keinerlei Fehlfunktion. Ich weiß genau, dass nichts kaputt ist, aber die Kommunikation funktioniert nicht mehr. Jeder ist gefangen in seinen eigenen Ansichten, alle irren sich, ohne es zu wissen, und die ganze Verwirrung ist meine Schuld.

Ich hätte einfach den Mund halten sollen. Niemand hätte etwas bemerkt, abgesehen von einem leichten Anflug von Konzentrationsverlust meinerseits. In diesem Geisteszustand beende ich meinen Flug.

André

Einige Fluginstrumente reagieren verzögert auf die Flugmanöver des Piloten. Wenn sich die Achse des Flugzeugs nach links oder nach rechts neigt, wird dies vom Richtungsinstrument zeitlich versetzt angezeigt. Dies kann mit der Zeit zu beeindruckend großen Bewegungsamplituden führen. Und in der Dunkelheit der Nacht, in der einzig der künstliche Horizont einen Eckpfeiler zur Orientierung bietet, schwant mir, dass genau das gerade passiert. Diese Pilotenfehler sind symptomatisch für einen Mangel an Erfahrung. Ganz besonders in einem

Flugzeug, das so schwer zu lenken und in seiner Funktionsweise so einzigartig ist wie Solar Impulse.

Bertrand

Nachdem sich alle beruhigt haben, bekomme ich endlich Landeerlaubnis. Der Moment ist gekommen. Einige Flugzeuge warten wegen mir seit einer Stunde, zwei Linienflüge mussten sogar nach Delhi umgeleitet werden. Dieser Ausrutscher ist mir wirklich unangenehm. Für den Moment lege ich einen perfekten Sinkflug hin, wenigstens etwas, und auch die Landung gelingt mir exzellent. Das Team applaudiert trotz allem.

Als ich auf André stoße, wundere ich mich über das Level seiner Besorgnis. Für mich ist der Vorfall abgeschlossen.

Am Boden stellt sich die Situation kompliziert dar. Die Presse ist an die hundert Meter vom Flugzeug entfernt hinter Barrieren abgeschnitten und sieht nichts. Jon und seine Kameramänner von Solar Impulse TV haben keinen Zugang zur Landebahn. Ein einziger Lokalreporter ist akkreditiert. Jon schwatzt ihm einfach einen Stecksender auf und überzeugt ihn davon, dass unsere Kamera ohnehin bessere Bilder machen wird. Jon sei Dank! Durch seine List können wir die Bilder live auf Solar Impulse TV in der ganzen Welt ausstrahlen, ohne dass sich der indische Reporter dessen überhaupt bewusst ist.

Die Würdenträger warten mit André am Fuße des Flugzeugs. Wir werden mit Blumen überhäuft und bekommen seidene Gewänder. Dies wird meine einzige positive Erinnerung an Ahmedabad bleiben.

11

Die düstere Seite des Abenteuers

André

Die indische Verwaltung ist außergewöhnlich komplex, und wir haben den Fehler gemacht, uns wie Schweizer zu verhalten, indem wir sämtliche Autorisierungen beantragt haben. Sobald man sie einmal beantragt hat, ist es unmöglich, sie zu erhalten, da man nicht weiß, an welches Büro man sich wenden muss. Anschließend können wir nicht mehr so tun, als wüssten wir von nichts. Wir hätten einfach unser Multimediateam auf die Startbahn schicken sollen und alle hätten gedacht, dass wir die Erlaubnis haben. Bei vollendeten Tatsachen hätte wohl niemand nachgeprüft.

Als Bertrand landet, lasse ich ihn wissen, was für Sorgen wir uns seinetwegen gemacht haben. Sofort schneidet er mir das Wort ab. Aus seiner Sicht hat das Kontrollzentrum überreagiert. Keine besonderen Vorkommnisse, da gibt es nichts zu diskutieren. Ich bleibe bass erstaunt zurück. Ein unangenehmes Gefühl ergreift von mir Besitz. Man kann diese Frage nicht einfach mit einer Handbewegung abtun. Das gesamte Team hat eine Zeit lang darüber nachgedacht, ihn per Fallschirm abspringen zu lassen, dem Flugzeug beim Absturz zuzusehen, und das wäre es dann mit der Weltumrundung und zwölf Jahren Arbeit gewesen. Bertrand scheint zu denken, dass er lieber nichts von den angeblichen Turbulenzen hätte sagen sollen. Ganz im Gegenteil, man sollte nichts verheimlichen.

Diese paar Sekunden hätten ausreichen können, eine technische Sorge in ein potenziell unlösbares Problem zu verwandeln. Wir waren alle im absoluten Notfallmodus. Unnötigerweise!

Grundsätzlich bin ich Entdecker, nicht Flugzeugpilot. Ich musste lernen, wie man Flugzeuge fliegt, um an mein Ziel zu gelangen, doch für mich ist dies nur ein Mittel zum Zweck. Ich bin kein Mensch, der streng nach Protokoll funktioniert, das wird jeder merken.

Mein Fehler weckt sämtliches Misstrauen der Jetpiloten gegenüber dem Heißluftballonflieger. Ich fühle mich wie der Sündenbock. Peter Frei, in seiner Funktion als Chef des SRB, empfiehlt, dass André den ersten Teil der Pazifiks fliegt. Er ist ganz offensichtlich sauer darüber, dass wir ihn nicht in die Entscheidung über die Streckenaufteilung in Abu Dhabi mit einbezogen haben. Heute habe ich den Eindruck, dass er sich von vornherein entschieden hatte, unserer Aufteilung zu widersprechen, und nun ein exzellentes Schlüsselargument in der Tasche hat:

»Das wird der erste sehr lange Flug: mindestens fünf Tage und fünf Nächte, Müdigkeit plus das Fehlen visueller Referenzpunkte. Was ihr braucht, ist ein Pilot mit sehr viel Erfahrung im Flug nach Instrumenten. Dem Projekt zuliebe muss alles darangesetzt werden, dass der Flug gelingt.«

Mein Anfängerstatus haftet mir noch immer an. Ich weiß nicht, was ich antworten soll. Ich brauche in jedem Fall Zeit, um die Neuigkeit zu verdauen. Für den Moment untersage ich es Peter, seine Empfehlung schriftlich aufzusetzen, doch er sieht sich dazu gezwungen, dies zu übergehen. Präsident von Solar Impulse und wenig erfahrener Pilot zu sein ist keine gute Mischung, und so tun sich ständig Schwachstellen auf, die andere ausnutzen.

All das geht natürlich auch André etwas an, der die Eleganz besitzt, mir zu sagen, dass er sich aus dieser Diskussion gerne raushalten möchte.

»Das Einzige, worum ich dich bitte, ist, mir rechtzeitig zu sagen, ob ich den Pazifik fliege, damit ich mich ausreichend vorbereiten kann.«

Ich muss bis dahin noch zwei Etappen machen, und wir kommen überein, in China weiterzureden.

Einige Mitglieder des MCC rufen mich an, um sich von der Empfehlung des SRB zu distanzieren. Ich schreibe hier »Empfehlung«, doch diese Empfehlung ist gleichbedeutend mit einer Entscheidung. Immerhin ist dies der »Rat der Weisen«, die Stimme der Experten, der Lehrer, Astronauten und Kampfflieger.

André

Die Frage sorgt für nicht wenige Turbulenzen im Team. Und so wird auch das Gleichgewicht unserer Beziehung auf die Probe gestellt. Der Gedanke an eine brüderliche Rivalität zwischen zwei Piloten, die bei ihrem luftigen Wettstreit ein ums andere Mal die Rekorde des anderen brechen, hat dem Ganzen einen herrlich romanesken Anstrich gegeben. Ein schöner Traum, an den wir beide glauben wollten, als die Weltumrundung losging. Doch die letzte Episode hat gezeigt, wie utopisch diese Vorstellung war. Der Traum ist für die Zuschauer, die Bertrand mit seiner Vision ins Staunen versetzt. Nicht für uns. Selbst die Kommunikation innerhalb einer brüderlichen Rivalität würde uns zu weit weg von der Realität führen und sich als gefährlich herausstellen.

Die Diskussionen fangen an. Claude Nicollier ruft mich an, um zu sagen, dass das MCC und das SRB beschlossen haben, dass Bertrand nicht den Pazifik machen wird. Raymond muss die Nachricht verkünden. Das Problem ist nun da, aber noch nicht gelöst. Die zwei bis drei folgenden Tage sind sehr hart für Bertrand.

André hat keinerlei Grund, sich gegen diese Entscheidung zu wehren, die ihn seinem persönlichen Traum ein Stückchen näher bringt. Was mich angeht, sehe ich, wie sich mein Traum vor meinen Augen auflöst wie die Spiegelung einer bebenden Wasseroberfläche. Ich weiß genau, dass die Würfel gefallen sind, aber ich bin noch nicht bereit, es mir einzugestehen. Mein erster Reflex besteht darin, mich festzubeißen, denn in diesem Projekt habe ich nichts erreicht, ohne dafür zu kämpfen.

Ich fühle mich sehr alleine, und ich versuche meine schlechte Stimmung zwischenzeitlich zu vergessen, indem ich mich auf das Glück der Inder vor unserem Flugzeug konzentriere.

Eine öffentliche Besichtigung von zwei Stunden wurde von den Autoritäten der Stadt erlaubt. Um acht Uhr morgens stehen bereits mehr als zwanzigtausend Menschen hinter den Gittern, ganze Familien. Ich drehe mich zu Alexandra Grand, die für die Veranstaltung verantwortlich ist:

»Mir sind die Konsequenzen völlig egal, aber kein einziger Besucher, der sich darauf freut, Si2 zu sehen, wird heute abgewiesen.«

»Ich habe genau das Gleiche gedacht, habe mich aber nicht getraut, es dir zu sagen.«

Interessant, wie man plötzlich jemanden richtig kennenlernt, mit dem man seit ein paar Monaten Seite an Seite arbeitet. Diese geteilten, bedingungslosen menschlichen Werte führen zu einer sofortigen Freundschaft.

Die Auswirkungen unseres Besuchs sind enorm. Ein Minister verkündet sogar in einer großen nationalen Zeitung, dass der Anblick dieses Solarflugzeugs ihn dazu inspiriert hat, ein Programm für Solarzüge ins Leben zu rufen. Unsere Message zieht in aller Ruhe ihre Kreise.

Nur die Immigrationsbehörde teilt die lokale Euphorie nicht. Am Abend meiner Ankunft war ein Beamter vor Ort, um meinen Pass abzustempeln, und der Sicherheitsdienst hat mich trotz seiner Schikanen aus Versehen mitten in der Nacht illegalerweise in mein Hotel fahren lassen. Ich bin nun ein Papierloser in Indien, ein Illegaler, der allerdings von der Weltpresse interviewt wird. Jeden Tag warte ich darauf, das »Sesam öffne dich« erteilt zu bekommen, doch ohne Erfolg, trotz meines gültigen Visums. In der größten Demokratie der Welt ist ein Fall wie meiner nicht vorgesehen, und niemand traut sich, eine Entscheidung zu fällen. Faxe werden von Ahmedabad nach Neu-Delhi und wieder zurück geschickt, man erklärt mir, am nächsten Tag werde alles geregelt sein, doch es kommt nie dazu. Mein Mitarbeiter Alain Pirlot verbringt Stunden in einem Flughafenbüro, mit meinem flehentlich bittend gezückten Pass. Ohne Ergebnis.

André

Ahmedabad ist die Hauptstadt von Gujarat, der Region, in der Gandhi geboren wurde. Während unseres Aufenthalts sehe ich mir das ihm gewidmete Museum in einem Haus an, in dem er einen Teil seines Lebens verbracht hat. Das Zimmer, den Schreibtisch, die Alltäglichkeit dieses großen Mannes zu entdecken, bringt mich dazu, über seine tiefen Motivationen nachzudenken. Ich entdecke an einer der Wände eine Inschrift: »Wenn ich mich im Dienste für die Allgemeinheit völlig verliere, dann rührt der Grund dafür an meinem Wunsch, mich selbst zu verwirklichen.«

Eine Persönlichkeit wie Gandhi, der die Geschichte seines Landes neu geschrieben hat, der die Leben von hundert Millionen Individuen beeinflusst hat, lässt notwendigerweise an die Vorstellung von Schicksal und Intention denken. Tut man Dinge für die anderen? Für sich? Er beantwortet diese Frage, indem er sehr klar ausdrückt, dass die Hingabe an sein Volk in Wirklichkeit der Wunsch nach persönlicher Erfüllung war. Ich bewundere diese Ehrlichkeit und erkenne mich – in viel geringerem Maße – in dieser Einstellung wieder. Sie bestätigt meine frühere Intuition, dass die Hingabe ans Allgemeinwohl nur wirksam und wahrhaftig ist, wenn man sich eingesteht, dass man sie in Bezug auf das eigene Selbst ausführt. Die dreizehn Jahre, die ich mit Körper und Seele in Solar Impulse investiert habe, waren zunächst einmal davon motiviert, was das Projekt mir persönlich bringen würde. Ich habe daran nie gezweifelt und war glücklich über den humanistischen Ansatz unseres Abenteuers, doch ich war überzeugt, in erster Linie ein Ziel persönlicher Entwicklung zu verfolgen. Ein Projekt, das einem eine Möglichkeit zur Selbstverwirklichung bietet, wird jeden Menschen auf andere Art involvieren. Das Durchhaltevermögen und das Energielevel hängen davon ab. Gandhis bemerkenswerter Verzicht war für ihn genau das Gegenteil.

Bertrand

Wir verbringen also eine Woche damit, auf das passende Wetter zum Weiterflug zu warten und auf einen Stempel, der uns zur Ausreise ermächtigt. Die Techniker nutzen die Zeit, das Flugzeug zu überprüfen, und beenden damit beinahe die Weltumrundung. Die acht Module, die die elektrische Ladung zwischen den Motoren und den Batterien ausgleichen, werden demontiert und sorgfältig auf einem Tisch aufgereiht. Wie durch ein Wunder legt jemand sieben von ihnen an einem anderen Ort ab, bevor eine Windböe das Zelt durchschüttelt und ein Klimagerät auf den Tisch fällt. Nur eines der Module wird zerstört und sofort durch das einzige Ersatzteil ausgetauscht, das aus einem der Container hervorgezaubert wird. Es hätte mehrere Monate gedauert, weitere Module zu bauen, zu testen und zu installieren. Das war knapp. In diesem gesamten Abenteuer mischen sich Widrigkeiten und unvorstellbare Wunder, die uns zwischen Sorge und Erleichterung hin und her pendeln lassen.

Am 18. März sitzt André im Cockpit, bereit für den Flug nach Varanasi, dem früheren Benares. Es ist Nacht, und die Presse ist am Treffpunkt. Der Zoll ebenfalls, und er verbietet den Abflug aus obskuren Gründen. Vielleicht glauben sie, dass »der Illegale« fliegen wird. Nach zwei Stunden wird André endlich gehen gelassen und erhält die Starterlaubnis am bereits hereingebrochenen Morgen. Es hätte nicht viel gebraucht, und das Flugzeug hätte wieder ins Zelt geschoben werden müssen, da Turbulenzen entstanden wären. Ich gehe zur Immigration und sehe noch Si2 in der Ferne. Nein, Ahmedabad wird nicht zu meiner Lieblingsstation werden.

André

Ich bin bereit für meinen Flug nach Varanasi. Ich trainiere den täglichen Zyklus, an den ich mich auch über den Ozeanen halten werde: Yoga, Meditation, Essen, auf meinen Körper achten, meinen Geist, das Mentale. Ich vollführe in der Luft, was ich Tag für Tag minutiös im Simulator geübt habe. Alles läuft perfekt. Ein wundervoller Tag auf Hunderten Kilometern. Was für eine Freude! Indien bietet sich mir in all seiner Pracht dar. Ich höre ein wenig Vivaldi und Mozart, um diese herrliche Aussicht zu begleiten. Ein paar Interviews mit Journalisten holen mich in das zurück, was auf der Erde passiert. Es folgen einige Gespräche mit unseren Partnern. Wenn die Höhe die Sauerstoffmaske notwendig macht, reduziert sich meine Mobilität erheblich. Ich versuche also, mir Notizen zu machen und mich dahin gehend zu organisieren, dass ich meinen Flug ohne Schwierigkeit fortsetzen kann, falls die Kommunikation zum MCC einmal abbricht, und exakt zu wissen, wo ich hin muss, zu welcher Zeit ich steigen oder sinken muss, um die Energiespeicherung zu optimieren. Fünf Tage und fünf Nächte. Was für eine Ruhe. Immer wieder träume ich von der Einsamkeit über dem Pazifik.

Ich bin schon immer allein geflogen: im Jagdflieger, im Hubschrauber. Meine Erfahrung als Pilot hat sich unter diesen Konditionen entwickelt. Ich bin an diese Verantwortung gewöhnt, daran, Entscheidungen treffen zu müssen. Kampfpilot zu sein erfordert extreme Präzision. Man kann sich nicht nur auf ein Element konzentrieren, sonst kommen die anderen in eine Schieflage. Man muss zuhören, funken, gleichzeitig diverse Instrumente im Blick haben, verschiedene Parameter. Bei Formationsflügen müssen mehrere Maschinen in einem dreidimensionalen Raum kontrolliert werden, den man nicht immer sieht. Man muss das Flugzeug steuern, seine Waffen bedienen, schießen, falls notwendig, und vor allem im Team funktionieren. Doch die Mischung aus der Schönheit der Landschaft, der Freiheit des Fliegens und den Anforderungen an den Piloten – all das gehört zu den Dingen, die ich auf der Welt am meisten liebe. Der Flugzeugtyp ist dabei nicht so wichtig. Solar Impulse fliegt langsam, doch seine Bedienung ist weitaus komplexer. Je kraftvoller das Flugzeug ist, desto mehr wird es seine Umgebung kontrollieren. Mit einem Jagdflieger – solide, schnell, leistungsstark – kann man machen, was man will. Die Natur hat keinen Einfluss auf die Maschine. Bei diesem riesigen und dennoch extrem leichten Solarflugzeug ist genau das Gegenteil der Fall: Es wird vom geringsten Luftstoß beeinflusst. Seine auf Sensibilität und Leichtigkeit ausgerichtete Bauweise kann unmöglich gegen die Natur ankommen. Die einzige Strategie besteht darin, eine Verbindung mit ihr einzugehen. Dieses Bewusstsein muss ich systematisch in meine Flugweise integrieren. Fliegen bedeutet, in den Wolken zu tanzen, sie zu berühren und zu streicheln, sich dem anzunähern, was Vögel wohl erleben. Die Schönheit der Natur ist überwältigend, doch in der Stille des Himmels, ohne Wind, lässt diese Intensität Raum für Ruhe. Oder aber die Natur offenbart ihre Gewalt durch Turbulenzen oder bedrohliche Gewitter, die uns in tiefen Respekt und Demut stürzen. Die rötlichen Sonnenaufgänge, die Sonnenuntergänge, die den Horizont entflammen, das zum Greifen nahe Himmelszelt voller Sterne werden zu unvergleichlichen Quellen der Kontemplation.

Ich überfliege den Ganges bei Sonnenuntergang. Auf der anderen Seite befindet sich Varanasi, das spirituelle Zentrum Indiens, einer der heiligsten Orte des Hinduismus. Eine wichtige Stadt in meinem Leben. Als Etappe der Weltumrundung fiebere ich ihr unter anderem aus diesen Gründen entgegen.

Bertrand

Da ich nun immer weniger beachtet werde, versuche ich ein wenig naiv, heimlich mit dem Begleitflugzeug aufzubrechen. Nach zwei erfolgreich passierten Kontrollpunkten höre ich jedoch meinen Namen durch die Lautsprecher klingen und werde zurück zur Einwanderungsbehörde geschleppt. Wieder verbringe ich fünf Stunden in dem Büro, um auf eine Erlaubnis aus Neu-Delhi zu warten, die nie kommen wird. Die Abfahrt verzögert sich dementsprechend. Ich spüre den Moment herannahen, an dem ich aufgeben und das Team ohne mich ziehen lassen werde, damit sie pünktlich zu Andrés Landung vor Ort sein können.

Vincent und Bruno lagen mir Stunden mit dem Vorschlag in den Ohren, eine Aktion in den sozialen Netzwerken zu starten. Ich zögerte, doch diesmal habe ich nichts zu verlieren. Twitter und Facebook nehmen langsam Fahrt auf, gestärkt von der Online-Presse. Die indischen Behörden werden gezwungen, am nächsten Tag eine Presseerklärung herauszugeben, auch wenn es nichts Neues zu erklären gibt!

Das Ganze hat offenbar geholfen, denn ein Offizier kommt mit breitem Grinsen auf mich zu und gratuliert mir zu diesem historischen Abenteuer, an dem sein Land und er selbst stolz teilnehmen … Er möchte ein Foto mit mir machen. Als er mein ganz und gar nicht amüsiertes Gesicht sieht, fügt er hinzu: »Keine Sorge, wir werden eine Lösung finden.«

Ich versuche es mit Humor und gebe zurück: »Das hoffe ich, sonst schneide ich auf allen Fotos eine Grimasse!«

Die Atmosphäre wird freundschaftlich. Der Offizier macht in schönster Schrift folgenden Eintrag in meinen Pass:

Bestätigung: Hiermit bestätigt die Luftraumkontrolle des Flughafens Ahmedabad, dass der Passagier Piccard Bertrand Victor Auguste, Inhaber von Pass Nr. X4663763, am 10. März 2015 mit dem Flug HB-SIB Solar Impulse am Flughafen von Ahmedabad angekommen ist.«

So hilft sich also die Behörde. Eine Bestätigung statt einer Bescheinigung. Das hätte wohl noch eine Woche gedauert!

Im Austausch muss ich einen Entschuldigungsbrief unterschreiben, in dem ich eingestehe, dass ich durch die Immigrationsbehörde hätte kommen müssen und dies nicht noch einmal umgehen werde. Dass die Behörde ihren Job nicht gemacht hat, darf ich nicht präzisieren. Doch in solchen Momenten würde man wohl alles unterschreiben.

Ich stoße zum Rest des Teams, das gerade aufbricht. Ein Hoch auf Seite zwanzig meines Reisepasses.

André

Der Aufenthalt dauert nur eine Nacht, wie in Oman. Bertrand fliegt früh am nächsten Morgen los, sodass wir uns noch nicht einmal begegnen. Auf den Gesichtern der anwesenden Personen zeigt sich das Erstaunen über dieses überdimensionierte Flugzeug, das in der Nacht landet, ganz langsam, in majestätischer Stille. Ihr Stolz darüber, als Landestation ausgewählt worden zu sein, obwohl die Stadt recht abgeschieden gelegen ist, ist offenkundig. Der Empfang ist gleichzeitig feierlich und anachronistisch. Wie bereits im Oman versetzen mich die wunderbare Gastfreundschaft, die strahlende Menge, die Gewänder, die Haltungen und die Zeremonie in vergangene Zeiten zurück. Mich fasziniert diese Fähigkeit, an uralten Traditionen festzuhalten. Mir wird ein rosa Maharadscha-Turban aufgesetzt, den ich den ganzen Abend aufbehalten werde. Ich weiß nicht, ob es an dieser Farbe liegt, die ich sonst nie trage, oder an diesem genialen Flug heute, gefolgt von der Atmosphäre von *Tausend und einer Nacht*, oder an der Aussicht, zum Sonnenaufgang am Ganges meditieren zu können – ich bade jedenfalls in der Euphorie.

In Varanasi wohnt den Stunden vor Sonnenaufgang am Gangesufer eine besondere Wichtigkeit inne. Hier entsteht die Offenheit für die Meditation. Ich habe in der Nähe des Flusses geschlafen und stehe um vier Uhr morgens auf. Zwei indische

Kontakte haben sich mit den örtlichen Behörden in Verbindung gesetzt, die mir eine Zeremonie am Flussufer zugänglich gemacht haben. Dies war schon seit Langem mein Traum. Die Lage am Fluss, die Architektur und vor allem die Rituale, die diese als heilig geltende Stadt zum Leben erwecken, machen aus Varanasi einen fremden und außergewöhnlichen Ort. Menschen tauchen im Nebel auf, erhellt von den ersten Sonnenstrahlen. Sie tragen ihre Toten. In immer größeren Zahlen kommen sie, bis sich schließlich eine Menge Gläubiger eingefunden hat, um die Leichen am Flussufer zu verbrennen. Nach den Gebeten nähern sie sich den Bahren, bepudern sich ein wenig mit der Asche der Verstorbenen und ergeben sich, um ihrer Trauer Ausdruck zu verleihen, ganz ihrem spirituellen und religiösen Leben. Nie habe ich mich so sehr wie auf einem anderen Planeten gefühlt.

Nachdem ich einige Stunden meditiert habe, gelingt es mir, meinen Gedankenfluss zu verlangsamen, um eine größere Harmonie zwischen Geist und Körper herzustellen. Als sich die Sonne erhebt, ergreift mich, was ich in der Zeremonie höre und sehe. Tänze, Gesänge, Gespräche. Ich erlebe ganz bewusst die Wichtigkeit der Sonne, für unseren Planeten wie auch für unsere Mission.

Bertrand

Um dem SRB eine Freude zu machen, bin ich früh schlafen gegangen. Mitten in der Nacht streife ich durch die völlige Dunkelheit der Vorstadt von Varanasi, die nie zu schlafen scheint. Die Atmosphäre ist unheimlich, düster vor Elend, und der Rauch zahlreicher Feuer zieht zwischen den Bäumen, Tieren und Häusern hindurch. In Lumpen gekleidete Dorfbewohner, die Phantomen gleichen, tauchen im Scheinwerferlicht des ruckelnden Taxis auf und verschwinden wieder. Es bringt mich zum Flughafen. Mir war diese auf Kasten basierende Kultur mit ihrer Isolation und ihren elitären Traditionen nie sehr nahe. Meine humanitären Einsätze für die Vereinten Nationen haben mir gezeigt, wie machtlos selbst schüchterne Versuche des Staates sind, wenn es darum geht, die uralten Regeln zu verändern, nicht einmal zur Linderung des Leids anderer Menschen. Der Respekt für die eigenen Mitmenschen und deren Schmerz verschwindet im Hintergrund und bleiben weit hinter der Wichtigkeit sozialer Konventionen zurück. Ehrlich gesagt kann ich diese Gleichgültigkeit kaum ertragen. Sie tötet ebenso wie die Grausamkeit… Ich respektiere alle Standpunkte, doch teilen muss ich sie nicht. Was für mich an erster Stelle steht, ist das Mitgefühl. Ich ertrage es nicht, dass man es normal findet, Menschen die Konsequenzen ihres Karmas erdulden zu lassen, ohne ihnen zu helfen. Ein schlechtes früheres Leben rechtfertigt nicht, jemanden seinem Schicksal zu überlassen und ihn wie ein Tier am Rand der Straße verenden zu lassen. Ich glaube an emotionale Erfahrungen, die zu Veränderungen führen, an die Psychotherapie ebenso wie an die Reinkarnation, intensive Erfahrungen der Liebe und des Mitgefühls, ein wahrhaftes Teilen von Menschlichkeit, die ein schlechtes Karma eher korrigieren können, als Gleichgültigkeit und Ausschluss. Ich bin froh, nach Burma zu fahren.

Als wir am Flughafen ankommen, finden wir ein abgeschlossenes Gitter vor. Nach einigen Telefonaten kommt Laurent Wülser, alias Lima Whisky, mit dem Schlüssel auf seinem kleinen orangenen Fahrrad dahergestrampelt, das er überallhin mitnimmt. Wo auch immer er ist, ergreift er binnen einer Stunde Besitz von den Örtlichkeiten und weiß sich Zugang selbst zu den bestgesicherten Abschnitten zu verschaffen.

Der Pilot wird in einem Raum im Terminal angezogen, was mich dazu zwingt, mit meinem Schweizer Taschenmesser und sämtlichen Kabeln, die mich mit dem Cockpit verbinden, durch die Sicherheitskontrolle zu gehen. Eine scharfe Sirene ertönt, der Metalldetektor zeigt nur das Offensichtliche an, die Beamten lächeln verschämt. Am schönsten ist der Gang durch die Ausreisebehörde. Das Team hält den Atem an, als der Offizier bei Seite zwanzig meines Reisepasses anlangt. Ohne zu zögern, drückt er den Stempel in den Pass, begleitet von einem großen Hurra, das er niemals verstehen wird.

Um Zeit zu gewinnen, gehe ich allein die Checkliste durch und bin eine Viertelstunde früher als gedacht abflugbereit. Ich gehe einige Punkte noch einmal durch.

Der Start ist leider ein wenig traurig. Das BAZL hat mir den Überflug des Ganges aufgrund einiger bewohnter Gebiete untersagt, die ich eigentlich hätte umfliegen können. Jean Revillard ist kreuzunglücklich, dass er Si2 nicht im Sonnenaufgang über dem Ganges fotografieren kann. Wie weit ist die Wirklichkeit manchmal doch vom Möglichen entfernt. Am Ufer des Flusses wird André derweil in einer traditionellen Zeremonie gesegnet. Die Sonne geht auf, Varanasi erscheint zu meiner Rechten, wie aus der Zeit gefallen, wie vor zweitausend Jahren. Ich stelle mir André vor, mit dem ich per Satellitentelefon verbunden bin. Wir vergessen, dass wir im Internet live geschaltet sind, und ich mache meinem Unmut Luft:

»Ich habe die Schnauze voll davon, dass so viele Träume an der Bürokratie scheitern. Irgendwann wird es keine großen Abenteuer mehr geben, und zwar nicht, weil es an Ideen mangelt, sondern weil es zu viele Regeln gibt.«

Andrés Beschreibung dieses magischen Moments verstärkt meine Verbitterung noch zusätzlich. Wir sind nicht mehr Herren unseres Projektes, und die Zukunft wird noch düsterer werden …

Die drei vergangenen Flüge waren alle auf mittlerer Höhe, und nun muss ich auf neuntausend Meter steigen, um endlich die Sauerstoffversorgung einzusetzen. Ich habe die Ausrüstung noch nicht an und nutze dies aus, um die Toilette einzuweihen. Im ersten Prototyp gab es noch keine, was die Flugdauer einschränkte. Wir hatten nur ein Flaschensystem: Beim Start waren die vollen auf der rechten und die leeren auf der linken Seite, bei der Landung war es umgekehrt. Wir haben unser Bestes gegeben, uns nicht zu vertun! Doch nun gibt es unter dem Sitzkissen einen verschließbaren Plastiksack. Ich kann mich damit brüsten, der erste Mensch gewesen zu sein, der in einem Solarflugzeug auf die Toilette gegangen ist! Glücklicherweise ist dies nicht das Größte, was ich im Leben zustande gebracht habe …

Ich befinde mich nun in einem Jetstream und bin auf dem Weg, den Geschwindigkeitsrekord für Solarflugzeuge zu brechen: 115 Knoten, 210 km/h. Ich rufe Luc per Satellit an: »Ich komme mir vor wie damals im Breitling Orbiter!«

Der Flug führt mich zum nördlichen Golf von Bengalen, auf der Höhe des Meghnadeltas. Der Himmel ist bedeckt und vor mir liegt nicht noch einmal die magische Aussicht, die ich bei meinem zweiten Weltumrundungsversuch im Heißluftballon hatte. Damals war ich in einer Vollmondnacht auf dreihundert Metern Höhe über das Gangesdelta geflogen. Vielleicht das schönste Naturschauspiel, das ich je betrachten durfte. Auf über einhundert Kilometern verzweigte sich der Fluss immer weiter, formte immer mehr zunehmend kleiner werdende Inseln, bis er sich im Ozean verlor, ohne tatsächliche Küsten zu bilden.

Das Begleitflugzeug reißt mich mit einer kleinen Radiobotschaft aus meinen Träumen, als es mich überholt. Ich werde die Grenze zwischen Bangladesch und Myanmar überfliegen. Birma, ich bin zurück! Hier hatte ich mit dem Breitling Orbiter 2 unerwartet landen müssen, nach dem verfehlten zweiten Versuch, doch heute erwartet man mich. Das Satellitensystem übermittelt mir die Willkommensnachricht des birmanesischen Präsidenten, des früheren Generals U Thein Sein, Partisane der Demokratisierung und der Öffnung.

André

Ich reise mit der Iljuschin 76 ab, dem russischen Transportflugzeug, in dem sich unser mobiler Hangar befindet. Unsere Ankunft am Nachmittag in Mandalay sorgt für fantastischen Enthusiasmus. Die Anweisungen kommen von höchster Stelle, unser Projekt wird als wichtig angesehen, und wir werden mit allen Ehren empfangen. Die Behörden heißen uns mit einer beeindruckenden Hingabe willkommen. Alles ist im Voraus geregelt: Ein Teil des Flughafens wird uns zur Verfügung gestellt, wir müssen

‹apsel des Heißluftballons Breitling Orbiter 3 im Smithsonian Museum für Luft- und
ıfahrt in Washington

Die Vors
lung des
Projekts.
Brian Jo
André
Borschb
Bertrand
Piccard,
Jan-And
Manson
Stefan C
sicas (vo
links na
rechts),
Novemb
2003

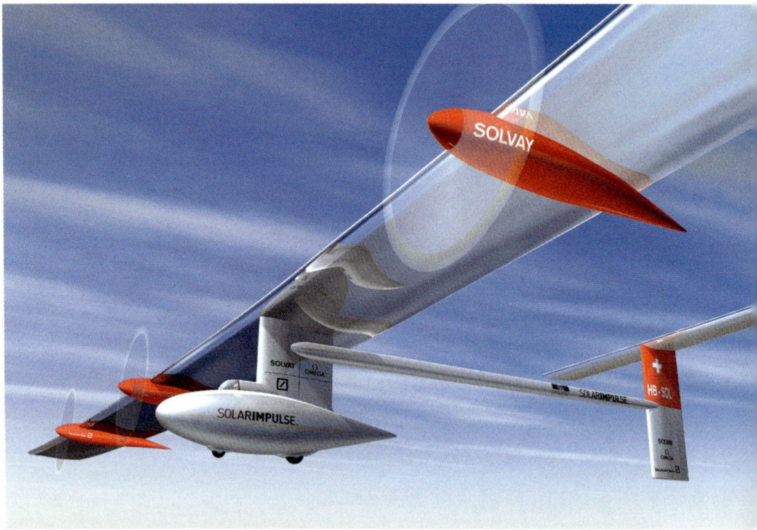

Erster Entwurf auf Basis der Machbarkeitsstudie

Beim Bo
von Sol
Impulse
Dübend

stien Demont, Ralph Paul, Peter Frei, Marcus Basien (von links nach rechts)

rt Fraefel, Luftfahrttechnik und Datensicherung (Dritter von rechts)

Markus Scherdel, Testpilot (Zweiter von rechts)

erste Flug von Solar Impulse 1,
ezember 2009

ert II von Monaco, Pate von Solar Impulse (Mitte)

Der erste Nachtflug mit Sonnenenergie,
7.– 8. Juli 2010

ré im
kpit

Ehrung auf der Pariser Luftfahrtschau, Juni 2011

Flug über das Matterhorn in den Schweizer Alpen,
März 2012

narokkanische Mission,
– Juli 2012

Die amerikanische Mission,
Mai – Juli 2013

Team von Solar Impulse

Mit Grégory Blatt

Start der Weltumrundung in Abu Dhabi,
9. März 2015

Oman,
9. März 2015

Myanmar,
19. März 2015

; Ryser und sein Team

Nagoya – Hawaii: Rekord des längsten Alleinflugs in einem Flugzeug, 29. Juni – 3. Juli 2015

Das Kontrollzentrum in Monaco: Luc Trullemans, Michael Anger, Marcus Basien, Raymond Clerc, Christoph Schlettig (von links nach rechts)

ınd
\ndré
awaii

Bertran
Gesprä
mit Mic

Hawai
San Fr
cisco,
21. – 2
April 2

rand im Gespräch mit Ban Ki-moon, Generalsekretär der Vereinten Nationen

Phoenix,
12. Mai
2016

Mit Daniel
Ramseier

Nachtfl
über de
Freiheits
statue in
New Yo

York,
ınuar 2016

New York – Sevilla: die erste Atlantiküberquerung mit einem Solarflugzeug, 20. – 23. Juni 2016

la – Kairo,
11. Juli 2016

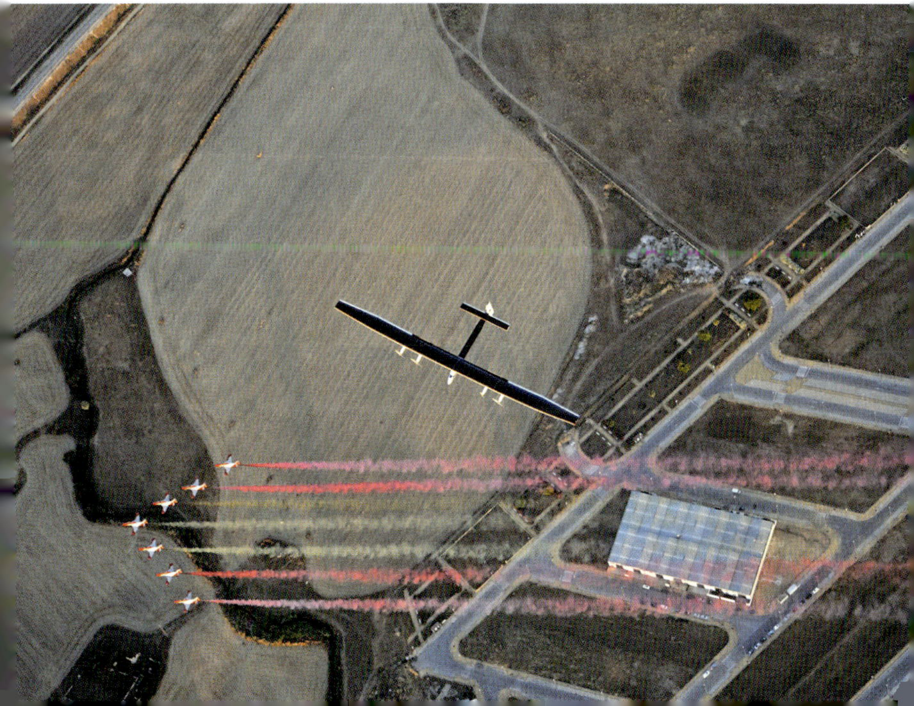

Über den Pyramiden von Giseh bei Kairo

André mit Yasemin

o –
Dhabi,
– 26.
2016

Erfolgreiche Ankunft in Abu Dhabi,
26. Juli 2016

im Kontrollzentrum

Empfang
durch d
Minister
Doris Le
hart, Fü
Albert II
Monaco
den Mir
Sultan A
Jaber

noch nicht einmal durch die Einwanderungsbehörde – Bertrand wird's freuen!

Burma ist ein kompliziertes Land. Es vereint verschiedene Ethnien. Schwer abzuschätzen, welche Regionen tatsächlich unter Kontrolle der Regierung stehen. Nicht mehr als sechzig Prozent, wie wir in Diskussionen vor Ort erfahren. Die anderen Provinzen regeln ihre Sicherheit und ihre Erdschätze selbst, wie beispielsweise die Diamantenförderung.

Bertrand

Die Ankunft in Mandalay erfolgt im Rückwärtsgang. Das wird langsam zur Gewohnheit in diesem Flugzeug, das rückwärts fliegt, sobald der Gegenwind seine eigene Geschwindigkeit übersteigt.

»Das Bodenteam ist noch nicht bereit. Flieg gegen den Wind, um langsamer zu werden. Aber halte deine Flugbahn.«

»Ich fliege perfekt auf den GPS-Koordinaten, die ihr mir gegeben habt.«

»Tut uns leid, die waren falsch.«

»Dann hab ich für's nächste Mal einen gut, wenn ich einen Fehler mache!«

Nach drei Stunden Wartezeit, während die Sonne in einem Nebelmeer versinkt, erreiche ich die Einflugschneise des Flughafens von Mandalay. André kündigt mir per Funk den schönsten Empfang an, den Solar Impulse jemals bekommen hat. Er hat recht. Hunderte Menschen sind auf der Piste, Kinder tanzen, Fanfaren, traditionelle Kostüme und Behördenvertreter, vor denen ich mit dem Flugzeug zum Stehen komme.

André

Bertrands Ankunft erfolgt in außergewöhnlicher Ruhe. Sie schreibt sich für mich in die Reihe mythischer Momente ein, den Morgen in Varanasi, bei der Meditation und der anschließenden Zeremonie am Gangesufer. Zentralasien zu erreichen ist schon ein großer Erfolg für uns. Jedes Land stellt im Hinblick auf Logistik und Organisation eine Herausforderung dar. Ein Wahnsinnsjob. Wir wissen nie, wo oder wann wir ankommen, und der Start liegt noch mehr in den Sternen. Damien ist dabei, seine Wette zu gewinnen.

Das Team weiß, dass Bertrand eine Vorliebe für Myanmar hat. Vor langer Zeit ist er hier mit seinem Ballon gelandet und hat Freunde gefunden. Wir freuen uns also für ihn, dass er diesen Flug machen konnte. Außerdem haben wir uns darauf geeinigt, dass er auch den nächsten Flug von hier nach China machen wird.

Das Cockpit wird geöffnet. Bertrand steigt aus und wird von der Zeremonie umgeben. In diesem Land wird die hitzige Diskussion stattfinden, die den Höhepunkt unserer Beziehung markiert.

Bertrand

Eine offizielle Eskorte bringt uns ins Hotel, vor uns fährt ein Motorrad mit Blaulicht, von nun an unser ständiger Begleiter, egal, wohin wir fahren. Man erklärt uns, unser Status sei der eines Staatschefs. Außerdem kommt Präsident U Thein Sein mit einigen Ministern zur Pressekonferenz am nächsten Tag. Wir haben ihn bereits in der Schweiz getroffen, auf unserer Basis in Payerne, wo er sich selbst von den Implikationen unseres Besuchs hatte überzeugen wollen.

»Ihr Projekt zur Solarenergie hat besondere Wichtigkeit für mein Land, und dies werde ich nach meiner Rückkehr verkünden, damit sich die ganze Bevölkerung auf Ihr Kommen freuen kann.«

Gerade kommt es an verschiedenen Orten zu Studentenunruhen, und einer ihrer Anführer schreibt mir, um mich zu bitten, nicht in seinem Land zu landen: »Unterstützen Sie nicht die Junta, die uns noch immer heimlich beherrscht.«

Das Schweizer Fernsehen will uns einen Strick daraus drehen. Unser Ziel ist nicht, uns in die Innenpolitik der Länder einzumischen, durch die unsere Reise führt, sondern zu zeigen, dass erneuerbare Energien ein Faktor des sozialen Zusammenhalts sein können, des Reichtums und der Entwicklung für alle.

ABB, die mit Pact Myanmar zusammenarbeiten, kündigen darüber hinaus einige Programme an, durch die Dörfer mit Photovoltaik-Technologie ausgestattet werden sollen, die bisher noch keinen Zugang zu Elektrizität haben: Eine dezentralisierte Produktion soll einem zu kostspieligen Versorgungsnetz entgegenwirken. Unser Zwischenstopp hatte einen Nutzen, auch wenn es denjenigen nicht schmeckt, die in ihrer Meinung von Anfang an festgefahren sind.

Im Gegensatz zum letzten Mal entschuldige ich mich beim Debriefing auf der Stelle, das Flugzeug ab und an unpräzise gesteuert zu haben, wenn mich etwas abgelenkt hat. Froh über meine spontane Selbstkritik, gratuliert mir Peter Frei zu meiner guten Leistung. Puh. Ein erfolgreicher Flug, um mal wieder vorwärtszukommen!

André

Statt der anvisierten fünf bis sechs Tage bleiben wir fünfzehn – die Unwägbarkeiten des Wetters. Dieses wundervolle Land, reich an Spiritualität, ist nicht der schlechteste Besichtigungsort, auch wenn es noch nicht recht den Weg zur Demokratie findet. Auf der internationalen Bühne ist sein Status noch nicht vollauf geklärt. Die Sanktionen sind teilweise aufgehoben worden, im Gegenzug wird ein langsamer Übergang von der Militärregierung zu einer zivilen gefordert. Der Präsident, der sehr beliebt ist, trägt einen traditionellen Sarong, doch einige Minister tragen noch Uniform – sie erhalten nicht denselben Applaus von den anwesenden Zuschauern. Die versteinerte Miene des Armeechefs, hart und undurchdringlich, lässt mir einen Schauer über den Rücken laufen. Von ihm darf man wohl kein Lächeln erwarten.

Bertrand

Wir machen zwei Tage Ruhepause, um im Heißluftballon die vielen Tausend Tempel von Bagan zu überfliegen. Auf dem Rückweg nach Mandalay sitze ich mit meiner Tochter Estelle am Fuße des Mount Popa und versuche, um den Pazifik zu trauern. Das Leben macht uns manchmal Geschenke, die in einer unangenehmen, hässlichen Verpackung stecken, und wir halten sie für ein Unglück. Unsere erste Reaktion ist, zu versuchen, sie abzulehnen. Wenn man jedoch akzeptiert, dass man sie öffnen muss, finden sich darin manchmal unerwartete Schätze. Welchen Schatz mag das Ende des Abenteuers für mich bereithalten?

Es ist ein sehr schöner Moment, und ich fühle mich wohl in meinem veränderten Umgang mit den Dingen. Wir sitzen auf einer kleinen Bank unter einem Baum, der sich in den nachmittäglichen Böen wiegt, gegenüber liegt dieser wahnsinnige Berg, auf dessen Spitze ein Kloster thront.

»Estelle, wenn alles gut geht und mir die Atlantiküberquerung gelingt, werden wir uns an diesen Moment erinnern und dem Leben danken, das mich dazu gezwungen hat, das, was ich am meisten wollte, gegen etwas noch Besseres einzutauschen.«

André

In solchen Diskussionen – wenn es etwa darum geht, wer den Pazifik überfliegen darf – ist die beste Strategie, Abstand zu wahren, denn die Dinge passieren immer anders, als man denkt. Warum sollte man sich aufregen? Sich allerdings von Zeit zu Zeit ein wenig aufzuheizen, kann guttun.

Am Morgen komme ich zum Rand des Hotelswimmingpools, in dem Bertrand gerade schwimmt. Ich bin ziemlich angefressen wegen der Präsentation der letzten beiden Flüge auf unserer Internetseite. Wenige Fotos von meinem Flug, dafür umso mehr von Bertrand, vor allem, was diese Geschichte mit seinem Pass angeht. Ich habe immer für meinen Status kämpfen müssen, der sich erst mit der Zeit entwickelt hat, die Anerkennung kam langsam. Und jedes Mal, wenn es wieder um diese Fragen rund um die Publicity geht, strengt mich dies besonders an. Die Diskussion stellt sich als sehr emotional heraus. Sicherlich meine angestaute Frustration, die hochkocht.

Bertrand

André kreuzt völlig außer sich beim Frühstück auf. Er ruft die Kameramänner her, die uns begleiten, um eine Dokumentation zu drehen.

»Filmt das hier, wenn ihr die dunkle Seite dieses Abenteuers sehen wollt!«

Bewusst oder unbewusst gibt André mir die Klatsche zurück, die ich ihm in Marokko gegeben habe. Nach meiner ersten Landung 2012 hatte ich seine Tochter angepflaumt, die keine guten Fotos auf die Homepage gestellt hatte.

»Unser Webteam ist nur dazu da, von dir zu berichten.«

»Wie kannst du behaupten, das sei Absicht?«

Nach den ersten Flügen ist die Homepage abgestürzt, daher fehlten gewisse Teile. André hat dabei an Sichtbarkeit eingebüßt:

»André, ich konnte mich nicht gleichzeitig darum kümmern, Millionen für diese Weltumrundung einzutreiben und eine Homepage zu bekommen, die dem Interesse standhält.«

»Was das Geldeintreiben angeht, bist du der Einzige, der so ein Ergebnis hätte erzielen können. Du sitzt auf der Spitze eines so hohen Berges, dass man die Spitze schon gar nicht mehr sehen kann.«

Dankenswerterweise macht André mir dieses Zugeständnis. Das Dokuteam packt seine Sachen zusammen, da sie die Unterhaltung für beendet halten, und verpasst den Schluss.

Der Streit gibt André die nötige Energie, um das tatsächliche Thema anzuschneiden:

»Das SRB hat sich dem BAZL gegenüber verpflichtet gefühlt, eine schriftliche Erklärung abzugeben, die besagt, dass ich die Etappe China–Hawaii fliegen sollte.«

In diesem Fall brauche ich gar nicht mehr darum zu kämpfen, zu beweisen, dass ich es auch könnte. Ich habe mich eine Woche auf die Kapitulation vorbereitet. Die Ankunft in Amerika von Hawaii aus, der Atlantik und die letzte Etappe sind mir recht.

»Sieh doch mal, Bertrand, die Symbolik ist wunderbar: Der Entdecker hilft dem Piloten, den Pionierflug zwischen China und Hawaii zu bestehen. Du wirst mir ermöglichen, meinen Traum zu leben. Und dann hilft der Pilot dem Entdecker dabei, imstande zu sein, einen Ozean zu überqueren. Jeder wird die Synergie zwischen uns bemerken.«

Unsere Geschichte, die von André und mir, besteht wirklich darin, vom anderen zu lernen, was einem selbst fehlt. Wir benötigen einander, um erfolgreich zu sein.

Der Konflikt hat die nötige Stimmung in der Beziehung erschaffen, die wir seit zwölf Jahren erzeugen. Ich fahre fort:

»Wenn Si2 im Wasser landet, habe ich nie eine ganze Nacht im Cockpit verbracht. Dabei habe ich genau deshalb dieses Projekt ins Leben gerufen. Und wenn jemand abspringen muss, sollte das ich sein. Auch wenn ich genau weiß, dass wir dann eine *self-fulfilling prophecy* erleben würden: Wenn du im Wasser endest, wird man sagen, der Flug sei auch wirklich sehr schwer gewesen; wenn es mir passiert, werde ich für unfähig gehalten …«

»Ich verspreche dir, dass ich unser Flugzeug sicher nach Hawaii bringen werde. Dieser Flug wird mich rundum zufriedenstellen und würde dir später die Atlantiküberquerung New York–Paris einbringen.«

Wir verlassen einander tief bewegt, um ganz frisch Notizen für unser Buch niederzuschreiben. Einzig das Dokuteam hat einen großen Moment verpasst.

André

Obwohl die Entscheidung zu meinen Gunsten ausgefallen ist, genau wie beim Flug über sechsundzwanzig Stunden, bleibt ein bitterer Nachgeschmack zurück. Für mich ist dies kein Sieg. Ich werde stolz darauf sein, diesen Flug zu machen, und denke, dass es die richtige Entscheidung war, doch die Wirklichkeit sorgt für ihr eigenes Maß an Enttäuschung. Zweifelsohne war dies unumgänglich. Doch die Trauer, die ich bei Bertrand spüre, ist auch die meine, da komme ich nicht drumherum.

Bertrand kommt am nächsten Morgen zu mir. Er hat mit Peter gesprochen und ihm gesagt, dass es vernünftiger ist, wenn ich die beiden Pazifiketappen fliege. Er will sich sein Projekt nicht von einem Kampfpiloten klauen lassen, so wie die Ingenieure seinem Vater das seine geklaut haben. Er bittet mich um bedingungslosen Rückhalt. Seine einzige Möglichkeit besteht darin, sich dem SRB anzunähern. Er muss dessen Verantwortung in einer derartigen Situation anerkennen und sich in Selbstkritik üben.

Ich verspreche ihm, dass wir gemeinsam mit Peter sprechen werden, um zu sehen, wie wir vorankommen können. Bertrand hat seit so langer Zeit mein vollstes Vertrauen, dass wir nicht einmal über Sicherheit reden:

»In Sachen SRB musst du den Kopf unten halten. Je mehr du um ihre Hilfe bittest, desto mehr Hilfe wirst du bekommen. Je leichter du zugibst, einen Flug vermasselt zu haben, desto eher werden sie dir sagen, Schwamm drüber. Das Schlimmste für sie wäre, dass du dir deiner Fehler nicht bewusst bist. In deinen Vorträgen sagst du so schlaue Sachen, aber manchmal hast du es selber in konkreten Fällen nicht drauf. *Practice what you preach.*«

Als mein Vater aus seinem Mesoskaphenprojekt geworfen wurde, reagierte er sehr heftig, was alles nur noch schlimmer machte. Mein Fall ist ähnlich. Wenn ich darauf verweise, dass dies mein Projekt ist, werde ich ganz einfach zu hören bekommen, dass das kein Grund ist, das Flugzeug zu zerstören. Ich muss also um jeden Preis eine andere Art finden zu reagieren. Es ist verrückt, wie sich Dinge von Generation zu Generation wiederholen können, wenn man sich nicht weiterentwickelt. In meinem Fall ist es unabdingbar, Kränkungen zu navigieren.

Nachmittags machen wir eine Videokonferenz mit Peter. Er ist offen, schätzt meinen Anruf, ist bereit, mir zu helfen. Ich spreche mit ihm über die Zwickmühle: Wenn ich einen Fehler mache, heißt es, ich sei Anfänger, André dagegen wird bewundert, und alle sagen, der Flug sei wirklich schwierig gewesen. Er versteht sehr gut, dass diese Dynamik mich dazu bringt, meine Fehler eher zu vertuschen, anstatt sie zuzugeben und um Rat zu bitten.

Ich lerne, dass es bei Kampfpiloten ganz normal ist, Manöver zu vermasseln und sich zu blamieren. Das muss ich verinnerlichen. So bekommt man Selbstvertrauen. Wir kommen überein, dass André mich auf Hawaii mit seiner Erfahrung aus den fünf Tagen coachen wird, damit ich übernehmen kann.

Christoph Schlettig hebt auf dem Postweg meine Moral:

Ich denke, dass man einige Piloten finden kann, die in der Lage sind, mit Si2 in fünf Tagen den Pazifik zu überfliegen, doch es gibt nur eine einzige Person mit dem notwendigen Wagemut, diese Idee zu entwickeln, sie zu promoten und eine Finanzierung auf die Beine zu stellen, soll heißen, jahrelang der Pilot eines ganzen Projektes zu sein, nicht nur für ein paar Tage in einem Flugzeug.

Peter gefällt Bertrands Selbstkritik. Das Gespräch war exzellent. Es wird ihm helfen, sein Ziel zu erreichen, von Hawaii an die amerikanische Küste zu fliegen. Nach mehreren Umwegen sind wir nun auf dem richtigen Kurs.

Allerdings ist die Entscheidung für Yasemin schwer zu verdauen. Die Risiken, die die Pazifiküberquerung mit sich bringt, wecken bei ihr schmerzhafte Erinnerungen. Ich spüre, dass ihre Empathie ihr verbietet, mir ihre Sorgen mitzuteilen. So war es auch nach meinem Flug über New York, als ich um ein Haar abspringen und im Atlantik hätte landen müssen.

Und doch weiß ich genau, was sie denkt. Da war der Hubschrauberunfall und vierzehn Jahre zuvor ein anderes Ereignis, das sie sehr mitgenommen hat. Ich machte eine Bergtour auf Skiern mit einem Führer und zwei guten Freunden, als sich nach ein paar Kurven in herrlichstem Pulverschnee plötzlich der Boden löste. Die Erde erzittert. Der gesamte Berg schwankt. Die komplette Schneeschicht, auf der ich skifahre, löst sich wie eine gigantische Welle. Ihre riesenhafte Masse beschleunigt und bricht in lautlosem Getöse, verschlingt alles in sich wie ein gigantisches Maul. Keine Chance zu entkommen. In Sekundenbruchteilen verschwindet die gesamte Landschaft. Nichts existiert mehr außer der frenetischen Bewegung einer Waschmaschine in einer Trommel aus Schnee. Nach Gott weiß wie langer Zeit endet der Sturz, ich höre eine dumpfe Explosion und alles wird schwarz. Wie viele Meter Schnee werden mich bedecken? Ich stecke fest wie in Beton und weiß noch nicht einmal, in was für einer Position ich mich befinde. Gebrochene Gliedmaßen? Keine Ahnung. Ich spüre meinen Körper nicht. Unmöglich, mich zu bewegen. oder auch nur die Augen zu öffnen. Erster Gedanke: Mit meinen Energien haushalten. Das Atmen fällt mir sehr schwer. Das gleiche Gefühl, wie wenn man die Luft anhält: Man hält an und spürt, dass man bald nicht mehr kann. Mein Körper hört unterhalb des Halses auf, befindet sich im Überlebensmodus, konzentriert den Sauerstoff im

Kopf. Ich weiß, dass Leute da sind. Sie werden mich finden. Ich muss geduldig sein. Nach und nach sorgt der Sauerstoffmangel für eine Art Euphorie. Sterben kommt mir plötzlich so einfach vor. Einfach loslassen, aufhören, sich dagegen zu wehren. Ich kann fort, es ist ganz simpel. Warum nicht? Ich habe immer Angst gehabt zu ertrinken, doch hier kann ich das Ende sehen, und es ist süß. Alles würde aufhören. Es wäre ruhig. Das Ganze überrascht mich und macht mir Angst, eine neue Erfahrung. Ich habe einen guten Überlebensinstinkt. Keine Option zu gehen. Man hält durch! Nach etwas mehr als zehn Minuten hastige Hände, schnell, nervös, sie machen mein Gesicht frei. Ein riesiger Atemzug. Die Luft durchflutet meinen Körper, steigt in jeden Teil, belebt meine Sinne wieder. Plötzlich habe ich Kopfschmerzen. Ich stelle fest, dass mein Körper völlig verrenkt ist. Ich höre den Bergführer: »Danke, André, das ist verrückt, du bist am Leben.«

Wie wäre das Ganze wohl ohne die Dehnbarkeit des Yoga ausgegangen? Der Bergführer hat mich dank einer Boje gefunden. Sie haben fünf Meter quer und anderthalb Meter tief gegraben. Aus diesem verrenkten Grab aufzuerstehen, war wie eine Wiedergeburt. Ich empfinde große Dankbarkeit. Glücklicherweise war Yasemin nicht vor Ort. Was für ein Horror es gewesen wäre, dies mit anzusehen. Einen Unfall zu sehen ist viel schlimmer, als ihn zu erleben. Ich treffe sie am Abend und breche überwältigt von den Gefühlen in Tränen aus, heftiger als je zuvor. Seit diesem Vorfall sehe ich das Leben mit anderen Augen. Er war ein Grund dafür, dass ich das Sabbatjahr genommen habe, das mich zu Solar Impulse geführt hat.

Bertrand

Ich muss innerlich die Flughöhe verändern. Den Ballast meiner unerfüllbaren Wünsche über Bord werfen. Die Nase vom Lenkrad heben. Es gibt andere Dinge auf der Welt als diese Etappe China–Hawaii. Ich nehme mir ein wenig Zeit, um gemeinsam mit Estelle den Sonnenuntergang von der Spitze des Mandalay Hill aus zu betrachten. Der Anstieg führt an einer Reihe kleiner Tempel vorbei, wie ein Pilgerpfad. Es fällt mir schwer, den Moment zu genießen. So sehr, dass ich ein schlechtes Gewissen bekomme. Man muss sagen, dass André keine Möglichkeit auslässt, das Ausmaß seinerArbeit zu betonen. Oder ihm fällt nicht auf, was die anderen machen, und seine enorme Leistungsbereitschaft hat zur Folge, dass er immer meint, die anderen würden weniger arbeiten als er selbst.

Ich kaufe einige Antiquitäten, darunter einen Jünger, der in einer flehenden Geste flach auf dem Bauch liegt. Die burmesische Demut. Es ist beinahe arrogant, sich nur für die Buddha-Statuen zu interessieren. Sein Zustand ist für uns Menschen unerreichbar. Doch der betende Jünger stellt dar, was wir alle werden sollten. Sein ruhiger Ausdruck ist ein Beispiel, dem man im alltäglichen Tohuwabohu folgen sollte. Ich liebe diese Momente, die mich an das erinnern, was wirklich zählt.

Nicht weit von hier klammert sich ein Mann an sein Taxischild und wartet verzweifelt neben seinem alten Moped auf Kundschaft. Am Vortag hatte Estelle ihn spät am Abend gesehen, wie er resigniert sein Schild zusammenfaltete, um nach Hause zu gehen – er hatte den ganzen Tag vergeblich gewartet. Sie hat Tränen in der Stimme, als sie mir davon erzählt. Ein Chauffeur der Regierung wartet auf uns mit dem offiziellen Wagen, doch ich kehre auf dem Moped zum Hotel zurück, mit einem alten, dreckigen Bauarbeiterhelm auf dem Kopf. Der Taxifahrer steckt mir hastig eine Telefonnummer zu, damit ich ihn am nächsten Tag rufe. Doch ich muss gar nicht anrufen, denn er steht an derselben Stelle, als ich meine Antiquitäten abhole. Ich lege die Tasche ins Auto und schwinge mich wieder aufs Moped. Heute hat der Taxista frisch gedruckte Visitenkarten... Vielleicht wird er ein Auto fahren, wenn wir uns in ein paar Jahren wiedersehen!

12

Ein Solarflugzeug in China

André

China ist für uns wie für unsere Partner eine der wichtigsten Etappen der Weltumrundung. Von hier aus starten wir zur Überquerung des Pazifiks. Wir werden uns in China längere Zeit aufhalten, vor allem weil wir für unseren Weiterflug auf eine günstigere Wetterlage warten müssen. China ist sich der Herausforderungen auf dem Energiesektor sehr bewusst. Gegen die Umweltverschmutzung sind drastische Maßnahmen nötig, um wieder eine gute Lebensqualität zu erreichen. Im Bereich der Sonnen- und Windenergie ist das Land zwar schon jetzt die Nummer eins, muss aber auch die Entwicklung in der gesamten CleanTech-Branche fördern. Den Chinesen gefällt unser Projekt wegen seines innovativen Konzepts. Darüber hinaus verehrt die chinesische Kultur Helden und Menschen, die über sich hinauswachsen. Bei der Größe dieses Landes müssen wir in zwei Etappen vorgehen, die erste im Westen und die zweite im Osten.

Bertrand

Es ist der 29. März, der Vorabend unseres Abflugs nach Chongqing. Ich war froh, von Mandalay aus zu starten, weil mein Flug dann über die Tempelanlagen der Region ging. Zur großen Freude von Jean Revillard hatte Greg einen Hubschrauber ausfindig gemacht, sodass er Luftbilder machen konnte. Seit der herrlichen Aufnahme von der Großen Moschee in Abu Dhabi vor unserem Abflug gibt es keine interessanten Fotos mehr.

Die Meteorologen sagen für China während der ganzen nächsten Woche schlechtes Wetter voraus. Wir werden wahrscheinlich über Nacht in Chongqing bleiben. Mit diesem Wetterfenster rechnen wir auch für die Strecken Mandalay–Chongqing und Chongqing–Nanjing, um rechtzeitig zu den von unseren Partnern geplanten Werbeaktionen einzutreffen.

Constantin wurde bleich, als er uns eröffnet, dass er den für 2500 Schüler organisierten Besuch absagen muss. Für mich bedeutet das einen um zwei Stunden vorgezogenen Abflug. Die Batterien haben dann bei der Landung in China noch so viel Energie wie möglich gespeichert, sodass André gleich wieder starten kann.

Also keine Aufnahmen mehr von Jean mit dem von Greg mühsam aufgetriebenen Hubschrauber. Ich muss mich auch von meinem Wunsch verabschieden, einen Rundflug um die Tempel der Region zu machen. Wir haben uns ein Ziel gesteckt, und der Weg dahin erfordert viele Opfer. Ich freute mich sehr, vom Flugzeug aus Myanmar in seiner ganzen Pracht wiederzusehen. Schon bei meiner Landung mit dem Ballon Breitling Orbiter 2 war ich davon sehr beeindruckt und stellte mir schon jetzt von Si2 aus den herrlichen Sonnenaufgang vor.

Am 30. März stehe ich um Mitternacht auf. Ich hatte 19 Stunden lang sehr gut geschlafen, nur einmal weckte mich die Empfangsdame irrtümlich mit einem Anruf in meinem Zimmer. Wegen meiner Reaktion hatte sie es offensichtlich nicht mehr gewagt, mich um Mitternacht zu wecken! Zum Glück besaß ich noch zwei Sicherheitswecker.

Mandalay schläft noch, als wir durch die Stadt gehen. Ein Motorradpolizist und Blaulicht vor den Willkommensschildern und Spruchbändern, die Schindler und ABB aufgestellt hatten. Es herrscht eine gedämpfte Atmosphäre. Im Zelt kümmere ich mich mit Daniel um meine Ausrüstung.

Als ich heraustrete, sind der Gouverneur, die Behörden und die Medien anwesend. Der Abschied entspricht dem Empfang, aber wir haben auch neue Freunde gewonnen.

Das Flugzeug ist startbereit. Es ist stockfinster, und mein Abschied von Myanmar geschieht in völliger Dunkelheit.

Ich bringe die vier Motoren auf volle Leistung, starte und tauche in die Nacht ein. Sehr schnell überrascht mich das Leben mit einem seiner unerwarteten Geschenke. Eine erste, dann eine zweite erleuchtete Pagode schimmert durch die Dunkelheit, ein atemberaubender Anblick, unendlich viel schöner als bei Tag. In der Dunkelheit funkeln Dutzende goldener Punkte, lauter Tempel, die im Lichte von Scheinwerfern aufleuchten. Die Enttäuschung fällt von mir ab wie ein selbst gewebter Schleier.

Ich steuere mit GPS die Stelle an, wo Jean mich erwartet, um hinter einer Pagode vielleicht doch noch eine Aufnahme zu machen. Nach drei Passagen sehe ich den Fluss Irrawaddy vor mir wie ein schwarzes Band mit golden glänzenden Punkten an den Ufern. Ich fliege in geringer Höhe nach Norden und überquere so langsam wie möglich Mandalay. Ein riesiges schwarzes Viereck mit einer Seitenlänge von zwei Kilometer liegt rechts unter mir am Rande der Stadt. Das ist der alte Königspalast, überragt vom Mandalay Hill mit seinen Tempeln. Vor meinen Augen steigen Estelle und ich wieder barfuß zwischen den Statuen diesen Berg hoch, um den Sonnenuntergang zu bewundern. Aber der Morgen ist jetzt noch nicht angebrochen, und von mir aus kann der neue Tag warten. Erinnerungen werden wach, schon bin ich ein bisschen nostalgisch. Es ist unglaublich, wie schnell man die schlechten Zeiten vergisst. Ich spüre nur noch meine nackten Füße auf den kalten Marmorfliesen und das Lächeln von Estelle und Michèle bei unseren Ausflügen, die wir unserer knappen Zeit abgerungen hatten. Wir hätten sie länger und häufiger unternehmen sollen. Ich mache mich oft zum Gefangenen meines Projekts, meiner Verpflichtungen und der Verwirklichung meiner Ziele. Im Grunde belastet mich das schrecklich, sehr viel mehr, als man von außen sieht. Es fällt mir schwer, mich davon zu lösen … außer beim Fliegen. Was für mich aber eine Befreiung ist, stellt für das Team eine weitere Verantwortung und zusätzlichen Stress dar – und führt natürlich zu einer gewissen Diskrepanz.

Das Team in Monaco begleitet mich aufmerksam, beobachtet mich, kontrolliert Dutzende über Telemetrie übertragene Messwerte und überprüft jedes Alarmzeichen, jeden Atemzug.

Aber in diesem Augenblick bin ich nicht bei ihnen. Ich bin in jeder Pagode, in jedem Tempel. Ich steige Stufen empor, verneige mich vor den Statuen und beneide ihre Gelassenheit und Weisheit. Ich bin am Mandalay Hill und kann mich nur schwer losreißen.

Die goldenen Dächer verschwinden allmählich und die Dunkelheit nimmt zu. Raymond holt mich aus meinem Schweigen.

»Du wolltest den Blindflug üben. Dafür ist jetzt Gelegenheit.«

Ich gebe meine meditative Haltung auf und wende mich dem Flug nach Instrumenten zu. Dieses Flugzeug ist ohne äußere Anhaltspunkte schwer zu kontrollieren, denn es ist über alle Achsen instabil. Im Unterschied zu einem normalen Luftfahrzeug muss man immer etwas korrigieren, gegen die Massenträgheit ankämpfen, vorausdenken und abblocken.

Doch ich komme gut zurecht, als ich auf den künstlichen Horizont in der Mitte der Instrumententafel schaue. Wird das ausreichen, um meine Dummheit bei Ahmedabad wieder wettzumachen? Vielleicht bis zur nächsten Unachtsamkeit und dann bin ich wieder bloß ein Ballonfahrer.

Der Tag bricht an. Ich muss sofort das Flugzeug in große Höhe bringen, um nicht ins Visier eines Scharfschützen im Norden eines Landes zu geraten, das sich in einem Bürgerkrieg befindet. Durch die Nebelschwaden hindurch glänzen in den Bergen jetzt die vergoldeten Dächer in der Sonne.

Zu einem solchen Zeitpunkt nehme ich gerne das Frühstück ein, das ich schon auf meiner Ballonfahrt dabei hatte: ein knuspriges Müsli mit einem speziellen Milchpulver von Nestlé.

Das Kontrollzentrum in Monaco sagt mir, ich solle schon jetzt meine daunengefütterte Bekleidung anlegen. Es ist aber viel zu heiß, und so möchte ich noch warten.

Zusätzlich zu den Stunden des Schlafes kommen jetzt die Stunden des Ankleidens hinzu. In 3500 Meter Höhe setze ich die Sauerstoffmaske auf und führe den Steigflug fort. Erst auf 7000 Meter gehe ich an die Ausrüstung. Sobald ich mich bewege, ein Interview gebe, mich beim Fotografieren bücke oder die Maske beim Essen und Trinken ablege, ertönt der Sauerstoffalarm und ich muss das Notfallsystem auslösen. Meine Glaubwürdigkeit erhöht sich dadurch nicht! Meine Reaktionen erfolgen schnell und sie stimmen, aber der bedauernswerte Michael McGrath sitzt in Tränen aufgelöst vor seinen Bildschirmen. Er versteht nicht, warum sein System nicht mehr funktioniert. Er weiß, dass in der Schweiz das Bundesamt für Zivilluftfahrt (BAZL) unseren Flug live im Internet verfolgt und alle Einzelheiten analysiert. Eine derartige technische Katastrophe bliebe nicht unbemerkt.

Ich bin auf 9000 Meter Höhe und für mehrere Stunden in der Gefahrenzone. Wer kein für den Himalaja trainierter Alpinist ist und in einem Basislager zwei Monate lang rote Blutkörperchen gebildet hat, dem bleiben ohne Sauerstoff noch zwei Minuten für bewusstes Handeln. Diese Tatsache erklärt die Angst, die ich hinter den Anweisungen des Kontrollzentrums spüre, mich nicht mehr zu bewegen und nicht mehr zu sprechen.

Niemand trifft jedoch die Entscheidung, das zweite Verteilungssystem mit der zweiten Maske einzuschalten. Offensichtlich glaubt man an einen Pilotenfehler, tatsächlich aber handelt es sich um einen technischen Defekt. Der Gedanke einer selbsterfüllenden Prophezeiung stellt sich ein. Letztlich musste sich das Kontrollzentrum heftigere Kritik gefallen lassen als ich, da sich nach der Landung herausstellte, dass ein Ventil meiner Maske nicht richtig eingebaut war. Es verhinderte die Sauerstoffzufuhr, und ich musste immer Luft schlucken, um atmen zu können. Plötzlich kommt es zu einem Totalausfall! Der Sauerstoffzufluss hört ganz auf, alle Alarmanlagen beginnen zu schrillen. Glücklicherweise ruht Michael sich ein wenig aus, so bleibt ihm eine Ohnmacht erspart. Die Sauerstoffsättigung meines Blutes nimmt gefährlich ab, und ich kann gerade noch rechtzeitig über das zweite System die Notatemmaske anlegen. Was für eine Erleichterung! Die reichliche Sauerstoffzufuhr bringt alle Alarmanlagen endgültig zum Schweigen. Das Technikteam wird wohl erst nach meiner Landung den Schlüssel zu diesem Rätsel finden. Wie man sich doch an Prophezeiungen klammern kann …

Inzwischen habe ich die chinesische Grenze überquert.

André

Alle Flugplätze, die wir bisher ansteuerten, waren immer begeistert davon, uns empfangen zu können. Chongqing ist der einzige, der unsere Landung nicht wollte. Wir mussten nach Alternativen suchen und baten Doktor Li, sich anderswo umzuschauen. Die geografischen Verhältnisse führten uns aber ausnahmslos wieder nach Chongqing zurück. Wahrscheinlich übte Peking Druck aus, und so stimmten die örtlichen Behörden – wenn auch widerwillig – einer Landung zu. Unsere Beziehungen waren zwar höflich, aber nie wirklich herzlich und von zahlreichen administrativen Schikanen geprägt. Der Unterschied zu der uneingeschränkten Unterstützung aller anderen Flugplätze war nicht zu übersehen. Nicht immer versteht man die Probleme, die man sich selbst schafft.

Bertrand

Ein experimenteller, von einem privaten Unternehmen hergestellter Prototyp aus der Schweiz durfte mit offizieller Zustimmung im oberen Luftraum des Reichs der Mitte fliegen, selbst in der Nacht! Das hatte es bisher noch nicht gegeben, dabei alles ohne schriftliche Bestätigung. Natürlich haben wir den Behörden die notwendigen Einzelheiten unseres Fluges vollständig zugeschickt, aber nie offiziell grünes Licht bekommen, nur kurz vor dem Abflug eine knappe Mitteilung, die unseren Flugplan billigte. Es braucht schon starke Nerven …

Die Vorarbeit der chinesischen Zivilluftfahrt war außergewöhnlich. Jeder Fluglotse kannte meine Ankunftszeit und sprach ein tadelloses Englisch, unter der Voraussetzung allerdings, die offizielle Sprachregelung einzuhalten. Alle bekamen eine Liste mit meinen geplanten Tätigkeiten an Bord.

Bei Breitling Orbiter 2 fragten mich die Journalisten, warum ich, als China für diese zweite Ballonfahrt den Flug über sein Territorium verbot, den Überflug nicht trotzdem erzwungen habe. Die Antwort lautet 17 Jahre später: Für Solar Impulse hätte es dann keine Erlaubnis gegeben! Kurzfristiges, unüberlegtes Handeln kann langfristig angelegte Pläne vereiteln... Ich musste hart arbeiten, um eine offizielle Erlaubnis zu erhalten, und einen dritten Versuch unternehmen, aber China hatte festgestellt, dass es mir vertrauen konnte.

André

Wir hatten auf dem Gebiet der Technologie und Umwelt mit mehreren staatlichen Organisationen und Gruppen Kontakte hergestellt. Sie zeigten an unserem Projekt unmittelbares Interesse, sodass wir mit einer starken Unterstützung und einer umfassenden Berichterstattung der staatlichen Fernsehstationen rechnen konnten. Hinzu kam eine gute Kommunikation mit jenen Bloggern, die im Web »key opinion leaders« (Meinungsführer) heißen. China ist in der Nutzung des Internets und der sozialen Netzwerke bemerkenswert fortschrittlich. Ich erinnere mich an eine denkwürdige Sitzung in Frage-und-Antwort-Form mit ungefähr zwanzig von diesen Bloggern. Die Zuhörerschaft lag nicht im einstelligen Millionenbereich, sondern betrug Dutzende von Millionen Personen.

Ich spürte bei ihnen ein neu erwachtes Interesse für Technologie, aber auch für Unternehmergeist, Kreativität und Innovation. Man muss alles ins Chinesische übersetzen, da Google, Facebook und Twitter nicht zugelassen sind. Wir mussten weitere Partnerschaften mit Netzwerken wie SINA eingehen, dem nationalen Yahoo. Einige chinesische Blogger haben wir in unser Team aufgenommen. Einer von ihnen veröffentlichte im Internet einen sehr kritischen Artikel über die Art und Weise, wie wir in Chongqing empfangen wurden. Einige Stunden nach dieser Mitteilung stand ein für die Kommunikation der Partei zuständiger Sicherheitsbeamter vor seiner Tür und gab ihm deutlich zu verstehen, dass es in seinem Interesse liege, keine derartigen Kommentare zu verfassen. Eine immer jüngere Bevölkerung interessiert sich für die multimediale Kommunikation. Eine Bloggerin, die uns kontaktierte, war erst 17 Jahre alt. Wenn Bertrand in China landet, befinden wir uns auf vertrautem Boden.

Bertrand

Ich überfliege mit großem Respekt eine Reihe bewaldeter Berge. Dann suche ich eine Landschaft mit einem Fluss und einem besonders sanften Hügel aus und streue behutsam die Asche eines Freundes in den Wind. Er war Akupunkteur und hat mehrere Bücher über traditionelle chinesische Medizin geschrieben. Das Flugzeug des Teams überholte mich, und so konnte ich mit Michèle und André sprechen. Die Absicht, sofort einen Neustart zu machen, geben wir auf, ich werde deshalb zu früh in Chongqing landen.

Die Sonne sinkt. Ich verringere die Motorkraft, um nicht die Batterien zu belasten. Der Sinkflug beginnt zunächst sehr langsam, und ich muss dem Fluglotsen erläutern, dass ich ihn nicht in Stufen durchführen kann.

»HB-SIB, ich möchte einen langsamen Sinkflug beginnen.«

»Welche Höhe wollen Sie?«

»Ich muss einfach nur sehr langsam fliegen.«

»Welche Höhe wollen Sie? 6300 Meter? 5700 Meter? 4500 Meter? 3800 Meter?«

Die ganze Liste also. Ich brauche nur zu wählen. Für einen Fluglotsen bleibt diese Situation unverständlich:

»Können Sie in 25 Minuten auf 3000 Meter Höhe sein?«

»Nein. Ich würde drei Stunden dafür brauchen. Ich habe ein sehr langsames Flugzeug.«

Die Nacht ist stockdunkel, kein Mond, keine Sichtmöglichkeit. Ganz nach dem Geschmack meiner Ausbilder. Ich wende jetzt das an, was ich schließlich gelernt habe: Ich verlasse mich ganz auf die zwei kleinen Dreiecke, die ich auf meinem künstlichen Horizont ausrichten muss, und zwar viel präziser als in einem normalen Flugzeug, das mit einem Neigungswinkel von 25 Grad kreist. Übersteigt hier aber der Neigungswinkel

5 Grad, dann vibrieren beim Piloten jedes Mal durch das Omega-Instrument die Ärmel seines Fluganzugs. Das zeigt, welche Präzision aufrechterhalten werden muss. Ich darf mich jetzt keinesfalls auf den Kurs des Richtungsanzeigers verlassen.

Um früher anzukommen, beschleunige ich die Geschwindigkeit während des Fluges auf 30 Knoten. Jetzt fordert mich das Kontrollzentrum auf, zu drosseln. Der Geschwindigkeitsbereich ist nicht sehr groß: innerhalb einer Stufe maximal 35 Knoten, minimal 25. Die Geschwindigkeit zu drosseln gelingt mir nur dann, wenn ich eine Position gegen den Wind einnehme, der mich dann zum Zielort treibt. Da die Windstärke größer ist als meine eigene Geschwindigkeit, fällt meine Geschwindigkeit – bezogen auf den Erdboden – sofort von 100 auf 20 Knoten, aber ich fliege rückwärts! Die Nase des Flugzeugs zeigt nach Westen, wo ich herkomme, aber ich drehe nach Osten ab, auf Chongqing zu. Der Fluglotse sieht sofort auf seinem Radar die Änderung meiner Geschwindigkeit:

»HB-SIB, hier die Kontrolle von Chongqing, geben Sie Ihre Geschwindigkeit durch.«

»20 Knoten, aber rückwärts.«

»Brauchen Sie Hilfe?«

Wie soll ich jemandem erklären, dass ich rückwärts fliege, wenn diese Person schon nicht versteht, dass ich den Sinkflug unmöglich in Stufen durchführen kann? Davon einmal abgesehen – wenn alle Flugzeuge so wie Solar Impulse den kontinuierlichen Sinkflug übernehmen würden, anstatt mit ausgefahrenen Landeklappen und voller Triebwerksleistung den Sinkflug in Stufen zu trainieren, dann läge eine jährliche Ersparnis von Millionen Tonnen an Kerosin vor.

Ich fliege rückwärts durch eine pechschwarze Nacht, sitze in einem winzigen Cockpit eines Flugzeugs mit riesigen Seitenflügeln und schaue hochkonzentriert auf die Instrumente. Wenn man einmal verstanden hat, dass man den Steuerknüppel nach links bewegen muss, um nach rechts zu drehen und umgekehrt, dann wird das ein nettes Spiel. Würde ich hier so fliegen wie in Ahmedabad, dann wäre das kein schöner Anblick auf den Radarschirmen gewesen …

Ich setze meinen Blindflug konstant fort und wundere mich, überhaupt kein Licht am Boden zu sehen, wo ich doch in der mit mehr als 35 Millionen Einwohnern bevölkerungsstärksten Stadt der Welt lande. Nicht einmal Halos oder Lichtglocken im Nebel. Das GPS zeigt mir den Flugplatz auf der rechten Seite an. Ich weiß, dass die Stadt auf der anderen Seite liegen muss. Ich befinde mich plötzlich direkt vor ihr, doch es ist fast Mitternacht und nahezu alle Lichtquellen sind ausgeschaltet. Man könnte meinen, eine gigantische Geisterstadt liege vor einem. Auf so viel Energieeinsparung in China war ich nicht gefasst, aber wie man sieht …

Luc und Wim hatten mir einen turbulenten Landeanflug signalisiert mit Windgradienten zwischen den Windrichtungen, die auf den letzten 500 Metern um 180 Grad drehten, und mit einem kleinen Jetstream in niedriger Höhe, der meine Fluggeschwindigkeit um das Anderthalbfache übertraf. Von Turbulenzen hatte ich nun wirklich genug. Der Steuerknüppel war zwar wiederholt bis zum Anschlag durchgedrückt, aber mein merkwürdiges Vergnügen dabei zeigte, dass ich dazu fähig war.

Ich beende den Anflug zunächst seitwärts wie eine Krabbe, die Nase des Flugzeugs liegt ziemlich rechts neben der Piste, bis ich dann auf den letzten Metern in dem Maße, wie der Seitenwind nachlässt, auf der Piste aufsetzen kann.

Die Landung ist gelungen, und ich stehe vor dem Zelt, das für Si2 aufgestellt wurde. Das folgende Verfahren war schon lange vorbereitet worden. Die Tür wird nur einmal im Zelt geöffnet, um zu kontrollieren, ob meine Dose mit Mückenspray auch wirklich leer ist und ein Gesundheitszertifikat vorliegt, die ihren Gebrauch bestätigt. Angesichts der vielen Mücken in Chongqing haben wohl auch andere Flugzeuge bei ihrer Ankunft vergessen, ihr Insektizid zu verwenden … Oder sie verhielten sich wie ich. Mein Technikteam verbot mir ausdrücklich das Versprühen des Sprays aus Angst, die Bordinstrumente könnten sich kurzschließen.

Dann stempelt die Einwanderungsbehörde meinen Pass. Adieu, Ahmedabad. Nun ist der Zoll an der Reihe. Ich sitze immer noch im Cockpit, dessen ich nie überdrüssig werde, selbst nach einem Flug von 20 Stunden nicht.

»Vorschriftshalber muss ich Sie fragen, ob Sie Passagiere oder Güter transportieren, aber die Antwort kann ich mir vorstellen.«

Der Beamte verbirgt nur schlecht ein amüsiertes Lächeln. Ja, in einer solchen euphorischen Atmosphäre wie hier kann auch ein Beamter lächeln.

Die Nächsten in der Reihe sind der Generalsekretär der Provinz und der Botschafter der Schweiz, Jean-Jacques de Dardel, der nun den Erfolg seiner uneingeschränkten Unterstützung für uns ernten kann.

China hat ganz offensichtlich auf uns gewartet, und die Anordnung, uns zu empfangen, kam von oben. Es lohnte sich also, mit Fürst Albert nach Peking zu reisen. Die Medien sind voller Begeisterung und begrüßen uns als Helden.

Dann schnappt die Falle von Chongqing zu. Ein sofortiger Weiterflug ist unmöglich, auch die Wetterlage hält uns lange in der Stadt fest.

André

Theoretisch bleibt uns nicht ganz ein Monat vor der Etappe über den Pazifik. Seit Jahresbeginn ist das Flugzeug technisch weiterentwickelt worden. Ich habe einige Zeit mit den Ingenieuren verbracht, um die Funktionsweise jedes einzelnen Systems und ihr Zusammenwirken zu verstehen sowie die Folgen aller möglichen Probleme. Ich muss allein zurechtkommen, selbst bei einer Kettenreaktion von Pannen. Ein Flugzeug ist kein Ballon, es muss ständig gesteuert werden. Die Herausforderung besteht darin, rund um die Uhr am Steuerknüppel der Maschine zu bleiben, vor allem dann, wenn der Autopilot ausfällt. In dem Moment kann man das Steuer nicht mehr loslassen, um während des Fluges nach dem Material zu schauen. Ich habe mir dann erneut die Ausrüstung angesehen. Das Ziel war, alles mit geschlossenen Augen zu finden, sei es bei Tag oder Nacht, in Ruhe oder im Stress. Wir mussten eine gewaltige Anzahl von Dingen mitnehmen. Allein die Apotheke zählt über 100 Medikamente. In den fünf Tagen kann ich irgendeine verdammte Krankheit bekommen und muss in der Lage sein, sie zu behandeln. Habe ich vierundzwanzig Stunden nach dem Start eine Harnwegsinfektion, dann kann ich nicht mehr umdrehen, und die vier, fünf oder sechs folgenden Tage muss ich mit den Medikamenten an Bord durchhalten. Jede mögliche Krankheit wird in Betracht gezogen und dazu eine Medikation festgelegt. Über eine Satellitenverbindung steht uns Dr. Jean-Pierre Boss, Arzt der Hirslanden-Klinikgruppe, beratend zur Seite.

Bertrand

Die präzise Steuerung eines Flugzeugs ist ein Schwachpunkt von mir. Der Aufenthalt an Bord dagegen beeindruckt mich nicht. Ich habe schon 35 Tage in kleinen, zwischen Himmel und Erde aufgehängten Gondeln gelebt. Fünf Wochen im Ballon, wie auch der gleichnamige Roman von Jules Verne heißt. Es bedarf keiner Vorbereitung durch eine sich Tage hinziehende Visualisierung, auch keiner Einführung in das Cockpit. Wir stellen fest, dass in jeder Situation unsere DNA zum Vorschein kommt. André ist der Pilot, ich bin der Forscher, und jeder versucht, sich mit der Welt des anderen vertraut zu machen.

Wir müssen drei Wochen warten, bis wir Chongqing verlassen können. Drei Wochen Zeit, um zu versuchen, dem traditionellen Gericht *hot pot* aus dem Weg zu gehen, einer Art Fondue mit heißem Wasser und Hühnerfüßen, das die Einheimischen gerne stark würzen und essen (also entweder oder, wie der Komiker Coluche hinzufügen würde!).

Das mediale Echo ist außergewöhnlich und die Aufgeschlossenheit gegenüber CleanTech sehr erfreulich. Die Chinesen sind sich des Problems der Umweltverschmutzung völlig bewusst. Aber das Bewusstsein allein löst nicht alles, die sauberen Technologien schon. Nachdem es dem Reich der Mitte gelang, die Bevölkerung ausreichend zu ernähren, muss es ihr nun Arbeit und Wohnungen verschaffen. Das ist eine Überlebensfrage nicht nur für das politische System, das einer allgemeinen Welle der Unzufriedenheit nicht gewachsen wäre, sondern im Übrigen auch für die ganze Welt. Wenn 90 Prozent der Verbrauchsgüter im Westen zum Teil aus China kommen, dann zeigt das deutlich, dass die globalisierte Wirtschaft sofort zusammenbrechen würde, sollte eine Welle des Aufruhrs die chinesische Produktion lahmlegen. Wenn man das weiß, dann versteht man auch die Politik des Westens gegenüber China. Vielleicht hört dann auch die Kritik an diesem Land wegen seiner Umweltverschmutzung auf, weil sie nicht die seine ist: Sie ist die unsrige, die wir nach China verlagern, indem wir dort herstellen lassen, was wir bei uns konsumieren.

Fährt man durch die verstopften Straßen von Chongqing und stellt fest, dass demnächst ein Viertel der Stadt aus Wolkenkratzern besteht, dann erhält CleanTech eine noch viel größere Bedeutung. Diese rasante Entwicklung ist nicht aufzuhalten, aber sie ist verbesserungsfähig mit elektrischen Autos, mit LED-Beleuchtung und Gebäuden, die wegen ihrer guten Isolierung nur die Energie ihrer Solarmodule verbrauchen. Der wachsende Energiebedarf verlangt immer noch den Bau einer kaum abzuschätzenden Zahl von Kohlekraftwerken, aber die von sauberen Technologien erreichbare Verringerung um 50 Prozent würde den erneuerbaren Energiequellen den Weg ebnen. China wird bald jedes Jahr mehr Solar- und Windkapazitäten installieren als die übrige Welt. Hier befindet man sich auf freundlichem Gebiet, sofern an die Stelle von Kritik Lösungsvorschläge treten. Die Chinesen sind begierig, sie zu hören, das beweist der enthusiastische Empfang durch 1600 Schüler der Bashu-Schule, die künftige Führungskader ausbildet.

Unser Slogan »Future is clean« (die Zukunft ist sauber) legt nahe, dass die Gegenwart schmutzig ist. Ich frage einen Journalisten:

»Scheint dieser Slogan nicht eher ein Vorwurf zu sein, der

sich nachteilig auf unsere Beziehungen zu den Behörden auswirken wird?«

Die typische Antwort eines Chinesen: »Vielleicht nicht…«

Da wir Verständnis für unsere Botschaft wecken wollen, stellen wir den Gedanken eines sauberen Wachstums und die dafür notwendigen technischen Lösungen in den Vordergrund, was dem Land durchaus klar ist. Letzten Endes wird das Ergebnis das Gleiche sein.

Wir geben laufend Interviews, aber für dieses Interview bat ich Michèle, daran teilzunehmen, um einmal selbst die Bedeutung ihrer Rolle in diesem Abenteuer zu erläutern, die sich deutlich von der einer Penelope unterscheidet, die zu Hause auf die Rückkehr ihres Mannes wartet. Ohne sie und ihr Team von Grafikern stünde in einem leeren Hangar nur ein schlichtes Flugzeug, das kein Mensch interessieren würde, seelenlos, ohne Botschaft und ohne eine Dokumentation, die erklärt, warum dieses Projekt entstanden ist. Auch hier muss ich sie bewundern:

»Als Bertrand davon sprach, Ökologie und Ökonomie in Einklang zu bringen, war das ein Ergebnis seiner Beschäftigung mit der traditionellen chinesischen Medizin und dem Taoismus. Nach seinem ersten Besuch in Ihrem Land im Jahr 1992 erkannte er, dass man versuchen muss, die Extreme miteinander zu vereinbaren.«

Am nächsten Tag lautete die Schlagzeile von *China Daily*: »Die Bedeutung des Taoismus für Solar Impulse.«

Michèle hatte in einer Sekunde alle meine Interviews und Vorträge zusammengefasst. Von Laotse, dem Verfasser des *Tao Te King*, hatte ich tatsächlich gelernt, wie wichtig es ist, in sich selbst den Ausgleich der Gegensätze und Widersprüche zu suchen, die wesentlich zu der Dualität aller Phänomene gehören: Tag und Nacht, warm und kalt, Krieg und Frieden, Energie und Materie. Der Gegensatz zwischen den Zielen des Umweltschutzes und der Entwicklung der Wirtschaft verhindert die Lösung der Problematik des Klimawandels. Die Welt ist überzeugt, man müsse zwischen den beiden wählen: entweder den Schutz der Natur auf Kosten des Wachstums auf die Gefahr hin, dass die unser Überleben sichernde Wirtschaft zusammenbricht; oder die Konsumgesellschaft mit der Gewissheit einer zunehmenden Vergiftung unseres Lebensraumes und einer Erschöpfung der natürlichen Ressourcen. Der Taoismus ermutigt uns dazu, die Extreme miteinander zu vereinen, so wie es die sauberen Technologien machen, die einen weltweiten Markt darstellen, zusätzlich neue Arbeitsplätze und Gewinne schaffen und dabei noch die Umwelt schonen.

André

Anfang April 2015. Für mich beginnt eine schwierige Zeit. Alles beginnt mit einer Migräne nach einem bemerkenswerten Fondue. Übermäßiges Essen, übermäßiger Genuss. Wie üblich nehme ich eine Tablette gegen meinen Kater, die Migräne aber dauert an, weniger stark zwar, aber spürbar. Drei Tage später, in Shanghai, nimmt der Schmerz zu. Ich denke nun an eine Behandlung durch die Traditionelle Chinesische Medizin. Anderthalb Stunden lang Therapie mit Einstichen und Stimulierung durch Nadeln und Hitze (Moxibustion).

Da die Kopfschmerzen nicht nachlassen, muss ich Medikamente nehmen, um meine Vorträge halten zu können. Auf der rechten Kopfseite bilden sich Pusteln. Ich gehe wieder in die Klinik. Ein Übermaß an *yang* ergab zu viel Feuer in der Leber. Es wird durch das Öffnen der Pusteln unterdrückt. Am Tag darauf kommen weitere Pusteln dazu. Das rechte Auge beginnt anzuschwellen. Ich schlafe schlecht und muss täglich Medikamente einnehmen. Die Bluttests fallen normal aus. Aber der Arzt spricht von einer Gürtelrose. Wie kam es zum Ausbruch der Krankheit? Zu starke Emotionen? Stress? Müdigkeit? Ich darf keine Zeit verlieren und verständige westliche Ärzte.

Bin ich imstande, über Nanjing zu fliegen und anschließend über den Pazifik? Ich versuche noch mehr zu meditieren und zu akzeptieren, was letztendlich auf mich zukommt. Die Konzentration auf meinen Atem schenkt mir ein wenig Abstand und Ruhe. Ich muss mich von dem Druck lösen, den der Flug auf mich ausübt. Nur die Atmung wirkt sich positiv aus: das Einatmen, wobei die Gedanken bei den kranken, schmerzenden Stellen verweilen, bei Stirn und Auge; das Ausatmen, das alles Negative nach außen abgibt.

Bertrand muss mich beim nächsten Flug ersetzen. Ich freue mich für ihn. Seine Beziehung zu China ist in höchstem Maße positiv. Er versteht die Klimaprobleme und setzt sich wie kein anderer für saubere Technologien und Energieeffizienz ein. Dieser Flug in das Reich der Mitte wird ihm für die Verbreitung seiner Botschaft nützlich sein. Für mich zählt allein der Pazifik. Die Ereignisse bringen uns zu unseren Ausgangspositionen zurück. Bertrand kümmert sich als Botschafter seiner Vision um die Außenwelt, und ich bin zuständig für komplexe Flugstrecken. Mein Körper hat jedoch versagt. Die Symptome verschlimmern sich mit jedem Tag. Ich befürchte eine Infektion des Auges durch den Virus. Zwölf Jahre intensiver Arbeit und dann ein solches Ergebnis!

Ich beschließe, in die Schweiz zurückzukehren, um sicher zu sein, dass ich die richtigen Medikamente habe, und breche vorübergehend die Kontakte ab. Meine Frau, mein Sohn und das ganze Team, ein unglaubliches Team, unterstützen mich mit einer Solidarität, die mich wirklich aufbaut.

Bertrand

Wir hatten vor dem Flug nach Hawaii in Nanjing einen zeitlichen Puffer von einem Monat vorgesehen, aber unsere Verspätung gefährdet die übrigen Pläne. Greg macht die nächsten drei Wochen ständig neue Entwürfe für die Einladungen, Besuche und Vorträge, die er schließlich auf die fünf Tage Ende April verteilen muss. Für uns, aber auch für die chinesische Presse wurde das eine Geschichte mit Fortsetzungen: Wann wird es Si2 gelingen, Chongqing zu verlassen?

Diesen Flug sollte eigentlich André durchführen. Unsere Freundschaft hindert mich daran, mich zu freuen, aber meine Lust zu fliegen bleibt! Ich weiß, dass er für den Flug über den

Pazifik wieder gesund ist, und mache mir weniger Sorgen als er. Das ist dann sein Flug und wie zum Beweis zeigten von Anfang an alle Zeichen des Schicksals in diese Richtung. Ich brauchte einige Zeit, um das zu verstehen, aber jetzt ist es für mich eine Selbstverständlichkeit.

Ein Wetterfenster öffnet sich für Donnerstag. Ich nehme schnell mit Greg von Shanghai aus einen Linienflug nach Chongqing, aber kaum waren wir angekommen, schließt sich das Fenster wieder. Im Seitenwind bei Nanjing hätte es eine Windstille von einer Stunde für meine Landung gegeben, aber das Risiko war zu hoch. Übersteigt der Wind nämlich eine bestimmte Grenze, könnte das Team selbst am Boden Si2 nicht mehr halten, und das Flugzeug würde sich wegen seiner großen Oberfläche und seines geringen Gewichts wie ein Sonnenschirm am Strand überschlagen. Bei diesem Vorgang müsste der Pilot ein unbewohntes Gebiet finden, um das Flugzeug in der Luft aufzugeben und mit dem Fallschirm abzuspringen …

Da mich ein *hot spot* nicht trösten kann, verbringe ich drei Tage im Cockpit damit, die einzelnen Abläufe zu wiederholen, immer wieder an den Instrumenten zu üben und die Flugausrüstung noch besser kennenzulernen. Erst am 20. April werde ich endlich den Steuerknüppel für die vier Motoren voll durchdrücken können.

Das Kontrollzentrum arbeitete Tag und Nacht an der Simulation von Wetterszenarien, um ein neues Wetterfenster zu finden. In großer Höhe würden mich die Seitenwinde südlich von Shanghai treiben, und ein Tiefflug brächte mich in thermische Turbulenzen. Bei einem zu frühen Start würden die Batterien bis zum Zielort nicht ausreichen, und einen späteren Abflug erlaubte der Flughafen nicht. Schließlich erhielt Greg von der chinesischen Zivilluftfahrt die Erlaubnis für eine niedrigere Flughöhe und einen anderen Ausweichflugplatz. Er reichte nach seiner Gewohnheit lange, mit diplomatischen Formulierungen gespickte Schreiben ein, erhielt aber als Antwort nie mehr als zwei Worte.

Die Flughafenleitung von Chongqing ist glücklich, dass wir endlich abfliegen. Ihre letzte Schikane betrifft unser Begleitflugzeug. Theoretisch durfte es seine Parkposition nicht mehr verlassen. Im Vorwärtsfahren würde es den Rollweg für Fahrzeuge stören, beim Zurücksetzen käme es zu einer Beeinträchtigung der Abläufe auf dem Flugplatz, und wenn man das Flugzeug ohne laufende Motoren bewegen würde, wäre die Versicherung höchst ungehalten. Den Grund dafür weiß ich wirklich nicht! Am Tag des Abfluges ist der Flughafenchef herzlich froh, uns und die Medien endlich los zu sein, und erlaubt deshalb eine Rückwärtsfahrt, die er fasziniert mit seiner Kamera für alle Zeiten festhält, als handle es sich um den ersten Flug in der Geschichte der Menschheit.

Dylan muss die Computer des Cockpits am Rand der Piste wieder hochfahren, ich bekomme die Starterlaubnis und befinde mich an einem grauen Morgen über den Dächern von Chongqing, überaus glücklich, in Richtung Nanjing zu fliegen. Es ist nicht nur mein Flug, sondern ebenso sehr der Flug der Ingenieure in Monaco, die für mich ein passendes Flugfenster gefunden haben, wie auch der des Teams in Nanjing, das schon an meiner Ankunft verzweifelte.

Ein herrlicher Flug in mittlerer Höhe von 5000 Metern. Ich sehe den gewundenen Flusslauf des Jangtse, verliere ihn aus den Augen und entdecke ihn hinter jedem Berg. Bewaldete Gebirgszüge mit schwindelerregenden Schluchten und steil abfallenden Klippen. Die Abendsonne spiegelt sich in tausend kleinen Seen. Es ist der typische Hintergrund der traditionellen chinesischen Malerei. Und hin und wieder riesige Städte, deren Namen ich noch nie gehört habe, mit mehreren Millionen Einwohnern.

Diesen Flug mag ich besonders gern. Ich bin vollkommen entspannt, vergnügt sehe ich mich in Gedanken zum ersten Mal für mehrere Tage im Cockpit. Ich öffne dann eine kleine Klappe in der Tür und hole eine Kamera heraus, die an einer Stange befestigt ist. Die Idee dazu kam mir vor zwei Tagen, als ich sah, wie sich am Fluss zwei Jugendliche mit einem Selfie-Stick fotografierten.

Hinter den Lichtern von Nanjing erwartet mich ein triumphaler Empfang des Teams, das nach dem langen, ängstlichen

Warten, ob ich auch wirklich ankomme, sehr erleichtert ist. Das Bodenpersonal begleitet mich, und ich stelle mich vor dem Zelt auf.

Die euphorische Stimmung ist ein Moment des Glücks, der mir neue Kraft gibt. Ich schalte mein Handy ein; eine SMS teilt mir mit, dass mein Onkel auf der Intensivstation liegt, aber keine Hoffnung mehr besteht. Ich breche in Schluchzen aus, kurz bevor Daniel mir die Tür zum Cockpit öffnet.

Welche unglaubliche Diskrepanz zwischen meiner Traurigkeit und meinem Glücksgefühl, Si2 nach Nanjing zu bringen. Die Euphorie um mich herum hilft mir, den Schock auszuhalten. Über Funk bitte ich, das Team am Fuß der Leiter zu versammeln, damit alle auf die Fotos kommen. Ich umarme Michèle und Greg. Sie reichen mir eine Magnumflasche Moët & Chandon, die ich mit einem strahlenden Lächeln schwenke, während mein Herz weint. Ich bitte Catherine zu mir herauf, als ihre jubelnden Kollegen ein lautes »Happy Birthday« anstimmen. Da André nicht anwesend ist, brauche ich überhaupt nicht darauf zu achten, ob er sich ausgeschlossen fühlt. Ich kann ganz einfach und selbstverständlich glücklich sein. In der Erinnerung des Teams bleibt diese Ankunft die schönste. Ich bin stolz darauf, das Flugzeug hierhergebracht zu haben, und das Team im Kontrollzentrum dankt mir, dass ich ihnen in meinen Interviews diesen Flug widme.

Mein Selfie hat in den sozialen Netzwerken einen unglaublichen Erfolg. Keine zehn Minuten später ruft mich Raymond an. Die Ingenieure fühlten sich nicht ganz ernst genommen, weil sie davon nichts wussten. Zu groß ist ihre Angst bei jedem Flug, als dass der Pilot sich einen Scherz erlauben kann:

»Man steigt doch nicht mit einer Stange aus dem Flugzeug!«

»Aber Si2 fliegt nicht mit der Geschwindigkeit der heutigen Flugzeuge. Als früher die Flugzeuge so schnell flogen wie ich jetzt, gingen Akrobaten bei öffentlichen Vorführungen auf den Flügeln hin und her.«

»Du hättest einen Propeller beschädigen können.«

»Der Propeller ist zehn Meter entfernt, und die Stange ist eineinhalb Meter lang.«

»Wäre die Stange nach unten gefallen, hättest du jemanden töten können.«

»Hast du das Foto gesehen? Ich habe es über einem Berg gemacht.«

»Du hättest uns darüber vorher unterrichten sollen, nicht nachher.«

»Ja, das stimmt. Aber wenn man keine Stange aus einem Solarflugzeug halten kann, das mit der Geschwindigkeit eines Mopeds fliegt, dann ist unsere Welt verloren.«

Ich hätte sie benachrichtigen sollen, aber ich konnte ja nicht ahnen, dass sie solch ein Aufhebens daraus machen würden. Es sind eben zwei grundverschiedene Auffassungen. Sie haben es nicht ertragen, am Vorabend eines Treffens mit dem Bundesamt für Zivilluftfahrt vor vollendeten Tatsachen zu stehen. Am nächsten Tag veröffentlichte die BBC mein Foto mit der Unterschrift: »Bislang der beste Gebrauch eines Selfie-Sticks!«

André

Immer wenn ich an unser Projekt dachte, begann ich mit Atemübungen und Meditation. Nach und nach erholte ich mich dann wieder. Ich bin fast dankbar für diese Gürtelrose; sie zwang mich, auszuruhen und Abstand zu gewinnen. Ich fühle mich sehr viel wohler als noch vor zwei oder drei Wochen.

Zehn Tage später kehre ich in bester Verfassung nach Nanjing zurück und stoße wieder zum Team, zum Flugzeug und zu Bertrand. Der Empfang ist großartig. Die Teammitglieder gaben den Song *Baby come back* mit dem neuen Titel *AB come back* zum Besten.

Immer stärker beschäftigt mich der bevorstehende Flug nach Hawaii. Ich mache noch mehr Yoga und verstärke die mentale Vorbereitung. Ich sage mir, fünf Tage und fünf Nächte über dem Ozean sind eine sehr kurze Zeit, um alles das zu erleben, was ich unbedingt erleben möchte. Seit meiner Kindheit träume ich von dieser Situation: in neue Dimensionen vorzustoßen, technologische Höchstleistungen mit Abenteuer zu verbinden und ein neues Flugzeug in zehnjähriger Arbeit zu entwickeln und zu steuern, um damit eine noch nie dagewesene Leistung zu vollbringen.

Ich verbringe viel Zeit im Cockpit, um nachzudenken und mir die kommenden Tage vorzustellen. Als Militärpilot habe ich sehr viele Flugvorbereitungen durchgeführt. Jetzt besteht die einzige Veränderung in der Dauer des Fluges. Die Wiederholung und Simulation aller Tätigkeiten ist von entscheidender Bedeutung und das Ziel ist ihre automatische Beherrschung. In schwierigen Situationen bin ich dann, ohne viel nachzudenken, handlungsfähig und habe den Kopf frei für unvorhergesehene Ereignisse.

Bertrand

André ließ einen Kommunikationsberater kommen, der ihm helfen sollte, seine Situation präziser zu formulieren:

»Bertrand, du weißt, dass ich mich in der gegenwärtigen Situation nicht wohlfühle. Du hast bei diesem Abenteuer gelernt, ein Flugzeug zu steuern. Ich möchte gerne lernen, meine Geschichte besser erzählen zu können.«

Thomas kommt also nach Nanjing und interviewt alle, um sich eine eigene Vorstellung machen zu können:

»Bis jetzt hatte eure Kommunikation sehr gut funktioniert, aber André muss mehr Selbstvertrauen gewinnen, seine Vorträge besser gestalten und seine Geschichte menschlicher vortragen.«

Es stimmt, dass André in dieser Hinsicht noch seinen eigenen Weg sucht. Am Anfang unserer Beziehung drückte er sich genauso schlecht aus, wie ich ein Flugzeug steuerte. Wenn ich ihn so neben mir reden hörte, fragte ich mich sehr oft, ob ich wirklich die Zeit aufbringen sollte, mit ihm aufzutreten. Und als ich das Flugzeug die ersten Male steuerte, war es für ihn schwer zu ertragen, es mir anzuvertrauen... Wir müssen unsere je eigenen Geschichten erzählen und uns dabei nicht in die Quere kommen, Synergie ist gefragt anstatt Imitation. Als André einen Vortrag mit der Bemerkung beginnt, dass die Astronauten ein Vorbild für ihn waren, werfe ich Michèle erschrocken einen kurzen Blick zu, brauche aber nichts weiter hinzuzufügen. Greg und Thomas übernehmen es gemeinsam, ihm einen eindeutigen Hinweis zu geben:

»Überlass es doch Bertrand, die Astronauten zu erwähnen, da er sie alle persönlich in Cape Kennedy kennengelernt hat. Erzähl deine eigene Geschichte, nicht seine.«

Bei einem Projekt wie Solar Impulse müsste André eigentlich stolz auf seine Erfahrung als Ingenieur und als Spezialist für Start-up-Unternehmen sein. Nach dem Bau des Flugzeugs hat er das Gefühl, sich nur noch zu wiederholen. Er möchte lieber in meine Rolle als Forscher und Botschafter von Clean-Tech schlüpfen, die ihn am Anfang gleichgültig ließ. Thomas reagiert sehr positiv mit einem Bild:

»André, Bertrand schenkt dir in dein Weinglas sehr viel mehr ein als du ihm in seins. Und genau das musst du lernen«.

André gewinnt schließlich genügend Selbstvertrauen, und wenn er jetzt auf mich zu sprechen kommt, dann wird er nicht mehr leise wie bisher, sondern redet mit fester Stimme.

Es ist das erste Mal, dass er um Hilfe gebeten hat. Für mich, der in ihm einen unerschütterlichen Felsen sah, liegt hierin ein Moment der Menschlichkeit, der unsere Freundschaft noch verstärkt.

Das alles zeigt, wie wichtig es ist, Verhältnisse immer weiter zu entwickeln und nie starr eine Richtung beizubehalten. Die persönliche Leistung von André zwingt mich auch zur eigenen Weiterentwicklung und dazu, meine Position noch viel präziser als bisher zu bestimmen. Michèle möchte nicht mehr, dass ich Projektinitiator und Vertreter einer philosophischen Botschaft bleibe:

»Du hast die Finanzierung gesichert. Dann sag es auch! Die von dir gefundenen Partner haben die Technologien geliefert. Sag es! Deine Botschaft, den Umweltschutz unter dem Gesichtspunkt der ökonomischen Rentabilität zu sehen, war eine Pioniertat. Das muss bekannt werden.«

Aus unserer Rivalität lernen wir, dass das Ziel in einer

Beziehung nicht sein soll, besser zu werden als der andere, sondern besser als man selbst. Ohne ständige Herausforderungen hätten wir nie so viele Fortschritte gemacht.

André

Es war eine ausgezeichnete Entscheidung, Thomas kommen zu lassen. Ich folgte dem Vorschlag von Elâ, mir ein wenig Zeit zu nehmen, um meine Kommunikation zu verbessern und mich an jemand von außen zu wenden, um Abstand zu gewinnen. Auf dem Gebiet der Kommunikation hatte ich keine großen Anstrengungen gemacht, sondern es Bertrand und Michèle überlassen, diese Aufgabe zu übernehmen. Ich fühlte mich in meiner Rolle als Ingenieur allmählich wie ein Gefangener. Thomas ermöglichte mir, meinen persönlichen Weg genauer zu sehen, meine Rolle zu definieren und darüber nachzudenken, wie ich die Teammitglieder ins Unbekannte führen wollte. Das führte zu Spannungen mit Bertrand, da ich nun auch meinerseits von einer Pionierleistung sprach, denn ich sollte unseren ersten Flug über den Ozean durchführen, einen Forschungsflug, eine echte Premiere. Wie sollte ich diese Erlebnisse kommunizieren?

13

Japanische Ängste

André

Die Komplexität der Aufgaben, die schon immer sehr hoch war, steigt mit dem Flug nach Hawaii um eine weitere Stufe an. Die tatsächliche Anzahl unbekannter Ereignisse macht das Team außerordentlich nervös. Die Risiken sind dieses Mal genauso groß, ja sogar noch größer als unsere Erfolgschancen. Zunächst einmal haben wir mit Si2 noch nie einen Flug absolviert, der länger als 24 Stunden dauerte. Die Wettervorhersage für fünf oder sechs Tage hat eine Zuverlässigkeit von 30 Prozent. Unser Ziel ist ein winziger Punkt im Pazifik. Für den Fall, dass eine Schlechtwetterfront uns den Weg versperren sollte, gibt es keine Ausweichmöglichkeit. Der menschliche Faktor kommt hinzu: Ist der Pilot imstande, fünf Tage und fünf Nächte zu fliegen, auf mögliche technische Probleme zu reagieren, jeden Tag so hoch zu steigen wie der Mount Everest in einer Kabine ohne Druckausgleich, wodurch seine Müdigkeit noch verstärkt wird …?

Die Route führt zwangsläufig über Japan. Die japanischen Behörden bitten uns, den Abflug um zehn Tage zu verschieben, und nehmen einen überfüllten Flugraum während der Ferien anlässlich des Blumenfestes zum Vorwand. Auch verbieten sie den Flug im Norden des Landes, obwohl im Süden die Taifune wüten. Das Land ist wirklich wenig kooperativ. Ich suche zusammen mit unserem treuen Begleiter Greg einen Ausweg aus dieser Situation. Wir haben diese Schwierigkeit unterschätzt und machen uns ständig Sorgen. Wir müssen jedoch aufpassen, weil alle nervös und reizbar werden.

Bertrand

In der Zwischenzeit ist mein Onkel gestorben. Ich kehre zur Beerdigung zurück und will die Gelegenheit nutzen, um in Europa zu bleiben und die ersten drei Tage des Fluges von André vom Kontrollzentrum in Monaco aus zu verfolgen und nicht vor einem Computer in Hawaii. Ich muss mich persönlich davon überzeugen, was im Team, aber auch im Flugzeug geschieht. Da ich weiß, wie André reagiert, befürchte ich, dass er die auftretenden Schwierigkeiten noch steigert, um seine Fähigkeiten als Pilot hervorzuheben. Ich will mit eigenen Augen beurteilen, was mich selbst bei Flügen von langer Dauer erwartet.

Ich konnte nicht ahnen, dass ich fast zwei Monate in Monaco bleiben sollte. Ich verbrachte sie in der Welt der Spezialisten unseres Projekts und in ihrer sorgenvollen Atmosphäre bei der Berechnung der Strecken. Das morgendliche Frühstück im Anblick des Meeres munterte mich wieder auf. In dieser Zeit standen unsere beiden Hybridautos neben russischen Ferraris und Lamborghinis. Bei meinen Flügen betrachtete ich dieses Team eher als Polizisten, aber als ich mitten unter ihnen war, änderte ich meine Einstellung gründlich. Sie zeigten alle, jeder auf seine Weise, eine grenzenlose Hingabe für den Erfolg des Projekts und reagierten überhaupt nicht wie Kampfpiloten, was ich ihnen aus der Ferne unterstellte. Es ist aufschlussreich, wie verschieden die Wirklichkeit aussieht, je nachdem welche Brille man trägt …

Tag und Nacht arbeiten die Flugingenieure daran, genau die eine Strategie herauszufinden, mit der man Hawaii überhaupt erreichen kann. Bis jetzt ermöglichen die Begleitumstände entweder einen Start von Nanjing aus oder genügend Sonne für das Aufladen der Batterien über dem Pazifik oder die Landung am Zielort. Aber sie traten nie zugleich auf und auch nicht in der richtigen Reihenfolge. Jedes Wetterfenster beim Start hätte die Si2 in den wolkenverhangenen Pazifik gerissen, weil die Batterien nicht mehr ausreichten. Die Ankunft am Zielort war unmöglich, weil zu starker Wind keine Landung zuließ. Es heißt, die Hoffnung stirbt zuletzt, aber das stimmt nicht, jeder Hoffnungsschimmer zerbricht an der harten Realität der Wettervorhersage und ruft im Team Mutlosigkeit hervor. Man darf keine Erwartungshaltung wecken und keinen Gedanken an die Zukunft zulassen. Es zählt nur die Konzentration auf jede einzelne im gegenwärtigen Augenblick stattfindende Simulation. Das Flugzeug muss jeden Tag steigen und wieder sinken, die Moral der Teammitglieder darf das aber nicht. Ja, jede Flugvorbereitung wird so zu einer philosophischen Erfahrung, auch für die Ingenieure!

Ich veranstalte einige Sitzungen mit dem Thema *Teamentwicklung*. Dabei erzähle ich, wie die Ängste und enttäuschten Erwartungen während der Weltumrundung im Ballon sich zu Geschenken des Lebens verwandelt hatten. Zwei erfolglose Versuche hatten mich gelehrt, die sarkastischen Bemerkungen derer zu ertragen, die selbst überhaupt kein Wagnis eingehen; die wochenlangen Verzögerungen beim Abflug zeigten mir, dass es keine Enttäuschung gibt, wenn keine Erwartung besteht. Der riesige Umweg im Süden Chinas, den die chinesischen Behörden mir aufzwangen, ermöglichte mir schließlich den zeitlich und räumlich längsten Flug in der gesamten Geschichte der Luftfahrt. Ich spüre, wie es ihnen guttut zu sehen, dass die gegenwärtige Unsicherheit ein wesentlicher Bestandteil dieses Abenteuers ist. Schließlich hat außer Luc und Niklaus keiner irgendwelche Erfahrungen mit der Welt der Forschung.

André

Ende Mai 2015. Wir sitzen fast zwei Monate in China fest. Es ist nicht leicht, unseren Kurs beizubehalten! Ich frage mich, was an unserer Strategie falsch ist. Wie können wir zudem vermeiden, dass unsere Ungeduld zu Fehlern führt?

Wir sind nicht bereit, das Flugzeug zu verlieren – da liegt das Problem. Der Pioniergeist ist uns abhandengekommen, wir wollen die Risiken so niedrig wie möglich halten. Mein Leben steht auf dem Spiel, und in Monaco wird darüber entschieden! Ohne Risiken sind die Chancen auf Erfolg gleich null. Wir müssen uns neu ausrichten und mehr an den Entscheidungsprozessen arbeiten als an der Vorbereitung von Details.

Ich habe die Bedingungen festgelegt, die für das Wetterfenster bei einem Start gelten sollen: ein stabiler Luftkorridor für sechs Tage und eine feste Lage der zu durchquerenden Wolkenfront. Von der Analyse habe ich mich zurückgezogen und sie dem Kontrollzentrum überlassen. Seit zehn Jahren habe ich das Team schrittweise aufgebaut und damit auch seine Arbeitsweise. Es hat mein vollstes Vertrauen. Ich brauche nur seine kritische Einschätzung und sein Verständnis für die Gesamtsituation. Mehr nicht.

Am 30. Mai 2015 scheint ein Wetterfenster ernsthaft in Betracht zu kommen. Es sieht anders aus, und ich spüre, wie es näher kommt. Ich hoffe, mich nicht zu täuschen. Abflug also in elf Stunden ... Es ist ein Sonntag, das war eine Bedingung der Koreaner für den Flug in ihrem Luftraum. Ein plötzlicher Vulkanausbruch blockiert die einzige von den Japanern erlaubte Route im Süden. Sie verlangen nun von uns, die Route im Norden zu nehmen. Das ist unglaublich. Morgen früh haben wir Nebel. Aber daran soll es nicht scheitern, dann starten wir eben im Nebel!

Bertrand

Nach außen hin müssen wir das Wort »Annullierung« vermeiden, wenn sich wieder ein Wetterfenster schließt. Wir annullieren nichts, wir warten ganz einfach günstigere Wetterbedingungen ab. Das gelingt auch bis zum 25. Mai. Die Vorhersagen scheinen ausreichend zu sein. Ich glaube ihnen. Wir befinden uns zehn Stunden vor dem Start und müssen alle benachrichtigen ... um dann doch den Countdown sechs Stunden später abzubrechen. Das ist ein Tiefschlag für das ganze Team, und Fürst Albert kommt persönlich, um uns wieder Mut zu machen.

Erneut beschäftigen wir uns intensiv mit den Prognosen aus den Computern. Etwas anderes können wir jedenfalls nicht tun, denn jeden Tag denken wir, am übernächsten Tag starten zu können.

André verhält sich wie ein Löwe im Käfig, sobald er spürt, dass er zu keinem Ergebnis kommt. Unsere Pläne können sein, wie sie wollen, immer muss in der Mitte des Pazifiks eine Schlechtwetterfront durchquert werden. Die Japaner erleichtern uns unsere Aufgabe nicht; sie akzeptieren nicht, dass wir ihnen parallel mehrere Flugpläne mit verschiedenen Routen vorlegen. Ihr Sadismus ging sogar so weit, uns zu drohen, die Erlaubnis des Überflugs zu widerrufen, sollten wir es wagen, eine andere Route als die im Süden zu verlangen. In Nanjing rauft Greg sich die Haare, und für den 31. Mai versetzt Monaco alle wieder in Alarmbereitschaft.

Jeder ist auf seinem Posten, denn der Flug führt über den Norden von Japan, was theoretisch ausgeschlossen ist. Es folgen intensive diplomatische Bemühungen zwischen Giorgio Pompilio vom Auswärtigen Amt der Schweiz, der Schweizer Botschaft in Tokio, dem japanischen Außenministerium, den amerikanischen Streitkräften, den Fluglotsen und Korea. Wer behauptet, es handle sich hier nur um eine technische Herausforderung, lügt.

Niklaus Gerber wird umgehend nach Japan geschickt und erhält eine mündliche Zusage. Wir jubeln.

Am nächsten Tag fangen wir wieder von vorne an. Ein japanischer Beamter teilt der Schweizer Botschaft mit, dass wir nicht mit einer Erlaubnis rechnen können.

Niklaus, den Tränen nah, ruft mich an:

»Ich bin ganz allein in Tokio, ich verstehe nicht mehr, was hier vor sich geht. Soeben bin ich wegen eines Erdbebens aus meinem Hotelzimmer evakuiert worden. Ich kann nicht mehr.«

»Mein lieber Nik, das heißt es, ein Forscher zu sein, willkommen im Klub!«

Er fasst wieder Mut. Alle Wetterzeichen sind günstig und die Strategie ist klar. Die Koreaner haben einen Sonntag und somit erlauben sie uns, das Japanische Meer bei Nacht in niedriger Höhe zu überqueren. Die Schweizer halten davon aber überhaupt nichts. Giorgio sagt uns, dass er uns bei den Japanern fallen lassen müsse, wenn wir trotzdem fliegen.

»Das wäre eine Katastrophe, Giorgio. Das kannst du nicht machen! Sag den Japanern, dass wir eine mündliche Zusage haben und sie intern diese Angelegenheit regeln müssen.«

Greg ist zwischen zwei Fronten geraten, behält aber seinen legendären Humor:

»Für Japaner muss alles eindeutig sein, selbst die Doppeldeutigkeit.«

Währenddessen suchen alle den Kontakt mit einem gewissen Mr Drake, der uns schriftlich bestätigen soll, dass unser Flug die Militärmanöver der Amerikaner nicht stört.

Wir riskieren den Start. André lässt sich im Cockpit nieder – es soll der Flug seines Lebens sein. Fürst Albert, der uns schon lange begleitet, ist wieder im Kontrollzentrum. Ich schlage ihm vor, das Zeichen zum Start zu geben. André verschwindet in der chinesischen Nacht. Greg nimmt seine Kopfbedeckung ab und grüßt:

»Flieg niedrig, flieg langsam, flieg vorsichtig.«

André

31. Mai 2015, 5:20 Uhr Ortszeit. Die Sonne ist aufgegangen. Ein herrlicher Start. Das Flugzeug funktioniert perfekt. Ich kann es kaum glauben, aber jetzt sind wir endlich unterwegs, für sechs Tage.

Meine Gefühle am ersten Tag sind gemischt. Die Freude wird aufgewogen durch viele unbekannte Faktoren, zum Beispiel den Energiezustand des Flugzeugs, die Gelegenheit zu schlafen, Probleme mit der Technik und die Entwicklung der Wetterlage. Nach einigen Stunden Flugzeit tritt ein technisches Problem auf. Es ist das Überwachungssystem MAS (Monitoring Alerting System), unser virtueller Kopilot. Er kontrolliert die Vorgänge im Flugzeug und benachrichtigt im Notfall den Piloten, was besonders dann wichtig ist, wenn dieser ruht. Krisensitzung. Ich kann schlafen, aber ohne Kontrolle durch den Autopiloten.

Bertrand

In den Minuten nach dem Start ruft eine für gewöhnlich höfliche und zurückhaltende Japanerin Greg an und brüllt, dass wir keine Erlaubnis für einen Start hatten, und legt ohne weiteren Kommentar auf.

Die schriftliche Bestätigung von Mr Drake kommt gerade rechtzeitig und beruhigt die Gemüter. Greg erhält sogar eine E-Mail der japanischen Furie von vorhin, in der sie die Hoffnung äußert, dass die Nordkoreaner uns nicht mit einer Rakete abschießen. Das ist nett, aber vor einigen Stunden wäre das ihr sehnlichster Wunsch gewesen!

Es herrscht ein Augenblick der Euphorie: Wir haben plötzlich alle Genehmigungen, Si2 fliegt und die Wettervorhersagen bleiben günstig. André fliegt in Richtung des Zentrums von Shanghai, das er für einen Fototermin überfliegen darf. Wegen eines dichten Nebelfelds müssen wir den Hubschrauber annullieren, aber die Geschichte verdient es, erzählt zu werden. Während der Wartezeit in Nanjing teilte uns Doktor Li die Bitte der chinesischen Regierung mit, Si2 vor den Wolkenkratzern von Shanghai filmen zu dürfen. Wir hatten daher alles vorbereitet, auch waren die Genehmigungen für einen Überflug des Zentrums der Metropole eingetroffen und zwar auf der Höhe des höchsten Wolkenkratzers. Das war ein Wunder. Ich fragte schließlich Doktor Li:

»Wer vonseiten der chinesischen Regierung hat um diesen Überflug gebeten? Man muss sich bei ihm bedanken.«

»Ein gewisser Herr Jon.«

»Welcher Herr Jon?«

»Euer Kameramann. Der große Herr Jon, der euch überall filmt.«

Da lag eine Verwechslung vor! Wegen seines isländischen Namens, der etwas asiatisch klang, hatten ihn die Behörden für einen chinesischen Beamten gehalten und ihre Zustimmung gegeben.

André

Ich war zu lange in großer Höhe. Die Müdigkeit übermannt mich. Ich will unbedingt Energie sparen. Ich habe die aus vielen kleinen Inseln bestehende Südküste Koreas überflogen. Das weckte meinen Wunsch, diesen Teil der Welt zu besuchen.

Übrigens kommen die Batterien aus diesem Land, und ich denke an meine Freunde im Unternehmen Kokam. Während der Nacht fliege ich über dem Japanischen Meer, Nordkorea ist einige Kilometer entfernt. Ich höre so etwas wie ein dumpfes Grollen. Sehe ich Lichter? Lichter? Habe ich geträumt? Vielleicht sind es japanische Flugzeuge. Auf jeden Fall achte ich darauf, mindestens 25 Kilometer vom nordkoreanischen Luftraum entfernt zu sein.

Zum ersten Mal lege ich mich hin und versuche einzuschlafen. Das ist so, als würde man sich nachts im Dschungel mit geschlossenen Augen hinlegen. Man hört Tierstimmen und stellt sich vor, was alles passieren kann, eine sich nähernde Schlange, ein sprungbereiter Tiger und ein Skorpion, der schon auf dem Arm sitzt! Im Cockpit höre ich jedes Geräusch, jedes Knistern der Karbonfasern, jede Erschütterung, und ich male mir aus, was noch vorfallen kann: ein festgefressener Motor, ein abgerissener Teil der Bespannung, der zu flattern beginnt. Ich muss mich daran gewöhnen, um diese Situation zu beherrschen. Wie in einem Boot spüre ich die geringste Bewegung. Ich überlege im Voraus alle möglichen Reaktionen des Flugzeugs, vor allem nach den ersten Anzeichen von Turbulenzen. Ich fantasiere so viele Dinge zusammen, dass ich nicht schlafen kann, sondern vollkommen wach werde. Ich muss wohl so lange meditieren, bis ich die nötige Ruhe zum Einschlafen finde und mich vollkommen dem Flugzeug anvertraue, auch ohne die Überwachung durch das berühmte MAS.

Bertrand

Sobald Peter Frei von der Panne des MAS erfährt, ist das für ihn ein »no go« für die Überquerung des Pazifiks: André müsse in Japan landen. Dort haben wir aber überhaupt keine Landeerlaubnis!

Ich erinnere ihn daran, dass solche Entscheidungen André und ich treffen und das Sicherheitsteam (SRB, Safety Review Board) nur beratende Funktion hat. Peter hatte sicher einen roten Kopf und ich glaube, ich auch.

Nach der neuesten Wettervorhersage sind wir dann alle einer Meinung: Die Wetterfront kann nicht mehr überflogen werden. Man müsste mehrere Tausend Meter dicke Regenwolkenschichten durchqueren und dadurch eine Vereisung der Flügel riskieren.

Wir müssen die diplomatische Maschinerie wieder in Gang setzen. Zum Glück haben wir die Erlaubnis zum Überflug doch noch bekommen. Man musste dem Schicksal nachhelfen, allerdings nicht zu sehr!

In zwei Stunden soll die nächste Wettervorhersage eintreffen. Niemand möchte zu früh eine Entscheidung über den Abbruch des Fluges treffen, nur das Sicherheitsteam, das Si2 schon am Boden sieht. Ohne Hangar ist das Risiko, das Flugzeug am Boden zu zerstören, genauso groß wie in der Luft. Die Mitteilung eines Notfalls, die nötig ist, um die Landeerlaubnis zu erhalten, würde darüber hinaus zu einer Untersuchung führen, die uns wochenlang in Japan festhalten würde. Soll das Projekt oder der Flug einem Risiko ausgesetzt werden? Wir lassen André noch warten, um einige Stunden Zeit zu gewinnen, aber die Wetterprognosen lassen keinen Zweifel mehr zu.

»André, du müsstest eine ganze Nacht durch Regenwolken fliegen, sodass eine Vereisung durchaus möglich ist. Bist du bereit, aufzugeben und in Japan zu landen?«

»Ich bin einverstanden, es gibt keine andere Lösung.«

Zufriedenheit bei Peter Frei, der keinen Druck ausüben musste: »Ich bin stolz auf Sie!«

André

Bin ich enttäuscht? Ich war auf dergleichen gut vorbereitet, aber für diese unvorhergesehene Zwischenlandung muss es einen triftigen Grund geben.

Es ist schon eigenartig, dass ich in einem Land aufsetze, wo wir nichts vorbereitet haben. Es sieht so aus, als ob wir um Asyl beten würden. In Nagoya ist Mitternacht. Der Flughafenvertreter heißt mich willkommen. Ohne meine Antwort abzuwarten, fragt er:

»Wann wollen Sie wieder starten?«

»Sobald wie möglich, in einigen Tagen.«

Noch weiß ich nicht, dass wir einen Monat dort bleiben.

Bertrand

André wollte von einer Landung in Japan nichts wissen. Gegen seinen Willen hatten es dann Damien und Nils fertig gebracht, die Begleitmaschine, eine Iljuschin 76, auf dem Flughafen von Nagoya zu positionieren, für alle Fälle… So konnten unser äußerst engagiertes Team von 15 Personen und das Material rechtzeitig ankommen.

Die Japaner akzeptierten zwar die Landung des Flugzeugs, aber nicht den mobilen Hangar. Intensive Verhandlungen beginnen. Im augenblicklichen Stadium sind wir überzeugt, Si2 zu verlieren. Jede Sekunde zählt. Gleichzeitig muss der Hangar beim Zoll abgefertigt und dann abgeladen werden in der Hoffnung, inzwischen die Erlaubnis für seinen Aufbau zu erhalten.

Den Direktflug China–Hawaii, über den André sich so sehr freute, haben wir nicht geschafft. Dabei gerät fast in Vergessenheit, dass er alle bisherigen Rekorde in der Geschichte der Solarluftfahrt gebrochen hat, was Flugdauer und Flugentfernung von 44 Stunden und 3000 Kilometer angeht. Ja, viel mehr noch: Er blieb zwei Tage und zwei Nächte ohne Treibstoff in der Luft. In gewisser Hinsicht sollte das der schönste Tag in diesem Abenteuer sein; auf jeden Fall ist es der folgenschwerste… bis wir so schnell wie möglich mit den nächsten Etappen unserer Weltumrundung starten können.

André

Ich bin soeben gelandet. Es ist drei Uhr morgens, endlich kann ich mich hinlegen. Das Flugzeug bleibt draußen und wird die ganze Zeit von der Bodenmannschaft gehalten. In den nächsten 24 Stunden kommt es zu stärkeren Unwettern. Sehr kurze Nachtruhe. Ich höre, dass der Flughafen den mobilen Hangar erlaubt, aber nicht seine Verankerung im Boden.

Das ist aber entscheidend, weil er sonst beim geringsten Windstoß davonfliegt. Wir prüfen alle technischen Möglichkeiten. In den 1980er-Jahren habe ich ein Jahr in Tokio gearbeitet und verstehe die japanische Arbeitswelt daher ein wenig. Es ist klar, dass wir niemals eine Erlaubnis bekommen, Löcher in den Betonboden zu bohren. Dafür wäre die Zustimmung von zu vielen Personen nötig. Der Monsun setzt ein und man muss mit stürmischen Winden rechnen. Wir beschließen, 300 Tonnen schwere Betonblöcke heranzuschaffen. Unsere Partner, die Technikkonzerne ABB (Asea Brown Boveri) und Schindler, arbeiten Tag und Nacht an der erfolgreichen Durchführung dieses Plans. Dutzende Lastwagen liefern die Blöcke in der folgenden Nacht.

In der Zwischenzeit konnte das Logistikteam die Zollformalitäten für den mobilen Hangar erledigen. Für Damien und Nils ist die Lage äußerst angespannt, weil ihnen nur wenige Stunden bleiben, um ihn unter starkem Regen und Wind aufzubauen. Sie hätten dabei die ganze Nacht über gerne meine Unterstützung gehabt und werfen mir am nächsten Tag meine Abwesenheit vor. Ich sage ihnen ganz klar, dass ich in einer solchen Situation *ihre* vollständige Unterstützung brauche. Ich weiß, dass sie in der Lage sind, alles Erforderliche zu tun. Normalerweise stehe ich in Notfällen zur Verfügung, aber in diesem Fall musste ich mich den ganzen Tag mit technischen und administrativen Fragen beschäftigen und die Pressekonferenz am nächsten Morgen vorbereiten. Ich hatte keine andere Wahl. Solche Momente, die jeden dazu bringen, sich selbst zu übertreffen, machen uns als Team stärker. Ich wusste zudem, wenn es einen Ausweg gibt, dann würden sie ihn auch finden. Diese Erfahrung hat wahrscheinlich ihr Selbstvertrauen gesteigert.

Wir sind knapp einer Katastrophe entgangen. Ein Stopp in Japan galt als sehr gefährlich, und ich wollte ihn um jeden Preis vermeiden. Die Jungs vom Kontrollzentrum haben überhaupt keine Vorstellung entwickelt, was da auf uns zukam. Sie waren einfach erleichtert, dass ich nicht über den Pazifik flog, und gingen in den Yacht Club von Monaco, um Champagner zu trinken. Als Folge des Drucks, unter dem sie standen, war für sie kurz nach meiner Landung ihre Aufgabe beendet. Sie sollte aber erst zu Ende sein, nachdem das Flugzeug im Hangar völlig in Sicherheit war. Das Kontrollzentrum, das den Gesamtüberblick besaß, hätte den jeweiligen Teams alle Informationen geben müssen, sobald ein Stopp in Japan immer wahrscheinlicher wurde.

Bertrand

Es war nicht die Aufgabe des Kontrollzentrums in Monaco, diese Lastwagentransporte zu organisieren. Bei der Logistik kam es also zu einem Missverständnis, und so saßen die meisten Mitglieder des Teams wegen des schlechten Wetters zehn Stunden lang auf dem Flughafen von Nanjing fest. Zu meiner Überraschung nahm ich das Kontrollzentrum in Schutz, dem ich noch vor einigen Wochen alle Schuld gegeben hatte.

Ich warte jetzt auf eine Nachbesprechung, so wie ein Schiedsrichter ein schwieriges Spiel erwartet. André greift sofort an:

»Ich fühle mich wie ein unnötiges und unerwünschtes Objekt im Cockpit. Als ihr mich über dem Japanischen Meer warten ließet, hätte ich aufsteigen müssen, um Sonnenenergie zu tanken, aber ihr habt es mir verboten.«

»Dadurch wärst du in die falsche Richtung abgedriftet.«

»Das stimmt nicht, je mehr ich aufstieg, desto weniger bin ich abgedriftet. Das beweist, dass ihr einfach nicht auf mich hört! Ihr habt eure Vorstellungen im Kopf, dabei sehe nur ich, wie die Realität vor Ort aussieht, und darüber macht ihr euch noch lustig!«

Da ist sie wieder, die ewige Meinungsverschiedenheit zwischen dem Kontrollzentrum und dem Piloten während des Fluges. Es sind zwei verschiedene Welten: das theoretische Modell aus der Distanz und die konkrete Realität vor Ort. Der Unterschied kann solche Ausmaße annehmen, dass die Astronauten der Raumstation einmal ihre Funkanlage ausschalteten, um nicht mehr die Ansagen des Bodenteams zu hören.

Nun muss André erleben, was ich auf meinen früheren Flügen empfunden habe. Der einzige Unterschied ist aber, dass ich dieses Mal im Kontrollzentrum bin und die Vorgänge aus einer anderen Perspektive sehe. Der gute Wille des Teams, das Flughandbuch und alle Regeln streng zu beachten, ist für mich ganz offenkundig, aber ebenso auch der Mangel an Einfühlungsvermögen, was bei Ingenieuren und Statistikexperten ja nicht selten der Fall ist.

Nach seiner Gewohnheit setzt Peter Frei noch einen drauf:

»Du bist zu hoch gestiegen, 29000 Fuß statt 28000 Fuß.«

«Vor mir waren Wolken, und ich habe euch gesagt, dass ich ihnen ausweichen musste.«

»Für dieses Flugzeug gibt es in Abhängigkeit von Temperatur und Luftdruck eine maximale Flughöhe.«

»300 Meter machen wirklich keinen Unterschied.«

»Irgendwo muss man ja die Grenze ziehen und Ingenieure wissen, wo genau.«

»Ich hatte Lust, das Satellitentelefon auszuschalten. Ich glaube, das nächste Mal mache ich es auch.«

Ich begreife jetzt, dass André sich nach diesem wunderbaren Flug für unverwundbar hält. Ich hatte nach einem besonders intensiven Flug die gleiche Empfindung, und die Nachbesprechung wirkt dann immer wie eine kalte Dusche. Das gilt vor allem, wenn telefoniert wird; steht man sich gegenüber, ist es anders.

Peter lässt nicht locker:

»Ich frage mich, wie wohl die Leute vom Bundesamt für Zivilluftfahrt reagieren, wenn ich ihnen die Aufnahme unserer Diskussion vorspielte.«

»Ich fasse es nicht; zu welchem Team gehörst du eigentlich, Peter?«

André kann sich diese Antwort erlauben, ich nicht. Niemals. Vielleicht würde er sich zurückhalten, wenn er die betretenen Gesichter der für diese Aufgabe zuständigen Ingenieure am Klubtisch in Monaco sehen könnte.

Das Sicherheitsteam sieht sich auf die Rolle eines Polizisten reduziert, dabei will es einen Beitrag zur Sicherheit des Flugzeugs und des Piloten leisten. Es liegt an ihrem fehlenden Abenteuergeist, der André und mich reagieren lässt. Selbst Greg lässt uns im Stich und lacht:

»Hört auf, ihre Theorien mit euren realen Fakten zu stören!«

Wir hatten dieses Thema in Zermatt an dem Wochenende zur Teamentwicklung behandelt und stoßen erneut auf das Kernproblem.

André

Der Stopp zieht schwerwiegendere Folgen nach sich, als vorauszusehen war. Wir sind alle erschöpft, enttäuscht und demotiviert. In diesem Stadium müssen wir uns zusammenschließen und wieder einen Zusammenhalt finden.

Das Flugzeug ist gerettet. Doch sind die Schaltungen durch den Regen beschädigt und das Tragwerk durch den Wind in Mitleidenschaft gezogen worden? Gibt es noch weitere Probleme?

Genau in diesem Moment versagt plötzlich der Gleichspannungswandler DC2 im mobilen Hangar in Nagoya, als das Cockpit für Wartungsarbeiten beleuchtet war. Er ist einer der drei Stromrichter zur Umwandlung von 300 Volt in 24 Volt für die Bordinstrumente, die Motorsteuerung, die Solarmodule und Batterien. Ein Drittel des elektrischen Systems ist damit ausgefallen. Ohne die Rückkehr nach Nagoya wäre die Panne in der Mitte des Fluges nach Hawaii eingetreten. Die Diagnose ist eindeutig: 300 Volt sind für die Dioden über die ganze Flugzeit eine zu große Belastung. Eine platzte wegen vorzeitigen Verschleißes. Daher hat die andere Diode DC1 sicher keine lange Lebensdauer mehr. Mit unserem erzwungenen Zwischenstopp haben wir offenbar verdammt viel Glück gehabt.

Dieses Mal zwingt uns die Technik, am Boden zu bleiben. Wir schicken die Stromrichter in die Schweiz zurück, der Umbau dauert eine Woche. Das Sicherheitsteam verlangt nun nach all diesen Vorfällen einen Test während des Fluges bei der nächsten Etappe: Das Flugzeug soll auf eine Höhe von 20000 Fuß steigen und dann sehr schnell wieder nach unten sinken, damit sie uns das reibungslose Funktionieren aller Systeme bestätigen können, bevor der Flug über den Pazifik in Angriff genommen wird. Nach meiner Überzeugung schafft dieser Test mehr Risiken, als er verringert. Da meine Strategie immer war, das Verantwortungsgefühl der Teammitglieder zu stärken, verzichte ich darauf, meinen Standpunkt durchzusetzen. Vielleicht irre ich mich.

Bertrand

Am 15. Juni scheint die Wetterlage für den 17. Juni sehr günstig zu sein: Es ist die Wetterlage schlechthin in diesem Jahr. Das einzige Problem ist der Start in der Nacht zwischen Cumuluswolken; eine Rückkehr nach Nagoya im Fall einer Panne wäre ausgeschlossen. Für André und mich ist das kein Grund, mit dem Start zu zögern. Es kommt zu keiner Kraftprobe mit dem Sicherheitsteam, weil die Wettervorhersage statt der Cumuluswolken eine Regenfront ankündigt. Ein weiteres Mal müssen wir den Countdown abbrechen.

Das ist einer jener sehr bitteren Momente, wie es sie in allen abenteuerlichen Unternehmungen gibt. Wer sie nicht aushält, soll etwas anderes tun, aber keine Weltumrundung in einem Solarflugzeug anstreben.

Eines wird immer deutlicher: Unser Rundflug endet nicht im Jahr 2015. Ich möchte es spontan unseren Partnern mitteilen: Sie sichern mir in einer großartigen Reaktion ihre Unterstützung zu. Fällt die Antwort genauso aus, wenn ich von ihnen zusätzliche Mittel verlangen muss, um nächstes Jahr weiterzumachen?

Die Medien fragen sich, ob wir erfolgreich sein werden. Nachdem eine Reihe von Flügen über Asien relativ problemlos verliefen, erkennen sie endlich, wie groß die Schwierigkeiten bei diesem Abenteuer sind.

Natürlich gibt es einige, die bei diesem ersten Abbruch eines Fluges sofort an einen Misserfolg unseres Projekts denken. Das zeigt, welche Einstellung sie haben! Die ersten kritischen Bemerkungen kommen auch:

»Ein Solarflugzeug kann nicht ohne Sonne fliegen.«

Ich antworte lachend:

»Und Ihr Auto kann ohne Tankstellen fahren?«

In einem Artikel wird sogar behauptet, wir würden unsere Batterien bei jedem Zwischenstopp am Stromnetz wieder aufladen. So etwas regt mich wirklich auf, weil es vollkommen falsch ist. Wie kann man ein derart dummes Zeug daherreden?

Letztendlich aber ist nunmehr jeder an Solar Impulse interessiert, sei es als bewundernder Unterstützer oder als einer der frustrierten Gegner, die behaupten: »Das ist der Beweis, dass erneuerbare Energien nicht verlässlich sind.«

Ich bin zuversichtlich, dass ich nicht in diese Falle gerate. Sollten wir unser Ziel verfehlen, dann aus meteorologischen und aeronautischen Gründen, die nichts, aber auch gar nichts mit der Verlässlichkeit erneuerbarer Energien zu tun haben. Die einzige Möglichkeit, diesem Unsinn ein Ende zu bereiten, ist der Erfolg, von dem wir noch sehr weit entfernt sind. Wir sind aber zum Erfolg verdammt, ansonsten hält man uns unsere Botschaft ständig vor die Nase.

André

Peter will das Projekt verlassen, weil man, wie er sagt, nicht mehr auf ihn hört. Zu Recht, denn er macht allen Angst. Ich rufe ihn an. Seine Anwesenheit ist notwendig. Solche atmosphärischen Störungen muss man doch in den Griff kriegen, verflixt noch mal! Er willigt ein zu bleiben, aber welch ein Druck!

In der kommenden Woche werden die reparierten Stromrichter zurückkommen. Dann können wir weitermachen. Aber zum jetzigen Zeitpunkt bereiten wir uns auf alle Eventualitäten vor: in Japan bleiben zu müssen oder, schlimmer noch, das Flugzeug in die Schweiz zurückzubringen. Ich will hier nicht wie in einer Falle sitzen und von Taifunen vernichtet werden. Der Monsun zieht gerade von Süden her. Der mobile Hangar reicht zum Schutz des Flugzeugs nicht mehr aus. Es gibt so viele Parameter zu beachten, dass man überall Risiken sieht. Die Verwendung von Modellen ist eine gute Sache, aber das Modell darf nicht die Entscheidung an unserer Stelle treffen.

Bertrand

Mitten in dieser nicht enden wollenden Wartezeit meint es das Schicksal plötzlich gut mit mir. Als ich in ein Restaurant gehen will, irre ich mich in der Straße und treffe den Neffen eines Kinderfreundes meines Vaters:

»Ich bin Casimir de Rham. Ich möchte gern euer Kontrollzentrum besuchen und euch finanziell unterstützen.«

Zwei Wochen später wurde Casimir ein hilfreicher Engel und hat die durch den unvorhergesehenen Zwischenstopp in Japan verursachte Überschreitung des Budgets bezahlt. Manchmal lohnt es sich, sich zu verirren!

Aber nicht alles läuft so erfreulich, wie die Fernabstimmung zwischen Nagoya, Monaco und Dübendorf zeigt. Einige beunruhigt der Zustand des Flugzeugs. Bevor der mobile Hangar aufgeblasen wurde, stand er mehrere Stunden im strömenden Regen, und die Schutzabdeckung beschädigte die Kante eines Querruders. Für Röbi ist das Problem gelöst: dank des Treibhauseffekts im mobilen Hangar ist das Flugzeug so trocken wie noch nie. Und das Querruder wurde repariert. Doch aus der Ferne kommt vom Sicherheitsteam eine Frage nach der anderen:

»Was wäre, wenn alle Sonnenpaneele mit einem Schlag ausfielen?«

»Und wenn alle Bremsklappen blockiert sind?«

»Eine Solarzelle könnte in Brand geraten!«

»Bei genügender Restfeuchte könnte sie im Fachwerk gefrieren und die Karbonschichten auflösen.«

Das wird ein Wettstreit um die absurdeste Hypothese. Ich beiße mir auf die Lippen, um nicht zu antworten:

»Wenn eine Solarzelle brennt und das Flugzeug ist noch nass, dann wird das Wasser den Brand löschen.«

Niemand hätte verstanden, dass es sich um einen Scherz handelt. Wir befinden uns mitten in einem Psychodrama. Die Situation ist endgültig aus dem Ruder gelaufen und wir werden es sehr teuer bezahlen. Für Röbi ist das Flugzeug startbereit. Für das Sicherheitsteam muss vor dem Flug nach Hawaii noch ein Testflug stattfinden, was aber unmöglich ist: Weder die Japaner noch die Wetterprognose gestatten es, morgens zu starten und abends wieder an denselben Ort zurückzukehren. Außerdem darf das Wort »Test« nicht fallen, um nicht die Aufmerksamkeit der Behörden auf uns zu lenken.

Wir einigen uns darauf, die notwendigen Überprüfungen sofort nach dem Start in Richtung Hawaii vorzunehmen und weiterzufliegen, wenn wir festgestellt haben, dass alles gut funktioniert.

André wagt zu fragen:

»Können wir uns nicht am Anfang des Fluges den Test der Bremsklappen ersparen? Mit unseren bisherigen Problemen hat er ja nichts zu tun.«

Ein vorwurfsvoller Aufschrei der Gegenseite erstickt jeden Wunsch nach einer Vereinfachung. Tatsache ist, dass André und ich ganz einfach die Kontrolle über unser Projekt verloren haben. Die Strategie von André bestand darin, jeden mit einzubeziehen und ihn dadurch zum Handeln zu ermutigen. Verstanden wurde sie aber als Aufforderung, bei einem Unglücksfall die Verantwortung zu übernehmen, und das lähmt jede Aktion.

Es gibt immer noch diese zwei Aspekte: die Mission als ein Risiko, wofür das Sicherheitsteam einsteht, und das Gesamtprojekt als Risiko, das André und ich beurteilen müssen. Aber diese Tatsache kommt überhaupt nicht an.

Ich habe trotzdem versucht, sie dem Team begreiflich zu machen, und habe dafür in einer E-Mail die Verantwortung eines jeden von uns genau umrissen:

Zu Beginn des Projekts wussten André und ich, dass auf uns schwierige Situationen warten. In einigen Tagen geben wir grünes Licht für die Überquerung des Ozeans, die eine bedeutende Premiere ist. Wir brauchen eure Ratschläge, eure Unterstützung und eure Ideen, aber letztlich ist es unsere Aufgabe, diese Entscheidung zu treffen. Die Verantwortung ruht allein auf unseren Schultern.
Vielleicht wird es ein Triumph sein, vielleicht eine Tragödie. In diesem Fall teilt ihr mit uns unsere Traurigkeit, aber ihr müsst nicht unsere Verantwortung mittragen. Ihr müsst euch nicht schuldig fühlen wegen der Entscheidungen, die wir treffen.
Wir haben Vertrauen in eure Arbeit und sind uns der drohenden Gefahren bewusst. Aber es ist unser Wille, diese Risiken einzugehen, weil wir glauben, dass die Sache der Mühe wert ist. Wir sind Forscher, wir glauben an die Kraft kühner Visionen, und unsere Botschaft zur Förderung sauberer Technologien bringt der Welt Nutzen.
Kurz gesagt: André und ich teilen den Erfolg mit euch, aber den Misserfolg wollen wir allein tragen.

Ich glaube nicht, dass ich je ein so überflüssiges Schreiben verfasst habe. Die Reaktionen lassen auch nicht auf sich warten:

»Von der Verantwortung einmal abgesehen – das Leben

aller Teammitglieder wäre zerbrochen, wenn einer von euch sterben würde…«

»Es ist unsere Pflicht, eure Sicherheit zu gewährleisten…«

»Das Flugzeug wurde doch nicht gebaut, um dann im Meer zu versinken…«

»Wir lieben euch einfach zu sehr, als euch ohne eine Taschenlampe in die Dunkelheit zu schicken. Und weil eine einzige Lampe ausfallen kann und ihr mit zwei Lampen keinen Mittelwert bilden könnt, braucht ihr folglich drei…«

André

Ich frage mich, ob es uns gelingt, eines Tages von hier abzufliegen. Liegt es vielleicht an unseren Anforderungen, die den Flug über den Pazifik verhindern? Die japanischen Behörden haben genug von uns. Ihre Vorgehensweise ist der unseren diametral entgegengesetzt. Sie verlangen einen Plan und an den muss man sich auch halten. Wir dagegen sind unberechenbar und treffen unsere Entscheidungen erst im letzten Moment. Die Japaner wollen schon fünf Tage im Voraus unseren Plan. Das ist unmöglich, aber da sie darauf bestehen, legen wir ihnen jeden Tag einen vor, den wir anschließend annullieren. Nach einiger Zeit beschweren sie sich, dass wir ständig annullieren. Leicht ist es nicht, beide kulturellen Eigenarten zu verbinden.

Unser Flughafen ist kein internationaler Verkehrsflughafen. Als Ausländer hatte ich eine besondere Landeerlaubnis. In diesem Fall zeigten die Behörden eine gewisse Flexibilität. Dennoch muss ich, wenn ich an einen Start denke, die Einwanderungsbehörde aufsuchen, die eine Autostunde entfernt ist. Ich verliere jedes Mal drei Stunden Zeit, und wenn der Flug verschoben wird, dann muss ich erneut dorthin.

Ich habe ein Visum als Pilot, das aber ausschließlich für den Bereich der Präfektur gültig ist. Wenn ich nach Tokio gehe, um mit den Luftfahrtbehörden über Alternativen zu sprechen, muss ich wieder zur Einwanderungsbehörde, um eine Reiseerlaubnis zu bekommen. Niki San vermittelt zwischen dem

Team von Solar Impulse und der japanischen Verwaltung. Sein Vorgesetzter sagte zu ihm: »Du unterstützt diese Leute.« Da wir 24 Stunden im Schichtdienst arbeiten, blieb Niki San mehrere Tage ohne Schlaf. Dann brach er todmüde zusammen. Da habe ich begriffen, was die japanische Kultur unter »Einsatz« versteht: eine Anweisung nicht nur dem Sinn nach, sondern buchstabengetreu zu befolgen. Jedes Detail ist eine Frage der Ehre.

Bertrand

Montag, 22. Juni. Seit einigen Tagen kündigen Luc und Wim ein Hochdruckgebiet über dem Pazifik an, was keine weiteren Störungen zulassen wird. Die Dioden DC1 und DC2 kamen in der Businessclass nach Reparaturarbeiten wieder zurück und wurden erfolgreich in das Cockpit eingebaut. Angesichts solcher ermutigender Aussichten sind wir voller Energie und niemand will die negative Entwicklung sehen, die sich bei der Besprechung der Wetterlage abzeichnet. Wir halten an dieser Hochdrucklage wie an einem Mythos fest, alle Hoffnungen richten sich auf sie. Der Start erfolgt nach der Uhrzeit in Monaco und ist für den Abend des nächsten Tages vorgesehen. Die Lagebesprechung findet um zwei Uhr morgens statt. Einer Regenfront ist die Geschichte mit der Hochdrucklage gleichgültig und sie nähert sich von Osten. Wir müssen die Route verlängern, um das Hindernis zu umfliegen. Ein ungewöhnlicher Ausweg tut sich auf: ein Direktflug nach Vancouver, das würde uns über Hawaii den sehr langen und gefährlichen Sinkflug mit mächtigen Seitenwinden ersparen. Das wäre eine fantastische Leistung, die André völlig über seinen erzwungenen Zwischenstopp in Japan trösten würde. Die Wetterprognosen für diese neue Route können nichts über Wolkenverhältnisse und Niederschläge aussagen. Uns fehlt der nötige zeitliche Abstand. Nur die Höhenwinde scheinen günstig zu sein.

Am Dienstag um 14 Uhr, noch vor der anstehenden Besprechung der Wetterlage, treffen wir die Entscheidung zum Start. Die Regenfront kommt näher, aber wir hoffen immer noch, ihr zuvorzukommen und sie passieren zu können, bevor die Route vollständig zu ist.

Wir suchen nur nach den Anzeichen, die uns in unserer Gewissheit bestärken. Der Missionschef eröffnet die Besprechung:

»Brauchen wir wirklich noch das Fahnenritual?«

Ich antworte:

»Warum sollen wir jetzt plötzlich von dem Brauch abrücken unter dem Vorwand, dass wir uns alle über den Flug dorthin einig sind. Für Hawaii stimme ich mit Orange, aber mit Grün für den Start, weil die Möglichkeit besteht, nach Vancouver zu fliegen.«

Für den Schlaf fehlt André die Zeit. In Nagoya und Monaco ist ein großes Medienaufgebot zusammengekommen.

Für den Start in fünf Stunden laufen die Vorbereitungen. André sitzt schon startbereit im Cockpit, als ich gerufen werde. Eleonora zeigt mir ein weißes Wolkenband auf der Route von Si2. Die Front ist noch näher gekommen und blockiert völlig die vorgesehene Strecke. Ich bin fassungslos. Für eine Entscheidung bleiben fünf Minuten. Luc meint, Vancouver bleibe eine gute Option, aber niemand hat die Zeit, sie ausführlich zu prüfen. Auf jeden Fall müsste vor der kanadischen Küste eine Regenfront durchquert werden. Von den Japanern bekommen wir eine Frist von einer Stunde. Ich benachrichtige André und halte mich abwechselnd beim Wetterbericht und der Computersimulation auf. In dieser so kurzen Zeit ist es sehr schwer, die Art, Höhe und Gefährlichkeit der Wolken präzise zu bestimmen und zu sagen, ob Si2 sie durchqueren kann oder nicht.

Die Japaner ihrerseits haben uns soeben schriftlich mitgeteilt, dass ein Start verboten ist, wenn die Wetterlage das Risiko einer Rückkehr einschließt. Das bedeutet, dass überhaupt kein anderer Flughafen uns landen lässt, auch nicht bei einem technischen Problem. Die vom Sicherheitsteam erzwungenen Testflüge, die Dauer der vom Flughafen erlaubten Blockierung der Piste sowie der Wettlauf mit der Zeit, um das Flugzeug wieder in den mobilen Hangar zurückzubringen, damit die Morgensonne es nicht zum Schmelzen bringt – das alles zusammen ist wie die Quadratur des Kreises. Ich bin von unseren Problemen und der verrinnenden Zeit völlig überfordert und rufe schweren Herzens André an:

»Ich weiß nicht, ob eine Annullierung richtig ist, aber wir alle halten jetzt einen Start für falsch.«

Michael dankt mir, mit Tränen in den Augen.

Andrés Stimme kling sehr ruhig:

»Wenn ihr glaubt, man müsse annullieren, dann schließe ich mich dieser Entscheidung an.«

In seiner Stimme ist keine Spur von Enttäuschung; das überrascht mich, da ich ihn kenne und weiß, dass es sich ganz anders verhält. Er war schon mitten im Flug wie in einer Art Blase, die er bei seiner Antwort noch nicht verlassen hatte.

Erst später, bei der Nachbesprechung, zeigt sich seine Enttäuschung, als er alle möglichen Abläufe rückwirkend durchspielt:

»Wir hätten wenigstens starten können und damit den Testflug vom Halse gehabt!«

»Die Japaner lehnten ab.«

»Ihr habt deren E-Mail nicht richtig verstanden. Sie wären schon einverstanden gewesen, aber ihr in Monaco habt einen Tunnelblick, der euch an den richtigen Entscheidungen hindert.«

Es stimmt, die Mitteilung der Japaner konnte auch anders interpretiert werden. André fährt fort:

»Warum sind wir nicht am Abend zuvor gestartet, als in Nagoya schönstes Wetter herrschte?«

»Es regnete zur vorgesehenen Startzeit.«

»Ich habe keine einzige Wolke gesehen.«

»Warst du um drei Uhr morgens schon auf?«

Wim wehrt sich mit aller Kraft, aber André muss sich einfach abreagieren.

»Und warum war von der Route über Vancouver nicht mehr die Rede?«

»Vancouver war nur ein letzter Ausweg, nicht Bestandteil unserer Hauptstrategie.«

Ich komme Wim zu Hilfe:

»André, dein Wunsch war, dass ich dich mit der Welt der Forschung vertraut mache. Und das ist jetzt der Fall! Die Forschung besteht eben auch aus Enttäuschung, Frustration und Angst, nicht nur aus lauter Erfolgsmeldungen.«

André

Die Wetterprognosen werden kontinuierlich unpräziser. Für die kommenden vier bis fünf Tage sind sie derart ungenau, dass eine Planung immer schwieriger wird. Es scheint, als sei der Pazifik nicht zu überwinden und als ob alles sein Ende finde. In Wirklichkeit liegt es aber an der Ungenauigkeit der Modelle. Man beginnt mit einem günstigen Wetterfenster, das sich zum Zeitpunkt des Starts verschlechtert. Unsere Sorge, Japan vor Eintreffen des Monsuns nicht verlassen zu können, wird immer größer. Ich suche nach Alternativen, die eine Entscheidung möglich machen, ohne dass wir wegen des Drucks, unter dem wir stehen, übereilt vorgehen. Ich denke an den Flughafen Neu-Chitose auf der Insel Hokkaido. Er liegt so weit im Norden, dass er vor dem Monsun geschützt ist.

Greg und ich sprechen mit der Flughafenbehörde. 25 Personen warten auf uns. Der Empfang ist typisch japanisch. Niemand steht auf, keiner begrüßt uns. Ich erläutere ihnen unsere Situation. Der Dolmetscher übersetzt die Antwort:

»Wir wollen nicht, dass Sie hierherkommen. Wir sind nur bereit, über eine Landung zu reden, wenn es sich um einen Notfall handelt.«

Wir diskutieren noch fünf Stunden, dann sind sie einverstanden. Zu Beginn sagen sie immer »nein«. Dennoch fällt es mir schwer zu glauben, dass wir noch in diesem Jahr in Hawaii landen.

14

Der Point of no Return

Bertrand

Für das Team folgen bittere Tage; dann beginnt André wieder Pläne zu schmieden. Er ist jemand, der ganz auf das Tun ausgerichtet ist und weniger auf das Sein. Die Untätigkeit macht ihn krank, nicht so sehr eine Missstimmung. Sobald er sich mit einem Problem herumschlagen muss, fühlt er sich besser und sieht optimistisch in die Zukunft. Nun hat er die Absicht, einen Container mit Werkzeugen nach Japan kommen zu lassen, um das Flugzeug auseinanderzubauen und nach Sapporo zu transportieren, wo er ein Zelt aufstellen will; außerdem denkt er über Einsparungen im Budget nach. Das alles lässt mich zusammenschrecken. André fühlt sich sehr wohl, ich aber überhaupt nicht!

Die nächsten Tage wird es in Nagoya regnen. Ein Start scheint unmöglich, gleichgültig, wie es über dem Pazifik aussieht.

Am Freitag, bei der täglichen Besprechung im Kontrollzentrum in Monaco, wird ein Wetterfenster für Sonntag bemerkt. Schon wieder eines, denn seit acht Wochen gibt es jeden dritten Tag welche, die sich aber wieder von ganz allein schließen. Ein besonderer Grund zur Freude liegt nicht vor. Wir hören den Meteorologen mit halbem Ohr zu. Aber die Augen von Luc strahlen:

»Das Hochdruckgebiet ist immer noch da!«

»Und die Startbedingungen?«

»In meinen Prognosen keine Spur von Regen.«

Das Wetterfenster ist am Samstag um 14 Uhr für einen Start immer noch günstig. Er findet zeitlich für Monaco am Sonntagabend statt, für Nagoya am Montagmorgen. Die Simulationen lassen eine zu geringe Energiedichte der Batterien am Ende der vierten oder fünften Nacht erkennen sowie Zirruswolken zu Beginn des Fluges. Ich bin verblüfft, als Michael vorschlägt, diese Option nicht weiter zu verfolgen:

»Ruhen wir uns erst einmal aus, und wenn wir wieder fit sind, dann schauen wir, ob sich nicht eine überzeugendere Möglichkeit bietet.«

Alle sind resigniert, nur Luc und Wim nicht, die mir verzweifelte Blicke zuwerfen, weil sie das Suchen nie aufgeben.

Ich schätze Michael sehr und zweifle keine Sekunde an seinem totalen Einsatz, aber hier glaube ich, dass er sich täuscht, und schalte mich ein:

»Bis jetzt haben wir immer für mehrere Tage im Voraus günstige Wetterfenster untersucht, die sich dann mit der Zeit zu schließen pflegten. Kehren wir doch unsere Vorgehensweise um und verfolgen das Wetterfenster hier, das nicht ganz perfekt ist, weiter und schauen, ob es sich in die gewünschte Richtung entwickelt. Mit dem Strand wird es nichts mehr, dafür ein anderes Mal!«

Alle haben nun eine Menge Arbeit vor sich und dazu noch die Aussicht auf eine neue Lagebesprechung um Mitternacht.

Das Wetterfenster ist immer noch gut. Der Countdown beginnt, aber ich beschließe, jede Kommunikation zu unterlassen. Wir müssen um jeden Preis die Demütigung vom vergangenen Dienstag vermeiden. Es gibt keine Einladung und keinen Hinweis in unseren sozialen Netzwerken, überhaupt nichts, bevor André nicht den Point of no Return erreicht hat, den Moment, der André acht Stunden nach dem Start zwingt, seinen Flug nach Hawaii definitiv fortzusetzen. Dann allerdings wird es ein Freudenfeuerwerk geben!

Am Sonntag wird um 14 Uhr der Flug bestätigt. Unter den vielen grünen Flaggen hebt sich die einzige gelbe Flagge von Nils ab, der befürchtet, dass der Nachtwind die Öffnung des mobilen Hangars verhindert. Er ist sich nicht sicher, ob er die vier Stunden Windstille, die er mindestens braucht, zur Verfügung hat. Vielleicht bekommen wir nicht einmal das Flugzeug aus dem Hangar … Das ist ein weiterer Grund, unsere Vorbereitungen unbemerkt durchzuführen.

Der lokale Wind hört früher auf als gedacht, Si2 wird zur Piste gerollt und André geht an Bord. In diesem Augenblick erreicht uns eine E-Mail des Sicherheitsteams:

»Die Batterien haben am vierten und fünften Tag morgens nicht genügend Energie. Wir stimmen einem Wartungsflug zu, empfehlen aber nachdrücklich die Rückkehr nach Nagoya.«

Es ist ausgeschlossen, dass wir auf dieses Wetterfenster verzichten, ohne zu kämpfen. Die drei Ingenieure von Altran sind einstimmig anderer Meinung:

»Keine Panik. Die Batterieleistung für die letzten zwei Tage wurde noch nicht optimiert, wir kümmern uns in den kommenden Stunden darum.«

Fürst Albert ist zu uns gekommen. Er soll das Startzeichen geben.

Bevor ich ihm das Mikrofon reiche, sage ich zu André: »Auch wenn wir uns entschieden haben, um den Start kein großes Aufhebens zu machen, darf ich dir versichern, dass ich sehr bewegt bin.«

André

29. Juni. Drei Uhr morgens. Ein Start in absoluter Diskretion. Jetzt beginnt mein Flug nach Hawaii. Ich fühle mich wohl, kann aber kaum glauben, dass alles gut abläuft. Yasemin dagegen ist beunruhigt und das macht mich traurig. Ich vertraue dem Kontrollzentrum und den Ingenieuren. Und doch spüre ich ständig ein seltsames Gefühl, als wäre ich hochnäsig. Wahrscheinlich glaube ich nicht ganz daran.

Ich betätige den Autopiloten und schon habe ich ein erstes Problem. Ich muss ihn sofort neu laden. Nach drei Versuchen hat der Stromrichter eine Panne. Einige Instrumente fallen zeitweilig aus. Die halbe Instrumententafel ist schwarz!

Die Panne macht mir Sorgen. Was geschieht, wenn sie sich wiederholt? Habe ich sie selbst ausgelöst? Das gibt dem Start, recht überlegt, eine ganz besondere Note. Ich spreche mit dem Flugzeug:

»Auf jetzt, alter Kamerad, wir fliegen bis nach Hawaii.«

Eine zweite Panne. Das Überwachungssystem – ein virtueller Kopilot – lässt mich von Neuem im Stich. Auch das noch! Alle acht Minuten ertönt ein Alarmsignal. Ein normales Funktionieren kann ich nicht herstellen. Ich schalte das System ab. Die Ingenieure melden sich wieder: Zwar bleibt die erste Panne ohne Konsequenzen, aber nicht die zweite.

Die Ingenieure wollen mit einer Testphase beginnen, trotz der Vorbehalte von Bertrand und mir. Ich soll so schnell wie möglich auf 20000 Fuß steigen, das Flugzeug Minustemperaturen aussetzen und prüfen, ob Feuchtigkeitsrückstände die Schaltkreise blockieren und die Karbonfasern auflösen. Der sich anschließende schnelle Sinkflug mit ausgefahrenen Landeklappen soll die Festigkeit der Konstruktion kontrollieren. Ein Irrtum stellt sich bei den Batterien heraus: Sie entladen sich zu schnell und werden heiß. Die Japaner wissen nicht, was wir machen. Wir hatten uns entschieden, die Tests vertraulich zu halten, um ihnen keine Angst einzujagen. Müssten wir nach Nagoya zurückkehren, dann wäre eine stürmische Auseinandersetzung sehr wahrscheinlich.

Die Konstruktion des Flugzeugs ist in Ordnung, aber das Überwachungssystem bleibt ein Problem. Ich denke, dass ich es auf andere Weise lösen kann: Ich besitze noch ein zusätzliches, etwas einfacheres und nicht zertifiziertes Alarmsystem, das ich aber gut kenne und das mir helfen kann.

Zudem ändere ich meine Schlafposition, um im Notfall gleich am Steuerknüppel zu sein. Eine Nachricht muntert mich auf. Die Wetterprognose sagt gutes Wetter voraus, zum ersten Mal im Verlauf von zwei Monaten. Die Wetterfront, die ich auf dem Flug nach Hawaii durchqueren muss, eine undurchdringliche Mauer von Taiwan bis Alaska, schwächt sich ab.

Dennoch fordern die Ingenieure zur Umkehr auf. Ich habe ein mulmiges Gefühl im Magen. Ein wenig ist die Aufregung schuld, ein bisschen aber auch die Angst, weil ich mich nicht nach ihnen richte. Vor allem wegen Yasemin bin ich emotional sehr angespannt. Ich möchte ihr keine Angst machen, zumal sie noch mehr als vier Tage am Boden auf mich warten muss.

Bertrand

Von diesem Augenblick an müssen wir nicht mehr gegen die Elemente kämpfen, sondern gegen die menschliche Natur, gegen die äußerst konservativen und angstbesetzten Kräfte in unserem eigenen Team.
Es gibt unerträgliche Augenblicke voller Spannung und Tränen und ich hätte nie gedacht, dass sie mitten aus unserem Kontrollzentrum kommen.

Wir haben noch acht Stunden Zeit vor dem Point of no Return, acht Stunden für die Entscheidung, den Flug fortzusetzen oder abzubrechen. Als die DC2 erlosch, bevor sie sich selbst zurücksetzte, da war es so, als hörte die ganze Welt zu atmen auf. Die Elektriker eilen zu den Telemetrie-Displays. Es geht um den neuen, vor Kurzem eingebauten Stromrichter, der zwar am Boden getestet wurde, aber nie während eines Fluges. Ihre Gesichter verzerren sich. André hat wohl zu lange die Wiederaufladung des Autopiloten betrieben, was zu einer Überlastung des Systems führte. Das ist vielleicht noch hinnehmbar, aber doch beunruhigend.

Bei Tagesanbruch in Japan hat uns Altran ermutigende Energieprognosen mitgeteilt: Die DC2 macht keine neuen Schwierigkeiten, aber André musste die Sicherung des Überwachungssystems herausziehen, um das Alarmsignal abzustellen.

Die E-Mail des Sicherheitsteams trifft uns wie ein Blitz aus heiterem Himmel:

»Wir fordern euch eindringlich auf, nach Nagoya zurückzukehren und auf den Weiterflug nach Hawaii zu verzichten.«

André und ich hatten diese Situation nach dem vorausgehenden Flug schon einmal besprochen:

»Wärst du bereit, fünf Nächte ohne das Überwachungssystem zu fliegen?«

»Ja, für mich wäre das kein No-Go.«

»Ich bin damit völlig einverstanden.«

Ich stelle ihm über das Satellitentelefon erneut diese Frage, aber eine solche Entscheidung ist während des Fluges schwieriger zu treffen als am Boden …

Es bleiben drei Möglichkeiten, den Piloten beim Auftreten eines Problems zu wecken: das Alarmsignal, welches schrillt, sobald das Flugzeug nicht mehr korrekt fliegt; das Instrument Omega, das zu vibrieren anfängt; und das Kontrollzentrum, das über Telemetrie den Flug verfolgt und aus der Ferne mit einem dicken roten Knopf alle Alarmanlagen auslösen kann. Aber alle drei sind nicht zertifiziert.

Mit anderen Worten: Ausgerechnet das einzige zertifizierte System ist ausgefallen. Die Zertifizierungen führen zu schwierigen Behördengängen, deren Komplexität unsere Achillesferse wird.

Ich suche alle Mitglieder des Teams auf.

»Man kann doch nicht den Flug wegen eines Sicherheitssystems unterbrechen.«

»Leider doch, man muss es sogar!«

Die Ingenieure sind gegen eine Fortsetzung der Aktion, im Unterschied zu den Spezialisten der Mission, die für die Wetterlage und die Simulation zuständig sind, deren Meinung in diesem Fall nicht zählt.

Eine Rückkehr nach Japan wäre das Ende des Projekts. Ich bin zutiefst und felsenfest davon überzeugt, dass wir weitermachen müssen. In diesem Moment geschieht etwas sehr Beeindruckendes, als ob ich wüsste, dass André und ich eine Verabredung mit unserem Schicksal haben und nichts uns aufhalten kann. Es ist einer jener Momente des Lebens, wo die Zukunft sich in Umrissen abzeichnet. Ich weiß im Voraus, dass der Flug ein Erfolg wird. Es ist eine tiefe, aus dem Inneren aufsteigende Gewissheit.

Raymond vertraut mir an, dass er jede Entscheidung von uns unterstützt, aber er möchte zunächst allein mit André sprechen. Das macht mir Angst, weil ich bei Raymond ein leichtes Zögern spürte. Man muss vermeiden, dass er bei André Zweifel aufkommen lässt. Zunächst möchte ich mit André sprechen und mich versichern, dass wir auf derselben Wellenlänge sind, was auch zutrifft. André teilt meine Überzeugung, aber wir wissen schon, dass wir beide allein sind, wenn es darum geht, sie zu verteidigen.

Die Ingenieure kommen einer nach dem anderen zu mir und bitten mich nachdrücklich, den Flug abzubrechen, obwohl alle lebensnotwendigen Systeme des Flugzeugs einwandfrei funktionieren. Nur bei der Steuerung ist eine Panne aufgetreten, sonst keine andere, aber in rechtlicher Hinsicht ist Solar Impulse nicht mehr flugfähig.

André

Die Ingenieure sind wild entschlossen, den Weiterflug zu verhindern. Es bleibt nur noch wenig Zeit, dann ist der Point of no Return erreicht. Das Wetterfenster ist so günstig wie seit zwei Monaten nicht mehr. Die Wahrscheinlichkeit, für diese fünf Tage ein besseres zu finden, ist fast gleich null. Der Monsun kommt näher. Wenn wir den Pazifik jetzt nicht überqueren, dann verringern sich die Chancen einer Weltumrundung immer mehr. Wir wollten es uns nicht eingestehen, um unsere Kräfte zu schonen, aber diese unbestreitbare Tatsache traf uns dann doch wie ein Blitz. Wir hätten also dreizehn Jahre lang gearbeitet, um dann vor dem ersten ernsthaften Hindernis aufzugeben. Das Risiko, dass unsere Partner abspringen, ist groß.

In Monaco ist Bertrand fest entschlossen, das Projekt zu retten. Er verwendet seine ganze Energie darauf, die Teams zu überzeugen, dass es weitergehen muss. Ich analysiere als Pilot die möglichen Gefahren. Mit meiner Vorbereitung und meiner Erfahrung bin ich in der Lage, technische Ausfälle zu kompensieren. Mental bin ich gut gerüstet, um solche Situationen zu bewältigen. Ich wusste, dass eine derartige Entscheidung früher oder später auf uns zukommen würde, und das war jetzt der Fall. Wir müssen nach Hawaii fliegen, zum Nutzen des Projekts. Der Flug ist jetzt durchführbar, zu einem späteren Zeitpunkt nicht mehr. Bis heute haben wir Probleme vermieden, die mit Autorität zu tun haben. Nach all den schwierigen

Situationen, die wir gemeinsam erfolgreich bestanden haben, nehmen die Ingenieure durch ihr großes Engagement für das Projekt im wichtigsten Moment eine allzu konservative Haltung ein. Eine Spaltung zeichnet sich ab.

Ich denke wieder an das Risiko, das ich eingehe. Ich spreche darüber mit Raymond, der mir sagt:

»Es ist ganz deine Entscheidung. Du musst sie allein treffen. Lass dich von keiner Seite unter Druck setzen.«

Ich habe auch seine Unterstützung, wenn ich weitermache. Bertrand ist ebenfalls auf meiner Seite. Ich spüre seine Entschlossenheit. Ich kenne ihn, als wäre er mein Bruder. Er bestimmt die Richtung in Monaco, kampfbereit und hartnäckig wie ich auch. Für diesen Moment haben wir viele Jahre der Arbeit hinter uns. Selbst wenn Bertrand nicht mit mir im Flugzeug sitzt, so fliegen wir es doch gemeinsam. Die innere Einstellung ist dieselbe, auch unsere Vision. Aus seinen Ideen habe ich konkrete Entwürfe gemacht, die er dann auch verwirklichte. Die Vision ist nicht mehr nur seine, sondern gehört allen, die sich uns angeschlossen und an uns geglaubt haben.

Vom Cockpit aus halte ich eine Telefonkonferenz ab. Ich kann die Überquerung durchführen, brauche jedoch die Unterstützung der Teammitglieder. Ohne sie schaffe ich den Flug nicht. Sie müssen rund um die Uhr die gesamte Ausrüstung des Flugzeugs überwachen. Jeder soll sagen, wie er sich fühlt und wie seine Entscheidung aussieht. Alle sind gegen eine Fortsetzung des Unternehmens, aber versprechen mir eine rückhaltlose Unterstützung, sollte ich doch fliegen. Die Emotionen sind stark, ich spüre sie in jeder Stimme und auch bei mir. Meine Familie hört live über das Internet mit. Ich bin mir nicht sicher, ob ich das Recht habe, sie alle einer solchen Angst auszusetzen. Der Gedanke verfolgt mich bis in die kommende Nacht. Der Aufbruch über den Pazifik drängt: Jetzt oder nie! Aber ein Erfolg muss her, sonst kriegen wir eins vor den Latz!

Bertrand

Das Sicherheitsteam in Dübendorf ist völlig konsterniert, als es begreift, dass André und ich beschlossen haben, den Flug fortzusetzen:

»Wie können zwei besonnene Personen eine so unverantwortliche Entscheidung treffen«, meint Peter, dessen ruhige Stimme mich erst überrascht, bevor er, den Tränen nahe, fortfährt:

»Habt ihr auch an die Piloten gedacht, die auf See geblieben sind und nie mehr gefunden wurden?«

»Wenn du philosophisch wirst, Peter, dann lass mich von der Projektplanung reden …«

Bevor ich den Satz beenden konnte, höre ich aus dem Lautsprecher den Wählton des Telefons, weil Peter plötzlich aufgelegt hatte.

André teilt mit, dass wir das schönste Wetterfenster überhaupt haben. Er müsse aber sichergehen, dass das ganze Team hinter ihm steht. Mehrere Mitglieder hatten mit ihrem Rücktritt gedroht. Nun geben alle, einer nach dem andern, ihre Entscheidung bekannt.

»Ich bin gegen die Fortsetzung des Fluges, aber ich werde im Team bleiben, was immer ihr entscheidet.«

André möchte sie motivieren und ihnen zeigen, dass wir nicht hinter ihrem Rücken entscheiden, aber bei einigen kommt das schlecht an. Für sie ist unsere Entscheidung ein sogenanntes »Double bind«, eine doppelte Botschaft, die so lautet: »Ihr wollt nicht, dass ich weitermache, aber ihr akzeptiert dennoch, dass ich weitermache.« Es sieht so aus, als wolle André sie zu einer Billigung der Entscheidung zwingen. Den Ingenieuren wäre eine klare Anweisung zum Weitermachen lieber gewesen, anstatt sich selbst zu verpflichten, nicht aus einem fahrenden Zug zu springen.

Dieses Kapitel im Leben des Teams wird sicher für immer unabgeschlossen bleiben, kurzfristig jedoch haben wir das Projekt gerettet. Sehe ich aber die Leichenbittermienen um mich herum, könnte man annehmen, das Flugzeug sei schon ins Meer gestürzt. Es muss mir auf jeden Fall gelingen, ihnen wieder Mut zu machen, und ich sage ihnen, was der Kern einer Philosophie der Forschung ist:

Zum ersten Mal in der Geschichte von Solar Impulse gingen wir von unserer Sicherheit bietenden Gewohnheit ab, das Festland zu überfliegen, auf dem wir notfalls landen konnten. Im Falle des Pazifiks befindet sich das Team in der beängstigenden Situation, einen Sprung ins Unbekannte machen zu müssen. Das ist die eigentliche Definition der Forschung. Ich kann euch versichern, dass ich weiß, wie schwierig das ist, aber auch wie begeisternd und lohnend. Darin lag immer das Ziel unseres Projekts, wir haben es jedoch in den Jahren der Vorbereitung aus den Augen verloren. Vielleicht bleibt uns der Erfolg versagt, aber dann haben wir wenigstens den Versuch gewagt und das Bild von Pionieren gezeigt, die alles gegeben haben, was in ihren Kräften stand. Wenn wir erfolgreich sind, wird die Geschichte uns als Team und unsere Botschaft der sauberen Technologien nie vergessen. Aus diesem Grund arbeiten wir alle schon so lange Zeit zusammen. Wir können diesem Engagement nicht in einem schicksalhaften Augenblick untreu werden, nur weil unsere Herzen ein wenig schneller schlagen. Wenn wir nicht alle gemeinsam stark sind, werden wir keinen Erfolg haben.

Die Antwort von Yves Heller zeigt mir, dass ich die richtigen Worte gewählt habe:

»Das erinnert mich an ein Sprichwort, nach dem die Entdeckung eines neuen Kontinents nur gelingt, wenn man die bekannten Küsten nicht mehr sieht.«

In diesem Augenblick ruft uns Christophe Etter an: »Der Fluggastdatensatz meldet sich. Wenn ich André jetzt nicht sage, dass er höher steigen muss, dann hat er für Hawaii nicht genügend Energie.«

Bevor ich antworten kann, spricht Michael ein »go!«.

Verblüfft schaue ich ihn an und sage dann gemeinsam mit Raymond:

»Also steigt mit!«

Die Würfel sind gefallen, *alea iacta est*! Die so sehr ersehnte Stunde der Wahrheit ist endlich da. Jetzt ist der Moment gekommen, um die Kommunikation mit der Außenwelt wieder aufzunehmen. Im Anschluss an Nachrichten aus Japan beschuldigten uns unsere Anhänger, wir würden ihnen etwas verheimlichen. Vincent Colegrave, der für die sozialen Netzwerke zuständig war, antwortete jedem Einzelnen von ihnen, um unser Verhalten begreiflich zu machen, aber wir müssen uns jetzt auch in der Öffentlichkeit rechtfertigen.

In Monaco ist es acht Uhr morgens, wir hatten nicht mehr Schlaf als André. Die Si2 fliegt ihrem Schicksal entgegen und zieht uns mit fort.

André

So hatte ich mir die ersten Stunden des legendären Fluges überhaupt nicht vorgestellt!

Einige Ingenieure werden uns nicht verzeihen. Das macht nichts, es war unumgänglich, diese Entscheidung zu treffen, zu ihr zu stehen und das Team von jeder moralischen Verantwortung freizusprechen. Es war jedem klar, dass es um alles oder nichts ging, alles war zu gewinnen und alles zu verlieren. Ich wäre fast enttäuscht gewesen, wenn nichts passiert wäre. Ich hatte mich zu gut vorbereitet, war zu allem entschlossen und bereit, gegen Resignation und Verzicht zu kämpfen. Bertrand war wie ich. Es war eine Freude, gemeinsam auf dieselbe Karte zu setzen und angesichts des Unbekannten solidarisch zu sein.

Trotz meiner Entschlossenheit führte der Grad der Herausforderungen und der Schwierigkeiten bei mir zu einer gewissen inneren Distanz. Vor zwei Wochen machte mir die Annullierung des Fluges fünf Minuten vor dem Start nichts aus. Emotional konnte ich mich von dieser Entscheidung unabhängig machen. Dieses Mal sind wir rigoros vorgegangen und widersetzten uns den Behörden, die uns die Fluglaubnisse erteilt haben. Die formale Einhaltung des Gesetzes bedeutete zwingend eine Rückkehr nach Nagoya. Zum Beispiel wegen des Ausfalls eines zentralen Systems. Aber wir wussten, dass wir den Flug fortsetzen mussten.

Den Point of no Return habe ich gerade durchflogen. Ich bin immer mehr in meinem Element. Zwischen Bertrand und mir besteht eine Verbundenheit wie nie zuvor. Meine Gefühle überwältigen mich. Ich habe Magenschmerzen. Das ist verrückt! Meine Muskeln sind steif, meine Stimme zittert fast. Ist die gerade getroffene Entscheidung richtig? Seltsam, je mehr ich davon überzeugt bin, desto mehr lässt mich ein anderer Gedanke daran zweifeln. Zeit zum Nachdenken bleibt nicht. Ich muss auf längere Zeit voll konzentriert bleiben. Wie geht es dem Team? Ich habe ein vages Schuldgefühl. Können wir das Team zusammenhalten? Bricht es auseinander, weil die Meinungen zu verschieden sind? Verlieren wir nach der Landung die Flugerlaubnis, weil wir einige Regeln im Luftverkehr übertreten haben?

Doch welches Glück, über den Pazifik zu fliegen! Ein wolkenloser Himmel wölbt sich über dem ungeheuren Blau des Ozeans. Fünf Tage und fünf Nächte bleibe ich in diesem unendlichen Raum. Ein sublimer Anblick! Was ich erlebe, übersteigt alle meine Hoffnungen. Ich muss mich zwingen, einen kühlen Kopf zu behalten und meine Aufmerksamkeit auf die Steuerung zu richten.

Wie groß wäre mein Bedauern gewesen, wenn wir aufgehört hätten.

Bertrand

Ein Beispiel für diejenigen, welche die Synchronizität lieben: Vor den Fenstern des Kontrollzentrums fährt ein deutsches Kreuzfahrtschiff in den Hafen, und zwar genau zu dem Zeitpunkt, an dem André und ich die Entscheidung trafen, den Flug fortzusetzen. Auf dem Schiffskörper stehen in Großbuchstaben die Worte: *Inspiration, Lebensfreude, Solarstrahlung*!

Der Tagesverlauf steht für mich mehr im Zeichen der Psychiatrie als der Luftfahrt. Nacheinander treffen die E-Mails der Ingenieure ein, die sich offiziell von unserer Entscheidung distanzieren und ihre Missbilligung ausdrücken. Es geht um ihre Verantwortlichkeit bei problematischen Situationen, was ich durchaus verstehe. Selbst Michael schließt sich an, dabei hat er als Erster das schicksalhafte *go* ausgesprochen. Auch Seb macht mit, sagt aber gleichzeitig zu Greg, dass wir richtig gehandelt haben.

Roger Smith aus den Vereinigten Staaten bemerkt als Antwort auf die unzähligen Mitteilungen:

»Schade, dass niemand auf euch hört.«

Marcus Bastien vom Sicherheitsteam tritt mit sofortiger Wirkung zurück, bleibt aber im Kontrollzentrum, um uns zu helfen:

»Ich habe seriöse Firmenkunden, und ihnen gegenüber schadet mir eure Haltung.«

»Möchten deine Kunden lieber wissen, dass du fähig bist, sie in einem entscheidenden Augenblick im Stich zu lassen?«

Die Krone gebührt aber Peter, der das ganze Team hinter sich bringt, als er seinem Ärger gegen André und mich freien Lauf lässt:

»Die beiden Burschen haben mich zwölf Jahre lang psychologisch und intellektuell als Marionette missbraucht.«

Zur gleichen Zeit streitet sich in Dübendorf Röbi mit seiner neuen Partnerin, die hundertprozentig hinter Solar Impulse 2 steht:

»Lass sie in Ruhe, du siehst doch, wie recht sie haben, nach Hawaii zu fliegen.«

»Das Flugzeug ist in keinem guten Zustand, man darf nicht zulassen, dass sie so etwas machen.«

Thomas hat eine Leichenbittermiene. Er hat sich so uneigennützig mit seiner Arbeit identifiziert, dass ihn die Situation mit voller Wucht trifft. Die Angst treibt ihn um und er sucht verzweifelt nach einer Ersatzlösung für das Fehlen des Überwachungssystems. Nach zwei Tagen ist er so weit. Er lädt über Satellit eine Software im Flugzeug hoch und installiert dadurch ein Alarmsignal, das den Piloten weckt, wenn die

Telefonverbindung unterbrochen ist. Das rettet uns, was die Praxis angeht, und das ganze Team applaudiert, nicht aber das Sicherheitsteam, da keine Zertifizierung für das neue System vorliegt. Es ist doch schrecklich, wenn man nur Theorien und Programme gelten lässt und sich mit der Praxis und ihrer Realität nicht auseinandersetzt. Niemand stellt jedoch fest, dass diese Konstruktion nichts nützt. Das Telekommunikationsunternehmen Swisscom hatte schon ein Alarmsignal geplant, das den Piloten wecken soll, wenn es zu einem unerwarteten Ausfall des Satellitentelefons kommt. Man beruhigt sich eben, so gut man kann.

Phil Mundwiller ruft mich an. Schon der Ton seiner Stimme verbessert meine Gemütslage:

»Dieses Abenteuer soll seinen Namen doch zu Recht tragen. Mit Ingenieuren kann man kein Abenteuer erleben!«

Wie immer hat er mit seinem entwaffnenden Humor die treffende Formulierung gefunden. Ein toller Kerl, dieser Phil!

André

Ich fliege nahe an der Insel Iwojima, Schauplatz einer entsetzlichen Schlacht zwischen Japanern und Amerikanern, und am Marianengraben vorbei, wo Jacques Piccard, der Vater von Bertrand, eine Tauchtiefe von 11 000 Metern erreichte.

Der Ozean, den ich ständig sehe, wird mir allmählich immer vertrauter. Man wird mich für verrückt halten, aber ich spreche mit ihm. Ich will mich damit selbst überzeugen, dass diese Wasserwelt mich bei einem Fallschirmabsprung freundlich aufnehmen wird. Ich sage zu dem Ozean: Ich besuche dich vielleicht und dann hoffe ich, dass du mich gnädig behandelst. Ich bemühe mich um eine positive Sicht der Dinge, um ihren schrecklichen Eindruck zu mildern und um neurotische Reaktionen zu vermeiden. Ich bin auf 8500 Meter Höhe und unter mir sind Abgründe zwischen 6000 und 11 000 Meter. Die dunklen Tiefen sind für mich zur freundlichen Realität geworden. Wenn das Flugzeug nicht mehr fliegen kann und ich in den

Ozean stürzen soll, dann nimmt er mich auf, und ich versuche daraus eine tolle Erfahrung zu machen.

Das Gleiche gilt auch für die Festlegung der täglichen Zeiteinteilung. Wer sich von vornherein sagt, dass es mühsam wird, der kann mit dieser Einstellung nur sehr schwer eine Erfahrung an einem Aspekt der Realität gewinnen. Ist man aber innerlich bereit für die Entdeckung von vielen Tausend Dingen, für die unzähligen Gefühlsmomente von Freude und Freiheit um uns herum, für alle außergewöhnlichen Überraschungen, dann offenbart ein Abenteuer seine wahren Reichtümer, dann wachsen Lust und Interesse bei allem, was man tut.

Mit dem Flugzeug gehe ich eine Art Partnerschaft ein. Ich sorge dafür, dass es zum Fliegen rund um die Uhr genügend Energie hat; dafür muss es mich ruhen lassen, damit ich ebenfalls meine tägliche Energiemenge beibehalte. So hängen wir voneinander ab. Wir sollen ja auch zusammen in Hawaii ankommen.

Ich bin um drei Uhr morgens gestartet. Als die erste Nacht anbricht, habe ich achtzehn Stunden Flugzeit hinter mir. Ich versuche, mich auszuruhen. Liege ich waagerecht, spüre ich meinen Herzschlag. Das Adrenalin wirkt also immer noch. An Schlaf ist nicht zu denken. Meine aus dem Yoga stammenden Atemtechniken sollen die Erregung im Körper und im Geist reduzieren. Ich fliege in östliche Richtung. Die Schwärze der Nacht verändert sich in feinsten Nuancen. Zögernd tauchen erste Lichter am Himmel auf. Das Flugzeug fliegt dem Licht der Morgendämmerung entgegen. Der Sonnenaufgang dauert eine halbe, eine ganze Stunde. Das ist eine Umstellung. Gerade als die Sonne aufging, habe ich das Gefühl, alle meine Gefühle in einem Schwung über Bord zu werfen. Ich kehre zu meinem Normalzustand zurück und es geht mir langsam besser. Ich brauchte eine ganze Nacht, um diesen denkwürdigen Tag zu verarbeiten.

Ich bin nun endlich in diesem Projekt angekommen. Mein Ziel: alles, was ich tue, intensiv zu erleben und jeden Moment, jeden Gedanken und jedes Gefühl mit höchster Aufmerksamkeit wahrzunehmen. Ich versuche, den Rhythmus des vorbereitenden Trainings auch hier zu übernehmen. Die Morgenstunde über dem Ozean verkörpert die Zeit. Jeder Tag ist verschieden, was die Farben, die Gefühle und die Zeitzone angeht. Die Nacht ist vorbei und ich bin vorangekommen. Ich weiß überhaupt nicht, welche Uhrzeit es ist. Nach Sonnenaufgang mache ich eine Stunde Yoga. Ich stütze mich dabei besonders auf die Atmung, um Energie zu tanken oder um innere Ruhe für den Schlaf zu finden. Die zwischen den beiden Nasenlöchern wechselnde Atmung stimuliert die beiden Gehirnseiten. Daraufhin Drehung des Oberkörpers bei gleichzeitiger Streckung. Das dehnt die Wirbelsäule, zieht die Wirbel auseinander, stimuliert und massiert die inneren Organe und ist ideal, um eine gute Verdauung beizubehalten. Am Steuer sitzt man in gebückter Haltung mit eingezogenen Schultern und vorgeschobenem Nacken. Schmerzen und Verspannung können die Folge sein. Das Gurtzeug und die gesamte Überlebensausrüstung, die für einen Fallschirmabsprung notwendig ist, drücken ständig auf den Rücken. Ich dehne und strecke so oft wie möglich meinen Körper in die andere Richtung. Die Übungen geben mir auch Auskunft über meine körperliche Verfassung und meine Müdigkeit. Ich schaue, welchen Körperteil ich bearbeiten muss, und passe die Übungen meinen Bedürfnissen an. Darin liegt die ganze Kraft des Yoga. Eine kurze morgendliche Meditation schließt sich an, um die Gedanken zu bändigen und den neuen Tag in größter Ruhe zu beginnen.

Danach folgen: Frühstück, Toilette, Interviews mit CNN, BBC, Al Jazeera, El Global und weiteren Radio- und Fernsehstationen sowie strategische Überlegungen mit dem Kontrollzentrum. Die Ingenieure sind beunruhigt über die hohe Temperatur der Batterien. Hatten sie beim Start 25 Grad Celsius, so haben sie jetzt über 35 Grad Celsius, eine direkte Folge des zu schnellen Aufstiegs, den das Sicherheitsteam durchgesetzt hatte. Sie fürchten, dass bei dieser hohen Temperatur die Grenzwerte schon vor Hawaii erreicht werden. Dadurch verringert sich zunächst ihre Kapazität und schließlich kommt es zu ihrer Schädigung. Im schlimmsten Fall bricht ein Brand aus. Wir werden alles tun, um in den folgenden Tagen das Flugprofil jeweils so zu ändern, dass eine Erhöhung der Temperatur begrenzt wird.

Im neuen Flugplan werden vor dem Aufstieg die Sauerstoffsysteme kontrolliert. Wenn ich einmal die Sauerstoffmaske angelegt habe, dann bin ich die folgenden zehn Stunden in meinen Bewegungen eingeschränkt. Das ist eine ruhigere Phase, wahrscheinlich auch introspektiver. Ich mache Notizen, lese. Anderthalb Stunden vor Sonnenuntergang werde ich auf 28 000 Fuß oder 8400 Meter sein. Diese Höhe bedeutet zusätzlichen Stress für das Kontrollzentrum. Sie hören von Zeit zu Zeit die Alarmtöne der Sauerstoffüberwachung, sehen aber nur einen Teil dessen, was im Cockpit vor sich geht, weil die Satellitenübertragung eine Verzögerung von sieben Sekunden hat.

Bertrand

Ich widme jedem meine Zeit, um zu ermutigen, zu beruhigen und unsere Entscheidung zu erklären. Wir müssen nämlich auch die nächste Etappe vorbereiten, da ich den zweiten Teil des Fluges über den Pazifik übernehme, sobald das Flugzeug in Hawaii gelandet ist.

Die erste Nacht war für André schwierig gewesen, denn der Stress bei der Entscheidung und die Versuche, die Dinge wieder ins Lot zu bringen, belasteten ihn immer noch. Tatsächlich lösten diejenigen, die auf der Sicherheit des Fluges bestanden, so viel Angst aus, dass sie zu einer Gefahr für die Mission wurden. Sie, und nur sie allein, haben André am Schlafen gehindert und nicht die Alarmsignale!

Am Morgen sehe ich über die Bordkamera live, wie vor André die Sonne aufgeht. Ich rufe ihn an:

»Bei jeder Ballonfahrt war für mich die erste Nacht immer schrecklich gewesen: die langen Stunden der Dunkelheit, die zu lösenden technischen Probleme, die Schwierigkeit, mich zurechtzufinden. Ich fragte mich, was ich da oben eigentlich mache. Das ist bei dir genauso. Aber die folgenden Nächte sind angenehm. Schau dir den Sonnenaufgang am zweiten Tag an, er bringt dir neue Energie, dir und dem Flugzeug. Jetzt beginnt das Abenteuer. Genieß es!«

Der zweite Tag des Fluges verläuft gut. Die Ladungskurven der Batterien sind völlig deckungsgleich mit dem Modell von Altran.

Ich rufe unseren Ansprechpartner im Bundesamt für Zivilluftfahrt an. Der Ton ist emotionslos und professionell. Zwei Auffassungen stehen sich gegenüber. Hamid wirft uns Täuschung vor. Die Verfahrensregeln wurden gemeinsam entwickelt, und er fühlt sich verraten, weil wir sie nicht eingehalten haben. Für ihn ist das Überwachungssystem von zentraler Bedeutung, für uns ist es ein Detail.

Ich erläutere ihm, dass es die einzige Möglichkeit war, das Projekt noch zu retten.

»Ihr könnt nicht mit einer verzweifelten Aktion das Flugzeug in Gefahr bringen.«

»Möchte die Schweiz lieber ein Projekt, das in Japan durch fehlenden Pioniergeist sein Ende findet?«

»Die Schweiz genießt ein Ansehen als seriöses Land, das durch eine Notwasserung von Si2 beschädigt wird.«

»Niemand spricht von einer Notwasserung. Alles geht gut.«

»Ich lege Ihnen für die Fortsetzung des Projekts keine Steine in den Weg, aber wir müssen noch einmal über die Einhaltung von Verfahrensregeln sprechen, bevor Sie von Hawaii aus weiterfliegen …«

Ich spüre, dass die Zukunft nicht einfach wird. Auch bei der Verwaltung haben wir den Point of no Return überschritten.

André

Am Abend ändere ich wieder die Flughöhe und bereite mir dann eine warme Mahlzeit, die ich einnehmen muss, sobald ich die Sauerstoffmaske abgelegt habe. In der Nacht lege ich Ruhephasen von 20 Minuten Dauer ein, die manchmal viel kürzer sind und oft von Alarmsignalen unterbrochen werden. Sie dauern bis zum ersten Licht der Morgendämmerung.

Am Morgen des dritten Tages, bei Sonnenaufgang, überwältigen mich die Gefühle. Allein in meinem Cockpit, beginne ich völlig unkontrollierbar aus einer tiefen Dankbarkeit dem Leben gegenüber herzzerreißend zu weinen.

Endlich habe ich eine gute Nacht verbracht. Ich war seelisch und nervlich erschöpft. Nach allen diesen Hinhaltemanövern konnte ich die ersten beiden Nächte fast nicht schlafen. Es war mühsam, wieder »zur Tat zu schreiten«. Die Angst ist jetzt auch verschwunden.

Beim Aufwachen fiel mir der Trick ein: sich auf das zentrale Instrument im Flugzeug, den künstlichen Horizont, konzentrieren, dann warten, bis die anderen Zellen im Gehirn erwachen, und wirklich verstehen, was vor sich geht. Je mehr Zeit vergeht, desto schwieriger wird das Aufwachen. Während der fünften Nacht brauchte ich ungefähr zehn Sekunden, um wieder einsatzfähig zu sein. Ich mache meine Atemübungen und fühle mich beruhigt. Ich habe wieder meine Gleichgewichtszone, meine Energie, mein Zentrum. Nach und nach läuft alles hervorragend.

Ich weiß wirklich nicht genau, welchen Tag wir haben, und auch nicht, wo ich mich befinde. Ich habe keinen geografischen Anhaltspunkt. Alles ist blau. Die Daten des GPS sind im Vergleich zu der unendlichen Weite, die mich umgibt, nur Annäherungswerte.

Bertrand

Heute, am Dienstagnachmittag um 14 Uhr in Monaco, beginnt die dritte Nacht für André. Er hat seinen festen Rhythmus gefunden und schläft in aufeinanderfolgenden Phasen von je 20 Minuten. Er wird vom Boden aus überwacht wie ein Patient auf der Intensivstation.

Luc und Wim zeigen uns die Wetterprognose für den Pazifik. Die erste Wolkenfront erreicht nur die geringe Höhe von

3000 Metern und kann bei Tag überquert werden. Die zweite löst sich langsam auf und bei der Ankunft von André sollte eigentlich nichts mehr davon zu sehen sein. Vor Si2 öffnet sich ein Königsweg, um nach Hawaii zu gelangen. Ich rufe dem Team zu:

»Es ist doch besser, dieses außergewöhnliche Bild und das Flugzeug dazu von hier aus zu sehen als von Nagoya aus!«

Marcus Basien antwortet schlagfertig:

»Von Nagoya aus gesehen wäre das Bild aber genauso schön!«

Mir gefällt sein Sinn für Humor, bis ich bemerke, dass er überhaupt nicht scherzt. Es wäre ihm tatsächlich lieber, wir hätten dieses Wetterfenster nicht und damit auch keine Aussicht auf Erfolg, als gegen ein Detail in der Gesamtplanung zu verstoßen. Tatsächlich hat uns das in dem Film *Die Brücke am Kwai* gezeigte Syndrom im Griff. Ein englischer Offizier muss als Kriegsgefangener für die Japaner eine Brücke bauen. Als ein alliiertes Kommando die Brücke, »seine« Brücke, sprengen will, widersetzt er sich mit allen Mitteln und ist auch bereit, sie dem Feind zu überlassen. In unserem Fall haben sich die Ingenieure in einer Weise für den Bau der Si2 eingesetzt, dass sie das Flugzeug lieber in einem mobilen Hangar in Japan stehen sehen, als seinen Verlust über dem Pazifik zu riskieren.

André

Ich erinnere mich, dass Bertrand mit mir zusammen kurz vor dem Start einen Freund aufsuchte, der ein bedeutender Kenner des *I Ging* ist. Ich stellte ihm folgende Frage: »Welche Handlung muss ich vermeiden, damit dieses Abenteuer ein Erfolg wird?«

Ich war im Prinzip davon überzeugt, alles in meinen Augen Notwendige getan zu haben. Meine größte Angst war, einen Fehler zu begehen. Die Beratung ergab, dass ich an einem bestimmten Punkt auf eine Straßensperre treffe und die Barriere dann in hohem Tempo durchbrechen müsste. Bei den vielen

Hindernissen, die uns erwarten, bestehe das eigentliche Problem darin, die betreffende Straße mit dem Hindernis herauszufinden. Als ich den Point of no Return erreichte, hatte ich die Gewissheit, dass Cyrille Javary genau diesen Moment meinte. Die Voraussage gab mir zwar keine Lösungen an die Hand, aber sie stellte sich als eine Entscheidungshilfe heraus. Da ich wusste, dass ich auf ein Hindernis stoßen würde, welches ich nicht zu berücksichtigen brauchte, analysierte ich Hindernisse ständig daraufhin, ob sie überwindbar waren oder nicht.

Die Nacht ist außergewöhnlich schön. Das Wolkenmeer im Lichte des Vollmonds glänzt wie eine große silberfarbene Decke. Zwei Sterne, Jupiter und Venus, gesellen sich dazu, und nur sie sind am mondhellen Himmel zu sehen. Ich habe fast das Gefühl, das Flugzeug zu parken, wenn ich mich schlafen lege. Auch wenn einige Alarmsignale mich aufschrecken, vertraue ich ihm nun und verstehe seine Reaktion, sobald eine Schwierigkeit auftaucht.

Bertrand

Der Flug selbst verläuft ohne Probleme, nur am Boden schafft man sich welche. Ich bin von einem Teil des Teams enttäuscht, bleibe innerlich aber ruhig und zuversichtlich. Vor bedeutsamen Entscheidungen bin ich normalerweise zögerlich und nehme mir viel Zeit, um alle Umstände zu berücksichtigen. Vor meinem Start mit dem Ballon Breitling Orbiter 3 wusste ich, dass es womöglich mein letzter Versuch war, und da wollte ich das Schicksal nicht herausfordern. Ich sagte kein Wort, bis jedes Mitglied des Teams sich positiv geäußert hatte. Jetzt verhält es sich anders, eine Überraschung auch für mich. Ich habe nämlich überhaupt keinen Zweifel oder auch nur das geringste Zögern. Ich spüre in mir eine tiefe innere Gewissheit, dass wir die richtige Entscheidung getroffen haben. Ich weiß, dass André wohlbehalten in Hawaii landen wird und sich niemand uns in den Weg stellen kann. Dem Team teile ich es sofort mit, denn so etwas a posteriori zu sagen ist immer sehr leicht.

Ohne meine tiefe und glaubwürdige Überzeugung wäre das Team mir nicht gefolgt. Nötig waren Führungsstärke am Boden und eine eindeutige Botschaft von André als Piloten des Flugzeugs. Erneut sind wir beide schicksalhaft miteinander verbunden. Keiner würde das Ziel ohne den anderen erreichen.

Niklaus erhält eine wütende Nachricht der Japaner. Bei den Vorgesetzten der japanischen Fluglotsen kam es überhaupt nicht gut an, dass sie ihm telefonisch Routen und Flughöhen mitteilten, die von dem offiziellen Flugplan abwichen. Wir müssen natürlich zugeben, dass die Halsstarrigkeit der japanischen Behörden uns zu diesem Täuschungsmanöver zwang. André wiederholte bei jeder Besprechung:

»Akzeptieren wir alles, was von oben kommt, und bitten dann die Untergebenen um taktische Anpassungen.«

Das Ergebnis liegt auf der Hand: Wären wir nach Japan zurückgekehrt, hätten wir nicht mehr erneut starten dürfen.

Man mag es kaum glauben, aber ein Schiff der japanischen Küstenwache fährt in diesem Augenblick in Monaco in den Hafen ein und legt direkt vor dem Kontrollzentrum an.

»Pass auf, Nik, du wirst gesucht, aber wir verteidigen dich.«

Es war ein Schiff mit japanischen Marinekadetten, die am Ende ihrer Ausbildung eine Weltreise machten und von Fürst Albert empfangen wurden.

Unser Lachen dauert nicht lange. Die Batterien erhitzen sich weiter, und nichts, gar nichts kann ihre allmähliche Zerstörung verhindern. Die Flugprofile sind so flach wie möglich gehalten, damit ein Minimum an Strom fließt. Die Container sind zu stark isoliert, weil wir einen Kapazitätsverlust durch die Kälte befürchteten. Außerdem ist die Außentemperatur auf 28000 Fuß Höhe in den Tropen um 20 Grad Celsius höher als in der Schweiz. Es lag bei uns eine klare Fehleinschätzung vor. Anstatt sie anzuerkennen, ruft Peter Raymond an.

»Plant eine Notlandung auf Midway!«

»Wir werden diese Option prüfen«, erwidert Raymond unbeirrbar.

Midway ist ein Atoll mit einer Piste zwischen Kokospalmen, aber besitzt natürlich keinen Hangar, um das Flugzeug aufzunehmen, das dann durch die Wellen wie durch den Wind zerstört würde!

André

Vierter Tag. Die Besprechung am Morgen ergibt, dass die bisherigen Wetterprognosen sich bestätigen: die am folgenden Tag zu durchquerende Wetterfront hat sich sehr abgeschwächt. Diese Wetterlage sollte eine Ankunft in Hawaii ermöglichen. Die Temperatur der Batterien steigt dagegen weiterhin an. Sie nähern sich gefährlich ihren Grenzwerten. Am Abend zuvor habe ich schon einen leichten Kapazitätsverlust festgestellt.

Der Autopilot fällt aus. Einer der Servos für die Steuerung ist wahrscheinlich überhitzt und hat sich abgeschaltet. Ich fliege manuell weiter und lasse das System abkühlen. Eine Stunde später funktioniert es wieder. Aber die Angst vor einem Verlust des Autopiloten bleibt mir, und ich will mich deshalb bei jeder möglichen Gelegenheit ausruhen, um möglichst viel Energie bei einem neuen Notfall zu haben.

Am Abend sehe ich auf dem GPS den 180. Längengrad, der die Datumsgrenze bezeichnet – für mich ein merkwürdiges Gefühl, denn beim Überqueren dieser Linie bin ich 24 Stunden zurück und erlebe denselben Tag ein zweites Mal. Aus Aberglauben überquere ich den Längengrad nicht direkt, sondern fliege an ihm entlang nach Norden, dann gehe ich herunter in Richtung Süden und wage es immer noch nicht, ihn zu überqueren. Schließlich passiere ich ihn und setze meine Strecke nach Osten fort. Einige Instrumente setzen wegen des Datumswechsels aus, funktionieren danach aber wieder. Alles ist wieder in Ordnung und ich stoße in die schwarze Nacht vor.

Das Problem ist, im Laufe der Nacht eine Zone ruhiger Luft zu finden, was sich dieses Mal ein bisschen schwieriger gestaltet. Bei jeder Turbulenz, auch einer leichten, ändern sich die vorgeschriebenen Parameter. Man kann sicher sein, dass eine Minute nach dem Einschalten des Autopiloten die Alarmsignale ertönen. Ich muss schnell reagieren, um die Tragflächen waagerecht zu halten. Nach mehreren Tagen im Flugzeug spüre ich, wie die Turbulenzen kommen. Nach einigen Stößen wackelt das Cockpit und ich greife meist schon ein, bevor der Alarm ausgelöst wird. Ich ändere die Höhe, gehe hinunter und steige wieder hoch. Das verbraucht ein wenig Energie und braucht Zeit, um eine ruhigere Luftzone zu finden. Die Diskussionen mit den Meteorologen sind immer sehr lebhaft. Wenn sie noch dazu meine Ruhezeiten stören, werde ich im Ton bissiger.

Ich fliege in der Nähe der Inseln, wo die Flugpionierin Amelia Earhart verschollen ist. Sie hat viele Rekorde aufgestellt und war die erste Frau, die im Alleinflug den Atlantik überquerte. Im Jahr 1937 wollte sie die Erde umrunden. Sie sollte auf einer entlegenen Insel mitten im Pazifik einen Stopp einlegen, um Vorräte aufzunehmen und dann weiterzufliegen. Aber sie wurde nie gefunden. Ich schaue durch das Fenster des Cockpits: überall nur Wasser in einer Grenzenlosigkeit, als hätte nie etwas anderes je existiert. Ich bin allein auf der Welt. Festland für ein Flugzeug unserer Bauart gibt erst wieder nach zwei oder drei Tagen Flug. Die Schwierigkeit eines Fluges über den Atlantik besteht darin, einen einsamen Punkt in dieser Grenzenlosigkeit zu finden.

Bertrand

Am Mittwochmorgen verlasse ich Monaco und fliege über San Francisco nach Hawaii. In dem Airbus 340 spürt man noch etwas von den Gebrüdern Wright, von Charles Lindbergh, von meinem Großvater, der die Druckkabine erfand, und von allen früheren Flugpionieren. Diese Art zu reisen ist heute eine Selbstverständlichkeit. Wird Solar Impulse eines Tages auch so selbstverständlich? Ich habe den Eindruck, dass der Tag kommen wird, an dem alle Flugzeuge mit Solarenergie fliegen, aber das darf ich nicht laut sagen, weil man mich sonst wieder für einen verrückten Träumer hält … wie zu Beginn des Solar-Impulse-Projekts.

Die Temperatur der Batterien nähert sich ihrem Grenzwert. Wir wissen aber immer noch nicht, dass der von uns festgesetzte Grenzwert falsch ist. Er ist fünf Grad niedriger, als wir dachten, und die Schäden sind schon jetzt irreparabel. Glücklicherweise ist André am Midway-Atoll vorbei und Hawaii ist in Sichtweite. Die emotionale Spannung wächst. Die amerikanische Flugsicherung teilt uns mit: »Wir haben Si2 auf unseren Radarschirmen in Honolulu!«

Eine Wetterfront muss André noch passieren – eine Wolkenbarriere. Wie Wim und Luc vorausgesehen haben, kann er sie ohne Schwierigkeit auf 8500 Meter Höhe überfliegen. Wie präzise doch ihre Berechnungen sind!

André

Fünfter Tag: Die Leistung der Batterien ist erneut gesunken, und ich bin mir nicht sicher, ob ich notfalls noch einen sechsten Tag durchhalten kann.

Ich spüre, wie ich mich der Erde nähere, und glaube allmählich daran, dass es möglich ist und kurz bevorsteht. Diese Einstellung ist ein wenig gefährlich. Ich darf nicht nachlässig werden, muss immer vorausdenken. Am Abend höre ich die schwache Stimme des Fluglotsen von Honolulu. Das Gefühl, kurz vor unserem Erfolg zu stehen, überwältigt mich.

Am Horizont sehe ich kurz darauf Oahu, eine der Hauptinseln des Hawaii-Archipels.

Es ist Nacht. Ich lasse mich im Bereitschaftsraum nieder, um mich ein wenig auszuruhen. Die Landung ist für sechs Uhr morgens vorgesehen. In der Nacht zuvor habe ich wenig geschlafen. Ich bin in einer unglaublichen Verfassung. Das möchte ich noch ein bisschen genießen, die Nacht hier verbringen und vor der Landung noch den nächsten Sonnenuntergang sehen. Ich will noch einige Schlafphasen von 20 Minuten einlegen. Doch unter mir sehe ich im Mondlicht eine unbekannte Wolkenschicht, die das Kontrollzentrum an dieser Stelle nicht angekündigt hatte. Sie scheint relativ dünn zu sein. Ich diskutiere mit dem Team und beschließe, sie zu durchqueren, bevor sie zu dick wird. Da ich keine Schwierigkeiten befürchte, bereite ich mich auch nicht auf einen erforderlichen Instrumentenflug vor. Die Turbulenzen rütteln sofort das Flugzeug durch, sodass ich Mühe habe, es in horizontaler Lage zu halten. Der Kampf beginnt. Ich muss Kurs halten. Es gelingt mir nicht und ich mache eine 180-Grad-Wende. Die Zeit vergeht, ohne dass sich die Situation verbessert, ich bin immer noch in den Wolken. Die Müdigkeit macht mir allmählich zu schaffen. Es fällt mir schwer, mich zu konzentrieren. Eine Unruhe packt mich. Ich drehe die Motoren erneut auf Volllast und steige wieder hoch, um dieser Falle zu entgehen. Wir haben die Situation unterschätzt. Ich bin noch einmal mit dem Schrecken davongekommen. Von jetzt an werde ich bei Nachtflügen mitten in Wolken sehr aufpassen. Ich hatte keine Stirnlampe, um den Faden außen an der Frontscheibe zu beleuchten, der mir die Luftströmung und den Schiebewinkel des Flugzeugs angibt. Als ich über der Wolkenfläche fliege, nähere ich mich Hawaii. Ich suche nach einer Öffnung. Die Lichter der Insel ermöglichen einen Sichtbezug. Ich mache eine Lücke ausfindig und beginne meinen Sinkflug in Richtung Flughafen. Die Piloten von Aéropostale, Mermoz und Saint-Exupéry, haben mich immer fasziniert: Um Tag und Nacht in scheußlichen Wetterverhältnissen fliegen zu können und schließlich doch noch an ihrem Zielort anzukommen, besaßen sie keine Markierungen oder sonstige Anhaltspunkte außer ihrer ausgeprägten Intuition.

Bertrand

Auf dem nächtlichen Flughafen von Kalaeloa bemerken wir erst gegen drei Uhr morgens die Scheinwerfer der Si2. Wir sind tief ergriffen. Von Japan aus hat André 8900 Kilometer zurückgelegt und ist 117 Stunden mit Sonnenenergie geflogen. Er hat nicht nur alle bisherigen Rekorde der Solarluftfahrt gebrochen, sondern auch den bisher von meinem Freund Steve Fossett gehaltenen Rekord des längsten Alleinflugs. Peggy Fossett, seine Witwe, schickte uns eine liebenswürdige Nachricht. Ein Flugzeug ohne Treibstoff kann jetzt länger fliegen als jedes Düsenflugzeug.

André

Neben mir fliegt der Hubschrauber mit meiner Familie, danach mit Bertrand und ein drittes Mal mit den Kameramännern. Die immer näher kommende Insel, der Funkkontakt mit dem Flughafen und mit dem Hubschrauber, der Gedanke, dass unsere lang ersehnten Erwartungen eben jetzt Wirklichkeit werden – das alles macht mich völlig euphorisch. Ich kann dieses unglaubliche Glück erfreulicherweise noch einige Stunden genießen, bevor der Trubel um mich herum einsetzt. Ich koste jede Sekunde aus.

Um sechs Uhr morgens überfliege ich den Flughafen und bereite die Landung vor. Da meine Erregung noch immer steigt, fliege ich die Platzrunde so kurz und so schnell wie möglich. Ich steuere Si2 wie ein Jagdflugzeug. Si2 war ein toller Partner, zusammen haben wir einen guten Job gemacht!

Bertrand

Ich juble. Was vor 16 Jahren wie ein verrückter Traum klang, ist jetzt mit diesem Flug Wirklichkeit geworden. Juble ich wirklich oder suche ich mich über den stechenden Schmerz hinwegzutrösten, nicht selbst geflogen zu sein? Ich fürchte das Wiedersehen mit André. In welcher geistigen Verfassung wird er sein?

Im Licht der Morgensonne fliegt Si2 vertikal zum Flughafen heran. Majestätisch dreht es zwei Kreise über unseren Köpfen. André möchte das Ende seines Fluges und die Rückkehr zur Erde so lange wie möglich hinauszögern und jede verbleibende Minute auskosten. Er bleibt immer noch am Himmel, die vier Propeller rotieren völlig lautlos. Ich rufe Raymond an, kann aber nicht mehr richtig formulieren: »Ich habe mein Abzeichen vom Kontrollzentrum auf meiner Jacke gelassen. Ich bin einer von euch in Hawaii. Auch ihr habt das Flugzeug bis hierher gebracht. Das werde ich nie vergessen.«

Greg legt seine Hand auf meine Schulter so wie beim Start in Abu Dhabi:

»Wir sind total bei dir!«

André setzt das Rad auf der Pistenmittellinie auf und kommt auf der Höhe des Teams von Nils zum Stehen. Alles verläuft ruhig und glatt. Wir brechen nicht in Jubelschreie aus, wir spüren vielmehr eine riesige Erleichterung. Daniel und Catherine öffnen die Tür. Ich steige die Leiter empor, um André zu umarmen:

»Mein lieber André!«

»Mein lieber Bertrand!«

»Dein Flug war wunderbar.«

»Ich verdanke ihn dir. Ich hatte versprochen, dir das Flugzeug wohlbehalten zurückzubringen.«

André

»Ich bin da! Ich bin in Hawaii! Das Bodenteam greift nach dem Flugzeug. Es bleibt stehen. Wir waren erfolgreich! Das ist unglaublich!!!«

Meine Familie ist da, Bertrand und das Team, alle kommen mit einem freudigen Lächeln im Gesicht.

Die Tür ist geschlossen. Ich bin immer noch bei meinem Flug. Für fünf Tage und fünf Nächte ist das Flugzeug mein Haus gewesen. Es hat mich beschützt und mein Überleben gesichert. Ich habe zu diesem Raum ein sehr enges Verhältnis entwickelt. Die große Freude, geliebte Menschen wiederzusehen, kann ich nicht sofort zeigen. Mit einem Schlag von einer Realität zu einer anderen zu wechseln, das ist mir nicht möglich. Alles geschieht viel zu schnell. Die Tür wird geöffnet. Das Flugzeug wird einige Minuten auf der Piste bewegt. Das gibt mir noch ein wenig Zeit. Selten war ich so voller Zufriedenheit. Bertrand hilft mir beim Ausstieg. Ich muss mich auf das Stehen konzentrieren. Das ist unnatürlich. Mit den Gelenken gibt es keine Probleme. Ich bin in weit besserer Form, als ich dachte. Das Yoga war eine unglaubliche Hilfe. Ich steige hinunter und schließe meine Familie in die Arme. Was danach kam, war wie ein Traum.

Nach diesen fünf Tagen fühle ich mich wunschlos glücklich. Die selbstverständlichsten Dinge fühlen sich wunderbar an: ein Mittagsschlaf ist geradezu märchenhaft, eine Mahlzeit ohne äußere Einschränkungen unglaublich.

Ich habe dreieinhalb Kilo Gewicht verloren, obwohl wir mit Nestlé und dem Team von Amira Kassis (der späteren Frau von Michael McGrath) ein Nahrungsprogramm ausgearbeitet haben. Trotz einiger Schlafpausen funktionierte ich rund um die Uhr. Die Sauerstoffmaske, die ich zehn Stunden tragen musste, verhinderte für eine gewisse Zeit des Tages die Nahrungsaufnahme. Folglich nimmt das Körpergewicht ab. Als Kompensation gibt es ein köstliches Essen mit Greg und den Familien Piccard und Borschberg. Um Mitternacht gehen alle schlafen. Ich bin immer noch in meiner Glücksblase. Nach sieben Stunden Schlaf bin ich beim Aufwachen glücklicher als je zuvor.

15

Ein Sieg zur Halbzeit

Bertrand

Die Ingenieure kümmern sich um den Zustand der Batterien und ich richte das Cockpit her. Den Pazifik möchte ich im zweiten Abschnitt unbedingt so schnell wie möglich überqueren, weil die Tage allmählich kürzer werden. Aber das Ziel nimmt mich völlig gefangen, sodass ich gar nicht spüre, wie katastrophal eigentlich diese Hochgefühle sind.

Die schlechten Nachrichten häufen sich. Einige Batterieteile wurden beschädigt, aber niemand weiß, wie sehr. Man könnte sie vielleicht ersetzen, indem wir unsere einzige Ersatzbatterie auseinanderbauen. Eine genaue Aufstellung zerstört diese Hoffnung, denn zu viele Teile müssten ausgewechselt werden. An diesem Tag erreicht uns eine E-Mail vom Bundesamt für Zivilluftfahrt, in der steht, dass uns die Flugerlaubnis für Si2 entzogen ist. Ich sehe meinen Traum in Gefahr und möchte gleich Verhandlungen beginnen, um die Flugerlaubnis zurückzuerhalten, aber nach einem letzten Schicksalsschlag sind wir uns alle einig: Alle Batterien sind beschädigt und deshalb besteht ein echtes Risiko, dass sie bei einem erneuten Einsatz während des Fluges Feuer fangen. Das bedeutet: Wir müssen neue Batterien bestellen und mehrere Monate der Wartezeit, der Montage und Testflüge in Kauf nehmen. Die fünf Wochen, die noch bleiben, bis sich das günstige Wetterfenster schließt, reichen nicht aus. Das ist das Ende des Abenteuers, zumindest vorläufig, vielleicht aber für immer.

Das Dokumentationsteam, das bei diesem sehr technischen Projekt immer hinter unseren Emotionen her ist, folgt mir mit seinen Objektiven. Mit Tränen in den Augen und zugeschnürter Kehle gehe ich bis zum Ende einer Steinmole, an der sich einige Wellen brechen. Weiter kann ich mich in Richtung Kalifornien nicht bewegen … ohne Solarflugzeug. Ich blicke auf den Teil des Pazifiks, der sich unendlich weit ausdehnt und sich mir verweigert. Eigentlich ist es nur das Ende eines Jahres, das nicht das meine war. Als sich André die Muster anschaut, sagt er sehr direkt:

»Ich hoffe doch, dass sie diese Bilder nicht veröffentlichen. Du heulst am Anfang, du heulst am Ende, du heulst die ganze Zeit.«

Ich bin geblendet durch meinen unbedingten Erfolgswillen und verliere den Kontakt sowohl zur Realität als auch zu mir selbst. Deshalb sehe ich nicht sofort, welch großer Glücksfall dieses zusätzliche Jahr war, um mich wiederzufinden.

Auch wenn die Indizien noch nicht völlig ausreichen, so ist das letzte doch so eindeutig, dass mir jede Anwandlung vergeht, an meinem Kummer festzuhalten. Im Linienflugzeug, das mich von Hawaii in die Schweiz zurückbringt, haben alle Passagiere, Gott weiß warum, ihre Fenster zugezogen, sodass in der Kabine völlige Dunkelheit herrscht. Nur in Gedanken kann ich mir draußen den unvergleichlichen Anblick der Sonne vorstellen, wie sie zärtlich mit ihren Strahlen über den Ozean streicht, der mir nun entwischt ist. Es ist seit Jahren das erste Mal, dass ich keinen Sitz am Fenster ergattert habe. Ich erlaube mir, meinen Nachbarn zu fragen, warum er die Fensterblende geschlossen halte, und gebe dabei zu verstehen, dass sie schließlich auch ein bisschen mir gehört. Seine einzige Antwort war, dass die anderen Passagiere es auch tun. Das ist die Antwort, die ich am meisten hasse. Anderen zu folgen, ohne sich Fragen zu stellen?

Die hoffnungslos geschlossenen Fenster erinnern mich nachdrücklich daran, dass dies nicht mein Jahr für den Pazifik ist. Zumindest darüber besteht Klarheit.

André

Ich muss dem Technikteam helfen, die Batterien zu ersetzen und ein Kühlsystem für die Überdämmung der Gondeln zu entwickeln. Außerdem müssen wir die Flugerlaubnis wieder zurückbekommen. Da ich früher einen Hubschrauberunfall hatte und mit Si1 bewohntes Gebiet überflog, sind meine Aussichten nicht gerade rosig. Für das Bundesamt habe ich mich einer schwerwiegenden Pflichtverletzung schuldig gemacht und die Bundesbeamten möchten für die Zukunft sehr viel strengere Regeln einführen: Verbot von Flügen mit einer speziellen Mission unmittelbar nach Testflügen, Entzug des Pilotenscheins für denjenigen, der die Vorschriften missachtet, Anwesenheit eines Beamten in Monaco, kurz, eine Entmündigung des Teams.

Bertrand möchte gerne eingreifen, aber für mich ist es eine Ehrensache, meine Angelegenheit ganz allein zu regeln. Mir scheint, dass ich gute Argumente vorzuweisen habe:

»Sie wollten um jeden Preis eine Gefährdung Dritter auf dem Boden verhindern?«

»Ja, auf jeden Fall.«

»Wenn ich also nach Nagoya zurückgeflogen wäre, hätte ich die ganze Stadt überflogen, so aber hatte ich beim Weiterflug nur den Ozean unter mir bis nach Hawaii, wo der Flughafen am Meer liegt…«

»Sie sind zu intelligent für uns…«

Nach diesem etwas surrealistischen Dialog können wir uns aber mit dem Bundesamt einigen, das überhaupt nicht die Absicht hat, uns Schwierigkeiten zu bereiten.

Bertrand

Was mich betrifft, so muss ich unbedingt die Unterstützung des Sicherheitsteams erlangen. Zwar hat Peter Frei den Vorsitz abgegeben, aber mit seiner Kompetenz bleibt er eine maßgebliche Stütze des Teams:

»Bertrand, dein Ozean ist der Atlantik. Mein Vorschlag ist, André die letzte Etappe über den Pazifik fliegen zu lassen. Du machst alle Flüge über die Vereinigten Staaten und bist dann sehr gut für die folgenden Flüge vorbereitet.«

Ich brauche nicht näher zu erläutern, was ich bei diesen Worten empfinde, und sage:

»Zur Vorbereitung brauche ich einen Flug von zwei oder drei Tagen, keine Wiederholung von mehreren kurzen Flügen.«

»Natürlich ist es deine Entscheidung, mir zu sagen, ob du dich bereit fühlst.«

»Wäre mir nicht unverhofft der Flug nach Nanjing zugefallen, den André nicht machen konnte, wäre ich nicht bereit. Aber jetzt habe ich seit meinem Patzer in Ahmedabad genügend trainiert.«

»Dann mach es so, wie du denkst.«

Zum ersten Mal habe ich als Pilot sein Vertrauen. Es sieht so aus, als ob in unserer Beziehung endlich ein neues Kapitel aufgeschlagen wird.

Noch viel wichtiger als die Vorbereitung meiner Flüge ist es, während dieser Zeit 20 Millionen Euro für das Jahr 2016 aufzutreiben. Da wir die Weltumrundung so spät im Jahr unterbrochen haben, sind keine großen Ersparnisse vorhanden und wir müssen mit unserem Budget fast wieder bei null anfangen. Mehrere bedeutende Unternehmen zeigen ihr Interesse, stellen dann aber fest, dass das Marketing in so kurzer Zeit nicht zu leisten ist. Nicht alle haben die Reaktionsfähigkeit unseres Teams. Es hat eine diebische Freude daran gefunden zu beweisen, dass es das Unmögliche nicht nur möglich, sondern auch sofort machen kann!

Zum Glück möchten die bisherigen Partner unter sich bleiben, weil sie befürchten, dass sich ihr einheitliches Image durch neu dazukommende Partner auflöst. Über die Höhe der Gelder bin ich mir noch nicht sicher. Soll ich die 20 Millionen zwischen zwei Gesellschaften aufteilen, was spätere Aktionen zum Scheitern bringen könnte, oder auf alle Unternehmen, was eine reine Formalität wäre?

Die Medien haben unsere Schwierigkeiten mit den Batterien gesehen und dadurch die ganze Problematik des Abenteuers verstanden, sodass die Medienwirksamkeit des zweiten Teils der Weltumrundung sich verzehnfachen wird. Die Partner werden also von einer unerwartet hohen Investitionsrendite profitieren.

ABB und Solvay nehmen sich der Sache an und schreiben an alle Partner, dass man jetzt nicht auf halbem Weg stehen bleiben soll. Wer deckt aber als Erster seine Karten auf? Es ist Covestro, ein Unternehmen, das sich von Bayer getrennt hat und Solar Impulse benutzen will, um seinen neuen Namen bekannt zu machen. Als Gegenleistung für die Aufschrift »Covestro empfängt Si2 in den USA« verspricht das Unternehmen einen ziemlich großen finanziellen Beitrag. Schindler, Swiss Re Corporate Solutions, Swisscom und Clarins sind bereit, sich die restliche Summe zu teilen. Die Regierung von Monaco und die Stiftung Fürst Albert II. von Monaco sowie Altran, Nestlé Research und Hirslanden verlängern ebenfalls ihr finanzielles Engagement.

Die anderen wissen, dass ihre vertraglich zugesicherten Marketingrechte auch ohne neue finanzielle Mittel bis zum Ende des Projekts gelten. Ein einzelner Partner zeigte ganz offen seine Absicht, das Abenteuer in Hawaii zu beenden, als ob eine Mannschaft, welche die erste Halbzeit gewonnen hat, mit dem Spielen aufhören kann. Die großherzige Haltung der übrigen Partner kam ihm insofern zugute, als sein Logo die ganze Weltumrundung mitmachen konnte.

Bei der Vertragsgestaltung hatten wir einen Fehler gemacht, weil wir nicht vorausgesehen haben, dass das Abenteuer doppelt so lang dauern würde wie geplant und daher zusätzliche Geldmittel nötig waren.

André

Ende Juli 2015 fehlten uns zur Beendigung der Weltumrundung 20 Millionen Euro. In weniger als drei Monaten hatte Bertrand diese Summe zusammen. Das ist unfassbar! Dieser

Mann hat etwas Magisches an sich. Jetzt sind wir nach all diesen Zwischenfällen wieder im Zeitplan und unsere Vorbereitung hat gute Rahmenbedingungen, darunter ein Gesamthaushaltsplan, dessen vollständige Finanzierung Bertrand zu verdanken ist.

Mit dem Team verhält es sich anders. Das Trauma meines Fluges nach Hawaii ist noch immer frisch. Mehrere Coachingtreffen waren nötig, um sie wieder aufzurichten und den Ingenieuren die Möglichkeit zu geben, ihre Sorgen zu formulieren und ihnen unsere Position verständlich zu machen. Müsste ich einen anderen Beruf wählen, dann den des Therapeuten. Und Bertrand, würde er Ingenieur werden?

Bertrand

Si2 wartet unter einer Schutzplane in seinem Hangar in Hawaii darauf, dass die Lage sich bessert. Am Ende des Jahres 2015 ist es so weit. Die Ingenieure in Dübendorf haben neue Batterien erhalten und ein raffiniertes Kühlsystem erfunden. Das Budget ist nun endgültig unter Dach und Fach. Zur UN-Klimakonferenz von Paris (COP21) kann ich jetzt ruhigen Gewissens fahren. Mein Traum war, dort als erfolgreicher Pionier der Weltumrundung aufzutreten, um die Glaubwürdigkeit der sauberen Technologien zu stärken. Aber ich wusste nicht, wie sich der halbe Misserfolg in Hawaii auf meine Anwesenheit auswirken würde. Verdrossene Skeptiker verbreiteten schon die Nachricht, dass Solar Impulse die Grenzen erneuerbarer Energien aufgezeigt habe. Anhänger des Status quo konnten sich eine so schöne Gelegenheit, den Fortschritt zu diffamieren, nicht entgehen lassen, obwohl der Misserfolg auf unseren Planungsfehler zurückzuführen ist und keinesfalls auf mangelnde technische Qualität. Letztlich war das alles nicht von Wichtigkeit. François Hollande, Laurent Fabius, Christiana Figueres und Ban Ki-Moon bereiten der Delegation von Solar Impulse einen sehr schönen Empfang. Der französische Staatspräsident selbst schlug vor, ein Modell von Solar Impulse innerhalb des Konferenzgebäudes aufzustellen.

Es gibt zahlreiche Reden und Interviews, darunter einige sehr bemerkenswerte. In einer Veranstaltung für Großunternehmen geht Jean-Pierre Clamadieu auf die Geschichte von Solar Impulse ein, um auf das Engagement von Solvay hinzuweisen.

Unter den Teilnehmern sind auf jeden Fall sechs Unternehmen, die ich angesprochen hatte, aber ohne Erfolg. Mir gefällt es, wie sie der Rede von Jean-Pierre applaudieren. Ein Firmenchef sagte mir sogar später:

»Was für ein Idiot war ich doch, eine solche Gelegenheit vorbeiziehen zu lassen!«

»Wenn Sie das so sagen …«

André

Ich werde Bertrand nach Paris zu der zwei Wochen dauernden Klimakonferenz begleiten. Meisterhaft bewegt er sich auf einem Terrain, das sehr viel Gewandtheit verlangt. Er verfügt jetzt über alle Mittel, um seinem Ziel näherzukommen. Und wie er das tut! Die Weltumrundung ist zwar noch nicht zu Ende, aber die Teilnehmer der Konferenz zeigen doch sehr viel Respekt vor unserer bisherigen Leistung. Bertrand gelingt es hervorragend, die symbolische Bedeutung von Solar Impulse hervorzuheben. Seine Geschmeidigkeit in dieser von Politik beherrschten Welt beeindruckt mich ebenso sehr wie die Verbindung von Aufrichtigkeit, fester Überzeugung und geistiger Klarheit in den von ihm verfassten Reden. Die Relevanz seiner Überlegungen und die Art, wie er sie vorträgt, sind für die Zuhörer wie ein Energieschub. Sie sind innerlich sehr bewegt von dem, was sie hören, und möchten sich eigentlich dem Abenteuer anschließen und an der Vision, die auch sie berührt, teilnehmen.

In einer Versammlung, an der John Kerry, Ban Ki-Moon und bedeutende Firmenchefs teilnehmen, wird Solar Impulse als Beispiel erwähnt. Das Reden über eine Kohlendioxidsteuer und über die Reduzierung von CO_2 ist jedoch eine Sache, intelligente Lösungen anbieten, welche die Umwelt schonen, ohne die Wirtschaft zu schwächen, sowie auf moralisierende Appelle verzichten, eine andere.

Bertrand

Ich freue mich, André in eine Welt mitzunehmen, die sich von dem, was wir bisher gemeinsam erlebt haben, sehr unterscheidet. Das Projekt Solar Impulse passt ausgezeichnet zu einer solchen Konferenz. Vincent, Fabienne, Alain und Alexandra leisten eine ungeheure Informations- und Kommunikationsarbeit. André hält sich zur Verstärkung bereit, sollten zwei Anfragen zu Vorträgen gleichzeitig eintreffen.

Die üblichen Äußerungen zum Klimawandel reichen nicht mehr aus. Sie stoßen sogar ab. Vernünftige Menschen wissen – auch wenn sie es nicht offen eingestehen wollen –, dass die Meeresspiegel ansteigen und es zu Überschwemmungen, Naturkatastrophen, neuen Krankheiten und Millionen von Klimaflüchtlingen kommen wird. Einsicht allein genügt aber nicht. Hält man das Problem zudem für unlösbar, dann kann das nur in Mutlosigkeit enden. Jetzt muss von konkreten Lösungen die Rede sein, von ökonomischen Chancen, von Arbeitsplätzen in der Industrie und von dem ungeheuren Markt, den heute die sauberen Technologien darstellen. Von Anfang an habe ich in diesem Sinne die Botschaft von Solar Impulse verbreitet. Heute sind meine Anstrengungen endlich erfolgreich. Staatspräsident Hollande und der Präsident der Klimakonferenz, Außenminister Fabius, haben mich um eine Zusammenfassung aller Argumente gebeten. Ich veröffentliche sieben Prinzipien zur Lösung des Klimawandels. Sie sind das Kernstück meines künftigen Engagements.

Lösungen statt Probleme präsentieren.
Wie können wir die Menschen dazu bringen, sich gegen den Klimawandel einzusetzen, wenn wir immer nur das ganze Ausmaß des Problems hervorheben? Die Schwarzmalerei in der

gegenwärtigen Diskussion lässt uns nämlich in dem Glauben, die Situation sei ausweglos. Dieser Einsatz ist daher nur möglich, wenn der fühlbare Nutzen jetzt vorhandener sauberer Technologien in den Vordergrund gerückt wird: Wir könnten heute schon die CO_2-Emissionen halbieren, indem wir die alten, umweltschädlichen Strukturen ersetzen durch moderne, energiesparende Technologien in der Industrie, der Bauwirtschaft, der Heiz-, Klima- und Beleuchtungstechnik und der Mobilität.
Die Natur nicht mehr als Hindernis für Mobilität, Wohlstand und Wirtschaftswachstum betrachten.
Opfer zu verlangen ohne erkennbaren unmittelbaren Nutzen ruft nur Widerstand hervor. Wer würde schon auf sein Auto verzichten, nur weil in 30 Jahren der Meeresspiegel steigt? Wir müssen daher zeigen, dass jeder seinen Lebensstandard halten, ja sogar steigern kann durch saubere Technologien, die für ihn kostengünstig und leicht zugänglich sind und dabei noch die Auswirkungen seines Lebensstils auf die Umwelt reduzieren.
Auf gewinnbringende Investitionen verweisen und nicht auf hohe Kosten.
Der Umweltschutz darf nicht als kostenintensives Vorhaben gesehen werden. Der Bedarf an umweltfreundlichen Produkten und Produktionsprozessen erschließt im Kampf gegen den Klimawandel neue Märkte für die Industrie und fördert das Wirtschaftswachstum, die Schaffung von Arbeitsplätzen und die Erzielung von Gewinnen.
Armen und reichen Ländern einen Teil der Investitionsrendite zukommen lassen.
Fassen die reichen Länder den Kampf gegen den Klimawandel als ein Opfer und die Entwicklungsländer als eine Bedrohung für ihr Wirtschaftswachstum auf, dann haben wir die ganze Welt gegen uns. Die Investition in energieeffiziente Lösungen und in erneuerbare Energien ist für die Investoren und Konsumenten sowohl der reichen Länder wie der Schwellenländer rentabel.
Bei Zielen immer die Vorgehensweise exakt festlegen.
Als die Politiker ihren Willen bekundeten, die CO_2-Emissionen um x Prozent zu reduzieren und die Erderwärmung auf zwei Grad Celsius zu begrenzen, drückten sie nur einen frommen

Wunsch aus. Ohne die genaue Festlegung des Rechtsrahmens, der Verfahrensweisen und konkreten technologischen Lösungen zur Erreichung dieser Ziele bewirken sie überhaupt nichts.
Gesetzliche Rahmenbedingungen und private Initiativen miteinander verbinden.
Die Unberechenbarkeit der Gesetzgebung und die Gefahr von Wettbewerbsverzerrungen hindern allzu oft die Industrie, spontan in eine saubere Produktion zu investieren. Unsere Gesellschaften haben gesetzliche Regelungen für die Ausbildung, die Hygiene, die Gesundheit und die Gerichte, aber keine einzige für die Verschwendung von Energie und Rohstoffen. Das muss sich ändern!
Handeln im Interesse der jetzigen Generation und nicht allein für die künftigen Generationen.
Nur wenige Menschen ändern ihre Verhaltensweisen zum Wohle künftiger Generationen. Wir müssen daher zeigen, dass die notwendigen Veränderungen schon jetzt eine positive Wirkung auf die Wirtschaft, die Industrie und die Politik unserer Tage hat.

André

Bertrand möchte sofort die Aufmerksamkeit der Zuhörer mit einem Beispiel fesseln, das sie nicht vergessen werden. Er betritt die Bühne mit einem alten Lederhelm und einem Telefon aus dem Jahr 1930:

»Warum benutzen wir diese Dinge nicht mehr, aber Verbrennungsmotoren, Glühbirnen, schlecht isolierte Häuser, veraltete Heizungen und Stromnetze weiterhin? Sie produzieren die CO_2-Emissionen. Mehr noch als unsere Lebensweise sind es unsere technischen Anlagen, deren Energieeffizienz ungenügend ist und die den Klimawandel verursachen. Können Sie sich das wirtschaftliche Wachstum vorstellen, sobald elektrische Mobilität, Beleuchtung mit LED, thermische Isolierung, eine allgemeine Verbreitung von Wärmepumpen und die Inbetriebnahme eines intelligenten Stromnetzes an ihre Stelle treten? Es gibt keinen Grund mehr, ökologisch zu sein, seien wir ganz einfach logisch!«

In den Statistiken der sozialen Netzwerke steht Bertrand an 29. Stelle der einflussreichsten Akteure beim Weltklimagipfel in Paris mit mehreren Tausend Teilnehmern. Jeder interessiert sich für seine Argumente und er wird zum Botschafter der Vereinten Nationen für die Umwelt ernannt. Hawaii und die Batterien sind weit weg. Dieses Jahr hat uns beiden – jedem auf seinem Gebiet – schließlich das gebracht, wonach wir am meisten suchten.

16

Mit der Energie von Aloha

Bertrand

Für das Jahr 2016 sind wir gerüstet, aber alle Joker sind nun weg. Eine dritte Erfolgschance gibt es für uns nicht. Die dreizehnte SMS zum neuen Jahr zwischen André und mir enthält den Wunsch, dass unser Traum nun Wirklichkeit wird.

Im Januar kehrt ein erstes Team nach Hawaii zurück, um das Flugzeug vorzubereiten und die neuen Batterien einzubauen. Einige Mitglieder des Kommunikationsteams konnten nicht zwei Jahre lang bei unserem Projekt bleiben. Ich musste das Team neu aufstellen und sein Kern besteht aus so bewährten Mitarbeitern wie Michèle für das Kommunikationskonzept und die Kommunikationsmittel, Vincent Colegrave und Bruno Boehm für die Internetseite und die sozialen Netzwerke, Alexandra Gindroz für die Presse, Jean Revillard für die Fotos und Emmanuel Gripon für den Multimediabereich.

Michèle drängt mich dazu, dieses Jahr den Schwerpunkt auf die Beziehungen im Team zu legen und ebenso sehr auf seine technische und operative Führung. Jeder soll mit diesem Projekt wachsen und sich entwickeln, ganz persönlich und zusammen mit den anderen, um am Ende eine außergewöhnliche Erfahrung als inneren Besitz für sein weiteres Leben mitzunehmen. Wenn mich meine Vorbereitungen zu sehr beanspruchen, erinnert Michèle mich immer daran, dass bei jeder Tätigkeit das Wichtigste Großherzigkeit und der aufmerksame Blick für den anderen ist. Diese Einstellung hat nun Priorität.

Die Führungskräfte von Solar Impulse versammeln sich zu Beginn des Jahres 2016 in Lausanne, um nach der Krise bei der Überquerung des Pazifiks auf einer letzten Sitzung das

Team wieder zusammenzuschweißen. Die Motivation ist von 100 Prozent weit entfernt. Die Ingenieure haben den Beweis erbracht, dass ihr Flugzeug fünf Tage hintereinander fliegen konnte. Damit liegt der schwierigste Teil hinter ihnen. Marcus Basien greift als Erster an:

»Unser Ziel ist, dass wir am Ende des Abenteuers nicht die vergangenen zwölf Jahre bedauern.«

Christoph Schletting fährt fort:

»Der nächste Flug bedeutet Sieg oder Untergang.«

Auch Peter Frei hat die Ereignisse des letzten Sommers noch nicht ganz verkraftet:

»Was mich so aufregt, ist die im letzten Moment von André gestellte Frage, wie man höher als die erlaubte Maximalhöhe steigen kann; dabei habe ich zwölf Jahre daran gearbeitet, diese mögliche Höhe zu berechnen. Will man sie überschreiten, dann muss der Pilot die Entscheidung treffen und nicht der Ingenieur die Erlaubnis dazu geben.«

Über die Entscheidung, den Flug nach Hawaii fortzusetzen, werden wir uns wohl nie einigen, oder anders gesagt, wir sind angesichts des triumphalen Erfolgs des Fluges zwar alle einig, aber viele können es nicht offen eingestehen. Entscheidend ist, die eigenen Gefühle ausdrücken zu können. Der Moderator bei diesem Treffen ist so klug, sich zurückzuziehen und das Team bei seiner Wiedergutmachungsarbeit allein zu lassen.

Die nötige Reife dazu besitzt es. André steht auf und nimmt Peter in seine Arme.

Ich sage:

»Marcus auch!«

André, Peter und Marcus besiegeln offiziell ihre Versöhnung. Der Tag hat sich gelohnt.

André

28. Februar 2016, Hawaii. Das Wiedersehen mit dieser Landschaft macht mir eine riesige Freude. Die Landung auf der Insel im Jahr 2015 übertraf bei Weitem alle meine Erwartun-

gen und bleibt für mich eine ganz außergewöhnliche Erinnerung. Mein persönliches Ziel ist erreicht. Das Flugzeug kann fast ununterbrochen fliegen. Meine Aufgabe in diesem Jahr ist es von jetzt an, dafür zu sorgen, dass auch Bertrand sein gewünschtes Ziel erreicht und das ganze Team sich am Ende über den erfolgreichen Flug um die Welt freuen kann.

Im letzten Jahr um die gleiche Zeit erschöpfte uns der Wettlauf gegen die Zeit beim der Bau des Flugzeugs. Jeder Etappensieg war äußerst schwierig. Zum ersten Mal haben wir jetzt Zeit und das zahlt sich für uns aus, was die Mitarbeiter, die ganzen Begleitumstände und unsere Vorbereitung für den 15. April angeht.

Alles funktioniert hervorragend. Das Flugzeug ist startklar, die Batterien sind ausgewechselt, die Temperaturüberwachung eingebaut, die fehlende Ausrüstung ergänzt und getestet und das Team ist geschult und motiviert. Alle müssen wieder gespannt sein, ob das Projekt wirklich gelingt, und dürfen seine Komplexität nicht durch zu große Zuversicht unterschätzen. Der geringste Fehler kann uns in den Abgrund reißen, ein kleiner Schaden uns mehrere Monate zurückwerfen und günstige Wetterfenster für die Überquerung der Ozeane schließen. Wir müssen zu einer angenehmen Arbeitsatmosphäre zurückfinden und gleichzeitig eine erhöhte Wachsamkeit beibehalten. Dafür sorge ich, indem ich unnötige Spannungen vermeide.

Bertrand

Das Schicksal scheint bis zum Schluss alles zu unternehmen, um die Stärke unserer Freundschaft auf die Probe zu stellen. André und ich dürfen kein neues Risiko eingehen. Ohne dass wir es wollen, ist das letzte Jahr durch die Unterbrechung der Pazifiküberquerung zum Jahr von André geworden, und das kommende Jahr wird zu meinem Jahr. André deutet an, dass er sich jetzt damit abfinden muss, nur noch Flüge wie im Schweizer Aero Club durchzuführen. Ich werde darauf achten, dass er es nicht als Frustration erlebt und sein

Rekordflug uns in den nächsten Monaten immer präsent ist.

Wie ich wartet auch Si2 auf den nächsten Flug. Das für die Mission verantwortliche Team möchte den Ablauf der Testflüge vereinfachen und die für die Partner vorgesehenen Luftaufnahmen streichen. Das ist eine ziemlich schlechte Idee, die nach der lapidaren Antwort von André fallen gelassen wird:

»Keine Fotos, kein Geld, kein Geld, keine Flüge!«

Mit den Ingenieuren überprüfe ich einige Tage lang die Systeme und ihre Abläufe. Es ist unglaublich, wie schnell sich Gerüchte verbreiten. Das Team in Europa erfährt sofort, dass ich meine Aufgaben gut erledigt habe, die Technik beherrsche und für einen neuen Flug bereit bin. Ich habe wirklich einen Coup gelandet, als ich in dem winzigen Cockpit in weniger als fünf Minuten den Überlebensanzug mit dem Fallschirm anlegte, obwohl in der Theorie dafür dreißig Minuten vorgesehen waren. An diesem Tag überwachten mich von Monaco aus über Skype zwei Beamte des Bundesamtes, die anschließend begeistert nach Hause gingen.

Wir befinden uns in der Welt der Verwaltung und ich muss mich ihr anpassen, obwohl ich sie überhaupt nicht leiden kann. Um auf einem Flug eine kleine Figur von Captain Jean-Luc Picard aus *Star Trek* mitzunehmen, der dem Zwillingsbruder meines Großvaters nachempfunden wurde, brauchte ich eine Arbeitsanweisung vom Chefingenieur: »Sonst verbiete ich dir den Start«, warnte er mich … Um nicht erneut das Psychodrama mit der Stange vom letzten Jahr zu wiederholen, ließ ich eine Spezialanfertigung unter dem Namen »Monopod« genehmigen. Im Wörterbuch haben wir diese amtliche Bezeichnung gefunden, die für das Bundesamt viel neutraler war als »selfie stick«.

Marcus muss für das weitere Vorgehen noch die Zertifizierung des Flugzeugs fertigstellen und macht hintereinander einige Testflüge. Ich stehe aufrecht in einem Auto von Tesla, einer Leihgabe von Elon Musk, und rolle auf die Piste hinter Si2, das zum Abflug bereit ist. Ein Elektroauto hinter einem Solarflugzeug!

Im Wind der Propeller erinnere ich mich an die riesige Solardrohne von Paul MacCready, die vor zwanzig Jahren Hawaii überflog. Die Spannweite von 70 Metern und die 14 elektrischen Motoren kamen mir surrealistisch vor. Da es sich um ein nationales amerikanisches Programm unter Leitung des Verteidigungsministeriums handelte, war es einem einfachen Schweizer wie mir nicht zugänglich. Dennoch träumte ich schon damals von einem solchen Apparat, aber ohne Fernsteuerung, sondern mit einem Cockpit und einem Piloten.

Über Hawaii fliegt in dieser Woche eine ebenso riesige Silhouette, aber jetzt ist es Solar Impulse, das seine letzten Testflüge beendet und dann seinen Flug um die Welt fortsetzt. Ich bin sehr bewegt, als ich an den bisher zurückgelegten Weg denke. Die Privatwirtschaft triumphiert über das Militär, David über Goliath, Hoffnung über Aussichtslosigkeit!

André

Solar Impulse ist eine richtige Kampfmaschine geworden, für die es nach meinem Gefühl keine unüberwindbaren Hindernisse gibt. Meine Hoffnung steigt, endlich über die Freiheitsstatue zu fliegen. Ich erinnere mich an das Jahr 2013, als der Flügel von Si1 sich über dem Atlantik fast aufgelöst hätte.

Zurzeit arbeite ich täglich im Hotel Halekulani, an einem der schönsten Orte am Strand von Waikiki, wo der Direktor, ein Schweizer, uns seine Gastfreundschaft anbietet. Wir befinden uns in Honolulu, unmittelbar neben Pearl Harbor, das heute ein bevorzugtes Reiseziel japanischer Touristen ist.

Viele Mitarbeiter haben Surfbretter gekauft und machen nach der Arbeit ihre ersten Erfahrungen mit den Wellen. Für Bertrand, Greg und mich gilt das unglücklicherweise nicht, weil uns immer irgendeine Aufgabe in Beschlag nimmt. Jeden Morgen mache ich vor Sonnenaufgang am Strand meine Yogasitzung. Das Leben ist trotz allem wunderbar!

Auch für mich wird es nun ernst: tagsüber jeweils ein Flug von anderthalb Stunden und nachts zwei Platzrunden. Für die Flüge des Projekts muss ich mich dadurch erneut als Pilot qualifizieren. Bei der Nachbesprechung erhalte ich viel Lob und alle sind mit mir zufrieden, aber dann schlägt die Stimmung um. Ralph wurde nicht in das Kontrollzentrum gebeten, weil man seine Anwesenheit nicht für notwendig hielt. Um seine Funktion nachzuweisen, überprüfte er akribisch alle telemetrischen Daten meiner Flüge und entdeckte drei kurze Abweichungen von den vorgeschriebenen zehn Grad des Schiebewinkels. Was für ein Skandal! Zwischen meiner Reaktion auf die Vorgänge im Cockpit und deren Interpretation durch die Ingenieure besteht eine große Diskrepanz. Um zu zeigen, dass ich entspannt bin und mich wohlfühle, lasse ich manchmal das Flugzeug ein wenig allein fliegen und mache Fotos, oder ich halte den Steuerknüppel nur mit einer Hand und führe die Kontrollen auswendig durch.

Erwartet wird aber nicht, dass ich entspannt, sondern diszipliniert bin; dass ich den Steuerknüppel fest mit beiden Händen halte, gradgenau auf Flugrichtung bleibe und den Anweisungen auf dem Display des iPads folge. Das ist mehr mechanisches Handeln als emotionales Erleben und entspricht mir überhaupt nicht!

Der im Ingenieursstil abgefasste Flugbericht erwähnt sogar, dass kein zusätzliches Training meine Art, ein Flugzeug zu steuern, verbessern kann und man mich nehmen muss, wie ich bin. Marcus Basien nimmt diesen Abschnitt heraus, weil er befürchtet, das Bundesamt würde meinen Namen aus der Liste derjenigen Piloten streichen, die Si2 fliegen dürfen. Mir gefällt seine Initiative, denn er hatte mir immer geraten, in der Rolle als Leiter des Projekts zu bleiben und nicht zu fliegen.

Die Diskussion endet mit dem Beschluss, noch einen zusätzlichen Flug zu machen, um die Ratschläge des anderen Markus, nämlich Markus Scherdel, in die Praxis umzusetzen.

Jeder kann sich vorstellen, welcher Druck auf mir lastet. Meine im vergangenen Jahr verlorene Gelassenheit hatte ich wieder zurückgewonnen. Ich pflegte jeden Morgen zu meditieren, Yoga und Sport zu machen und fühlte eine innere Ruhe. Jetzt tauchen an dieser Stelle wieder meine alten Dämonen auf und wecken erneut meine Zweifel. Was wäre, wenn das Sicherheitsteam mich an der zweiten Etappe der Pazifiküberquerung hinderte? Wenn ich tatsächlich nicht die erforderlichen Fähigkeiten zum Fliegen habe? Überschätze ich mich vielleicht?

Markus beruhigt mich. Er war früher derjenige, der meinen Flugwunsch äußerst skeptisch betrachtete, aber meine Beharrlichkeit, die Flugvorgänge und die technischen Systeme zu beherrschen, überzeugte ihn. Ich hatte sogar mein Vergnügen daran, zu dem Verfahrenshandbuch, dem berühmt-berüchtigten und für alle verbindlichen Flughandbuch POH (Pilot Operating Handbook), das er mit seiner Partnerin Ursula bearbeitete, eine Ergänzung beizutragen:

»Im Cockpit ist das Fliegen nur eine Frage der Disziplin. Gib der Steuerung den Vorrang, nicht deinem Vergnügen. Und trainiere auch noch den Nachtflug in einer Cessna.«

André

23. März 2016. Es ist interessant, wie der neue Start der Weltumrundung vor sich geht. Bei den Ingenieuren nehmen die Anzeichen von Stressbelastung zu. Die Behörde möchte für jeden kleinen Vorfall eine Erklärung. Die einfachste Lösung ist daher, Grenzen bei der Benutzung des Flughandbuchs zu setzen, das die Ingenieure zwar schützt, aber die ganze Verantwortung dem Piloten aufbürdet, der eine Fülle von Vorschriften beachten muss.

Um den Risiken einer Überhitzung beim Flug vorzubeugen, ziehen es die Ingenieure zum Beispiel vor, dass wir die Motoren nicht mit Volllast laufen lassen. Ist sie für den Piloten in einer schwierigen Situation dennoch nötig, könnte dieser Verstoß gegen das Handbuch eine Strafe der Behörde nach sich ziehen.

Es wird immer schwieriger, den Pioniergeist zu bewahren, wenn das Ziel näher rückt. Je mehr Fortschritte wir machen, desto häufiger veranlasst die Angst vor einem Misserfolg einige dazu, die Risiken zu reduzieren.

Bertrand

Für ein Flugtraining ist Hawaii nicht der schlechteste Ort auf der Welt. Mit Tahan, dem stellvertretenden Flugdirektor und didaktisch sehr versierten Fluglehrer, fliege ich mehrere Abende zwischen den Inseln in einem kleinen Sportflugzeug. Ich versuche, die heiklen Situationen, in die er die Maschine bringt, während ich die Augen schließe, ohne Sichtmerkmale, nur mit den Instrumenten zu bewältigen. Das Ziel ist nicht bloß, korrekt zu fliegen, sondern vor allen Dingen, die Si2 bei starken Turbulenzen dann unter Kontrolle zu bringen, wenn ein Alarmsignal mich aus dem Schlaf reißt.

Die anschließenden Flugplatzrunden mit Si2 verlaufen gut und meine Dämonen dürfen sich wieder schlafen legen. Das Team im Kontrollzentrum macht mir das einzige ihm mögliche Kompliment: »Uneventful«, was heißen soll: »Keine besonderen Vorkommnisse«. In dieser Sprache wird nicht gesagt, der Pilot hat alles richtig gemacht, sondern es heißt, der Pilot hat nichts falsch gemacht. Wer hier auf Komplimente wartet, muss sie woanders suchen!

Endlich bin ich bereit, auch das Flugzeug ist startklar. Unter Berücksichtigung der Tages- und Nachtlänge wurde der erste mögliche Abflug für den 15. April berechnet, allerdings ohne jede Sicherheitsmarge. Von Anfang an kommt für mich aber der 21. April infrage. Dann herrscht Vollmond, und es ist der Internationale Tag der Erde, an dem in der UNO das Übereinkommen von Paris zum Klimaschutz unterzeichnet wird. Vincent schreibt mir aus Monaco:

»Wenn du am Internationalen Tag der Erde mit dem Flugzeug unterwegs bist, werde ich mich davon überzeugen, dass jeder Bewohner des Sonnensystems davon weiß. Die Symbolkraft wäre außerordentlich. ›I will tweet to death‹ (Ich werde twittern, was das Zeug hält) und anschließend bei Petrus Lobbyarbeit betreiben, damit auch das Paradies saubere Technologien verwendet!«

André

Meine Diskussionsbeiträge müssen ein Gleichgewicht einhalten, ich darf weder zu viel noch zu wenig sagen – wie bei einer Ventilkurve. Ständig kommen die Teammitglieder zu mir mit Fragen und Unklarheiten, oft auch mit kleinen Details. Ich muss notwendigerweise ein wenig Abstand halten. Nur so können sie anfangen, selbst zu entscheiden. Für wichtige Fragen genügen einige Besprechungen. Ich brauche auch ein angemessenes Gleichgewicht zwischen der Entspannung mit den Teammitgliedern und der Aufrechterhaltung eines arbeitsfähigen Teams, das zielorientiert bleibt. Das Team, welches die Weltumrundung begleitet, besteht zum größten Teil aus sehr jungen Menschen. Dem Team vom Kontrollzentrum in Monaco stehe ich näher, mit den meisten Mitgliedern – oft ehemalige Militärpiloten – bin ich seit 40 Jahren freundschaftlich verbunden. Diesen Beruf haben wir miteinander gemeinsam. Die dynamischen Prozesse sind daher unterschiedlich.

Für Bertrand stellt sich die Situation anders dar. In den Jahren der Vorbereitung arbeitete er außerhalb des Teams. Als der Flug um die Erde begann, hatte er das Bedürfnis, es besser kennenzulernen und Verbindungen zu knüpfen. Jetzt möchte er mehr Zeit mit ihm verbringen. Zwischen ihm und mir hat sich die Beziehung schließlich in umgekehrter Weise entwickelt. Das war nicht immer leicht zu bewältigen

Bertrand

Denke ich an das letzte Jahr zurück, erkenne ich mich nicht wieder. Ich war, ohne es gleich zu bemerken, nur ein Schatten meiner selbst. Ich fühlte mich gestresst, unwohl, auch verunsichert durch die Manöver des Sicherheitsteams, die mir den Pazifik abspenstig machen sollten, sowie durch die Rivalität mit André. Verunsichert vor allem durch meine eigenen Fehler. Für dieses erbärmliche Ergebnis habe ich doch nicht so lange gearbeitet. Ich funktionierte auf der Grundlage meines bisherigen Wissens. In dieser Zeit entwickelte sich aber André immer weiter und erwarb ständig neue Kompetenzen, während ich meine Zeit damit verbrachte, ihn in Schach zu halten, anstatt mich ebenfalls zu entfalten. Als ich das begriffen hatte, hörte ich mit meinem Widerstand auf und konnte anfangen, auch mich zu entwickeln. Ich musste auch lernen, mit anderen zu teilen, die Flüge, die Bekanntheit, die Entscheidungen. Für mich war das neu, da ich frühere Projekte nach eigenem Ermessen durchführte. Um jetzt Erfolg zu haben, musste ich teilen oder ganz allein scheitern.

In dieser Hinsicht löst sich die mentale Blockade des letzten Jahres, und ich bin nun frei, um dem Team die spirituelle Dimension des Projekts zu vermitteln, frei auch, um die nötige Distanz zu den Problemen zu wahren und zu Personen, die mich irritieren, frei für die richtige Reaktion zum richtigen Zeitpunkt. Ich freute mich sehr, als André sagte, dass es in diesem Jahr einen »neuen Bertrand« gebe.

In Wirklichkeit nahm ich nur wieder meinen normalen Platz ein, nachdem ich mich zurückgezogen hatte, denn ich hatte große Mühe, neben André, der in den vergangenen sechs Jahren zu einem »neuen André« wurde, die richtige Position zu finden. Seine andere Art, sich mitzuteilen, die er mithilfe eines Coachs gefunden hatte, trug ebenfalls dazu bei, mir meine Schuldgefühle zu nehmen.

»Weißt du, Bertrand, ich bin ganz froh, während der nächsten Monate nicht so viel zu fliegen. Ich kann mich dann endlich meiner persönlichen Kommunikation widmen.«

Sein Eifer spornte auch mich an. Ich verlor den Pessimismus, der sich bei mir gegen meinen Willen bei jeder Gelegenheit breitmachte. Ich sehe nicht mehr, wie noch vor einigen Monaten, in jedem Problem ein Hindernis für meinen Traum. Dieses Jahr bin ich ein anderer. Selbst als André mir sagt:

»Kannst du für einen Moment das Büro verlassen und kommen? Ich muss mit dir über ein größeres Problem reden.«

»Es wird wohl nicht so ernst sein: Ich habe gerade festgestellt, dass die Belastung meines Rechners bei 55 Prozent liegt und dass es 5.05 Uhr ist.«

In Wirklichkeit wäre eine Katastrophe möglich gewesen, aber wie meine Lieblingszahl es nahegelegt hatte, kam die Situation von selbst wieder ins Lot.

Im letzten Jahr machte ich mir Vorwürfe, dass sich das Team mit den asiatischen Kulturen nicht näher beschäftigen konnte. Ich organisiere dieses Mal Sitzungen, um das Interesse an Meditation und der hawaiianischen Kultur zu wecken.

Auf diesen Inseln begegnen sich drei Kulturen. Die vom Kontinent stammenden Amerikaner sind die Herren; dann gibt es Eingeborene, die mit ihren vielen Pick-ups und ihrer Liebe zum Hamburger mit Erfolg versuchen, amerikanischer als die Amerikaner zu sein; andere Eingeborene bemühen sich, ihre traditionelle Spiritualität des Aloha, die Weisheit der Natur, den Respekt vor den Elementen und das Gefühl für die Lebensenergie zu bewahren. Die Silbe »ha« in Aloha bezeichnet die Lebensenergie, das Prana der Inder, das Qi der Chinesen. Es geht hier nicht um eine Grußformel für Touristen, sondern um die Beziehung zur Energie des Schöpfergottes.

Nach einem Aufenthalt von anderthalb Monaten akzeptieren uns alle Kulturen: die Anhänger der letzten Königin von Hawaii; der Medizinmann Kauila, der das Team und Si2 segnet; Nainoa Thompson, der die alte Navigationsweise der Vorfahren wieder praktizierte, die sich ohne Instrumente intuitiv nach dem Verlauf der Sterne richteten. Hokulea, sein großes Holzkanu, hat schon alle Ozeane der Welt befahren zur geistigen Initiation für die Seeleute und als Ode an die Energie des Kosmos; die achtzigjährigen Piloten, die im Zweiten Weltkrieg die Bomber steuerten, und die Behörden des Flughafens von Kalaeloa, deren Follow-Me-Wagen die Aufschrift »Bertrand Präsident« hatte, weil ich tatsächlich am Abend der Vorwahlen zur amerikanischen Präsidentschaft gelandet bin. Das Team vergnügt sich mit Trekking und Surfen und ist weit weg von den schrecklichen Ereignissen in Europa.

In unserer Welt gibt es wirklich zwei konträre Energieströme. Der eine zieht uns hin zum Materiellen, zum Egoismus, zur Gewalt und zum Hass; der andere kann uns zur Weisheit führen, zu Mitleid und zu Gewissenhaftigkeit. Wir tragen im Alltag bei jedem Gedanken und bei jedem Handeln die Verantwortung dafür, welchem Strom wir folgen wollen.

Solche Überlegungen möchte ich heute mit dem Team teilen.

André

3. April. Bertrand betreibt mit großer Ausdauer die Wiederaufnahme der Weltumrundung. Er ist mit ganzem Herzen dabei und hat die richtige Umgangsform mit den Ingenieuren gefunden: Er bittet um Ratschläge, akzeptiert Kritik und zeigt eine Bescheidenheit, die sich sehr konstruktiv auswirkt. Als Pilot wird er immer besser. Ich bin sicher, dass er nun gut vorbereitet ist, und er weiß, dass er auf mich zählen kann. Dieser Teil der Weltumrundung gehört ihm, und ich freue mich, dass er nun kurz vor der Verwirklichung seines Traumes steht. Es scheint, als ob wir endlich das richtige Gleichgewicht gefunden haben.

Von Hawaii aus haben wir unter Berücksichtigung der Wetter- und Windverhältnisse vier Zielorte zur Auswahl: Vancouver, Los Angeles, Phoenix und den nahe bei San Francisco liegenden Flugplatz Moffett. Wir müssen so schnell wie möglich starten, um die Jahreszeit auszunutzen. Die Überquerung dauert immerhin zwei oder drei Tage und erfordert eine genaue Vorbereitung. Nach den Wetterprognosen entscheiden wir uns für Moffett. Das war wohl vorherbestimmt!

17

»Sie sehen aus wie ein Astronaut!«

Bertrand

Plötzlich, fast unerwartet, ist der 21. April da. Das Team der Weltumrundung hat ein perfektes Wetterfenster ausgemacht. Ich sende meinen drei Töchtern eine Nachricht von dem bevorstehenden Start. Werden sie mir ihre Angst mitteilen, mich dringend bitten, ja vorsichtig zu sein, und sich vergewissern, dass das Wetter gut ist? Nichts von alledem. Oriane antwortet als Erste:

»Juhuuuuu, Papa, wir stehen voll und ganz hinter dir! Das ist unglaublich:-)) Ich freue mich total! Ich bin am Seeufer und kurz vor deiner Nachricht stiegen chinesische Laternen in den Himmel auf, das war schön.«

Estelle hat schon alle Informationen analysiert:

»Den Unterstützern wurde der 22. April angekündigt. Morgen ist der 21. Oh, das ist ein Megairrtum, den man korrigieren muss.«

Der Vorteil bei drei Töchtern ist die ständige Bewunderung! Oriane schreibt weiter:

»Wir lieben dich sehr, Papa, und sind mächtig stolz auf dich!«

Solange meldet sich:

»Das ist mehr als cooooooool!!!!!! Ich freue mich!!! Ich gehe nach Monaco!!«

»Meine liebsten Töchter, am Vorabend meines Abflugs hoffe ich, dass euch mein Leben als Forscher nützt, um dem Leben mit Neugier, Durchhaltevermögen und Respekt zu begegnen. Ich liebe euch von ganzem Herzen. LG Papa.«

Die Antwort von Estelle wird zum neuen Wahlspruch der Familie:

»Pioneering spirit for life! (Pioniergeist ein Leben lang!)«

Auf dem riesigen Bildschirm im Tesla-Auto, das mich zum Flughafen bringt, kündigt die Internetseite von Solar Impulse meinen Start für heute Morgen an. Ich habe von 20 Uhr bis Mitternacht geschlafen und bin um 1.30 Uhr telefonisch mit dem Kontrollzentrum für eine letzte Besprechung verbunden. Alain, mein Assistent, fährt mich. Alles sieht gut aus.

Als ich im Hangar ankomme, rufe ich laut »Hey, Jungs, heute fliegen wir!«, worauf das Team mit begeisterter Zustimmung reagiert. Vor mir liegt einer der schwierigsten Flüge meines Lebens. Als ich in den Tagen zuvor daran dachte, hatte ich Lampenfieber, aber jetzt, da ich in voller Aktion bin, überhaupt nicht mehr. Ich wollte Dübendorf, Lausanne und Monaco über eine Videokonferenz mit dem Team in Hawaii verbinden, das im Halbkreis um mich steht:

»Seit Jahren habe ich diesen verrückten Traum und ihr habt mit mir daran geglaubt. Ihr habt dieses Flugzeug gebaut und unter der Leitung von André den Flugbetrieb organisiert. Ich bin euch unendlich dankbar dafür. Ihr seid einverstanden, dass ich am Internationalen Tag der Erde fliege. Das ist ein wunderbares Symbol. Staatsmänner aus der ganzen Welt unterzeichnen morgen das Abkommen von Paris und wir sind mit einem Solarflugzeug schon in der Zukunft angekommen. Hoffen wir, dass alles gut verläuft. Sollte das nicht der Fall sein, dann erinnert euch, dass ich es unbedingt versuchen wollte. Einen Erfolg werden wir alle gemeinsam feiern.«

Andrè fährt fort:

»Ich bin glücklich, Bertrand, dass du diesen Flug durchführen kannst. Ich bewundere deine Belastbarkeit und deine Willenskraft, die dich so weit gebracht haben. Jetzt bist du startbereit, und du wirst einen wunderbaren Flug machen.«

Er umarmt mich unter dem Jubel des Teams. Ich flüstere ihm ins Ohr:

»Kinder haben es gern, wenn sich die Eltern gut verstehen …«

Wir brechen in lautes Gelächter aus.

Dann gehen wir zur Pressekonferenz. Nils und sein Team holen das Flugzeug aus dem Hangar.

Kauila, der hawaiianische Kahuna, kümmert sich um den Segen beim Abflug. Das Team bildet einen Halbkreis um das Flugzeug und stimmt den traditionellen Gesang der Aloha-Zeremonie an. Ich halte den Stab fest, den Kauila mir gegeben hat, um die Energie unserer ersten Begegnung weiterzutragen.

Nainoa Thompson kommt hinzu und überreicht André und mir das gleiche Geschenk wie dem Dalai Lama, Desmond Tutu und Nelson Mandela: eine von vier Nachbildungen des Hakens, der einst dem Schöpfergott dazu diente, die Hawaii-Inseln aus dem Meer zu ziehen und ihnen das Leben zu schenken.

Der Wind frischt auf. Das Team ist noch bei seiner Meditation. Miss Hawaii führt uns einen herrlichen traditionellen Tanz vor. Die Windstöße werden kräftiger. Normalerweise hätte ich nur die schwingende Silhouette der Tänzerin im Lichte der Scheinwerfer betrachtet, aber jetzt habe ich das Gefühl, schon gestartet zu sein. Ich fliege über dem Pazifik oder wenigstens möchte ich es so schnell wie möglich. Ich kann das Ende des Tanzes kaum erwarten.

Kaum sitze ich mithilfe von Daniel im Cockpit, wütet der Wind wie noch nie. Die Situation wird für das Flugzeug gefährlich und das Bodenteam kann es gerade noch stabilisieren. Wir dürfen nicht mehr zögern, Si2 muss in den Hangar zurück. Ich brauche nicht zu erklären, was ich in diesem Augenblick empfinde. Aber Nachrichten und Ereignisse können sein, wie sie wollen, in diesem Jahr versuche ich, gelassen zu bleiben und eine größere emotionale Distanz zu zeigen. Ich erinnere mich, was für eine Reaktion ich zeigte in dem Film über meinen Flug von Madrid nach Rabat, als der Wind auch zu stark war, um das Flugzeug auf die Piste zu bringen. Mein Gesicht spiegelte eine Mischung von absoluter Verzweiflung und unerträglicher Frustration wider! Jetzt versuche ich zu lächeln. Damals hatte André den Start erzwungen und heute wird es ebenso sein:

»Bleib im Cockpit, ruh dich aus und mach dir keine Sorgen. Ich unternehme alles, damit du fliegen kannst, der Flug gehört dir.«

Eine sehr unangenehme Stunde geht vorbei. Wir nähern uns unaufhaltsam der zeitlichen Grenze, die wir für den Start ausgerechnet haben.

André ist in seinem Element. Er muss eine Aufgabe erledigen, eine Herausforderung annehmen, ein Ergebnis erreichen – das hat er gern. In solchen Situationen brilliert er. In der einen Hand hat er einen Windmesser, in der anderen das Telefon für die Verbindung mit Monaco. Er berechnet die Stärke und die Häufigkeit der Windstöße:

»Es geht los. Wir holen das Flugzeug rückwärts aus dem Hangar, um es noch fester im Wind halten zu können. Ich hatte dir ja gesagt, alles geht gut.«

André

Wir müssen den richtigen Moment abpassen. Im Prinzip sollten das Bodenteam und das Kontrollzentrum in Monaco die Entscheidung treffen. Wie ich aber feststelle, ist das eine Hängepartie. Da so außerordentlich viel auf dem Spiel steht, ist es für sie schwierig, Risiken einzugehen. Ich lege Wert darauf, dass Bertrand starten kann und das Abenteuer unter besten Bedingungen wieder fortgesetzt wird. Ich übernehme die Kontrolle des Ablaufs und mische mich, was ich eigentlich nicht tun sollte, bei beiden Teams ein.

Als ich sehe, wie das Flugzeug bei Sonnenaufgang startet, langsam an Höhe gewinnt und über dem Pazifik verschwindet, spüre ich ein tiefes Gefühl der Zufriedenheit. Das Erlebnis, das nun über diesem von mir so geliebten Ozean auf Bertrand wartet, weckt alle meine Erinnerungen.

Bertrand

Das Missgeschick hatte den Vorteil, dass ich feststellte, wie sehr der Abflug mir am Herzen lag. Keine Spur der Erleichterung bei dem Gedanken, am Boden zu bleiben.

Die Kontrollen erledige ich dieses Mal so schnell wie möglich, als das Team das Flugzeug bis zur Schwelle der Startbahn schiebt. Es sieht so aus, als wäre es ein einfacher Trainingsflug.

»Kalaeloa Tower, guten Tag, HB-SIB startbereit.«

»HB-SIB, Kalaeloa Tower, Startbahn 04 rechts, Start auf eigenes Risiko. Guten Flug nach San Francisco.«

Einen Augenblick lang genieße ich den Moment, in dem ich den ganzen Flug noch vor mir habe, dann werfe ich die vier Motoren an. Der Start ist leicht, sehr viel leichter, als ich es mir vorgestellt hatte. Den Wetterprognosen zufolge kommt es zu einem Slalom zwischen Wolken und Zonen mit Turbulenzen. Auf einer Höhe von 150 Metern mache ich eine 180-Grad-Kurve, fliege zum letzten Mal über den Flugplatz und verschwinde dann. Alle winken mir zu und sind genauso begeistert wie ich selbst. Dieses Bild begleitet mich bis zu meiner Ankunft in Kalifornien.

Ich mustere die Ölraffinerie mit einem spöttischen Lächeln und lasse zur Rechten die Wohnanlage mit den kleinen Villen zurück, in denen das Team zwei Monate gewohnt hat. Im Steigflug auf 2000 Meter fliege ich an der Westküste der Insel Oahu entlang und erkenne die Stelle, an der Michèle und ich einige Stunden saßen, die eigentlich für meine Vorbereitung vorgesehen waren, und auf den Ozean blickten, den ich überqueren sollte. Riesige Wellen brandeten an die Felsen, die Gischt spritzte mit ohrenbetäubendem Lärm mehrere Meter hoch. Und doch herrschte in unserem Inneren völlige Ruhe. Schulter an Schulter sind wir bereit für die Überquerung, die nun zu unserer Überquerung wurde und in die wir vollstes Vertrauen haben.

An diesem Morgen denke ich auch an Michèle und ihre Leidenschaft, mit der sie sich für die Botschaft von Solar Impulse einsetzt, an ihr Geschick, meine Überzeugungen zu präzisieren, und ihre Ausdauer, mich systematisch dazu zu bringen, über das bisher spontan Erreichte noch einen Schritt weiter zu gehen. Sie versetzt mich in den eindringlichsten Momenten des Lebens immer wieder ins Staunen.

In dieser Geschichte gibt es ein Paar, André und mich, und ein Ehepaar, Michèle und mich. Sie hat die gleiche Funktion in der Kommunikation wie Röbi beim Bau des Flugzeugs. Der Erfolg des Projekts hängt davon ab, ob es eine zuverlässige Technologie mit einer überzeugenden Kommunikation verbinden kann. Die richtige Ausdrucksweise ist genauso schwer zu finden wie die stabilste Karbonfaser.

Es ist unser beider Flug, den ich gerade beginne. Über meine Liebe hinaus bewundere ich Michèle zutiefst.

Schon stellt sich ein wenig Heimweh nach Hawaii ein. Bei allen vorangehenden Etappen war das nie der Fall. Aber in diesen Minuten weiß ich, dass ich einen ganz besonderen Ort verlassen habe, der uns herzlich aufgenommen hat und sich nach dem letzten Flug von André um uns kümmerte. Ein Ort auch, wo ich wieder zu mir selbst fand und den zweiten Teil der Weltumrundung auf andere Weise in Angriff nehmen konnte.

Es bedeutet mir viel, die nordwestliche Spitze von Oahu zu überfliegen mit den steil abfallenden Klippen, die sich wie ein Schiffsbug in den Ozean stürzen. Als Michèle aus allen Unterlagen eine Collage machte, nahm sie dieses Bild zur Illustration der Hawaii-Etappe des vergangenen Jahres. Ich hatte mich sehr gefreut, da es meine Flugrichtung ist.

Jacques Revillard begleitet mich mit dem Hubschrauber. Tahan passt auf, dass er mir nicht zu nahe kommt. Die Stimme des Fluglotsen von Kalaeloa ist wegen der Funkfrequenzstörungen an Bord nicht mehr zu hören. Ich fliege jetzt die Nordküste entlang. In der Ferne taucht die Insel Maui auf, wo sich das Grab von Charles Lindbergh befindet und, noch eindrucksvoller, das Haus, in dem er starb. Rein zufällig traf ich den jetzigen Besitzer. Er zeigte mir, welchen Blick Lindbergh von seinem Sterbebett aus auf den Ozean hatte. Wie es sich so ergab, begegnete ich auch der alten Dame, der früher das

Haus gehörte und die es der Familie Lindbergh für die letzten Tage des Helden geliehen hatte. Anne Morrow Lindbergh schickte ihr einen Dankesbrief, den ich an jenem Tag ergriffen gelesen habe. Sie bat darum, dieses Haus nicht mit dem Tod in Verbindung zu bringen, sondern mit dem Glück ihres Mannes, die letzten Augenblicke seines Lebens an dem, wie er sagte, »schönsten Ort der Erde« verbringen zu dürfen.

Die Kumuluswolken erlauben keine genaue Sicht, aber mir gefällt die Vorstellung, dass die Klippen sich auf jener Seite befinden, auf der einer der legendärsten Forscher aller Zeiten ruht.

Monaco meldet sich über Satellit:

»Du darfst auf eine Höhe von 28000 Fuß steigen. Der gesamte Pazifik gehört dir!«

Endlos weit dehnt sich der Ozean vor mir aus. Hawaii verschwindet im Nebel, der Hubschrauber kehrt nach Kalaeloa zurück, und ich bin allein angesichts der Wellen und Wolken, mit denen ich von nun an die nächsten drei Tage verbringe. Ich bin glücklich, denn genau dieses Bild entsprach meinen Träumen. Wieder spüre ich dieselbe Intensität wie bei meiner Ballonfahrt um die Welt, nur dass ich dieses Mal allein an Bord bin, und das ist der wesentlichste Unterschied. Ich beginne Steve Fossett zu verstehen, der alle seine Abenteuer allein erleben wollte. Die Begegnung mit mir selbst zwingt mich, das, was ich wirklich will, bis zum Ende fortzusetzen. Für mich bleibt dieser Augenblick der eindrucksvollste des ganzen Fluges. Wie auch das Experiment selbst, bei dem Vertrauen mich weit mehr leitet als Mut. Ja, noch viel bedeutsamer als der Mut ist das Vertrauen, denn es stellt sich wie selbstverständlich ein, der Mut dagegen, so edel er auch sein mag, verlangt eine Anstrengung.

Später kommt vielleicht noch die Überquerung des Atlantiks hinzu und endlich die Ankunft in Abu Dhabi. Ich hoffe es wenigstens. Was immer aber die Zukunft mir bringt, der Anblick der unermesslichen Weite des Pazifiks wird mich nie mehr verlassen, so wenig wie die langsame und unaufhaltsame Annäherung an das Unbekannte im leisen Surren der vier elektrischen Motoren. Genau das war es, was ich schon so lange wollte und nun endlich habe, vor mir, in mir, für immer. Der Flug beginnt erst und schon macht er mich wunschlos glücklich.

Der erste Tag vergeht wie im Traum. Ich habe den Eindruck, dass ich schon seit vielen Jahren gestartet bin, so wohl fühle ich mich in meinem winzigen Cockpit an den Albatrosflügeln. Nach den vielen Trainingseinheiten, die ich absolvieren musste, habe ich überhaupt keine Schwierigkeit, mich zurechtzufinden, was Toilette, Zubereitung der Mahlzeiten, das Aufsetzen der Sauerstoffmaske ab 3500 Meter und die elektrischen Systeme angeht. Am späten Nachmittag verändere ich die Flugrichtung nach Osten, damit die Flügelhinterkanten der untergehenden Sonne ausgesetzt sind und ein Maximum an Energie für die Nacht aufnehmen. Das ist ein ganz entscheidender Moment, umso mehr, als die Nächte in dieser frühen Jahreszeit noch lang sind. Ich tauche in die Dunkelheit ein mit einem Bonus an Energie und den Glückwünschen aus Monaco. Im Gleitflug sinke ich auf 2000 Meter, dabei drehen die Motoren im Leerlauf, um Energie zu sparen. Ich habe vier Stunden an Energie für die Nacht dazugewonnen und die Möglichkeit, die Sauerstoffmaske abzulegen.

Als die Sonne hinter mir zum ersten Mal unterging, stieg der Vollmond auf und sein silberner Glanz auf dem Ozean leuchtete vor mir in Richtung San Francisco. Durch die kleinen Wolken, die wie Perlen eines himmlischen Colliers unter mir aufgereiht sind, fällt das Mondlicht sanft auf die Oberfläche des Ozeans. Ich bin mitten in der Nacht und Tausende Kilometer von der Küste entfernt, und doch habe ich mich noch nie so gut gefühlt, so zuversichtlich und gelassen. Überrascht stelle ich fest, dass ich überhaupt nicht beunruhigt bin. Meine Liebe und mein Respekt gehören genau dieser Welt der Forschung, ihren Leistungen, ihrer hohen Konzentration, ihrem Bewusstsein für die aktuelle Situation und ihrer staunenden Bewunderung über alles, was mich umgibt.

Ich lege den Pilotenanzug ab und verzichte auf ein Abendessen, um zwei Schlafphasen von zwanzig Minuten zu gewinnen. Zum ersten Mal schlafe ich beim Fliegen. André hatte mich darauf hingewiesen, dass die Karbonkonstruktion knarrt und vibriert. Als erfahrener Pilot wollte er verständlicherweise Si2 nicht allein fliegen lassen. Ich bin ein bisschen unbekümmerter und habe kein Problem damit, zumal Andreas, Julian, Michael, Yves, Leila und die beiden Christophs sich unter der Leitung von Raymond als treue Kopiloten abwechseln. Ich lege mich hin und nach ein, zwei Schlafphasen schrecke ich durch ein Alarmsignal aus dem Schlaf auf, als eine Turbulenz den Autopiloten ausschaltet. Sofort übernehme ich das Steuer und bin stolz auf meine rasche Reaktion. Um Zeit zu gewinnen, stelle ich die Rückenlehne des Sitzes nicht auf und habe jetzt keinen Halt, um die Seitenruderpedale zu bewegen. Monaco schreit: »Seitengleitflug – Seitengleitflug!« und schaltet die Kamera der Direktübertragung aus. Das ist natürlich der Moment, an dem Michèle auf die Internetseite von Solar Impulse geht, um zu sehen, wo ich mich befinde. Besonders stolz auf mich bin ich nicht, als ich die Rückenlehne wieder aufstelle und mit dem Seitenruder die Flugbahn korrigiere. Die übrige Nacht bleibt ruhig und ein herrlicher Sonnenaufgang erhellt morgens das Wolkenmeer. Zu einem richtigen Schlaf kam ich nicht, von den letzten fünf Minuten in jeder Phase abgesehen, aber ich fühle mich wohl.

Mein Flug folgt den Spuren von Amelia Earhart, die als Erste im Alleinflug von Honolulu nach San Francisco flog. Ihre Reise dauerte 18 Stunden und sie verbrauchte 1650 Liter Benzin. Für diese Gelegenheit holte ich ein Foto hervor, auf dem sie mit meinem Großvater vor der Druckkapsel des Stratosphärenballons steht. Ich gestehe, dass ich ein wenig eifersüchtig bin, denn ich fand sie immer äußerst verführerisch in ihrer Fliegerkombination und dem Lächeln einer emanzipierten jungen Frau.

Michael hat alles unternommen, um eine Direktübertragung der Diskussion zwischen mir und dem Generalsekretär der Vereinten Nationen zustande zu bringen. Zur offiziellen Unterzeichnung der Übereinkunft von Paris zum Klimawandel hat Ban Ki-moon alle Staatschefs der Welt eingeladen. Ich warte auf die Verbindung, und mein Herz schlägt schneller als beim Abflug. Jetzt habe ich wirklich Lampenfieber. Dieser Moment soll die Sinnhaftigkeit des Projekts Solar Impulse offiziell bestätigen. Vincent ruft mich an. Es gibt noch technische Probleme in New York. Plötzlich höre ich den typischen Akzent von Ban Ki-moon in meinem Cockpit:

»Captain Piccard, Sie sehen aus wie ein Astronaut!«

»Herr Generalsekretär, in unserer Zeit sind die Helden nicht mehr die Astronauten, sondern die Staatsmänner, die sich für eine bessere Lebensqualität einsetzen. Die Unterzeichnung der Übereinkunft von Paris dient nicht nur dem Schutz der Umwelt, sondern vor allem dem Beginn einer Revolution durch saubere Technologien, deren Botschafter Solar Impulse ist.«

Unser Dialog, der auf eine Großbildleinwand in der UNO übertragen wurde, dauert mehr als fünf Minuten, bis Ban Kimoon das Wort an die Schweizer Ministerin für Energie und Umwelt übergibt. Vor vier Jahren, als ich mit Si1 nach Marokko flog, wollte ich vom Flugzeug aus mit ihr reden, aber vergeblich, ihre Umgebung war daran nicht interessiert. Dieses Mal hat die Schweiz wirklich alles darangesetzt und ging bis zu den höchsten Kreisen der UNO, um ebenfalls sprechen zu können. Offenbar hat es Solar Impulse weit gebracht! Im Übrigen konnte ihr Lob nicht größer ausfallen:

»Ihre Weltumrundung ist die bedeutendste Leistung nach dem ersten Schritt eines Menschen auf dem Mond.«

Doris Leuthard ist eine mutige Frau, die keine Anstrengung scheut, um die Energiewende voranzubringen. In jeder Regierung sollte es mehr Menschen wie sie geben.

Nach dem Ende des Gesprächs kehrt im Cockpit wieder Stille ein. Ich möchte Vincent sofort meinen Dank aussprechen. Er ist zu Tränen gerührt. Auch ihm ist das Unmögliche gelungen. Alles ist so vor sich gegangen, wie wir es uns erträumt hatten.

André

Es ist für mich eine unglaubliche Freude, am Tag, an dem die Staaten die Pariser Übereinkunft unterzeichnen, die Diskussion zwischen Ban Ki-moon in New York und Bertrand im Cockpit über dem Pazifik zu verfolgen. Alles, was uns während dieser langen Jahre motiviert hat, nimmt endlich auf fast magische Weise Gestalt an. Wenn ich sehe, wie auf einer Großbildleinwand bei den Vereinten Nationen mein langjähriger Partner mit dem Generalsekretär scherzt in Anwesenheit von Staatsmännern aus fast allen Ländern der Erde, dann trifft unser Abenteuer auf eine unglaubliche Resonanz, die aber Bertrands Einsatz gerecht wird. Das ist wohlverdient, denke ich und lächle. Das Gespräch ist ein Symbol für alles, wofür Bertrand gekämpft hat und dabei rastlos die Forschung in den Dienst der Menschheit stellte.

Bertrand

Estelle, Oriane und Solange sind mit meinem Bruder Thierry und meiner Schwester Marie-Laure in Monaco eingetroffen. Sie erleben mit den Teammitgliedern den Flugverlauf. Ich bin froh, dass sie im Hintergrund in das Abenteuer mit eingebunden sind, und fühle sie ganz nah bei mir.

Yves teilt mir telefonisch mit, dass er im Cockpit ein weißes Büchlein versteckt hat, in das Teammitglieder einige Zeilen der Ermutigung geschrieben haben. Als ich sie lese, bin ich völlig überwältigt:

> *»Danke dafür, dass ich die Chance bekam, das Abenteuer mitzuerleben.«*
> *»Ich bin stolz auf das Team, das du zusammengestellt hast, auf dein Durchhaltevermögen und auf die Art, wie du die Dinge siehst.«*
> *»Deine Vision hat einen unglaublichen Einfluss auf das Leben sehr vieler Menschen.«*

»Dieses Projekt wird die Welt verändern.«
»Was du tust, ist eine Inspiration für alle.«
»Ein großes Dankeschön, dass wir dieses Abenteuer miterleben durften, das weitere Träume und Hoffnungen weckt.«
»Vielen Dank für dieses Projekt! Ich mache eine einzigartige Lebenserfahrung und fange an, mir Sorgen zu machen, ob ich eine ebenso motivierende Arbeit finde, wenn ich wieder in der Schweiz bin. Also flieg bloß nicht so schnell!«
»Durch Überzeugung und Träume ist alles möglich! Das hast du uns gezeigt. Dafür ein Dankeschön.«
»Wenn du über deine linke Schulter schaust, siehst du das Sauerstoffsystem, das dein Überleben sichert. Wenn du über deine rechte Schulter schaust, siehst du Nilsie, er wird dich bei der Weltumrundung begleiten. Behalte also einen kühlen Kopf!«

Jeder gab sich Mühe, mir etwas ganz Persönliches zu schreiben. Die letzten Zeilen stammen von Nils. Als Leiter des Bodenteams ist er stets wachsam und schaut, ob alles glatt läuft, genau wie ein Erdmännchen auf seinen Hinterbeinen. Er bekam daher ein Erdmännchen aus Stoff mit dem Beinamen Nilsie, das bei jedem Flug im Cockpit sitzt.

Als André nach Hawaii flog, trug er bei der Datumsgrenze aus Spaß einen falschen Bart und eine Perücke. Als er die Bordkamera einschaltete, wurde viel gelacht. Jetzt muss ich sie unterhalten. Ich versuche es mit Wortspielen in einem fiktiven Dialog.

Etwas später an diesem Tag ruft mich Peter Maurer an, der Präsident des Internationalen Komitees des Roten Kreuzes. Ich fühle mich aus der harmonischen Atmosphäre um mich herum herausgerissen und daran erinnert, worin seine Aufgabe eigentlich besteht: das Leiden der Menschen zu verringern, das weiß Gott ganz unerträglich sein kann. Müsste ich den Mann wählen, den ich in der Geschichte der Menschheit am meisten bewundere, dann wäre es Henri Dunant, der Gründer des Roten Kreuzes am Ende des 19. Jahrhunderts. Vom Mitleid haben sehr viele Menschen gesprochen, er aber setzte es konkret in die Wirklichkeit um. Trotz skeptischer Stimmen hat er, ganz allein auf sich gestellt, das humanitäre Völkerrecht geschaffen und damit radikal das Schicksal Dutzender Millionen Menschen beeinflusst. Sie waren nun nicht mehr mit dem Tode ringende Verwundete, sondern bekamen den Status von Menschen, die ein Recht auf Hilfe haben.

»Solar Impulse, hier Monaco…«

Im Kontrollzentrum sind wir alle überwältigt. Das ganze Team scharte sich um den Lautsprecher. »Danke, dass wir solch intensive Diskussionen miterleben durften.«

Ich fühle mich getragen von der Freundschaft des Teams und von meinen beeindruckenden Erlebnissen. Die Farben, Formen und Spiegelungen der Wellen und Wolken begleiten mich. Ihre Klarheit hilft mir, die Gedanken und Worte zu finden, die ich sagen möchte. Hier ist alles leicht, kein Vergleich mit den Momenten der Frustration und Enttäuschung bei den Vorbereitungen des Fluges. Alle denken, ein Übermensch sei nötig, um die Temperaturunterschiede und die Langeweile in dem winzigen Cockpit auszuhalten. Nichts von alledem, im Gegenteil. Hier ist die Freiheit, man selbst zu sein und Momente unsagbarer Schönheit zu erleben. Tief in meinem Inneren gleicht keine Sekunde der anderen.

Zum ersten Mal fliege ich mit Solar Impulse ohne eine Unterbrechung. Nach einer ersten Nacht bereite ich mich auf die zweite vor. Endlich erlebe ich jenes magische Geschehen, von dem ich seit den ersten Anfängen von Solar Impulse träume: so lange fliegen, wie ich will, ohne Treibstoff, ohne Nachschub und ohne Zwischenstopp. Bei meinem ersten Nachtflug im Jahr 2013 war ich noch nicht genügend vorbereitet, um am Steuer von Si1 zu sitzen. Das sollte eine dauerhafte Kränkung bleiben, was völlig unsinnig ist, denn es ging ja nur um meine angemessene Vorbereitung. Ich war im Glauben, mein guter Stern würde mir schon beistehen, aber ein guter Stern tut dergleichen nur, wenn wir ihm vorausgehen. Ich begnügte mich, ihm zu folgen. Die Schuld lag also allein bei mir.

Daher freute ich mich, als die Sonne unterging, die Nacht mich umfing und die Energie der Batterien bis zum nächsten Sonnenaufgang reichte. Die Angst davor drückte Kris Kristofferson in seinem Song *Help Me Make It Through the Night* aus und deshalb habe ich 15 Jahre für meine Arbeit gebraucht. Nun habe ich es geschafft und genieße es in vollen Zügen, als ich diesen Text in den Kopfhörern meines Helmes vernehme. Ich liebe den Augenblick, in dem man das Cockpit für die Nacht herrichten muss. Ich stelle die Instrumentenbeleuchtung dunkler, schalte die Navigationslichter ein und beginne den Sinkflug mit genau 24 Knoten, um den Energieverbrauch der Motoren optimal zu regeln. Das Kontrollzentrum kontrolliert meine Höhe und die Entladung der Batterien. Gestern war ich besser als die Sollkurve und heute befolge ich sie ganz exakt.

Der Vollmond geht – verlässlich wie beim Abflug – wieder auf. Ich ziehe meinen sehr warmen Pilotenanzug aus, bereite mir Hühnchen mit Reis vor und beginne meine Schlafphasen bis zum Anbruch des dritten Tages. Schon der letzte, ging mir durch den Kopf. Und der einfachste, denn ich bleibe auf 3000 Meter Höhe bis zur Küste und brauche deshalb keine Sauerstoffmaske, die auf das Gesicht drückt und die Nase austrocknet.

Das Team hat sich eine wunderbare Rückkehr über der Bucht von San Francisco ausgedacht, wo André mich mit dem Hubschrauber empfangen wird. Zu dieser guten Nachricht gehört eine Karte, die mir genau anzeigt, wo ich drehen muss, um bewohntes Gebiet zu vermeiden. Seit dem Flug von 2013 kenne ich diese Stelle auswendig:

»Man müsste diese Zone nach Westen und Norden hin ausweiten, da ich nur über Wasser fliege.«

»Bertrand, so etwas kannst du nicht von uns verlangen. Für die jetzige Route haben wir schon stundenlang mit den Behörden verhandelt. Außerdem sind zwei Beamte des Schweizer Bundesamtes für Zivilluftfahrt bei uns, um deine Flugbahn zu überwachen.«

Ich habe verstanden. Bis hierher durfte ich meinen Traum ausleben. Jetzt galt es zu beweisen, dass ich ein Flugzeug steuern kann. Auch das gefällt mir. Dafür muss ich die Küste erreichen, den Pazifikflug beenden und die Spannung bis zum Schluss aushalten.

Eine Wolkenlinie zeigt mir das Festland an. Ich bin erleichtert, aber der Gedanke an die Landung macht mir überhaupt keine Freude. Ich fühle mich so wohl, wo ich bin. Die Golden Gate Bridge taucht auf, eine Brücke, die seit über einem Jahrhundert die Schiffe von Auswanderern begrüßt, die frei sein wollen. Was mich angeht, so bin ich schon frei, frei von fossilen Energieträgern und jeglicher Umweltverschmutzung. Zum ersten Mal überquert diese Brücke ein Solarflugzeug, das über Tausende Kilometer von Wellen und Hoffnung, von Wolken und Glück von Hawaii kommt.

Ich vernehme die Stimme von André in meinem Helm. Die Stimmung ist euphorisch. Das Kontrollzentrum meldet sich:

»Wir haben es geschafft!«

Ich höre es gern, wenn sie »wir« sagen. Sie gehören einfach dazu, mit ihrer Motivation und Hingabe. In allen wichtigen Momenten heißt es: »wir« starten, »wir« fliegen, »wir« landen, »wir« sind erfolgreich; oder auch »wir« haben Angst, »wir« warten, »wir« sind traurig, aber »wir« machen weiter.

Ich fliege millimetergenau und kreise über der Bucht bis zum Sonnenuntergang. André fliegt neben mir, um Jean und dem Kameraman der Multimedia-Agentur La Souris Verte die schönsten Aufnahmen zu ermöglichen. Ich bestehe den ersten Test des Bundesamtes, deren Beamte sich von meiner Präzision und der strikten Einhaltung der Vorschriften beeindruckt zeigen. Der folgende zweite Test besteht im Überflug eines Wohngebiets vor der Landung, die nach vorgeschriebenen Kontrollen vor sich geht:

»Kein Alarmsignal, DC1, 2 und 3 funktionsfähig, Temperaturzustand Motoren und Batterien normal, Batterien im Sollzustand, Batterie im Cockpit auf PFF, Entscheidungspunkt in zwei Meilen. Kontrolle abgeschlossen.«

Der Entscheidungspunkt ist der letzte Moment, um umzudrehen und einen Ausweichflugplatz anzusteuern, der nicht in bewohnten Gebieten liegt. Aber dort erwartet mich niemand!

»Entscheidungspunkt in einer Meile. In einer halben Meile.«

Ich übertreibe diesen Vorgang maßlos, aber rufe bei den Empfängern ein solches Glücksgefühl hervor, dass es von meiner Seite aus unverzeihlich wäre, es ihnen vorzuenthalten.

Außerdem vergesse ich dabei, dass ich überhaupt keine Lust zu landen habe.

»Entscheidungspunkt, alle Systeme arbeiten normal, Flugsollzustand, ich fliege weiter.«

»Das ist toll, Bertrand, alle sind zufrieden.«

Der Flugplatz von Moffett ist in Sicht. Letzte Besprechung vor der Landung mit Christophe und die neuesten Wetterprognosen von Luc und Wim. Alles ist ruhig bis zum Beginn des Landeanflugs, als ich kräftig durchgeschüttelt werde.

»Solar Impulse in Monaco, habt ihr diese Turbulenzen gesehen?«

»Bertrand, konzentriere dich und rede nicht!«

»Ich kann sehr gut beides, ihr nicht!«

Sie haben immer noch jedes Mal die gleiche Angst, wenn der »Ballonpilot« mit Solar Impulse zur Landung ansetzt. Ich selbst bin stolz darauf, ihnen zu zeigen, wie entspannt ich bin. Der Unterschied wird so lange bleiben, bis ich nach dem letzten Flug der Weltumrundung in ihren Augen ein »richtiger« Pilot bin. Aber das weiß ich noch nicht, als ich in Moffett lande. Vorerst bleibe ich der Philosoph, der seinen Platz am Steuer rechtfertigen muss und Interviews gibt, bei denen das Team im Kontrollzentrum emotional den Tränen nahe ist. Die Mitglieder haben es ausgesprochen gern, dass ich sie an meinem Flug teilnehmen lasse, an allem, was ich tue, sehe oder denke. Bei der Nachbesprechung reden sie dann von einem ruhigen, störungsfreien Flug und einer harmonischen Atmosphäre trotz der Tragweite der Herausforderung.

Mein Flug dauert noch eine Minute. Ich bin soeben unter der turbulenten Luftschicht geflogen und alles ist jetzt sehr ruhig und sehr leicht durchführbar. Über Funk bestätigt mir Tahan, dass der Landewinkel stimmt, und dann höre ich Nils:

»Höhe 10 Meter, 6 Meter, 2 Meter, aufgesetzt. Du kannst bremsen. Flugzeug sicher gelandet.«

Das Team umringt die zum Stehen gekommene Si2. Michèle steht am Fuß der Leiter zusammen mit Google-Mitbegründer Sergey Brin. Der Empfang ist überwältigend. Wir befinden uns im Herzen des Silicon Valley, dort, wo wir vor drei Jahren waren. Jetzt aber nicht mit einem Prototyp, der 26 Stunden fliegen konnte, sondern mitten in einer Weltumrundung.

Am Abend meiner Landung möchte ich noch nicht schlafen gehen, sondern noch einige Zeit mit den Mitarbeitern verbringen, die den mobilen Hangar aufblasen. Ich will meine Eindrücke und einige Anekdoten mit ihnen teilen, vor allem aber den Dank, der in jedem Blick und jedem Handschlag zum Ausdruck kommt. Ich bemerke gar nicht, dass es schon fünf Uhr morgens ist. Als mich ein Journalist während meines Fluges fragte, was ich nach meiner Landung zuerst tun würde, sagte ich:

»Ich danke dem Team, denn ohne das Team gäbe es gar nichts.«

André

Bertrand hat seinen Flug so durchgeführt, wie das Sicherheitsteam es sich wünschte. Zu den relativ starken Winden, die beim Abflug über Hawaii wüteten, kam noch die Angst des Teams hinzu. Als er zu seinem ersten ewigen Flug startete, lähmte dieser Anblick die Entscheidungsfindung des Teams. Angesichts solcher Unentschlossenheit musste ich eingreifen. Es war nicht leicht, ihm eine Maschine anzuvertrauen, mit der ich einige der außergewöhnlichsten Momente meines Lebens erlebt hatte. Aber ich wusste, dass er jetzt gut vorbereitet war.

Unsere Landung im Silicon Valley fand ein fantastisches Echo. Wir haben das Gefühl, im Gelobten Land angekommen zu sein. Wieder kommen Sergey Brin und sein Geschäftspartner Larry Page mit ihren Familien, ebenso die Ozeanografin Sylvia Earle und Alan Eustace, der mit dem Fallschirm aus einem Stratosphärenballon gesprungen ist, der um 3000 Meter den bisherigen Höhenrekord von Felix Baumgartner überbot.

Alle Länder, die wir überquerten, haben uns mit ihrem Enthusiasmus, ihrer Gastfreundschaft und ihrer Neugier unterstützt. Nach unserem Eindruck symbolisierte das Projekt für diese Millionen von Menschen wohl die Hoffnung auf einen Fortschritt, der mit mehr Gerechtigkeit verbunden ist und mit Respekt vor unserem Planeten. Dadurch fühlten wir uns nicht nur verantwortlich, sondern auch unglaublich gestärkt. Ohne dass wir es bewusst wahrnahmen, weil wir durch tausend Aufgaben, Einzelheiten, Verpflichtungen und organisatorische Probleme völlig in Anspruch genommen waren, so wussten wir dennoch, dass ein Teil der Welt auf uns schaute und uns Erfolg wünschte. Wahrscheinlich waren wir für die Birmanen, Chinesen und Japaner noch viel exotischere Menschen als umgekehrt. Nach Asien und unserer Schatzinsel irgendwo in der Mitte des Pazifiks fühlen wir uns bei der Ankunft in Kalifornien fast wie auf dem Nachhauseweg. Unser Aufenthalt mit Si1 vor drei Jahren macht jetzt vieles einfacher.

18

Die Freiheitsstatue erwartet uns

Bertrand

André scheint sich aufrichtig zu freuen, dass ich den Flug durchführen konnte. Gleichzeitig habe ich nicht den Eindruck, dass er ihm viel bedeutet, verglichen mit seinem fünftägigen Flug.

Am nächsten Morgen macht er bei der Besprechung überhaupt keine Bemerkung zu meiner Überquerung des Pazifiks; mehrere Teilnehmer blicken mich verstohlen an und warten darauf, dass für mich ein Fest stattfindet, so wie ich es für André gemacht habe. Nichts geschieht. Greg ist ein wenig erstaunt, steht auf und drückt Glückwünsche aus. Eine Ovation bricht los, die nicht nur mir gilt, sondern auch der allgemeinen Zufriedenheit, schon vor Ende April auf dem amerikanischen Kontinent zu sein, und zudem unserer Freundschaft, die in diesem Jahr mit dem Team immer stärker wird.

Das Ziel ist, so kurz wie möglich in Moffett zu bleiben. Obwohl André eine gewisse Geringschätzung gegenüber den nun folgenden »Katzensprüngen« erkennen ließ, freute er sich doch, im Flug nach Phoenix am Steuer zu sitzen. Denn plötzlich war dieser Flug kein Katzensprung mehr, sondern der offizielle Beginn der Überquerung der Vereinigten Staaten. Wenn jeder von uns beiden seine eigenen Etappen besonders herausstreicht, dann ist die Gefahr der Monotonie für irgendeinen Teil der Mission gebannt. André bleibt wie gewöhnlich sehr entspannt und wird später sagen, dass er für seinen Flug nichts vorbereitet hatte:

»Ich wusste nicht einmal, ob ich nach dem Start nach rechts oder links wenden sollte.«

Es gibt Dinge, die nur er sich erlauben kann, und ich beneide ihn ein wenig um seine unwiderstehliche Schlagfertigkeit.

André

Auf den Tag genau vor drei Jahren starteten wir nach Phoenix. Und jetzt kehre ich mit unverminderter Freude mit meinem treuen Gefährten Si2 in diese Stadt zurück.

Verkehrsbedingt starten wir in der Nacht. Das ist hier üblich. Wir befinden uns in Regionen mit starkem Flugverkehr. Man steht um ein Uhr morgens auf, wenn der Abflug gegen fünf Uhr Ortszeit stattfindet. Es ist erheiternd, noch Personen zu begegnen, die nun schlafen gehen wollen. Ich treffe um 2.30 Uhr im Hangar ein. Die Teams arbeiten schon. Der mobile Hangar öffnet sich gerade. Meine letzte Startvorbereitung war in Japan vor fast einem Jahr. Das Ritual, vor dem Flug jedes Mitglied des Teams persönlich zu begrüßen, bereitet mir immer noch die gleiche Freude. Ein weiteres Ritual besteht darin, sich vorzubereiten, in den Pilotenanzug zu schlüpfen, sich von allen Freunden und anwesenden Besuchern zu verabschieden und mit Bertrand vor die Presse zu treten.

Als ich gerade zum Abflug bereit bin, schieben sich Wolken zwischen die Sterne und mich. Kurze Diskussion mit dem Kontrollzentrum. Es bestätigt mir, dass es keine besonders dicke Schicht ist und ich sie leicht durchfliegen kann. Ich habe gerne einen Überblick über die ganze Etappe, über die Wetterlage und die Zonen, die ich nicht durchfliegen darf. Die Einzelheiten sehe ich dann während des Fluges.

Kurz nach dem Start fliege ich durch die Wolken. Die Lichter der Stadt verschwinden, und über mir kommt der Mond herauf. Es ist ein Vergnügen, wieder im Flugzeug zu sein, die Gefühle beim Steuern zu erleben und die Vertrautheit, die zwischen uns entstanden ist. Mir kommt es so vor, als sei ich lange von einem engen Freund getrennt gewesen, mit dem ich eine besondere Leistung vollbracht habe.

Bertrand ist jetzt ein zertifizierter Pilot geworden auf einer der am schwierigsten zu steuernden Flugmaschinen der Welt. Das belebt wieder eine gewisse brüderliche Rivalität und drängt mich dazu, das Niveau anzuheben. Ich spiele dabei mit den Flugparametern: Die Absicht ist, gegen 21 Uhr in Phoenix zu landen. Dazu musste ich um 20 Uhr einen bestimmten Punkt verlassen. Gegen 18 Uhr setze ich meinen Plan um, beginne den Sinkflug und schalte die Motoren aus. Man muss alle infrage kommenden Faktoren berücksichtigen und die exakte Flugbahn sowie die Windstärke berechnen, um präzise eine Stelle in einer bestimmten Höhe und zu einem bestimmten Zeitpunkt zu erreichen, ohne die Motoren wieder anzuwerfen. Die Winde sind in der Höhe noch stark und erreichen 140 km/h. Mit Rückenwind steigt meine Geschwindigkeit auf 200 km/h. Mit dem Wind von vorne fliege ich rückwärts mit 40 km/h.

Als ich mich dem Boden nähere, lassen die Winde nach. Die Informationen darüber sind nicht sehr genau. Ich muss ihre Geschwindigkeit dann ableiten, ebenso die Flugweise.

Bei der Landung hat sich der Wind beruhigt. Wir sind im Gespräch mit den Medien. Die Spannung hat nachgelassen. Plötzlich überrascht eine unglaublich starke Windböe das Team. Mehrere Personen hängen an einem Flügel und halten das Flugzeug, das kurz davor ist, sich zu überschlagen. Das wäre dann das Ende des Projekts. Die erste Schlussfolgerung daraus: immer konzentriert bleiben, selbst bei Festlichkeiten. Die zweite Schlussfolgerung: die Topologie beachten. Die Wüsten inmitten von Gebirgen sind für uns gefährlich. Ohne Vorwarnung fällt der Wind mit beispielloser Wucht ein. Nur unsere schnelle Reaktion und ein wenig Glück halfen uns, das Flugzeug zu retten. Das war eine eindringliche Warnung, die ich nicht vergessen werde.

Abgesehen von diesem Vorfall ist der Empfang großartig. Der Flug dauerte zwischen 16 und 18 Stunden, also nicht sehr lange. Ich fühle mich nicht müde und habe dennoch Mühe, während der Pressekonferenz die Worte zu finden. Die Kräfte verließen mich ohne vorherige Anzeichen. Ich wäre gerne ein Delfin, bei dem eine Gehirnhälfte schläft, während die andere wach bleibt.

Auf dem Flugplatz, wo wir uns jetzt befinden, stehen ungefähr dreißig ausgeschlachtete Flugzeuge, die mit der Zeit ganz verrotten. Angesichts dieser Art Friedhof von technischen Kolossen mache ich mir Gedanken zum unvermeidlichen Veralten von Maschinen. Ich frage mich, wie eine Erfindung aussehen muss, um diesem Schicksal zu entgehen, und denke dabei an solche, deren Originalität und Schönheit den Lauf der Geschichte veränderten. Und dabei kommen mir Technologien in den Sinn, welche die heutigen ersetzen könnten, wie zum Beispiel der Elektroantrieb, den wir für Solar Impulse entwickelt haben.

Bertrand

Es ist eine weitere amüsante Symbolik, dass wir mitten in eine Polemik über die lokale Politik der Finanzierung von Sonnenenergie geraten. Welchen Preis müssen die offiziellen Vertriebshändler den privaten Stromerzeugern zahlen? Die Diskussion führt dazu, dass der Gouverneur es nicht wagt, sich an der Seite unseres Flugzeugs zu zeigen, und den Besuch im letzten Moment absagt. Die Universität von Arizona nutzt die Gunst der Stunde und lässt uns bei der Überreichung der Diplome an ihre Studenten eine Rede halten. In einem Stadion mit 10 000 Plätzen bemühen wir uns, ihnen einen Vorgeschmack des Pioniergeistes zu geben, der ihnen, so hoffen wir, bei ihrem beruflichen Werdegang nützen wird.

André

Wir sind schon eine Woche in Phoenix, und die eingetretene Verspätung macht mich unruhig. Das Kontrollteam nimmt eine zweitägige wohlverdiente Ruhepause. Einige ihrer Mitglieder haben zwei Monate lang ohne Unterbrechung durchgearbeitet. Ich befürchte, dass sie nicht mehr lange so weiter machen können.

Im Prinzip beginnt die nächste Etappe in Kansas City im Bundesstaat Missouri, wo uns ein fester Hangar zur Verfügung steht, aber momentan versperren uns Seitenwinde in großer Höhe den Weg. Ein Brainstorming mit dem Kontrollzentrum soll helfen, einen weiter südlich gelegenen Flugplatz zu finden, der einen Hangar besitzt, dessen Landebahnen in der passenden Ausrichtung liegen, und der eine gute Wetterstatistik hat. Unterstützt durch Google Earth entscheiden sich Luc und Wim für Tulsa. Niemand kennt den Namen der Stadt irgendwo in Oklahoma. Durch einen riesigen Zufall stellt uns American Airlines einen Hangar zur Verfügung. Vor zwei Monaten konnten wir das unmöglich in Erfahrung bringen, denn die Fluggesellschaften und Flughafenverwaltungen wissen nicht im Voraus, wie viele freie Plätze sie haben.

Die Strategie der letzten Minute ist sicher eine der besten, aber sie erzeugt einen enormen Druck auf die einzelnen Teams. Ihr Vorteil ist, dass sie jeden zwingt, sein zur Routine gewordenes Verhalten aufzugeben, neue Fähigkeiten zu entwickeln und Selbstvertrauen zu gewinnen.

Bertrand

Das Startfenster ist für Donnerstag, den 12. Mai, festgelegt, und wir haben Dienstag, den 10. Mai. Jetzt müssen Greg und seine Mitarbeiter vom »Amt für Flugerlaubnis« ran. Sie lieben diese Art von Herausforderung.

Innerhalb von fünf Minuten hat Greg den Flughafendirektor am Telefon:

»Ist Ihnen Solar Impulse bekannt?«

»Glauben Sie, es gibt irgendjemanden auf der Welt, der das Flugzeug nicht kennt?«

Nach zwei Stunden wissen wir die Ausmaße des Hangars und kurz darauf haben wir die Zusage von American Airlines.

Großer Jubel bricht aus, als Greg die offizielle Bestätigung erhält. Ich bitte ihn, auf einen Tisch zu steigen, wo er unter dem Beifall des Teams den »Tanz des Hangars« beginnt. Mit Tränen in den Augen fügt er hinzu:

»Ich bin gerührt von der Liebenswürdigkeit der Menschen, die uns helfen!«

Carole Margueron und ihrem Team bleiben einige Stunden, um neue Unterkünfte in Tulsa zu finden. Sie hat eine unglaubliche Geschicklichkeit darin erlangt, bei jedem Zwischenstopp 60 Zimmer zu einem ermäßigten Preis zu bekommen, ohne Buchungs- oder Stornogebühr und ohne die Ankunftszeit und Aufenthaltsdauer anzugeben. Ich weiß nicht, wie sie das schafft, aber eine solche Herausforderung liebt sie und das spürt man.

Jonathan und Stéphane sind nach Tulsa aufgebrochen, um die Lage zu erkunden. Ich stehe mit Si2 ausgerichtet auf der Fahrbahnmitte und erhalte die Startfreigabe, als die Satellitenkommunikation ausfällt. Keine drei Sekunden danach sage ich:

»Dylan, es sieht so aus, als ob ich bei jedem Start deine Hilfe brauche!«

Das Problem liegt aber nicht bei uns, sondern beim Satelliten. Nach einigen Minuten steht die Verbindung wieder und der Startablauf fängt von vorne an. Jeden Flug muss man sich wirklich verdienen.

Ich starte mitten in der Nacht. Da es drei Wochen nach Hawaii sind, ist der aufgehende Mond fast rund. Ich liebe solche Situationen und setze zu einem spiralförmigen Steilflug an. Jean ist begeistert und hat seinen Kollegen Christophe hinter einem Kaktus, dem Symbol von Arizona, versteckt, um das für die Etappe charakteristische Foto zu machen.

Ich bin seit 23 Stunden wach und in der Dunkelheit, die mich umgibt, sage ich mir, dass jetzt der richtige Augenblick ist, um mich hinzulegen. Ich benachrichtige das Kontrollzentrum, das keine Einwände hat. Dann klappe ich die Rückenlehne zurück und strecke mich aus. Als Markus Scherdel bemerkt, was vor sich geht, erinnert er uns daran, dass ich nicht in einem kontrollierten Luftraum fliege. Das Risiko eines Zusammenstoßes verbietet streng ein solches Verhalten. Es muss zudem im Flugbericht erwähnt werden, zumal das Bundesamt vielleicht schon durch die Übertragung im Internet darauf gekommen ist. Keiner weiß, was der andere weiß, und daher spielen wir mit offenen Karten. Wir liegen richtig, denn kaum lag dem Bundesamt der Flugbericht vor, antwortete es:

»Wir freuen uns, feststellen zu können, dass Ihre Organisation so strukturiert ist, dass eine schnelle Rückkehr zu grundlegenden Verhaltensregeln möglich ist.«

Vorläufig fliege ich noch über die Hochplateaus und die wüstenartigen Canyons von Arizona und New Mexiko. Ich liebe diese Landschaften, ihre ursprüngliche Natur. Eine unglaubliche Energie geht von ihnen aus, die mich innerlich vibrieren lässt. Texas dagegen ist viel monotoner, auch wenn es erfreulich ist, dass die Straßen, welche Hunderte Ölquellen miteinander verbinden, nach und nach auch die Windkraftanlagen verkehrsmäßig erschließen.

Um Mitternacht lande ich in Tulsa und drehe noch zwei Stunden mit allen eingeschalteten Lichtern ein paar Runden über dem Flugplatz. Der warmherzige Empfang steht der Überraschung, uns hier unverhofft landen zu sehen, in nichts nach.

Tulsa ist eine Stadt des Öls. In den 1920-er Jahren war sie sogar die Welthauptstadt des schwarzen Goldes und die meisten Gebäude wurden im Art-Déco-Stil der damaligen Zeit gebaut. Beim Besuch des Museums fällt mir sofort die Leidenschaft auf, mit der die Industriellen damals das Öl förderten und vermarkteten, um die Wirtschaft, den Komfort, die Mobilität, kurz die Lebensqualität der Bevölkerung zu steigern. Das Ölunternehmen Phillips Petroleum war der Sponsor des ersten Fluges von San Francisco nach Hawaii und der Weltumrundung im Alleinflug von Wiley Post und dessen Flügen in der Stratosphäre. Einige Jahre nach meinem Großvater erreichte er eine Höhe von 15 000 Metern in einem speziellen Druckanzug, der eine Druckbeaufschlagung der Kabine entbehrlich machte. Diese Zeit sorgte mit ihrer überschäumenden Begeisterung für ein wahres Feuerwerk an fortschrittlichen und erfolgreichen Erfindungen. Wie kann es gelingen, den gleichen Enthusiasmus für erneuerbare Energien zu wecken, die ja – man muss es offen aussprechen – nur die Schäden der Vergangenheit begrenzen, ohne zugleich die Lebensqualität der Bevölkerung entscheidend zu fördern? Hier liegt ein Problem vor, mit dem man eben leben muss. Und gerade in dieser Hinsicht hat Solar Impulse seine ganz besondere Bedeutung.

Die Fahne von Oklahoma zeigt ein Symbol der Indianer, da hier mehrere Indianerstämme leben. Das Symbol von Solar Impulse braucht keine Erklärung. Für die lokale Tradition sind Demut und Liebe im Sinne von Respekt die beiden wesentlichen Werte. Ich bekomme eine Adlerfeder geschenkt, die ich im Cockpit bei mir haben soll. Der Adler verbindet die Menschen mit der geistigen Welt. Aber auf dem amerikanischen Territorium darf ich sie nicht zeigen, denn dafür ist die staatliche Genehmigung »Tragen der Adlerfeder« erforderlich.

Tulsa verschafft mir ganz ungewöhnliche Erlebnisse, so beispielsweise die Einladung von drei Cowboy-Piloten, in ihren kleinen Piper-Flugzeugen auf den Sandbänken des Arkansas River zu landen. Auf dem Flug dorthin äußerte Michèle wieder ihre Hoffnung, dass ich nach der Überquerung des Atlantiks doch in Paris landen könne. Da bin ich mir nicht so sicher. Die Rahmenbedingungen in Südeuropa sind weitaus besser. Das Schlimmste wäre, in Paris festzusitzen ohne die Aussicht, rechtzeitig nach Abu Dhabi zu fliegen.

»Früher, als André den Atlantik überqueren sollte, war ich gegen Paris. Jetzt, da ich fliege, kann ich den Zweck des Projekts nicht meinem persönlichen Interesse unterordnen.«

»Aber die Landung in Paris ist genauso wichtig wie das Ende der Weltumrundung.«

»Kurzfristig vielleicht, aber nicht auf lange Sicht. Unser Ziel ist eine Weltumrundung und keine einzelne Etappe, so spektakulär sie auch sein mag.«

Einige Minuten später stehe ich vor einem Antiquitätengeschäft, wo ich zwei alte Modelle, der *Spirit of St. Louis* entdecke. Ist das ein Zeichen? Wenn ja, was bedeutet es? Dass nur Lindbergh diesen Flug nach Paris machen kann? Dass er mir als seinem Nachfolger die Fackel überreicht? Auf jeden Fall beruhigt mich dieser neue Fingerzeig des Himmels. Was immer passiert, soll wohl so geschehen.

Als André morgens nach Dayton startet, überreicht mir ein indianischer Schamane einen Bergkristall zu meinem Schutz:

»Es gibt negative Energien bis nach New York und Mächte, die über Solar Impulse verärgert sind.«

Es ist schon schwierig genug, sich gegen sichtbare Mächte zu wehren, wenn aber auch noch der Kampf gegen das Unsichtbare dazukommt, dann wird es gefährlich!

André

Der Stromrichter von 300 Volt auf 28 Volt, der berühmt-berüchtigte DC/DC, der schon einmal in Nagoya versagt hatte, lässt uns in Tulsa erneut im Stich. Glücklicherweise aber am Boden, im Hangar. Wir sitzen hier also fest bis zum Eintreffen eines Ersatzteils, das aber auch nur eine vorübergehende Lösung ist. Um keine neuen Probleme mehr zu produzieren, muss das System nämlich von Grund auf verändert und vor der Überquerung des Atlantiks neu getestet werden. Aber wann, wo und wie?

Die Antwort wird auf später verschoben, denn ein Wetterfenster erlaubt meinen Flug nach Dayton. In dieser Stadt haben im Jahr 1903 die Brüder Wright ihren Erstflug durchgeführt. Sie hatten eine Werkstatt, in der sie Fahrräder herstellten und verkauften. Damals lagen von einigen Ingenieuren Studien zur Aerodynamik vor, manche hatten sogar einen eigenen Prototyp entwickelt, aber keinem gelang ein Flug. Nur Otto von Lilienthal hatte von einem Hügel aus Gleitflüge ohne Motor unternommen. Die Brüder Wright beschäftigten sich intensiv mit seinen weiterführenden Erkenntnissen. Als ich ihren Bericht las, stellte ich fest, dass sie nichts für bare Münze nahmen. Sie entwickelten einen eigenen Windkanal und befassten sich nicht nur mit der Form der Flügel, um den Auftrieb zu verstehen, sondern auch mit Fragen der Steuerung eines Flugzeugs. Für mich liegt ihr Erfolg darin, dass sie alles überprüft und sich alles selbst angeeignet haben. Wir von Solar Impulse haben uns – bei aller Bescheidenheit – ein wenig von dieser Haltung inspirieren lassen.

Amanda und Steve, ihre Nachfahren, waren bei der Landung anwesend und haben uns zu sich eingeladen. Wir kannten sie seit unserer ersten Überquerung der Vereinigten Staaten. Wir sprachen dieses Mal sehr lange über die Leistungen ihrer Vorfahren. Ich fand es spannend, mir vorzustellen, wie diese darüber dachten.

Bertrand

Die Brüder Wright waren zu zweit wie André und ich, aber sie waren sich sehr ähnlich, während wir uns ergänzen. Jeder von den beiden hätte alles allein machen können. Sie waren quasi miteinander verschmolzen, und diese Verbundenheit diente vor allem dazu, sich gegenseitig in den Stunden der Verzweiflung Mut zuzusprechen. André und ich, die Sonnenbrüder, so nennt man uns neuerdings, können verschiedener nicht sein. Unsere Synergie macht uns leistungsfähiger und kreativer. Solar Impulse könnte keiner von uns allein entwickeln.

Über den grundlegenden Beitrag von Orville und Wilbur zur Geschichte des 20. Jahrhunderts hinaus berührte mich am meisten die Zeitspanne, die es brauchte, bis ihnen Anerkennung zuteilwurde. Man lachte über ihre Arbeiten und spottete damals, wie es in ihrem Museum zu lesen ist, »über diese Fantasten, die ein völlig nutzloses Spielzeug entwickeln wollen, anstatt einen ernsthaften Beruf auszuüben«. Erst nach ihrer triumphalen Reise nach Frankreich im Jahr 1908 wurden sie auch in den Vereinigten Staaten zu Helden. Das ist wirklich eine verkehrte Welt. Als Amerikaner muss man nach Europa reisen, um ernst genommen zu werden, und umgekehrt! Am Anfang hält man die Pioniere für verrückt und macht sich über ihre Misserfolge lustig; erst wenn der Erfolg sich einstellt, scheint alles selbstverständlich zu sein.

Der moderne Luftverkehr geht zurück auf die Leistung einiger Pioniere, die Wegbereiter für die spätere Entwicklung durch die Industrie waren: das Flugzeug der Brüder Wright, die Druckkabine meines Großvaters und die Langstreckenflüge von Charles Lindbergh und Jean Mermoz. Heutzutage benutzt man das Flugzeug nach New York oder Singapur so, wie man in einen Bus steigt …

Wird uns das auch mit einem solaren Linienflugzeug gelingen? Ich wäre verrückt, wenn ich Ja sagte, und ein Idiot, wenn ich Nein sagte. Wir verfügen nicht über die Technologie, um 200 Passagiere mit Solar Impulse zu transportieren, aber die Brüder Wright hatten sie ebenfalls nicht. Und doch ist es später gelungen! Wir brauchen Forscher zunächst als Wegbereiter, die aufzeigen, was möglich ist gegen alle Widerstände und sarkastischen Bemerkungen, die eingefahrene Gewohnheiten aufbrechen und die Angst vor Veränderungen nehmen. Anschließend greift dann die Industrie die Ideen auf, entwickelt und vermarktet sie. So folgt ein Schritt nach dem anderen. Die nächste Phase in der Luftfahrt gehört den Elektromotoren, die unvergleichlich leistungsfähiger sind und so geräuscharm, dass die Stadtflughäfen die ganze Nacht in Betrieb bleiben können ohne Lärmbelästigung der Anwohner. Die Ökologie im Dienste der Rentabilität, das ist meine Überzeugung.

Am Anfang des Projekts war meine Absicht nicht, damit die Luftfahrt zu revolutionieren, sondern eher die Einstellung zu Fragen der Energie und des Umweltschutzes. Das würde ich heute so nicht mehr sagen. Ich denke, dass der Luftverkehr eine Revolution erleben wird, wenn er in zehn Jahren 50 Passagiere in elektrisch betriebenen Kurz- oder Mittelstreckenflugzeugen befördern kann. In einer ersten Phase sind es keine Solarflugzeuge, die ihre Elektrizität über die Sonne herstellen; sie müssen vor dem Start für die Ladung der Batterien an ein Netz angeschlossen sein. Aber ihre Ladung kommt gleichwohl aus erneuerbaren Energiequellen, und zudem sind die Flugzeuge geräuschlos und sauber. Solar Impulse hat dafür dann einen wegweisenden Beitrag geleistet.

André

Dayton schien zunächst der kürzeste Zwischenstopp zu sein, wurde dann aber zum dramatischsten Aufenthalt. Si2 ist in einem mobilen Hangar untergebracht, den Ventilatoren ständig mit Luft versorgen, wie in einer Traglufthalle für das Tennisspiel im Winter. Am Vortag des Abflugs von Bertrand nach Lehigh Valley überhitzt sich plötzlich am Nachmittag der Verteilerkasten, weil der Sonnenschutz vergessen wurde. Die Sicherung springt heraus und alle Ventilatoren bleiben stehen. In drei Minuten ist der schwere Stoff schon genügend herabgesunken, um sich auf die Flügel und das Heck zu legen. Nur das nicht! Nicht jetzt!

Nils versteht die Situation sofort und startet das System neu. Es funktioniert wieder. Glücklicherweise stand er 100 Meter vom Hangar entfernt. Das Schicksal hängt manchmal an einem seidenen Faden. Sein schneller Reflex hat möglicherweise das Flugzeug und das Projekt gerettet. Aber nun ist eine vollständige Überprüfung nötig.

Bertrand

Die Konstruktion aus Karbon ist vielleicht nicht beschädigt.

»Ganz sicher nicht, das Flugzeug hat nicht geschrien«, beruhigt uns Daniel, für den Si2 ein Lebewesen ist.

Für die Ingenieure ist das kein Argument, sie befürchten das Schlimmste. Die Fotos von Lima Whisky erleichtern mich zwar, aber wir müssen absolut sicher sein. Für André beginnt nun eine wahre Detektivarbeit mit der Durchsicht der Protokolle von jedem Mitarbeiter. Er will dem Team in Dübendorf objektive Anhaltspunkte liefern. Das Team wird uns mitteilen, ob ein Start noch stattfinden kann oder ob die Konstruktion nicht mehr reparierbar ist. Ich drücke in der Hosentasche den Bergkristall meines indianischen Schamanen.

»Auf jeden Fall ist der Start für morgen abgesagt«, verkündet André.

André

Die Ungewissheit an sich kann schon das Projekt gefährden. Wenn die Ingenieure nicht feststellen können, was geschehen ist, dann ist eine Aussage darüber, ob die ganze Konstruktion in Mitleidenschaft gezogen ist, unmöglich. Wir hätten fast von Neuem Si2 verloren.

Die Situation ist äußerst heikel. Am Boden ist das Flugzeug in seiner verwundbarsten Position. Die Flügel haben keinen Auftrieb, und ihr Gewicht erreicht zusammen mit den Batterien und den Motorgondeln schon die Höchstlast von 80 Prozent. Die geringste zusätzliche Belastung kann zu Rissen in der Konstruktion führen und das Flugzeug in ein Museum verbannen. Davor können wir nicht die Augen verschließen. Wir müssen ein Mittel finden, das uns aus dieser verfahrenen Situation hilft. Die Ingenieure sind gegenüber dem Bundesamt dafür verantwortlich, ob das Flugzeug flugfähig ist oder nicht. Ich lasse ihnen völlig freie Hand, damit wir so schnell wie möglich aus dieser Sackgasse kommen. Jeder Versuch, sie davon zu überzeugen, dass überhaupt keine Schäden vorliegen, würde nur ihre Befürchtung verstärken. Würde man starten und ein Problem mit der Konstruktion tauchte auf, dann läge die ganze Verantwortung auf ihren Schultern. Aus Erfahrung weiß ich, dass es die schlimmste Strategie ist, Ingenieure unter Druck zu setzen, und beschließe, den morgigen Start abzusagen. Der Blick von Bertrand drückt Unverständnis und Nervosität aus.

Die einzige Lösung besteht darin, sich mit dem Team zu verbünden und nicht an ihrer Stelle eine Entscheidung zu treffen.

Bertrand

Mich stört, dass die Ingenieure einmal mehr die Verantwortung für den Flug übernehmen müssen, dabei sollten sie André und mir nur die notwendigen Argumente liefern, um die Entscheidung selbst zu treffen. André findet das normal, für mich befinden sich die Ingenieure in einem echten psychologischen Dilemma.

Die Fotos zeigen, dass es einen Kontakt gegeben hat. Bisher sind keine äußeren Spuren erkennbar. Angesichts der Zerbrechlichkeit der Flügel ist es schon beängstigend, keine Gewissheit zu haben. Es ist schon spät in der Nacht. Jonas forciert mit seinem Team die Überprüfung. Bald bricht in der Schweiz ein neuer Tag an und die Ingenieure werden dann endlich weitermachen. Dafür brauchen sie ein Höchstmaß an Informationen. Wir dürfen keine Zeit verlieren.

Dank dem Schein der Fackeln in der Dunkelheit sehen wir schließlich, wo auf den Flügeln kein Staub mehr liegt. So lassen sich exakt die Kontaktstellen und die Belastung der Flügel bestimmen. Das erlaubt eine ausreichend genaue Problembeschreibung. Immerhin ein Hoffnungsschimmer.

Die Antwort unserer Ingenieure in der Schweiz trifft ein: Alles gut. Wir sind gerettet! An einem Tag glaubten wir, alles sei verloren. Am nächsten Tag schöpften wir Hoffnung. Und am dritten Tag ging es weiter. Ein neues Kapitel wird aufgeschlagen.

Bertrand

Am Morgen finden alle die in der Schweiz angestellten Berechnungen viel beruhigender als das Argument von Daniel. Wir erhalten die Bestätigung für meinen Abflug am nächsten Tag. Alles in allem haben wir nur einen Tag verloren.

Der Flug wird so etwas wie eine Überführung von Si2 nach dem 100 Kilometer von New York entfernt liegenden Bundesstaat Pennsylvania sein. Von dort aus bereiten wir den Überflug der Freiheitsstatue vor. Letztendlich wird es ein sehr angenehmer Flug sein, da die Flughöhe wegen der starken Höhenwinde etwas tiefer liegt und daher kein Sauerstoff nötig ist. Ich fliege an Pittsburgh vorbei, wo unser Partner Covestro seine amerikanische Zentrale hat. Alle Angestellten sind draußen versammelt, um unser Flugzeug zu sehen.

Am Nachmittag meldet sich der amerikanische Fluglotse:

»HB-SIB, nehmen Sie Kontakt mit dem New York Center auf. Guten Flug.»

»New York Center, HB-SIB Solar Impulse, guten Tag, Höhe 15 000 Fuß.«

»HB-SIB, guten Tag, Sie sind auf dem Radar identifiziert.«

Ich bin mit New York verbunden! Die Überquerung der Vereinigten Staaten geht ihrem Ende entgegen. Unsere sozialen Netzwerke verbreiten die Nachricht, dass wir unmittelbar vor New York sind. Das regt André auf, weil er glaubt, dass wir dadurch die Spannung von seinem nächsten Flug nehmen. Jeder spürt seine alten Wunden, sobald man einen Bereich berührt, wo er sich besonders angesprochen fühlt. Bei ihm ist es die Kommunikation, bei mir die Flugsteuerung.

Bei Sonnenuntergang erreiche ich Lehigh Valley. Ich lande bei Tageslicht, nachdem ich über mehrere Tausend Autos geflogen bin, die alle Zufahrtsstraßen blockieren, weil die lokalen Radiostationen die Fahrer von unserem Überflug informierten. Die Stimmung ist ausgesprochen gut, auch sind viele Kinder dabei.

Nun müssen wir so schnell wie möglich die Freiheitsstatue überfliegen, was wir vor drei Jahren versäumt haben. André und Greg handeln seit mehreren Monaten mit der amerikanischen Luftbehörde den Zeitplan, die Flughöhen und die Flugstrecken aus. Jean hat die letzten Wochen damit verbracht, Erkundigungen einzuholen, Genehmigungen zu beantragen und Perspektiven und Winkel für seine Fotos zu suchen.

Nainoa Thompson und die Besatzung der Hokulea haben währenddessen einen Zwischenstopp im Hafen von New York eingelegt. Sie machen eine Weltumseglung und orientieren sich ausschließlich an den Sternen. Zu ihrer Ankunft findet ein Fest statt, zu dem wir am Sonntag, dem 5. Juni, eingeladen sind und an dem auch die Indianerstämme der Region in ihren traditionellen Trachten teilnehmen.

Ich fühle mich wohl dabei, war ich doch in Westernfilmen schon immer auf der Seite der Indianer. Nainoa begrüßt mich mit einem kräftigen Honi, einer traditionellen Begrüßung in

Hawaii, bei der man Energie austauscht und, Stirn an Stirn, dabei kraftvoll die Stärke des Schöpfergottes vermittelt. Seit unserer letzten Begegnung sind wir beide bei unseren Weltumrundungen erfolgreich vorangekommen.

André

In Hawaii hatte uns Nainoa die Navigationsweise der Polynesier erklärt, die nur auf den Informationen aus der Natur beruhte. Seit eintausend Jahren überquerten sie den Pazifik ohne irgendein technisches Hilfsmittel. Die einzig mögliche Informationsquelle war die Beobachtung der Sterne, der Winde, der Wellen und der Meeresströmung. Eine solch intensive Beobachtung der Natur kommt einer Art Selbsterforschung gleich.

Nainoa hat diese Art der Seefahrt seiner Vorfahren wiederbelebt. Er sagte mir, dass er dabei pro Tag ungefähr sechs bis acht Ruhepausen von 20 Minuten einlegt, um so viele Beobachtungen wie möglich zu machen. Das ist bemerkenswert, denn es entspricht genau unserer Erfahrung mit Si2. Dieses Minimum an Schlaf ist erforderlich, um einen ausreichenden Grad an Konzentrations- und Reaktionsfähigkeit mehrere Tage hindurch aufrechtzuerhalten.

Sobald die Navigatoren glaubten, weniger als 100 Meilen von der Küste entfernt zu sein, achteten sie auf das erste Auftauchen von Vögeln. Die Beobachtung des Vogelflugs gab ihnen Hinweise, ob sie sich vom Festland entfernten oder sich ihm näherten. Ich kann mir ihre Freude vorstellen, wenn eine Möwe um ihren Mast flog, so wie ich mich freute, als ich den Kontrollturm von Hawaii hörte. Nach viereinhalb Tagen über dem Pazifik erblickte ich zwar noch nicht den Archipel, aber ich wusste, wie nah die Insel ist.

Die Technologie von heute verändert ständig und auf höchst unterschiedliche Weise unsere Gewohnheiten, ja unser ganzes Leben. Wer hätte sich noch vor zehn Jahren vorstellen können, wie die Apps im Bereich der Telefonie unseren Informationszugang, unsere Mobilität und Konsumgewohnheiten sowie unsere

Beziehungen zu anderen Menschen, zum Geld, ja sogar unsere Art, sich am Morgen zu kleiden, völlig verändern.

Bertrand

Am Vormittag wechseln sich meditative Gesänge und nervöse Telefongespräche ab. Ein günstiges Wetterfenster ist für Dienstag angekündigt, doch Marcus Basien ist davon nicht begeistert:

»Es gibt noch zu viele Unbekannte.«

André reagiert schneller als ich:

»Dann nehmen wir uns jeden Punkt einzeln vor.«

Wir müssen den neuen Stromrichter DC/DC testen, am Abend vor Ankunft des schlechten Wetters von Lehigh aus starten, die Freiheitsstatue zwischen zwei und drei Uhr morgens überfliegen, um die Landezeit einzuhalten, die bis spätestens vier Uhr auf dem John-F.-Kennedy-Flughafen erfolgen muss.

Der einzige Punkt, der mich stört, beunruhigt Marcus nicht:

»Das Bundesamt hat ausdrücklich darauf hingewiesen, dass sie Testflüge im Rahmen eines Missionsfluges nicht mehr akzeptieren.«

»Ich kümmere mich darum«, antwortet Marcus. »Eine Landung vor dem Weiterflug nach New York zu verlangen wäre idiotisch. Das würde ein zusätzliches Risiko bedeuten.«

Stundenlange Diskussionen folgen, die Ängste der einzelnen Teammitglieder summieren sich. Wir haben eine emotionale Selbstentzündung! Etwas, das ich hasse, weil es das Resultat einer Organisation ist, in der die oberste Leitungsebene keine Macht mehr hat, aber jeder Angestellte glaubt, nach bestem Wissen und Gewissen zu handeln.

André vermittelt sehr gut, in diesem Fall besser als ich, der ich entnervt bin und das auch zeige. Um voranzukommen, sind wohl zwei nötig: einer, der zieht, und ein anderer, der schiebt.

Wir entscheiden uns, offensiv vorzugehen. Marcus soll mit dem Bundesamt über den Testflug diskutieren. Verlegen und verwirrt kommt er zurück. Die Schweizer Behörde setzt eine Zwischenlandung in Lehigh durch, um Testflug und Missionsflug deutlich voneinander zu trennen. Nagoya, das noch in schlechter Erinnerung ist, und das rigide Festhalten am vorgeschriebenen Ablauf waren wichtiger als Sicherheit und der gesunde Menschenverstand.

André

Es ist schwierig, Lehigh Valley und New York mit einem einzigen Flug zu absolvieren. Wir müssen daher einen technischen Flug, bürokratische Sicherheitsvorschriften, heftige Winde, den Flug über die Freiheitsstatue, die Einschränkungen durch die Fluglotsen und die Organisation der Veranstaltungen für unsere Partner miteinander verbinden. Übertreiben wir? Auf jeden Fall sehen wir allmählich unsere Grenzen.

Obwohl es die kürzeste Strecke ist, entwickelt sie sich zu einer Staatsaffäre. Das Bundesamt zwingt uns zu zwei voneinander unabhängigen Flügen. Vom Gesichtspunkt der Sicherheit aus gesehen, ist das Unsinn. Die Widersprüchlichkeit der Bürokratie liegt auf der Hand.

Ich tröste mich mit dem Geburtstag meiner lieben Frau am 6. Juni. Ich lasse als Geschenk meine beiden Söhne Deniz und Teo kommen Was für eine Freude, sie hier zu sehen!

Am nächsten Tag starte ich von Lehigh Valley. Für diesen ersten Flug muss ich Versuchsanordnungen ausführen und die verschiedenen elektrischen Nachtanlagen neu starten. Es ist aufschlussreich, nur den künstlichen Horizont und Geschwindigkeitsmesser zu beachten. Alles andere muss aus- und angeschaltet werden in der Hoffnung, dass es funktioniert.

Bei meiner Rückkehr zum Flughafen höre ich, wie der Kontrollturm die Linienflugzeuge auffordert, ihren Kurs wegen starker Regenschauer zu ändern. Ich habe den Eindruck, dass die Schauer relativ weit weg sind und mich nicht betreffen. Also setze ich meine Arbeit an den Flugsystemen fort. Plötzlich bin ich in heftigen Turbulenzen, und ein ungewöhnlicher

Lärm überrascht mich. Dicke Regentropfen hämmern auf das Flugzeug. Ihr Aufprall hallt in der Konstruktion wider, und der Lärm dringt bis in das Cockpit. Mir kommt es so vor, als wäre ich im Inneren einer Trommel. In diesem Augenblick teilt mir der Kontrollturm mit, dass ein weiterer, noch stärkerer Regenschauer in Richtung Flugplatz zieht und nur noch wenige Kilometer entfernt ist. In der Nacht ist er kaum auszumachen. Ich wende mich an das Kontrollzentrum. Dort haben sie nichts kommen sehen. Man beschließt daher, sich vom Flugplatz zu entfernen, um den Regen vorbeigehen zu lassen, und unmittelbar danach zu landen. Ich muss Si2 steuern wie ein Jagdflugzeug und nach dem Schauer gleich aufsetzen, bevor der nächste Regen kommt. Die Meteorologen hatten uns vor der Unbeständigkeit dieser Zone gewarnt, und wir haben sie unterschätzt, vielleicht weil wir zu vertrauensvoll waren. Das macht mir in diesem Jahr am meisten Angst. Wir wissen, dass wir ein leistungsfähiges Flugzeug haben, wir können die einzelnen Missionen vorbereiten und haben große Erfahrung. Immer wieder ist die Selbstgefälligkeit ein Risiko. Ihr gegenüber müssen wir bis Abu Dhabi wachsam bleiben.

Zweifel kommen auf. Die Freiheitsstatue will mich definitiv nicht bei sich haben. Drei Jahre nach meiner Notlandung auf dem Kennedy-Flughafen verhindert der Regen in letzter Minute den neuen Versuch. Erst vier Tage später, am 11. Juni, kann ich bei schöner sternklarer Nacht endlich nach New York aufbrechen. Die Dame Freiheit wartete die schönste aller Nächte ab, um mich zu empfangen. Der Wind ist schwach, die Sicht atemberaubend. Die Flughöhe von 1776 Fuß entspricht der Höhe des Freedom Tower, eines Wolkenkratzers, der die im Jahr 2001 zerstörten Türme des World Trade Center ersetzt hat. Nach dem Anfang im Silicon Valley ist es zauberhaft, unsere Überquerung der Vereinigten Staaten auf diese Weise zu beenden. Ich fühle mich wie ein Kind, das mit großen Augen vor einem Weihnachtsbaum steht.

Über »der Stadt, die niemals schläft« fliegt unser Flugzeug, das niemals landen muss. Ein herrliches Symbol. In dieser Nacht besteht die Freiheit in dem Gedanken, sich eine Welt vorzustellen, die ihre Abhängigkeit von fossilen Energieträgern überwunden hat und nun frei, sauber und umweltfreundlich sein kann. Ich bin auf einem Zodiac-Schlauchboot mitten in der Hudson Bay, stehe im Funkkontakt mit André und schaue gebannt dem Spiel des Lichts zwischen den LED von Si2 und den beleuchteten Wolkenkratzern von Manhattan zu. Vom Himmel aus gesehen muss es noch viel schöner sein. Jean gelingt ein symbolträchtiges Foto, aber er freut sich auch schon auf meinen Start über den Atlantik, wo er ebenfalls ein solches Foto bei Tag machen soll.

Die Stimmung in New York ist ausgezeichnet und nicht mit dem Jahr 2013 zu vergleichen. Ban Ki-moon feiert mit uns seinen Geburtstag vor dem Flugzeug, kurz danach kommt Michael Bloomberg. Ich bin überrascht, wie freimütig der ehemalige Bürgermeister von New York spricht. Über die amerikanische Politik scheint er viele Illusionen verloren zu haben. Selbst er sagt:

»Politiker haben nur ein einziges Ziel: ihre Wiederwahl. Weder Ihr Flugzeug noch ganz allgemein die Energieprobleme sind ihnen dafür nützlich. Deshalb werden sie hier nicht erscheinen. Was soll man machen, wenn niemand mehr hier so gebildet ist, um zu verstehen, was Sie tun. Heute reichen die 140 Zeichen von Twitter völlig aus, und die vielen Sender und sozialen Netzwerke verwässern den Informationsgehalt. Die Suizidrate und die Heroinabhängigkeit steigen unaufhörlich. Ich freue mich deshalb, dass Sie gekommen sind. Sie spenden Hoffnung.«

André

Es ist beruhigend, dass wir New York rechtzeitig erreicht haben. Wir wollten vor dem längsten Tag des Jahres, dem 21. Juni, ankommen, um für den nächsten Ozean so viel Tageslicht wie möglich zu haben. Die Bedingungen sind gut. Bertrand bereitet sich auf seinen legendären Flug über den Atlantik vor. Ich freue mich für ihn. Nach den Veranstaltungen in New York kehre ich nach Monaco zurück, um persönlich seinen Flug vom Kontrollzentrum aus zu überwachen. Ich bin froh, wieder zu diesem Team zu stoßen.

Luc, Wim und die Mathematiker von Altran, Christophe, Stéphane und Giovanni, haben innerhalb von drei Tagen ein unglaubliches Wetterfenster gefunden. Ich werde mich also mit meiner Ankunft beeilen müssen. So schwierig es war, ein Wetterfenster über dem Pazifik zu finden, so prompt stellte sich dieses hier ein.

Gerne wären wir in Paris-Le Bourget gelandet, aber das hätte einen Verzicht auf das günstige Wetterfenster bedeutet, ohne die Gewissheit zu haben, ein ebenso gutes zu finden. Das Wetter legte daher Sevilla als Zielort fest.

19

Ein Trance-Atlantikflug

Bertrand

André bereitet meine Überquerung von Monaco aus vor, so wie ich es für ihn im letzten Jahr gemacht habe. Sein Enthusiasmus rührt mich:

»Ich werde alles tun, damit dieser Flug das größte fliegerische Erlebnis deines Lebens wird, und ich möchte, dass du ihn in vollen Zügen genießt.«

Wir glaubten, in New York ziemlich lange auf ein günstiges Wetterfenster warten zu müssen, aber das ist nicht der Fall. Das Team erhält von mir das Abzeichen des Atlantiks, das jeder an die Stelle seines Ärmels heftet, wo das Abzeichen von Amerika war. Am nächsten Tag starte ich nach Sevilla. Was die Atmosphäre im Team angeht, so scheint es eher ein lokaler Trainingsflug zu sein als der Start zur ersten Überquerung des Atlantiks mit einem Solarflugzeug. Alle zeigen einen erstaunlichen Grad an Professionalität und Ruhe. In den letzten Tagen hatte ich beim Aufstehen Lampenfieber, so sehr, dass ich mich sogar auf das Ende des Abenteuers freute. »Forscher haben keine Empfindungen«, sagte mir einmal Olivier de Kersauson. Das stimmt nicht. Es ist ein Irrtum, dass Abenteuer Übermenschen vorbehalten sind. Ich möchte umgekehrt sagen: Alle können ihre Ängste überwinden und im Leben Fortschritte machen, selbst wenn sie ein Gefühl der Beklommenheit haben.

Heute Morgen jedoch ist das Lampenfieber weg. Ich war, das muss ich zugeben, überzeugt davon, dass der Wind zu stark ist, der Start abgesagt wird und die nächste Gelegenheit mich nach Paris führt. Tatsächlich dämpft dieses zwanghafte

Denken an Paris meine Freude an diesem Flug, auf den ich doch seit 17 Jahren warte. Es ist ein legendärer Flug, der symbolträchtigste, aber ich bin beim Start ein wenig resigniert. In meiner Fantasie fliege ich in diesen letzten Tagen immer noch bis nach Frankreich. Gestern habe ich sogar Raymond vorgeschlagen, Nizza als Landeplatz in Augenschein zu nehmen, damit ich in Monaco an den Fenstern des Kontrollteams vorbeifliegen kann. Raymond ist beinahe vom Stuhl gefallen:

»Im Hinblick auf den morgigen Tag hat sich das Team für Computersimulation zur Ruhe gelegt. Wenn du darauf bestehst, untersuchen wir die Angelegenheit während des Fluges.«

Nach dem Start vom John-F.-Kennedy-Flughafen hätte ich gerne nach rechts gedreht, um die Freiheitsstatue bei Sonnenaufgang zu begrüßen. Auch Jean träumte davon und hatte alles organisiert, aber der Abflug musste wegen einer Schlechtwetterfront, in die ich hätte geraten können, früher stattfinden. Ich erinnere mich, wie triumphal mein Vater und sein Unterseeboot *Ben Franklin* vor Manhattan empfangen wurde, nachdem er sich einen Monat lang auf Tauchmission vom Golfstrom hatte treiben lassen. Vor dem Hintergrund der Freiheitsstatue begrüßten ihn die Feuerwehrleute mit Wasserfontänen. Ich träumte von einer Pilgerreise mit Solar Impulse zu den emotional wichtigen Orten meiner Kindheit, aber das Leben kennt nur eine Richtung: nach vorn.

Jean hatte dann den Plan, ein Foto vom Hubschrauber aus zu machen, auf dem die Si2 vor dem Vollmond über einen silbern glitzernden Ozean fliegt. Aber auch aus diesem Foto wurde nichts. Ein Hobbypilot hatte sich nämlich in den Kopf gesetzt, mit dem von ihm gebauten Elektroflugzeug und einem Hubschrauber einige Runden um mich zu drehen. Ein Zusammenstoß der beiden Hubschrauber konnte gerade noch verhindert werden. Jean versucht nun aus weitem Abstand, mir über Funk eine neue Position zuzuweisen:

»Bertrand, mach bitte jetzt auf der linken Seite eine 360-Grad-Wendung.«

Das Kontrollzentrum hört alle Funkverbindungen mit. Die Stimme von Yves tönt in meinem Helm:

»Negativ, weiterhin geradeaus fliegen!«

Ich reagiere immer noch wie ein Schüler und komme davon nicht los. Anstatt zu sagen »Entscheidung des Piloten«, gehorche ich dummerweise und vermassle die Jahrhundertchance. Der Eigentümer des elektrischen Flugzeugs war später noch zynisch genug zu verkünden, dass seine Maschine leistungsfähiger sei als meine. In Spanien habe ich ihn allerdings nicht landen sehen. Nach zwei bescheidenen Flugstunden kehrte er in seinen Heimatort zurück.

Sehr oft trifft nicht ein, was man sich im Voraus erhofft hat. Wenn ich zurückdenke, so war der schönste Tag der Weltumrundung der letzte Donnerstag gewesen. Geplant war, bei Sonnenaufgang zum Überflug der Freiheitsstatue zu starten, den Atlantik in fünf Tagen zu überqueren mit der Möglichkeit, in Paris zu landen. Das war der Königsweg, gleichsam die vier Asse und das Gefühl, die vollständige Erfüllung des Traums sei zum Greifen nahe. Am Tag darauf musste ich diese Erwartungen korrigieren: weder Statue noch Freiheit noch schneller Flug von drei oder vier Tagen, sondern Zielort Sevilla, also auf den Spuren von Christoph Kolumbus, nicht auf denen von Charles Lindbergh.

Ich schäme mich, so anspruchsvoll zu sein, wo ich doch vor der Überquerung des Atlantiks stehe und nicht einmal sicher bin, ob ich die andere Seite erreiche.

Zunächst fliege ich wie alle Linienflugzeuge entlang der zerklüfteten Küste zwischen New York und Neufundland. Der rosafarbene Mond, auch Erdbeermond genannt, begleitet mich. Zum ersten Mal seit 68 Jahren fallen Vollmond und Sommersonnenwende zusammen und bringen diese rötliche Farbe hervor. In den kommenden 24 Stunden erhält die Erde das meiste Licht seit 1948: Auf den längsten Tag des Jahres folgt die hellste Nacht. Und gerade an diesem Tag fliege ich mit einem Solarflugzeug!

Vor mir breitet sich der symbolträchtigste Ozean zwischen der Alten und der Neuen Welt aus. Heute sind die beiden Welten keine Kontinente mehr, sondern verkörpern Geisteshaltungen und Epochen der Geschichte. Si2 möchte uns anregen, die Welt der fossilen Energien, der Verschmutzung, der Verschwendung und des Hochmuts zu verlassen zugunsten einer Welt der sauberen Technologien und der Achtung vor dem Leben und dem Planeten. Metaphorisch gesehen liegt eine Zeitenwende vor, die leider noch keine Realität ist. Es wird noch viele Anstrengungen brauchen, um die Widerstände zu kompensieren. Und viele Solar Impulse!

Der Atlantik ist auch das Experimentierfeld jener Transportmittel, die ihre technische Reife beweisen wollten: Segelschiffe, Ozeandampfer, Zeppeline, Flugzeuge, Ballone und sogar Windsurfbretter und Ruderboote. Das ist der Atlantik von Alain Bombard, der sich freiwillig als Schiffbrüchiger über ihn treiben ließ, und von Double Eagle II, einer Ballonüberquerung von 1978. Es ist auch der Atlantik, wo mit dem Flug von Charles Lindbergh im Jahr 1927 und mit dem Flug von Paris nach Buenos Aires von Jean Mermoz und seinem treuen Mechaniker Camille Jousse die kommerzielle Luftfahrt begann. Heute geschieht das zum ersten Mal mit einem Solarflugzeug. Es soll dabei nicht mehr die kommerzielle Luftfahrt weiterentwickelt werden, sondern die Verwendung sauberer Technologien. Für mich gibt es wie damals für Lindbergh und Mermoz keine Ausweichmöglichkeit, ich muss die andere Seite erreichen. Die Verantwortung für das ganze Team ist gewaltig. Ich will ja keinen neuen Rekord aufstellen, sondern einen neuen Weg aufzeigen für den Einsatz erneuerbarer Energie. Ich muss also unbedingt Europa erreichen.

Während ich diese Zeilen in mein schwarzes Notizbuch schreibe, das mir als Vertrauter dient, geht vor mir langsam die Sonne auf, und mit einem langen, golden schimmernden Streifen auf dem Ozean zeigt sie mir meinen Weg.

Um vom Rückenwind zu profitieren, bleibe ich bis zum Mittag auf 900 Meter Höhe. Der Streifen zeigt wohl die Grenze des Golfstroms zwischen zwei Meeresströmungen an, die unterschiedliche Temperaturen haben und sich nicht vermischen.

Meine größte Überraschung sind etwa fünfzehn Wale, die unter mir aus dem Wasser springen. Da niemand mir Glauben schenken wird, schicke ich Fotos in das Kontrollzentrum. André antwortet mir sofort:

»Greg hat es für dich so organisiert. Nachdem er die notwendigen Flugerlaubnisse beisammen hatte, gab es für ihn nichts mehr zu tun.«

Schaue ich nach links und rechts, so befinde ich mich zwischen zwei Schlechtwetterfronten inmitten eines sonnigen Korridors, der mich parallel zur Küste hält, genau so, wie es Wim und Luc vorausgesagt hatten. Ich muss morgen früh um fünf Uhr an einem bestimmten Punkt sein, um vor der Wetterfront herzufliegen. Bei dem gesamten Flug wird es um das richtige Timing mit den Wolkenbarrieren gehen.

Ich steige so spät wie möglich auf die notwendige Höhe von 28000 Fuß und bin am späten Nachmittag sehr dicht an der Wetterfront, die sich rechts bedrohlich heranschiebt. Einige Wolken drohen mich zuzudecken und ich muss Umwege machen, um ihnen auszuweichen. Die Sonne zu meiner Linken wird schwächer und zeichnet zwischen mir und den Wolken bläuliche Strahlen, die sich tief unter mir ineinanderschlingen. So etwas habe ich noch nie gesehen. Wenn das ein Engel ist, so ist das sehr schön ...

Bei Sonnenuntergang habe ich keine Möglichkeit mehr, der Bewölkung auszuweichen, solange der Erdbeermond nicht aufgegangen ist. Dann leitet er mich zwischen den spiralförmigen restlichen Wolkenfetzen hindurch.

Ich kann nun besser als bei meinem Flug über den Pazifik eine warme Mahlzeit zubereiten und früh schlafen gehen. Alles ist ruhig, aber es ist schwierig, wieder einzuschlafen, wenn man alle 20 Minuten durch ein Alarmsignal aus dem Schlaf aufgeschreckt wird. Ich schlafe wenig, nutze nur die Hälfte der Schlafpausen und dann vor allem die letzten Minuten. Der Vollmond bietet ein packendes Schauspiel. Ich möchte es mir die ganze Nacht ansehen, ebenso den bevorstehenden Tagesanbruch, aber der Schlaf ist geradezu eine Verpflichtung. Für mich zählt er zur Arbeitszeit!

Als ich mich wieder im Cockpit hinsetze, fliege ich über einen Öltanker, den ich mit Verachtung anschaue, und über einen Eisberg. Ich glaube fälschlicherweise, er schmelze wegen des Klimawandels, aber das über alles informierte Kontrollzentrum macht mich darauf aufmerksam, dass ich 300 Kilometer von der Stelle entfernt bin, wo die *Titanic* unterging. Es ist daher normal, hier Eisberge anzutreffen.

Ich verbringe den Tag damit, mir alles einzuprägen, was ich sehe, fühle und erlebe. Ich bin in einem Solarflugzeug über dem Atlantik. Ich glaube zu träumen. Manchmal läuft es mir kalt über den Rücken, weil mir klar wird, dass hier ein Experiment mit dem Prototyp eines Flugzeugs stattfindet. Hoffentlich hält es durch, hoffentlich bleiben die vier Propeller nicht stehen. Daniel hatte zu mir gesagt:

»Du wirst sehen, es wird dich nie im Stich lassen.«

Aber es geht nicht nur um die Mechanik. Unerwartet taucht vor mir eine Barriere von Stratokumuluswolken auf, die höher ist als meine Flugbahn. Sie war nicht angekündigt, aber Luc, den ich über die Telefonschaltung der Swisscom erreiche, kann sie auf den Satellitenbildern sehen. Ich steige in einem Slalomkurs nach oben, um hier meinen Weg zu finden. Glücklicherweise gibt es keine Luftbewegung. Ich überfliege eine riesige blaue Fläche. Sie ist mit langen Streifen winziger Kumuluswolken durchsetzt, die wie Straßen aussehen. Der Himmel über mir ist vollkommen wolkenfrei, aber plötzlich setzen heftige Turbulenzen ein. Das ist sehr unangenehm, ja sogar beunruhigend. Bei Sonnenuntergang beruhigen sich die Turbulenzen und die kleinen Kumuluswolken, die am Ozean haften, fallen in sich zusammen wie Soufflés. So ist das Leben im Mineralreich von Luft, Wasser und Licht in ihrem täglichen Rhythmus. Links neben mir, ganz nahe am Cockpit, begleitet mich ein linsenförmiger Wolkenschleier. Physikalisch gesehen kann er sich unmöglich mit der gleichen Geschwindigkeit fortbewegen wie ich, denn im Unterschied zum Ballon habe ich im Verhältnis zur Luft eine Eigengeschwindigkeit. Offensichtlich gibt es noch unerklärliche Phänomene. Wenn es ein zweiter Engel ist, dann ist er noch viel geheimnisvoller als der erste.

Michèle und Greg, die beim Start in New York unbedingt dabei sein wollten, sind in Monaco eingetroffen. Sie unterhalten sich kurz mit mir:

»Ich freue mich, dich so glücklich zu sehen. Du bist wirklich in deinem Element. Ich gebe dir Greg, denn wir haben eine Überraschung für dich.«

»Bertrand, dreh dich um und such unten in der Schachtel Nummer acht nach einem Päckchen.«

In diesem Versteck finde ich einen gut verpackten Lyrikband mit einer Widmung von Leonard Cohen, meinem Lieblingssänger, der mit den Liedern seiner ersten zwei Schallplatten alle Examensvorbereitungen seit meinem 16. Lebensjahr begleitet hat:

Für Bertrand Piccard,
einen wahren Pionier,
mit Bewunderung und Dankbarkeit
Leonard Cohen

Wie großartig! Es war eine Idee von Michèle, aber bei einem solchen Abenteuer braucht es schon einen wie Greg, um Berge zu versetzen.

André

Der Abflug ging fast zu schnell vor sich. Technisch gesehen waren wir bereit, aber psychisch wahrscheinlich noch nicht ganz. In Asien leisteten wir Schwerstarbeit. Die Belastung durch das lange Warten brachte uns an unsere Grenzen. Für mich stand daher fest, dass die Überquerung eines Ozeans uns nicht in den Schoß fällt, dass sie die Nerven auf die Probe stellt, bis sie realisierbar wird. Und jetzt, nichts dergleichen …

Es gibt eine Erklärung dafür. Das gleiche Wetterfenster hätten wir wegen der vielen Wolkenfronten, die es zu um- oder zu überfliegen galt, noch vor einem Jahr als schwierig eingeschätzt. Die zunehmende Erfahrung und die größere Genauigkeit der Meteorologen, die bessere Kenntnis des Flugzeugs und das Vertrauen, das Bertrand jetzt beim Team genießt, haben uns viel leistungsfähiger gemacht. Wir haben einen weiten Weg zurückgelegt. Nun überquert Bertrand einen Ozean und ist genau da angelangt, wo er sein wollte. Wenn ich von Monaco aus meinen alten Kameraden am Himmel fliegen sehe, dann erinnere ich mich an die Zeit, wo ich seine Ballonfahrt um die Welt verfolgte. In solchen Momenten kommen Menschen sich näher. Von unserer Konkurrenz zu Beginn bleibt nur noch das Vergnügen, zu sehen, wie der andere einen legendären Flug durchführt. Das Schicksal hat uns beigestanden. Es war zu schwer für unser beider Ego, allein dieses Gleichgewicht zwischen uns zu finden. Aber noch ist die Zeit nicht gekommen, um darüber eine Träne zu vergießen.

Bertrand fliegt am 21. Juni, dem längsten Tag des Jahres. Er überquert den Atlantik unter idealen Bedingungen. Das Flugzeug funktionierte noch nie so gut und hat sein Energiemaximum erreicht. Das ist ausgezeichnet! Man könnte darin fast eine Belohnung des Schicksals für alles das sehen, was es aushalten musste, um so weit zu kommen. Vielleicht genießen wir aber nur einen ganz besonderen Augenblick, bevor ein weiteres ernsthaftes Problem auftaucht… Nein, daran glaube ich nicht. Die Parameter unserer Mission sind hervorragend, alle freuen sich, dieses letzte große Hindernis zu überwinden.

Bertrand

Ich fliege weiter in Richtung der Azoren und verschwinde in der Nacht. Wieder einmal steht der Vollmond genau vor mir in der Flugrichtung. Es ist nicht mehr Sonnenwende, aber er ist immer noch orangefarben. Tahan schickt mir eine E-Mail:

»Du Glückspilz, immer fliegst du bei Vollmond. Ich sehe ihn von den Azoren aus zwischen den Wolken. Ich bin da, falls du hier landen müsstest.«

Was für ein Bursche, dieser Tahan. Er hat mir auf Hawaii in einer kleinen Cessna den Instrumentenflug in der Nacht ohne Sichtmarken beigebracht sowie die Fähigkeit, Auswirkungen von Turbulenzen aufzufangen. Das war mein Schwachpunkt, und seinem Talent als Ausbilder schulde ich viel. Wer Großes erreichen will, muss akzeptieren, sich klein zu machen und alles zu lernen, was es irgendwo zu lernen gibt – und seinen Stolz ablegen.

Christophe ruft mich von Monaco an, ich soll Kontakt mit der Flugüberwachung auf den Azoren aufnehmen. Das passt mir nicht so recht:

»Wenn ich einmal mit dem Fluglotsen spreche, kann ich anschließend den Funk nicht mehr abstellen, um zu schlafen. Könnt ihr nicht stattdessen von Monaco aus telefonisch die Positionsangaben durchgeben?«

»Negativ, sie haben mich darauf hingewiesen, dass es eine gesetzliche Vorschrift gibt. Sie müssen direkten Kontakt mit allen Flugzeugen haben, die ihren Luftraum überqueren.«

Ich verstehe sofort, dass sie nur Lust haben, mit mir zu sprechen:

»Santa Maria, guten Abend, HB-SIB, 15000 Fuß hoch, im Sinkflug auf 8000 Fuß.«

»Solar Impulse, guten Abend, Santa Maria Anflug. Welche Ehre, Sie auf unserer Frequenz zu haben. Was Sie tun, ist von historischer Bedeutung. Mein Kollege von der Nachbarinsel ist ebenfalls erfreut, Sie zu hören.«

Sein Enthusiasmus ist rührend. Glücklicherweise habe ich ihn kontaktiert. Michèle sagt oft, dass dieses Abenteuer auch da ist, um Freude zu bereiten.

Für mein Abendessen hätte ich eine Ausbildung als Feuerwehrmann machen sollen … Ich hole einen ersten Kochbeutel heraus, füge ein wenig Wasser für die chemische Reaktion hinzu und warte. Ich warte weiter, und da nichts geschieht, werfe ich ihn in den Mülleimer. Das Gleiche passiert mit dem zweiten Beutel. Beim dritten entwickelt sich endlich Wärme und ich kann mit der Vorbereitung meines Risottos mit Champignons beginnen. Plötzlich zieht mit großem Blubbern Dampf in das Cockpit. Die beiden Beutel fingen im Mülleimer zu kochen an, sodass Wasserstoff entwich. Ich öffne augenblicklich das Fenster, packe mit bloßer Hand die heißen Beutel und werfe sie über Bord. Ich stelle die Sauerstoffmaske auf ständige Zufuhr, was nicht unbedingt notwendig ist, doch ich möchte gerne zeigen, dass ich die Vorschriften des Luftfahrhandbuches beherzige und ausführen kann.

Nach dem Risotto verringere ich die Funklautstärke und bereite mich für die beste Flugnacht vor. Das heißt aber, die Rechnung ohne den Autopiloten zu machen, denn der hat große Lust, sich zu einer Party zu verabschieden. Das GPS hatte der Basis noch nicht die europäischen Daten übermittelt und findet daher keinen Referenzpunkt. Es glaubt, ich befinde mich am Boden und schaltet den Autopiloten ab. Für Ralph ist das nicht weiter schlimm, er wird es am nächsten Tag wieder in Ordnung bringen, indem er die neue Datenkarte eingibt.

Jedenfalls gehen die ersten Stunden der Schlafpausen verloren, wenn ich bei jedem Alarm aus dem Schlaf schrecke. Schließlich verzichte ich auf das Einschlafen. In der zweiten Hälfte der Nacht löst sich das Problem von selbst, denn meine Bodengeschwindigkeit nimmt zu, und die Instrumente begreifen endlich, dass ich fliege. Ich lege nun eine Schlafphase nach der anderen ein. Ich weiß schon gar nicht mehr, wie viele das waren. Klingelt der Wecker, frage ich mit geschlossenen Augen das Kontrollzentrum, ob die Parameter in Ordnung sind, und schlafe wieder ein, ohne meine Lage zu ändern. Der schnelle Wechsel von Tiefschlaf zu den Aufgaben dieser Flugmission ist schon ein bemerkenswertes Gefühl. Zwischen zwei Schlafphasen werfe ich einen kurzen Blick auf den Sonnenaufgang, dessen Schönheit mich wieder in den Schlaf wiegt. Eine feine Linie trennt den silbernen Himmel von dem noch schwarzen Wasser, bis der Ozean im rötlichen Licht des Horizonts erglüht. Mit der Kapuze der Daunenjacke über meinem Kopf bildet der intensive Glanz der aufgehenden Sonne einen starken Gegensatz zu dem dunklen Cockpit. Andreas hätte es gerne, dass ich nicht weiterschlafe, weil ein ziemlich volles Programm auf mich wartet. Ich handle noch zwei weitere Schlafpausen von 20 Minuten aus und nehme dann wieder meinen Platz als Pilot ein.

Ich bemerke gerade noch rechtzeitig eine kompakte Wolkenbarriere vor mir. Es muss sich wohl um die Wetterfront handeln, die mir von den Meteorologen für den dritten Tag zum Überfliegen angekündigt wurde. Ich fliege in geringer Höhe, die Sonne blendet mich und ich kann nicht erkennen, ob die

Wolken weit weg und tief oder ganz nahe und höher sind als ich. Viel Zeit zum Nachdenken bleibt mir nicht, denn schon bin ich von der Wolkenschicht zugedeckt. Es ist verrückt, wie die Perspektive täuschen kann. Um über die Wolken zu gelangen, kehre ich sofort um und steige spiralförmig nach oben, so wie beim Drachenflug. Das gefällt mir ganz besonders. Eine solche Überquerung verlangt eben echtes fliegerisches Können.

In diesem Augenblick fängt mich das, was ich mache, emotional wieder auf. Alle Berichte von historischen Überquerungen haben mich ermutigt, und die Erinnerung an die hohe, weißhaarige Gestalt von Charles Lindbergh, dem ich beim Start von Apollo 12 begegnet bin, ist immer noch wach. Ich wage nicht an meine Zukunft zu denken und mich zu freuen. Und das gilt bis zum letzten Augenblick, bis zur letzten Umdrehung der Propeller. Die Mission von Solar Impulse bewährt sich erst nach dem Start und endet erst nach der Landung, wenn das Flugzeug im Hangar oder in einem Zelt steht.

Die Journalisten, die mich heute Morgen interviewen, erhöhen nur den Druck auf mich:

»Sie werden in die Geschichte eingehen, was bedeutet das für Sie?«

»Das ist nur dann sinnvoll, wenn andere sich davon inspirieren lassen, ebenfalls ihre Träume zu verwirklichen und ein erfüllteres Leben zu führen.«

»Sie kannten Lindbergh und jetzt folgen Sie ihm auf seinen Spuren?«

»Lindbergh war der Wegbereiter für den kommerziellen Luftverkehr. Mit meinem Flug möchte ich das Gleiche tun, aber dabei für den Einsatz sauberer Technologien und erneuerbarer Energien werben.«

Die Frage von Quinn, einer der Produzentinnen des amerikanischen Dokumentarfilms über Solar Impulse, traf von allen Fragen den für mich wichtigsten Punkt: die Schwierigkeiten nämlich, die zu überwinden waren, um überhaupt so weit zu kommen; mein Kampf und schließlich mein Bündnis mit den Jetpiloten, die endlich akzeptiert haben, dass ich mich an diesem Platz hier befinde. Das war eine Knochenarbeit, mit Tränen und Schweiß verbunden, und wenn es etwas gibt, worauf ich stolz sein kann, dann ist es mein Durchhaltevermögen allen Widerständen zum Trotz. Auf meine Resilienz, wie André sagt. Ich war fünf Jahre lang ein Flugschüler für das Segelflugzeug, für den Motorsegler und das mehrmotorige Flugzeug; lernte den Nacht- und Instrumentenflug und verbrachte ziemlich viele Stunden am Steuer, bis mir endlich das Bundesamt für Zivilluftfahrt die Fluggenehmigung erteilte. Mein Leben habe ich nie als schwierig empfunden, während dieser Zeit aber schon. Ich musste manche Kröte schlucken, ich kämpfte gegen mich selbst und gegen andere, ich habe den Mund gehalten, als ich daran erinnern wollte, dass es eigentlich mein Projekt ist. Aber es war der Mühe wert. Die Bilder der Gegenwart vermischen sich mit den schlimmsten Erinnerungen der Vergangenheit, um sie schließlich in ein anderes Licht zu rücken. Bei diesem Flug werde ich nur Freudentränen vergießen.

Der Flug vergeht zwischen konzentrierter Anspannung und ekstatischen Gefühlen viel zu schnell. Sogar noch schneller, weil mir soeben ein Flugtag genommen wurde. Das Kontrollzentrum änderte meine Flugbahn bei den Azoren und teilte mir stolz mit, dass ich nur noch drei statt vier Tage fliege. Kein Grund für ein Dankeschön meinerseits!

Der dritte Tag zwischen Himmel und Meer ist einfach magisch. Ich blicke auf die Sonne und dann auf die vier Motoren, die geräuschlos arbeiten, ohne Treibstoff und ohne die Umwelt zu verschmutzen. Man könnte das für einen Science-Fiction-Film halten, der in Zeitlupe abläuft, aber dank der Effizienz des Elektroantriebs ist es Realität und Gegenwart an diesem heutigen Tag.

Solar Impulse ist nämlich vor allem ein Elektroflugzeug, das im Unterschied zu anderen Flugzeugen mit Sonnenenergie seine eigene Elektrizität herstellt. Weil wir die erste Weltumrundung mit einem Solarflugzeug so sehr in den Vordergrund rückten, hatten wir diese Tatsache vergessen. Wir stehen deshalb nicht einmal in den Verzeichnissen der Elektroluftfahrt, jedenfalls bis heute nicht. Nachdem wir das vor zwei Monaten feststellten, habe ich die Flugetappen für diese Art von Flugzeugen bei der Internationalen Aeronautischen Vereinigung angemeldet. Natürlich hat André in der Kategorie Solarenergie alle Rekordmarken gebrochen, was Entfernung, Dauer und Höhe angeht, aber ich kann dafür – gleichsam ein unerwartetes Geschenk – die übrigen Rekorde in der Kategorie Elektrizität brechen. Und das lasse ich mir nicht entgehen.

Im Augenblick habe ich die maximale Höhe von 28 000 Fuß erreicht. Über Duplex spreche ich mit meinem Kameraden Richard Branson. Er hat als Erster in den Achtzigerjahren im Heißluftballon den Atlantik überquert und ist bei dem Versuch, die Treibstofftanks abzusetzen, auf dramatische Weise vor der Küste Irlands abgestürzt. Ich liebe seine unkonventionelle Art. Er ist ein echter Abenteurer, im Leben wie im Wirtschaftsleben.

Im Cockpit ist es wieder still. Ich kann die Zeit nicht anhalten, aber ich kann in mir alles festhalten, was ich erlebe, und jede Sekunde genießen. Sobald ich einen freien Moment habe, klappe ich den Rücksitz nicht zurück, um mich auszuruhen, sondern setze mich hin, um den Horizont in seiner ganzen Weite zu betrachten:

»Um alles zu sehen und zu erleben, lass keinen Quadratzentimeter dieses legendären Ozeans aus, präge dir jede Farbe, jeden Schimmer und jede Welle ein.«

Über mir dreht ein Flugzeug einige Runden. Das Kontrollzentrum bemerkt es auf dem Flugradar:

»Das ist der Flug Easyjet Edinburgh–Kanarische Inseln. Sie müssen erstaunt sein, hier einer solchen Maschine zu begegnen.«

Als hinter mir die Sonne untergeht, ist der Himmel vor mir völlig undurchdringlich, und ich weiß nicht, in welcher Wolkenart ich mich während des Sinkflugs befinde. Letzten Endes ist es aber nur ein wenig Nebel ohne größere Bedeutung. Ich kann noch einige Ruhezeiten vor Portugals Küste einlegen, deren erste Lichter schon sichtbar sind. Ich kann nicht einschlafen, vor allem weil ich den Stress von Yves und Andreas bemerke, die schon die Landung vorbereiten wollen. In der letzten Nacht habe ich insgesamt drei mal zehn Minuten geschlafen. Beim Kontrollzentrum löst es Angst aus, wenn man nichts tut. Im Cockpit dagegen scheint alles viel entspannter zu sein.

Eine Überraschung steht bevor. Greg macht sich ein Vergnügen daraus, sie mir über E-Mail noch vor dem Kontrollzentrum mitzuteilen. Die Kunstflugstaffel der spanischen Luftstreitkräfte, die Patrulla Águila, bereitet eine Show für meinen Empfang vor. Für mich ist das ein Fest, für das Kontrollzentrum dagegen ein zusätzlicher Stress, der unerwartet zu all den anderen Besprechungen im Zusammenhang mit dem Landeanflug und der Landung selbst hinzukommt. Das Timing muss äußerst exakt sein, denn neben den sieben Aviojets fliegen noch zwei Eurofighter mit sowie zwei Hubschrauber für die Fotos. Nichts läuft so ab, wie es geplant war, aber das macht mir, der ich im Grunde ein Drachenflieger geblieben bin, überhaupt nichts aus. Nach drei Tagen in diesem Cockpit habe ich den Eindruck, dass für meine Landung nur eine Minute Vorbereitung nötig ist. Würde ich ihnen das mitteilen, vermuteten sie sofort einen Anflug von Sorglosigkeit. Daher verhalte ich mich wie ein guter gelehriger Schüler und schreibe sorgfältig alle Angaben auch da auf, wo ein einziger Satz genügt hätte: »Drehung rechts zur Piste 09«, zumal ich wegen einer in letzter Minute vorgenommenen Änderung auf der gegenüberliegenden Piste landete …

André

Vor dem Abflug versuchten wir mit allen Mitteln, eine Landung in Paris zu erreichen. Paris machte uns Angst: Die Stadt liegt zu weit nördlich, die Straßen sind verstopft, sie ist zwar erreichbar, aber anschließend schwierig zu verlassen. Wir versuchten es trotzdem. Greg knüpfte Kontakte und fand die nötige Infrastruktur. Auch stand uns ein Hangar zur Verfügung. Letztlich wurde nichts daraus. Die Hochdrucklage, die den Sommer in unsere Breiten bringt, befand sich immer noch zu sehr im Süden, und eine Schlechtwetterfront nach der anderen zog über Frankreich hinweg. Die Botschaft unserer Mission hinterlässt bei einer Landung in Spanien vielleicht weniger Eindruck, aber angesichts dieser unglaublichen Gastfreundschaft kam kein Bedauern auf.

Um Bertrand zu begrüßen, kam ich am Vorabend seiner Landung in Sevilla an. Die Teams informieren mich, dass die Militärs ihre Kunstflugstaffel einsetzen wollen, um die Ankunft von Bertrand besonders hervorzuheben. Das ist wirklich begeisternd! Ich kenne diese Formationsflieger. Ihre Darbietungen sind spektakulär und unglaublich präzise. Als Piloten sind sie unvergleichlich. Bertrand wird überglücklich sein. Am Abend bespreche ich die Flugbahn, die Luftaufnahmen und weitere Abstimmungsprobleme. Ich hätte fast Lust, morgen selbst den Hubschrauber zu fliegen, um von oben diesen historischen Moment zu genießen.

Bertrand

Mit der Kunstflugstaffel sind Zeitablauf und der genaue Treffpunkt mit mir abgestimmt worden, aber ich sehe nichts und niemanden. Ich warte vergebliche 20 Minuten, dann befiehlt mir Yves zu landen. Ich will um nichts in der Welt diesen unglaublichen Empfang verpassen, den Spanien mir vorbereitet hat. Das einzige Argument, auf das Monaco hört, betrifft die Sicherheit:

»Bertrand, ich befehle dir, das Warten zu unterbrechen und den Flughafen anzusteuern.«

»Ich kann unmöglich meine Flugbahn verlassen, wenn neun Kampfjets heranrasen, ohne zu wissen, wo ich mich befinde. Ich muss meinen Kurs einhalten.«

»Du hast recht, bleib vor allen Dingen dort, wo du bist.«

Die Staffel und die beiden Eurofighter kommen mit einer halben Stunde Verspätung von der entgegengesetzten Seite. Ich glaube, sie warteten seelenruhig auf den Sonnenaufgang, um bessere Fotos zu machen. Obwohl sie nur einen einzigen Vorüberflug ausführen sollten, drehen sie weiterhin einige Runden um mich. Ich bin außerordentlich gut gelaunt, aber das Team in Monaco ist fassungslos:

»Bertrand, dreh nach rechts, um die Landevolte einzuleiten.«

»Ich kann nicht, zwei Jets sind neben mir …«

Kaum ist der Satz zu Ende, fliegt die Staffel direkt vor mir vorbei und hüllt mit einer Rauchwolke die Piste ein. Willkommen in Spanien! Nach den Hunderten von kostümierten Kindern in Mandalay ist das hier der schönste Empfang für Solar Impulse. Jean konnte in keinen Armeehubschrauber steigen, und so gelang einem spanischen Reporter das Foto von Si2 mit der Kunstflugstaffel. Jean gibt sich mit dem Foto einer Tapasbar zufrieden, das die Ankunft in Spanien zeigen soll. Bedauernswerter Jean, er erlebt genauso viele Enttäuschungen wie ich. Seine letzte Chance sind die Pyramiden.

Die Landung findet statt wie im virtuellen Flugsimulator, aber wir wollten noch eine Spur perfektionistischer sein. Im Dezember 2013 hatte ich die Strecke New York-Sevilla in 72 Stunden zurückgelegt. Jetzt bin ich 20 Minuten früher angekommen.

André steigt auf die Plattform.

»Du kannst die Tür öffnen, ich halte sie.«

»Nein, nicht sofort.«

Ich weiß, dass er mich gleich verstanden hat. Er lächelt mir zu.

»Wenn ich die Tür öffne, ist der Flug vorbei.«

Ich möchte ihn noch einen Moment lang genießen.

Jetzt ist die Zeit wirklich für einige Sekunden stehen geblieben. Keiner bewegt sich mehr. Es ist ganz still. Meine Hand liegt auf dem Türgriff und rührt sich nicht. Dann drücke ich langsam den Türgriff herunter, die Tür geht auf. Der Flug meines Lebens ist vorbei.

Ich sage meinen üblichen Gruß »Good morning, Sevilla« und füge hinzu:

»Gibt es viele Direktflüge von New York aus?«

Der Satz verfehlt nicht seine Wirkung. Umarmungen, Ansprachen, Interviews und Vorträge bis Mitternacht. Wer behauptet, man müsse schlafen, um in Form zu sein? Mein Bruder und meine Schwester sind nach Sevilla gekommen und mit ihnen zu feiern ist eine große Freude. Den Medien kann ich mich gerade für eine Minute entziehen, um zum Flugzeug zurückzukehren. Ich umarme es an seiner Nase und schluchze vor Glück. Daniel hatte recht, es ließ mich nicht im Stich.

André

Die Landung von Bertrand ist ein magischer Moment. Der letzte lange Flug ging jetzt zu Ende. Keine Rivalität trübt mehr die Freude, ihn in meine Arme zu schließen, als er aus dem Cockpit steigt. Jeder hat die Flüge gemacht, die er wollte, und damit seinen Traum verwirklicht.

Wir werden jetzt an die Vorbereitung meines Starts mit diesem wunderbaren Apparat gehen. Auch nach 13 Jahren kann ich immer noch nicht daran glauben: Es gibt ein Flugzeug, das ewig fliegen kann.

Bertrand

Ich breche mit Michèle zur Zehnjahresfeier der Stiftung von Fürst Albert nach Monaco auf. Das Timing ist perfekt. Ich habe überhaupt keine Lust, zu Hause vorbeizuschauen. Ich habe die Schweiz vor vier Monaten verlassen und möchte jetzt nicht auf die besondere Atmosphäre im Umfeld unserer Weltumrundung verzichten. Den Flug von André verfolge ich vom Kontrollzentrum aus. Es wird sein letzter Flug sein und für mich die letzte Gelegenheit, mit dem von mir so geschätzten Missionsteam zu arbeiten.

André

Am 17. Juli starte ich von Sevilla nach Kairo. Die letzte Etappe weckt Erinnerungen an die Momente des Anfangs. Ich möchte mit Patrick Aebischer sprechen, der als Präsident der Eidgenössischen Technischen Hochschule Lausanne, wo ich Bertrand begegnet bin, dafür sorgte, dass das Projekt in Gang kam. Ebenso mit Guy Parmelin, unserem Verteidigungsminister, der die Flugplätze für alle unsere Versuche zur Verfügung stellte, und noch mit vielen weiteren Personen und Institutionen, die für uns im Laufe der Jahre eine große Hilfe waren. Ich empfinde ihnen gegenüber ein Gefühl der Dankbarkeit. Sehr bewegt erinnere ich mich auch an die Einsatzbereitschaft und den Beitrag von so vielen Menschen, nicht unbedingt in finanzieller, sondern auch in persönlicher Hinsicht. Ich freue mich, wenn ich an alle diejenigen denke, die das Potenzial dieses Abenteuers von Anfang an begriffen haben, denn bis zu einem Ergebnis war große Geduld nötig, und das Projekt selbst war äußerst riskant.

Das Mittelmeer zu überfliegen ist seltsam. Nach meinem Erlebnis mit dem Pazifik kommt mir dieses Meer ganz klein vor. Rechts oder links gibt es immer eine Küste. Zuerst kommt Algerien, dann Tunesien, Italien und Griechenland.

Kairo erreiche ich am Morgen des dritten Tages. Die Pyramiden tauchen aus dem Nebel auf, der noch über der Stadt liegt und die 5000 Jahre auszulöschen scheint, die uns von ihnen trennen. Schließlich geht die Sonne auf und lässt langsam ihre majestätische Gestalt aus dem Halbdunkel hervortreten, bevor sie sich in ihnen spiegelt. Ich umkreise ihre drei Spitzen und denke über die Zeitlichkeit nach, welche die Pyramiden verkörpern. In unserer Zeit ist nichts von Dauer, außer der Veränderung. In der endlosen Beschleunigung der Evolution symbolisieren diese Monumente für mich die grundlegende Botschaft unseres Projekts: die Dauer in der Welt zu verankern.

Der Flug selbst war wie ein Traum. Während ich weiter meine Runden um die Pyramiden drehe, kommen mir die Flugzeugmodelle in den Sinn, die ich als Kind baute und dabei träumte, in ihnen Platz zu nehmen und wegzufliegen. Ich erinnere mich auch, wie aufgeregt ich war, als ich die Berichte der Flugpioniere las.

Als ich zwölf Jahre alt war, verlangte ein gestrenger Lehrer, dass ich mich nach ihm richten sollte. Es war ihm unbegreiflich, dass man sich nicht seinem Willen unterwarf. Ich bekam sehr schlechte Noten, meine Eltern bestraften mich, und ich bin ausgerissen. Die Polizei griff mich auf. Für einige Jahre war alles wieder in Ordnung. Aber ich habe die Kraft entdeckt, die Krisen mit sich bringen, um neue Situationen zu schaffen.

Mit 15 Jahren durfte ich einen Lehrgang zur Flugausbildung auf einer Piper L4 machen, einem großartigen Flugzeug. Ich erinnere mich, als wäre es gestern gewesen, an den Moment, wo der Fluglehrer Gilbert Kammacher aus dem Flugzeug stieg und zu mir sagte, ich solle ganz allein fliegen. Er hat meine Freude am Fliegen geweckt und mir Selbstvertrauen gegeben. Ihm verdanke ich die Überzeugung, dass ich für das Fliegen geschaffen war. Im Jahr darauf ein zweiter Lehrgang mit einem anderen Fluglehrer. Wie früher in der Schule hatte ich den Eindruck, einen bornierten Burschen vor mir zu haben, der nur seine eigene Realität gelten lassen konnte. Fast hätte er mich an meiner Berufung als Flieger zweifeln lassen. Glücklicherweise musste ich am Ende des Lehrgangs mit einem Fluglehrer der Armee einen Prüfungsflug machen, der hervorragend ablief und mich wieder ins rechte Gleis brachte. Ich bin manchmal schon auf Idioten getroffen, die, wie ich feststellte, selten zu den besten Exemplaren der Menschheit gehören.

Ich denke auch an meine Eltern. Sie haben meine Entscheidungen immer unterstützt. Im Zweiten Weltkrieg war mein Vater Beobachter bei der Schweizer Luftwaffe. Darüber redete er nicht viel, er war ein verschwiegener Mann. Dennoch war er sehr wissbegierig und wollte immer neue Gebiete kennenlernen. Wir haben nie viel miteinander gesprochen und so kannte ich ihn kaum. Aber er schien mir immer auf der Suche zu sein. Sobald der Krieg zu Ende war, ging er mit einem Doktortitel in Literaturwissenschaft und einem in Philosophie nach Südamerika und wurde Privatsekretär des Zinnkönigs. Im Alter von 50 Jahren verließ er die Industrie und setzte sich zusammen mit Kommilitonen, die halb so alt waren wie er, noch einmal in Harvard in den Hörsaal und wurde später Universitätsprofessor. Von ihm habe ich den Wunsch geerbt, ständig neue Aktivitäten, neue Berufe und neue Projekte zu entdecken.

Hinzu kommt eine Haltung, die auf Unabhängigkeit achtet, manchmal rebellisch ist und lieber außerhalb steht, um die eigene Freiheit zu bewahren.

Meine Mutter besaß eine unglaubliche Energie und gab mir eine optimistische Lebenseinstellung mit. Ich muss von ihr jene Kraft der positiven Einstellung bekommen haben, die mich in den vergangenen Jahren ständig angetrieben hat und mich alle auftretenden Schwierigkeiten überwinden ließ. Diese Haltung hat mir zu vielen Einsichten im Leben verholfen und machte meine Unabhängigkeit und Wissbegierde zu einer Stärke.

In den 13 Jahren meiner Beziehung zu Bertrand trat mein Hang zur Unabhängigkeit noch deutlicher hervor.

Bertrand

Wir müssen jetzt die Ankunft von André in Kairo vorbereiten und die Grundlagen schaffen für meinen Abflug nach Abu Dhabi. Ägypten zeigt sein Doppelgesicht aus herzlicher Gastfreundschaft und vom Militär geführter Verwaltung. Der gute Wille ist ganz offensichtlich, aber alles wird schwieriger, sobald eine Angelegenheit den Vermerk »Sicherheit« erhält. Es ist zum Beispiel unmöglich, außerhalb der Flughafenzonen unter 10000 Fuß zu fliegen oder eine für die Windrichtung besser geeignete Piste zu nehmen. Jean wurden alle seine Fotos von Andrés Flug über die Pyramiden für mehrere Tage konfisziert. Er befürchtete, sein Meisterwerk nie mehr wiederzusehen. Man kann sich seine Angst vorstellen, bevor er seine Bilder zurückbekam.

Und doch wollte das Land uns unbedingt haben. Als wir noch Kreta in Erwägung ziehen wollten, sagte ein ägyptischer Minister zu Greg:

»Was haben denn die Griechen uns voraus? Nichts. Selbst unsere Zivilisation ist 1500 Jahre älter als die ihre.«

Der Minister für die Zivilluftfahrt hatte 2014 einen Vortrag von mir gehört und seither die Fortschritte in der Entwicklung von Solar Impulse verfolgt. Er empfängt uns als Freund. Allerdings hatte Greg die Bedingungen für die Landung so kompetent ausgehandelt, dass ihn der Luftwaffenchef für einen Piloten gehalten hatte:

»Machen Sie einen Flug mit mir. Sie dürfen ans Steuer.«

»Aber ich kann gar nicht fliegen …«

»Ach so, dann sind Sie wohl Fluglotse?«

Die Landung von André ist ein ganz besonderer Moment für mich. Jetzt bleibt nur noch ein Flug übrig.

Meine Nerven liegen blank. Es ist Mittwoch und mein Abflug scheint am Freitag möglich zu sein. Psychisch bin ich gar nicht darauf vorbereitet, das Abenteuer so schnell zu beenden.

Raymond beruhigt:

»Wegen des Fluges von André konnten wir den Freitag nicht vorbereiten, das wäre zu überhastet gewesen.«

Ich bin erleichtert und gleichzeitig verstimmt, weil ich ein günstiges Wetterfenster verliere. Man weiß nie, wann das nächste kommt.

20

Letzte Turbulenzen

André

Jetzt bleibt nur noch Bertrands Flug von Kairo nach Abu Dhabi.

Ein nächstes Wetterfenster ist für die Nacht von Samstag auf Sonntag angekündigt. Unsere Weltumrundung scheint beinah vollendet, da stehen die Ingenieure vor einem neuen Problem. Aus dem Mittagsschlaf, den ich mir gegönnt habe, weckt mich Raymond am Freitag um 15 Uhr. Soeben stellten sie die Grenzwerte des Flugzeugs für sehr hohe Temperaturen fest. Die Hitze erreicht um Mitternacht am Boden den Höchstwert von 40 Grad Celsius und steigt am Tag bis auf 50 Grad Celsius. In der Atmosphäre ist sie ebenfalls viel höher als der Normalwert. Wir können daher nicht fliegen, weil wir über jenen Temperaturgrenzwerten liegen, für die eine Zertifizierung der gesamten Ausrüstung vorliegt.

Ich erinnere mich, dass ich unsere Ausrüstung nicht bei höheren Temperaturen testen wollte, um Zeit zu gewinnen und die Weltumrundung nicht um ein Jahr verschieben zu müssen. Manchmal muss man Risiken eingehen, um ans Ziel zu gelangen. Nun lag es an uns, eine Lösung zu finden.

Merkwürdigerweise bin ich überhaupt nicht unzufrieden, dass durch diese letzte Herausforderung wieder ein wenig Spannung in unser Abenteuer kommt.

Obwohl die Temperatur mit zunehmender Höhe sinkt, nimmt die Luftdichte ebenfalls ab und damit ihre Fähigkeit, unsere Instrumente zu kühlen. Wir wissen also überhaupt nicht, wie unser elektronisches System funktioniert. Meine spontane Reaktion: Ich möchte den Flug verschieben und mich mit dem Team ganz auf diese heikle Situation konzentrieren.

Raymond teilt mir mit, dass er das Team darüber informieren werde. Ich habe fünf Sekunden Bedenkzeit. Nein! Irgendetwas sagt mir, dass wir den Flug nicht verschieben, sondern den geplanten Rhythmus beibehalten. Die für 16 Uhr geplante Besprechung findet daher statt.

Bertrand

Während der telefonischen Besprechung, die nur eine halbe Stunde dauern sollte, liege ich schon seit zwei Stunden auf dem Gisehplateau im Schatten einer Pyramide. Aber ich beschäftige mich nicht mit Geschichte, sondern mit den Sicherheitsmaßnahmen und Vorschriften im Flughandbuch. Ich kann meine Überraschung kaum fassen:

»Fällt euch erst jetzt auf, dass wir in Ländern mit hoher Temperatur fliegen?«

Ein Start ist vorläufig nicht möglich. Stocksauer kehre ich in das Hotel zurück; dort zeigt sich Michèle erleichtert:

»Wir brauchen einfach mehr Zeit. Das Kommunikationsteam verlangt das auch.«

»Die Kommunikation ist mir egal, ich habe genug von diesem verdammten Projekt und ich möchte, dass alles so schnell wie möglich aufhört. Ich kann nicht mehr.«

Bis zu diesem Zeitpunkt pflegte ich von meiner Ankunft in Abu Dhabi mit einem gewissen Tremolo in der Stimme zu sprechen, aber jetzt nicht mehr. Dieser Vorfall hat mir entscheidend bei der späteren Trauerarbeit geholfen:

»Michèle, sollte ich einmal nostalgisch das Ende dieses Projekts bedauern, dann erinnere mich bitte an diesen Augenblick!«

In der Zwischenzeit leisten die Ingenieure jedoch fantastische Arbeit. Sie testen alle lebensnotwendigen Instrumente bei hoher Temperatur und erhalten vom Bundesamt nach einigen zusätzlichen technischen Ergänzungen eine neue Zertifizierung des Flugzeugs für diese extremen äußeren Bedingungen. Ein unglaubliches Ergebnis in einer solch kurzen Zeit. André rackerte wie ein Wilder und trieb die Ingenieure mit verzweifelter Energie an. Ihm ist es zu verdanken, dass wir das vorgesehene Wetterfenster beibehalten können. Für einige Stunden jedenfalls …

Das letzte bürokratische Hindernis – Bahrain lehnte eine Flughöhe über 19500 Fuß ab – hat Greg mit einer kleinen Erpressung aus dem Weg geräumt:

»Wir arbeiten seit 15 Jahren auf diesen letzten Flug hin. Sie möchten doch nicht das einzige Hindernis sein, das sich unserem Erfolg in den Weg stellt?«

Die Antwort kommt sofort:

»Entschuldigen Sie, natürlich werden wir alles tun, um Ihnen zu helfen.»

Am 16. Juli versuchen wir unser Glück. Das Team, angefangen beim Piloten, ist durch eine Reisediarrhö dezimiert, und der Bodenwind bläst zu stark. Doch noch immer glauben wir an den Start. Ich bin startbereit und gebe zum Abflug noch eine Pressekonferenz, als ich mich setzen muss. Ich kann mich nicht mehr auf den Beinen halten. Nils und Lima kommen auf mich zu:

»Der Wind ist auf jeden Fall zu stark. Es ist unmöglich, das Flugzeug aus dem Hangar zu holen.«

Ich muss sie unterbrechen und eile zur Toilette.

André sagt nach seinem Gespräch mit den Journalisten:

»Ich glaube nicht, dass du in deinem Zustand 48 Stunden fliegen kannst …«

»Du hast recht, selbst wenn man mit Si2 fliegt und dabei auf der Toilette sitzt!«

André

Nun ist das Wetterfenster doch noch besser als angekündigt. Ich habe die Ingenieure überzeugt, mit allen Kräften an diesem Problem zu arbeiten. Ich fürchte manchmal, dass ich sie zu stark antreibe, und habe Angst, dass niemand etwas zu sagen wagt, weil der Druck zu hoch ist.

Heute ist Samstag. Der Start ist für vier Uhr am Sonntagmorgen vorgesehen. Hatten wir anfänglich für den Abflug eine Chance von 5 Prozent, so sind es jetzt 20 Prozent. Um 14 Uhr sehe ich Bertrand. Es geht ihm nicht gut. Er hat eine Reisediarrhö. Ich spreche darüber mit Michèle und Raymond. Wir sind uns einig, den Abend abzuwarten und dann eine Entscheidung zu treffen.

Nach der Entscheidung für den Abflug versammle ich das Missionsteam im Hotel und informiere es. Es wird eine schwierige Angelegenheit für sie werden. Sie müssen zwei Stunden lang das Flugzeug etwas bergauf schieben, um es in die Startposition zu bringen. Sehr viele von den Teammitgliedern leiden ebenfalls an Verdauungsstörungen. Ich bitte die Logistik, eine letzte Konstruktion zu entwickeln, wir brauchen nämlich … mobile Toiletten.

Am Abend geht es Bertrand besser. Er ist aufgeräumter und energischer. Die Pressekonferenz, ein wichtiger Moment, ist um 21 Uhr. Plötzlich steht er auf und sagt mir, dass er sich nicht wohlfühle, und geht weg. Wenn Bertrand Journalisten so verlässt, dann ist das ein Zeichen, dass etwas ganz und gar nicht in Ordnung ist. Ich beende das Frage-und-Antwort-Spiel und treffe Bertrand in der Nähe des Flugzeugs. Ich sage ihm, dass er zu 150 Prozent meine Unterstützung hat, wenn er den Flug absagen möchte. Er muss sich setzen. Wir dürfen ihn nicht starten lassen. Wir annullieren alles.

Bertrand

Ich will den Teams in Kairo und Monaco die Neuigkeit selbst mitteilen:

»Es tut mir leid, dass wir euch umsonst wach gehalten haben, aber ich habe nicht genügend Pampers …«

Über Twitter teile ich noch schnell mit: »Ich bin krank, Flug aufgeschoben, tut mir leid.« Ich habe nicht einmal mehr die Kraft, diese Situation zu verfluchen.

Die Meteorologen sehen eine günstige Gelegenheit für den nächsten Tag, aber das Flugzeug des ägyptischen Staatspräsidenten startet von derselben Piste und blockiert unsere Vorbereitungen. Ich habe zwei Tage später ein merkwürdiges Gefühl, denn wenn ich geflogen wäre, dann wäre die Weltumrundung jetzt beendet. Die Woche ist schwer auszuhalten. Diesmal bittet mich Sultan Al Jaber, nächste Woche nicht in Abu Dhabi zu landen, weil er nicht da ist, und zusätzlich wird der ägyptische Staatspräsident bei seiner Rückkehr erneut den Flughafen blockieren.

Auch sehr kritische Situationen können sich unerwartet zum Guten wenden. Plötzlich wird der Start für den 23. Juli bestätigt, und allen gelingt es, ihre Pläne danach auszurichten. Eine solche Achterbahn der Ereignisse kann nur den Stempel von Solar Impulse tragen.

Ich versammle das Team, um ihm eine Erfahrung mitzuteilen: Kurz vor jedem Sieg sieht das Leben eine letzte Prüfung vor, um sich zu vergewissern, dass er auch verdient ist. Mit dem Ballon Breitling Orbiter 3 wurden Brian Jones und ich drei Tage vor unserer Ankunft aus dem Jetstream getrieben und hielten einen Fehlschlag für möglich. Zwei Stunden vor dem Passieren der Ziellinie fielen sogar die Gasbrenner aus. Dick Rutan konnte am Ende seiner Weltumrundung mit der Voyager gerade noch rechtzeitig seine zwei ausgefallenen Motoren wieder in Gang setzen. Neil Armstrong musste die Mondfähre manuell steuern, nachdem der Computer einige Sekunden vor der Mondlandung ausgefallen war. Das sind ganz besondere Momente, die auf das nahende Ziel verweisen und an die man sich nach dem Erfolg mit einer gewissen Rührung erinnert. Nehmen wir uns ein Beispiel daran.

Eigentlich richtete sich diese Botschaft ebenso sehr an mich selbst wie an das Team …

André

Ich möchte lieber in Kairo bleiben, um den letzten Start von Si2 mitzuerleben, aber ich halte es für klüger, von Monaco aus die Koordination zu übernehmen, falls ein Problem auftaucht.

Die Wetterprognosen sagen starke Winde für den Start voraus, ein kurzes Wetterfenster von zwei Stunden für die Landung, schwere Turbulenzen über Saudi-Arabien und Temperaturen bis an den Grenzwert der neuen Zertifizierung. Folglich sind nur sehr wenig Schlafpausen möglich. Aber diese letzte Karte können wir ausspielen, auch wenn ich bei der Besprechung sehr deutlich werde:

»Bertrand, du musst dich auf den schwierigsten Flug der Weltumrundung gefasst machen. Außerdem musst du die neuen Verfahren testen, wenn die Systeme im Flugzeug die Temperaturen nicht aushalten. Das Abenteuer geht für dich in der Rolle eines Testpiloten zu Ende.«

»Glaubt ihr, dass ich das gleiche Abzeichen wie Markus bekomme?«

»Frag ihn bei der Ankunft. Stell dir vor, seine Firma hat ihn nach Dubai geschickt. Er ist bei deiner Ankunft anwesend.«

Ich füge hinzu:

»Turbulent wird es nur im Hochgebirge. Greg, du musst es schaffen, die Höhe der Gebirge in Saudi-Arabien zu verringern!«

»Na, Jungs, gebt mir doch mal eine anspruchsvolle Aufgabe!«

Marcus Basien kommt erneut auf den Flugplan zu sprechen:

»Ich denke, ihr wollt auch von oben Fotos von Abu Dhabi machen. Wie viel Zeit braucht ihr dafür?«

Greg ist hocherfreut, denn er musste immer Druck ausüben, damit Aufnahmen zustande kamen:

»Manche sind sicher erstaunt, dass nun Ingenieure die Arbeit des Kommunikationsteams machen. Ihnen darf ich sagen, es ist das Ergebnis von Drogen, die ich den Ingenieuren in den Kaffee tue. Das funktioniert schon ganz gut!«

Die Stimmung ist ausgezeichnet bei dieser Besprechung, von der alle hoffen, dass sie die letzte ist.

Bertrand

Am Abend steht Michèle am Fuß des Cockpits mitten im Halbkreis des Teams. Sie hat ein Mikrofon in der einen Hand und ein Blatt Papier, das leicht in der anderen zittert. Jedes Wort hallt in der Stille des Hangars wider:

»Bertrand,

für unser Solarflugzeug gibt es, was Energie angeht, keine Grenzen; die Welt der Menschen kennt keine Grenzen und die Macht der Träume auch nicht. Unglaubliche Dinge rücken in den Bereich des Möglichen. Das bedeutet nicht, dass sie immer oder auf leichte Art verwirklicht werden, aber du hast uns gezeigt, dass sie möglich sind. Diese starke Überzeugung nimmt jeder von uns mit, und sie wird uns unser ganzes Leben begleiten.

Ein Abenteuer ist ein Sprung ins Unbekannte. Du hast uns aufgefordert, das Unbekannte zu betreten, es zu entdecken, gemeinsam mit dir zu bewältigen und uns selbst dabei zu vertrauen. Du sprichst oft von Wissbegierde, von der Art, anders zu denken, von Gewissheiten, die man aufgeben sollte. Ich und wir alle haben diese Sichtweise gelernt. Sie geht über das reine Betrachten hinaus und bleibt nicht bei dem stehen, was gegenwärtig Realität ist. Ein Denken in größeren Zusammenhängen, getragen von dem Glauben, es auch verwirklichen zu können. Diese Denkweise hat mich und uns alle in den vergangenen Jahren geprägt.

Schwierigkeiten setzt du Durchhaltevermögen, eine veränderte Einstellung sowie jene zusätzliche Kraftanstrengung entgegen, die jede deiner Aufgaben zu etwas Außergewöhnlichem macht. Diesen Anspruch hast du in allen deinen Vorhaben, und er spornte mich und uns an, unseren Handlungen die gleiche Haltung zugrunde zu legen. Es ist aufschlussreich zu sehen, wie eine derartige kraftvolle Überzeugung uns beeinflusst hat und in unserer Lebens- und Arbeitsweise zum Ausdruck kommt.

Da ich dich bei diesem Abenteuer begleitet habe, weiß ich, dass für dich das Teilen mit anderen die eigentliche Dimension deines Erlebens und Fühlens ist. Von jedem Abenteuer kehrst du voller neuer Energie zurück, die allen, mit denen du in Berührung kommst, zuteilwird. Du hast mich in deine Eindrücke, Emotionen und in deine staunende Bewunderung mit einbezogen und mir eine Welt eröffnet, die ich allein nie kennengelernt hätte.

Ich danke dir dafür, dass ich mich an deiner Seite in dieser Weise entwickeln konnte. Ich danke dir für diese Alchemie, die zwischen uns entstanden ist. Ich freue mich bei deiner Ankunft über dein Lächeln als glückstrahlender Forscher und über das Leuchten in deinen Augen. Sie rühren von den Erlebnissen her, die du uns mitgebracht hast. Wie bei der Weltumrundung mit dem Ballon wünschen Estelle, Oriane, Solange und ich dir für diesen Flug einen günstigen Ostwind. Und das ganze Team schließt sich diesem Wunsch an!

Mit den Worten von Victor Hugo: ›Nichts ist mächtiger als eine Idee, deren Zeit gekommen ist.‹«

Ich bin zwar ganz auf den Start konzentriert, aber die Stimme von Michèle erinnert mich daran, dass ich inmitten meines Teams und meiner Familie gerade einen der schönsten Momente meines Lebens erlebe, der die Schlussphase des tollsten Traumes einleitet, den ich je hatte.

Der Wind kommt früher auf als vorausgesagt. Um das Flugzeug zur Schwelle der Startbahn zu bringen, helfen alle abwechselnd mit: Teammitglieder aus Kommunikation, Logistik und Technik sowie Freunde. Auch Michèle, Oriane und Solange sind dabei. Estelle beendet ihre Examen frühzeitig, um mich in Abu Dhabi anzutreffen. Sofern ich dort ankomme … Von Zeit zu Zeit schaue ich von meiner Checkliste auf, denn der Anblick ist faszinierend. In frommem Schweigen geleitet mich eine richtige Prozession, die voller Emotionen voranschreitet. Es ist ein Moment innerer Verbundenheit durch das Wissen, dass wir uns dem Ziel nähern, wir wagen aber nicht, es uns einzugestehen. Einige lächeln sich wissend an. Mein

Freund, der Vollmond, ist zum vierten Mal in diesem Jahr zuverlässig auf seinem Posten und gibt der Szene das Aussehen eines Gemäldes in Schwarz-Weiß. Martin, unser Karikaturist, zeichnet Solar Impulse als Thron der Kleopatra, der von Dutzenden von Sklaven getragen wird. André fragt, ob wir schon die Peitschen geholt haben, um schneller voranzukommen.

Es ist zwei Uhr morgens, die Rahmenbedingungen sind ausgezeichnet. Ich bin startbereit. Zum letzten Mal ziehe ich den Steuerknüppel nach vorn, um die Motoren mit ihrem typischen leisen Surren anzuwerfen. Zum letzten Mal spüre ich, wie die Vibrationen der Piste plötzlich aufhören und an ihre Stelle die leichte Instabilität der drei Achsen tritt, die das Flugverhalten von Si2 anzeigt. Für mich ist das ein besonderes Vergnügen.

Kaum fliege ich, da zeigen die beiden Richtungsanzeiger eine Abweichung von 180 Grad an. Der Autopilot lässt sich nicht einschalten. Ich steuere wie vorgesehen geradeaus in nördliche Richtung, bevor ich wieder über den Flugplatz fliege:

»Solar Impulse an Solar Boden. Ich bin direkt über euch und stelle alle Lichter an.«

»Bertrand, hier Lima. Das ist einzigartig, wir sind begeistert.«

»Grüß alle Teams von mir und sprich jedem einzeln meinen Dank aus. Das war ein wunderbarer Moment. Ich hoffe nur, dass ich nicht zum Landen zurück muss. Ich habe im GPS ein Problem mit der Richtung.«

»Wir sind auf jeden Fall da, um dir zu helfen.«

Es braucht schon mehr, um Lima Whisky aus der Fassung zu bringen. Er ist der Fakir in der Gruppe, der im T-Shirt auf 4000 Meter steigt, um in reißenden Gebirgsbächen zu baden und die Nacht im Freien zu verbringen.

Ralf gibt mir den richtigen Rat, die Sicherung herauszuschrauben, um eine der Trägheitsplattformen wieder zu initialisieren. Langsam, sehr langsam gibt das GPS den richtigen Kurs an, den nach Abu Dhabi. Ich atme wieder auf und genieße in vollen Zügen die Lichter von Kairo, von wo aus grüne Laserstrahlen mich erfassen wollen. Die Pyramiden kann ich nicht sehen, sie sind zu weit weg. Greg hätte bei einem nächtlichen Überflug ihre Beleuchtung genehmigt bekommen.

Nach dem Start musste ich nach rechts drehen, während die Pyramiden links liegen, und aus Gründen der Sicherheit, die nicht verhandelbar waren, durfte ich nicht das Niltal abwärts fliegen, sondern war verpflichtet, direkt das Rote Meer anzusteuern. Laïla hatte eine Route ausgearbeitet, die mich über Tell el-Amarna geführt hätte, die ehemalige Hauptstadt von Amenophis IV., dem ersten monotheistischen Pharao, der sich zu Ehren der Sonne Echnaton nannte. Er war ein atypischer Herrscher, ein Häretiker, wie 2600 Jahre später Friedrich II. von Hohenstaufen, einer jener Staatsoberhäupter, von denen es zu wenige gab, um die Menschheit voranzubringen, und mit denen sich nur noch Gandhi und Mandela vergleichen können. Zusammen mit dem Ganges, der Freiheitsstatue, den Pyramiden und Paris war auch der Wunsch Tell el-Amarna von oben zu sehen, einer meine Träume.

Nach einigen Ruhepausen fliege ich am helllichten Tag das Rote Meer entlang in Richtung Hurghada. Rechts von mir liegt die ägyptische Wüste, hier habe ich Solar Impulse konzipiert. Der Schweizer Botschafter hat maliziös darauf hingewiesen, dass das Projekt »in der Schweiz geboren«, aber in Ägypten konzipiert wurde. Nach meiner Landung mit Breitling Orbiter 3 vor 17 Jahren starte ich heute von demselben Land aus mit Solar Impulse. Es war der Flug, den ich machen wollte, und niemand hätte ihn mir jemals wegnehmen können. Allerdings musste ich in einer guten körperlichen Verfassung sein, um ihn durchzuführen. Ich achtete deshalb darauf, nicht in der Dusche auszurutschen, und legte im Taxi immer meinen Sicherheitsgurt an. Das wurde zu einer Obsession. Nicht das Fliegen selbst, sondern die Vorstellung, nicht fliegen zu können, stresste mich. Mein Vater hatte mir nach seinem Tauchgang im Marianengraben das Gleiche erzählt: Seine einzige Furcht war, dass ein Problem ihn zum Aufstieg zwang, bevor er noch den Boden des Grabens erreicht hatte.

Ich habe den Point of no Return hinter mir gelassen. Auf dieser Strecke gibt es nun überhaupt keinen Flughafen für eine

Notlandung, das heißt mit anderen Worten: entweder Abu Dhabi oder gar nichts. In den nächsten 48 Stunden entscheidet sich das Abenteuer. Ich werde dann sehen, ob ich recht hatte oder nicht, den Erfolg von Breitling Orbiter als Grundlage zu nehmen, um noch viel, viel weiter vorzustoßen. Auf jeden Fall erreicht man im Leben nur das, wofür man ein Risiko eingeht.

André

Bei diesem letzten Flug sind alle hochkonzentriert. Jeder hält den Atem an. Wir spüren, dass das Abenteuer seinem Ende zugeht. Die Begeisterung nimmt zu, je weiter das Flugzeug sich Abu Dhabi nähert. Wir freuen uns, vielleicht zum letzten Mal, über diesen außergewöhnlichen Teamgeist. Eine so lange Zeit eine derartige Anspannung aufrechtzuerhalten war eine Strapaze. In die Freude, dass Solar Impulse seine Weltumrundung beendet, mischt sich für einige schon ein wenig Nostalgie.

Bertrand

Ich fliege über el-Gouna, einen der Orte, den Michèle und Christoph zum Kitesurfen sehr schätzen. Ich schicke ihnen ein Foto mit der Bitte, es wegen militärischer Vorschriften nicht zu veröffentlichen.

»Wie groß sollte denn heute der Windschirm sein?«, fragen sie.

»So um die sieben Meter, wenn man die Schaumwellen auf dem Meer sieht.«

Ich muss diese letzten Momente für zwanglose Gespräche mit allen den Menschen nutzen, die in der Zeit meiner Flüge zu Freunden geworden sind. Meine Töchter berichteten mir von der Stimmung, die bei meinem Atlantikflug herrschte:

»Weißt du, Papa, sie haben es gern, wenn du fliegst, weil du ihnen viel erzählst. Alle hören dir dann zu.«

Die Interviews häufen sich. Bedeutende Medien lösen sich

nacheinander ab. Um technische Fragen, die mich seit Jahren langweilen, geht es nicht mehr, wir sprechen nun sofort über die Botschaft und den symbolischen Gehalt unserer Mission. Für mich, aber auch für die Journalisten, die uns seit Langem begleiten, ist es der allerletzte Flug. Der Leitartikel der BBC geht sogar so weit zu schreiben: »Der Flügel von Solar Impulse nimmt die Welt unter seinen Schutz, wie es auch Salvador Dalí in seinem Bild von der Kreuzigung getan hat.«

Vor dem Sonnenuntergang am ersten Abend sehe ich beim Flug über das Rote Meer nach Saudi-Arabien die bezaubernd schönen Korallenriffe. Jetzt fliege ich über eine raue, gebirgige Wüste, und das Kontrollzentrum hat mich zu Recht vorgewarnt, dass die Turbulenzen mir wenig Zeit zum Ausruhen lassen.

Zu Beginn der Nacht ist es noch ruhig, weil ich ziemlich hoch fliege, aber in dieser Höhe kann ich wegen der Sauerstoffmaske nicht schlafen. Ja nicht bei diesem letzten Flug gegen die Vorschriften verstoßen, sondern einen eleganten Abschluss hinlegen. Ich muss im Sinkflug stufenweise 4000 Meter erreichen. Noch tiefer sinken geht nicht, weil es dann für die Instrumente zu heiß wird. Die Turbulenzen nehmen an Heftigkeit zu. Ich kann die Hände nicht vom Steuerknüppel lassen, weder zum Trinken noch für einen Toilettengang. Nach zwei Stunden aktiviere ich die elektrische Heizung meiner Stiefel, um meine Blase zu entspannen. Ich bin zwischen den Hochplateaus ein wenig eingezwängt, aber das stresst mich nicht, weil es so geplant war. Dieser Flug richtet sich an Piloten und ist nicht für Touristen gedacht und am Ende des Abenteuers gefällt mir das sehr.

Das Hochland fällt allmählich ab und der Flug wird ruhiger. Ich lege einige Ruhepausen ein, bis das erste Tageslicht auf eine unendlich flache Sandwüste fällt. Eigentlich sollte ich die Minuten meiner Schlafpausen nicht zählen, aber wenn ich es trotzdem tue, komme ich für die beiden Nächte auf 45 Minuten, und selbst das nicht an einem Stück. Im Unterschied zur Ballonfahrt hilft mir die Selbsthypnose bei diesem Abenteuer dabei, wach zu bleiben anstatt zu schlafen. Bei zu wenig Schlaf neigt man mehr dazu, sich zu verkrampfen und noch müder zu werden. Wenn ich dagegen meinen Körper vollkommen entspanne und dabei das ungehinderte Fließen der Atmungsenergie spüre, fühle ich mich trotz allem sehr gut. Nie sind meine Augenlider im Flug mit Solar Impulse so schwer gewesen wie nach einer mehrstündigen Fahrt am Steuer eines Autos. Das ist das Ergebnis einer starken Leidenschaft, aber auch ein Geschenk, wenn man seine Komfortzone verlässt.

Der Bordfunk knistert:

»HB-SIB, Riad-Kontrolle, guten Tag, wir haben eine Botschaft für Sie.»

»Riad-Kontrolle, salam alaikum, ich höre.«

»Im Namen der Behörden meines Landes heiße ich Sie offiziell im saudischen Königreich willkommen und beglückwünsche Sie zu diesem historischen Flug. Es ist eine Ehre für uns, dass Sie unseren Luftraum überqueren.«

Das Verhalten der saudischen Behörden war beispielhaft. Greg, Stéphanie und Vania von der Abteilung für Genehmigungen waren kurz etwas ängstlich, erhielten dann aber die Zusage, dass selbst bei einer Notlandung das ganze Team an jedem Ort ohne Visa zu Hilfe kommen kann.

Die Turbulenzen werden zunehmen, und ich muss ihnen zuvorkommen. Ich kann gerade noch die Bordkamera abschalten, die Fallschirmausrüstung ablegen und die Toilette benutzen. In diesem Moment packen mich die heftigsten Turbulenzen, die ich mit Solar Impulse erlebt habe. Nicht nur die Flügel und die Nase des Flugzeugs schwanken von einer Seite zur anderen, sondern die ganze Konstruktion wird durchgeschüttelt. Jede Bewegung wirkt wie ein Schlag und führt im Cockpit zu erheblichen Vibrationen. Ich muss beim Toilettengang dagegen ankämpfen. Ohne die Bordkamera sieht das Kontrollzentrum nur die heftigen Ausschläge der Zeiger auf der Telemetrie.

»Kommst du zurecht da oben? Es scheint ja ziemlich stürmisch zu sein.«

»Macht euch keine Sorgen, ich muss zurechtkommen, schließlich kann ich nicht ohne Fallschirm abspringen, noch dazu mit einer Hose, die unten an den Knöcheln liegt.«

Ich muss unbedingt in die Höhe steigen. Die Motoren laufen auf Volllast. Die Turbulenzen halten bis auf 6500 Meter Höhe an, dann lasse ich sie unter mir und kann endlich die Höhenkombination anlegen.

In diesem Moment ruft mich Raymond an:

»Du hast auf deinem iPad zwei kleine Filme, die wir dort versteckt haben. Du findest sie in dem Ordner mit den Fotos. Gib uns ein Signal, wenn du den ersten anschaust. Die ganze Mannschaft, von Abu Dhabi bis Monaco, wird ihn dann auch anschauen.«

Der Film ist unglaublich. Er ist eine von Noémie und Bruno gedrehte Parodie auf einen Werbeclip, den ich für das Projekt hergestellt hatte. Er ist zum Totlachen. Der zweite Film hat eine persönlichere Note und treibt mir ebenfalls Tränen in die Augen, aber Tränen der Rührung. Jeder bedankt sich für den Traum, in den ich sie eintreten ließ. Marcus Basien erinnert mich an den Moment, als er mir vom Fliegen abgeraten und mir dafür die Leitung des Gesamtprojekts empfohlen hatte:

»Bertrand, du hast geantwortet, dass du meinen Standpunkt zwar verstehst, ihn aber nicht teilst. Du hast recht gehabt und heute gratuliere ich dir. Ich bin stolz auf dich.«

Ich musste bis auf den letzten Flug warten, um von ihrem Lager endgültig anerkannt zu werden! Danke, Marcus, das ist sehr fair von dir. Und du, Peter, ich spüre, dass du glücklich bist nach den emotionalen Momenten, die wir miteinander geteilt haben. Ein Dankeschön an euch, meine Freunde, die ihr mich wieder beim Fliegen begleitet. Ich schluchze plötzlich vor Glück und die Anspannung mehrerer Jahre fällt von mir ab.

André

Ich komme in Begleitung von Fürst Albert in Abu Dhabi an. Seit zehn Jahren unterstützt er uns. Er glaubte an das Projekt, noch bevor er die ersten Flugzeugteile gesehen hatte, und er war bei jeder wichtigen Etappe anwesend. Sobald es ihm möglich war, selbst zu später Stunde, kam er gerne zum Kontrollzentrum und sprach mit jedem Mitglied des Teams, sodass er schließlich selbst eines wurde, das bei allen Starts und Landungen der Weltumrundung dabei war. Häufig gab er das Zeichen zum Start.

Ich sehe die ersten Anfänge des Projekts vor meinen Augen vorüberziehen. Vor 15 Jahren gab ich meine berufliche Tätigkeit und die damit verbundene Verantwortung auf. Finanziell konnte ich mir ein Sabbatjahr leisten. Ich war es leid, ständig für neue Wirtschaftsprojekte zu sorgen. Die Sinnfrage quälte mich. Was bedeutet das Wort Sinn eigentlich? Schwer zu sagen. Ich bin aus einer Wirtschaftswelt, die von Investitionen und Profit redet, ausgestiegen, um im sozialen Bereich zu arbeiten. Ich wollte sehen, ob ich als Mensch in einer mir bis dahin unbekannten Welt nützlich sein kann.

Ich denke oft an die unzähligen Ereignisse, die um uns herum geschehen, ohne dass wir sie wahrnehmen, weil der Alltag uns zu sehr in Beschlag nimmt. Als ich mir Zeit zum Nachdenken nahm und mich umschaute, kam es in rascher Folge zu einigen Begegnungen, die mich schließlich zu Bertrand führten.

So verführerisch eine Vision am Anfang ist, so ist die einzige Erfolgsgarantie der unbeugsame Wille, das Ziel wirklich zu erreichen. Alltag bleibt Alltag, gleichgültig, was das Ziel ist. In diesen 13 Jahren, in welchen jede Woche voller Schwierigkeiten war, haben wir stetig Fortschritte gemacht. Doch mit jedem Fortschritt nahmen wiederum die Sorgen zu. Daher war für uns eine ausreichende Zahl an Siegen und Erfolgserlebnissen nötig, um jenen Moment zu erreichen, in dem die unzähligen Parameter allmählich in die gleiche Richtung weisen und die Probleme endlich weniger werden.

Angesichts der technologischen Herausforderung, der Wetterprognosen und des menschlichen Faktors ist es ein Wunder, dass es uns gelang, die Weltumrundung zu beenden. Eine Statistik würde zeigen, dass die Erfolgschancen bei einer so langen Zeitspanne und bei so vielen komplexen und zufälligen Parametern fast null waren. In einem Projekt dieser Art tritt eine zusätzliche Komponente hinzu, die zu seinem Gelingen beiträgt. Sie ist schwer zu erklären. Ich denke, Hunderte von

Millionen Personen, die an uns geglaubt haben, ermutigten uns mit einer gewissen Energie und unterstützten das Schicksal. Sobald ein Problem auftauchte, hatten wir das Gefühl, es müsse einen guten Grund dafür geben, und so war jedes Problem schließlich eine Hilfe für uns.

Eine andere Erklärung für meine persönliche Situation, die beim Pazifikflug ganz hervorragend war, kann ich nicht finden. Früher hing ich einer ethisch geprägten Logik an, die sich auf die Wirtschaft stützte. Mein Bestreben ist heute, in jedem Projekt den Nutzen für die Menschheit zu erkennen. Was Bertrand betrifft, so hat er mit seiner große Stärke – die eigene mutige Haltung so einzusetzen, dass daraus Chancen für andere entstehen – aus Solar Impulse kein Flugprojekt gemacht, sondern ein Projekt für die Gesellschaft.

Bertrand

Ich befinde mich jetzt über der feuchten und heißen Schicht, die wie ein Deckel auf dem Rand der saudischen Wüste, dem Persischen Golf, auf Bahrain und Katar liegt und sie verbirgt. Die Sonne sinkt zu meiner Rechten, während ich über Satellit letzte Gespräche mit dem Schweizer Bundespräsidenten, mit Ban Ki-moon und dem Rapper Akon führe, der eine Nichtregierungsorganisation gegründet hat, um Solarenergie in die ärmsten Dörfer in Afrika zu bringen.

Nach einer letzten warmen Mahlzeit an Bord möchte ich ein wenig schlafen. Yves teilt mir mit:

»Nach deiner Schlafpause besprechen wir deine Landung, dann kommt ein Anruf von Marion Cotillard und aus Fürst Alberts Flugzeug, das dich bald überholen wird, nimmt André Kontakt zu dir auf.«

Unnötig zu sagen, dass ich kein Schlafbedürfnis mehr habe. Ich überfliege gerade Offshore-Ölquellen und die ersten Lichter von Abu Dhabi schimmern in der Nacht. Sie faszinieren, ja hypnotisieren mich, denn sie sind es, die ich erreichen muss. Alles andere wäre ein Misserfolg.

Bis jetzt kamen mir die Flüge zu kurz vor. Alle, nur dieser nicht. Ich kann es kaum erwarten, Al Bateen zu überfliegen, um endlich den Erfolg zu sehen und das Ereignis mit dem Team zu feiern, das sich mit Leib und Seele für dieses große Ziel eingesetzt hat. Ich werde in den Sekunden des Endanflugs, sobald die Räder den Boden berühren, an jedes Teammitglied denken und alle Erinnerungen wachrufen, zu denen wir gemeinsam beigetragen haben. Vor meinem inneren Auge sehe ich die Begegnung mit André, die ersten Versuche mit Si1, die Flüge in Europa, die Mission in Marokko, die Überquerung der Vereinigten Staaten, die Entstehung von Si2 und den ersten Teil der Weltumrundung, die guten wie die schlechten Erinnerungen.

Wir haben sehr viel dazugelernt, sind gemeinsam gewachsen und haben Fortschritte gemacht. Die Erfahrungen sind nun für immer ein Teil unserer Existenz. Das war kein Job, sondern ein Projekt fürs Leben. Die Propeller drehen sich ein letztes Mal auf der Piste und werden dann still stehen. Dabei ist dieser Moment nur der Anfang. Fortsetzung folgt. Dieses Abenteuer ist kein Selbstzweck und wird nie aufhören. Seit Jahren sage ich das in meinen Interviews. Kann ich mich daran noch erinnern, wenn ich die Motoren abschalte?

Mein Großvater schrieb schon im Jahre 1942 einen Artikel, in dem er die Solarenergie als Ersatz für das Öl empfahl. Ihm widme ich diesen Flug. Wäre er bei der Landung dabei, wäre er nicht einmal erstaunt. Für ihn wäre das völlig normal, da er schon viel länger als ich an die Solarenergie glaubte.

Die frische und fröhliche Stimme von Marion Cotillard holt mich aus meinen Träumen und lässt anschließend eine große Leere im Cockpit zurück. Das Falcon-Flugzeug von Fürst Albert fliegt an mir vorbei, vor dem Hintergrund der Lichter von Abu Dhabi kommt mir der Hubschrauber von Jean entgegen. Medien in der ganzen Welt veröffentlichen sein Foto. Ich freue mich für ihn. In dieser Nacht ist alles geglückt. Alles.

André

Mit Fürst Albert komme ich um zwei Uhr morgens an. Bertrand soll um vier Uhr landen. Wir gehen in die VIP-Lounge des Al-Bateen-Flugplatzes. Strahlende Gesichter trotz Schlafmangels. Um drei Uhr stoße ich zu den Teams. Sie freuen sich und sind aufgeregt. Manche sind schon jetzt nostalgisch. Sofort umringen mich die Journalisten. Ich stelle mich mit ihnen zum Empfang von Solar Impulse auf. Viele von ihnen waren schon beim Start dabei. Es herrscht fast eine familiäre Atmosphäre. Es berührt mich, wenn ich alle diese Personen sehe, die über die Jahre hin das Projekt mit wachsender Anteilnahme begleiteten und als Journalisten darüber berichtet haben. Sie freuen sich, auch jetzt am Ende dabei zu sein. Aus der beruflichen Beziehung wurde eine freundschaftliche Verbindung, die auf einer gemeinsam erlebten Geschichte beruht.

Seltsamerweise bin ich weniger aufgeregt als gedacht. Der Erfolg kam im Laufe der Zeit mit jeder Etappe immer näher. Ich denke wieder an den Abflug vor 16 Monaten, als wir beim Start zu kämpfen hatten, und jetzt läuft alles fast ganz natürlich ab, so sehr ist das technische Können der Teams gewachsen. Wir sind damals verspätet gestartet, das Flugzeug war nicht ausgereift und nicht vollständig getestet, aber es war schon ein großer Erfolg, es überhaupt rechtzeitig auf die Startbahn zu bringen. Der ständige Wettlauf mit der Zeit hatte mich erschöpft, und ich machte mir Sorgen, nicht mehr genügend Energie zu besitzen, um das Ziel zu erreichen. Abu Dhabi hinter sich zu lassen und die erste Etappe in Angriff zu nehmen, war ein Kampf gegen eine außergewöhnlich starke Schwerkraft.

A posteriori war das Projekt die ganze Zeit über unglaublich reich an emotionalen Momenten und an »Belohnungen«, sodass die Ankunft jetzt eine zusätzliche Etappe ist. In den vergangenen 13 Jahren habe ich sehr viele unvergessliche Augenblicke erlebt. Schon vor sechs Jahren habe ich mit einem 26 Stunden dauernden Flug gezeigt, dass man mit Solarenergie Tag und Nacht fliegen kann. Erneut demonstrierte im Jahr 2015 der Flug von Nagoya nach Hawaii, dass es den ewigen Flug gibt und die sauberen Technologien ein fantastisches Potenzial haben. Er war der Beweis, dass der ewige Flug immer mehr in den Bereich des technisch Möglichen rückt. Und jedes Mal, wenn man etwas beherrschte, war der Zeitpunkt gekommen, in eine weitere, noch unbekannte Dimension vorzustoßen.

Als ich auf der Piste stehe, umringt von allen diesen strahlenden und ungeduldigen Menschen, wird mir klar, dass das Ende der Weltumrundung nach und nach eingetreten ist. Meine Verantwortung für die Konstruktion des Solarflugzeugs endete mit meiner Ankunft in Hawaii und meine Rolle als Pilot mit der Ankunft in Kairo. Die Funktion als Missionschef hörte im Kontrollzentrum mit dem Abflug von Bertrand nach Abu Dhabi auf und die Rolle als Mitbegründer des Projekts ist für dieses unglaubliche Abenteuer in einigen Minuten beendet. Meine Verantwortung betraf die vier Bereiche der Zusammenarbeit und Verbindungen, der Abenteuer und Erinnerungen. Ich konnte sie glücklicherweise nacheinander abschließen und wusste genau, was ich dabei erlebt hatte, bevor der mediale Trubel über mir hereinbrach.

Bertrand

Die Luftüberwachung empfängt mich mit einer freundschaftlichen Bemerkung: »Sie sind also wieder zurückgekommen, Solar Impulse!«

Das Ende des Fluges zieht sich langsam, ganz langsam hin wie ein Film in Zeitlupe. Ich fliege über die Piste von Al Bateen und erreiche die Ziellinie, jene imaginäre Linie, die André beim Start am 9. März 2015 überquert hatte. Das war ein schwerer Moment! Die Würfel waren nun gefallen, alles war möglich oder unmöglich. Ich hoffte inständig, von der anderen Seite wieder zurückzukommen – und jetzt komme ich zurück, ein wenig verspätet zwar, aber ich bin zurück. Meine Empfindung kann ich kaum beschreiben, ein Glücksgefühl überwältigt mich. Ich spüre eine vollkommene Erfüllung. Die Vergangenheit spielt keine Rolle mehr. Dieser Flug ist mein Erfolg, die Weltumrundung unser Erfolg. Es bleibt uns nur, mit ihr zu einer späteren Zeit das eigentliche große Ziel zu erreichen.

Aber später heißt auch später. Jetzt habe ich das Recht, den Sieg intensiv auszukosten. Ich fliege noch immer und drehe anderthalb Stunden voller Glück meine Runden, bis ich landen kann. Jedes Teammitglied im Kontrollzentrum drückt mir am Mikrofon seine Freude aus. Ich erkenne jede Stimme, jeden Tonfall.

Unter mir sind die Vorbereitungen zur Landung beendet. Auf dem Boden liegen ein langer roter Teppich und eine riesige Fahne von Abu Dhabi. Die Details der offiziellen Zeremonie mussten mit Masdar ausgehandelt werden. Ich hatte Greg den Ratschlag gegeben, alles zu akzeptieren. Schließlich würde ich doch tun, was ich für richtig hielt. Es waren aber auch Persönlichkeiten anwesend, die für mich viel wichtiger waren als alle lokalen Amtsinhaber zusammen: Stefan Catsicas, der als Erster an unser Projekt glaubte, und natürlich Albert von Monaco.

»Bertrand, hier Yves. Bleib auf 1200 Fuß und dreh in die Rechtskurve.«

»Du bereitest jetzt meine Landung vor?«

»Positiv.«

Zum Träumen bleiben mir noch zehn Minuten. Die Bodenfrequenz ist voller arabischer Stimmen:

»Break, break, break. Solar Impulse hier. Verlassen Sie die Frequenz für mein Team.«

Die arabische Übersetzung folgt und dann herrscht große Stille.

»Nils, hier Bertrand.«

»Der Empfang ist sehr gut.«

»Nils … es wird das letzte Mal …«

Ich habe eine vollkommen heisere Stimme.

»… das letzte Mal sein, dass ich dich höre … wie du die Flughöhe durchgibst. Du bist sehr konzentriert dabei … Ich möchte in meinem Helm deine sehr starke Stimme hören.«

»Du wirst sie hören, Bertrand.«

»Al Bateen, Solar Impulse, ich beginne den Endanflug.«

»Solar Impulse, Al Bateen, Landeerlaubnis erteilt, Piste 13.

Nur noch vier Minuten Flugzeit. Ich bin perfekt auf die Befeuerung ausgerichtet:

»Tahan, du schätzt hoffentlich meinen Anflugwinkel?«

»Perfekt, Bertrand.«

Die Stimme von Nils ertönt:

»Höhe 10 Meter ...«

Für mich gibt es nur noch diesen Moment auf der Welt.

»Höhe 6 Meter ... 4 Meter ... 1 Meter ... gelandet ...«

Ich drossle nach und nach die Motorleistung und rolle dem Team entgegen, das nach den Flügeln greift:

»Du kannst jetzt bremsen ...«

Ich bremse sehr sanft ab. Die letzten beiden Worte von Nils verhallen in der Nacht:

»Flugzeug gesichert!«

Völlige Stille tritt ein, regungslos steht das Flugzeug da. Ich zittere heftig am ganzen Körper und bin doch wie verzaubert. Die Anspannung durch die Anstrengungen, Zweifel und Hoffnungen der vergangenen 15 Jahre fällt mit einem Schlag von mir ab. Einen Augenblick lang weiß ich nicht, was um mich herum geschieht. Dann geht das Leben wieder weiter. Das Leben danach.

Ich höre in meinem Helm die Jubelschreie des Kontrollzentrums, den Beifall und die Glückwünsche. Die Stimmung ist euphorisch. Der Schlachtruf der Teammitglieder klingt bis hierher:

»Zigazigazag MCC, zigazigazag Monaco, zigazigazag Albert II.«

André

Bertrand kommt näher. Wir sehen das Flugzeug und die Landung bei Nacht. Die Räder setzen auf, das Flugzeug bleibt stehen. Es wird nichts mehr stattfinden. Es ist vorbei.

Dieses äußerst zerbrechliche, verletzbare und empfindliche

Flugzeug, das mit einer Flügelbreite von 72 Metern einfach nur mit Sonnenenergie flog, konnte 40 000 Kilometer um die Welt zurücklegen.

Die Vision, die Bertrand vor 17 Jahren hatte, haben wir verwirklicht. Als ich die Tür des Cockpits öffne, sehe ich eine Person vor mir, wie es sie auf der Welt nur selten gibt; der zwei ganz neue herausragende Leistungen in ihrem Leben glückten: zwei Weltumrundungen, einmal mit dem Wind und einmal mit der Sonne. Eine nette Erinnerung fällt mir wieder ein: Zu Beginn teilte mir jemand mit, dass er sich nicht am Projekt Solar Impulse beteiligen werde, denn die Wahrscheinlichkeit, dass dieselbe Person in ihrem Leben zwei außergewöhnliche Projekte erfolgreich durchführen kann, sei gleich null. Nun ja …

Bertrand

Das Team von Abu Dhabi umringt das Flugzeug. Der Blick von Michèle sagt alles. Er genügt ihr und so lässt sie André und Greg den Vortritt. Ich strecke meinen Arm aus dem Fenster und schüttle ihre Hände. Dieser André! Das von ihm konstruierte Flugzeug hat bis zum Schluss durchgehalten. Das ist ein Wunder! Ich bleibe im geschlossenen Cockpit bis zum VIP-Bereich und bin schweißnass. Alle Systeme haben funktioniert. Beim Stromrichter DC3 sind wir nur einen halben Grad vom Grenzwert entfernt!

Ich lese noch einmal die ersten Worte durch, die ich beim Verlassen des Cockpits sprechen möchte. Michèle und Greg wollten einen eindrucksvollen Satz, der ebenfalls um die ganze Welt gehen sollte.

Ich öffne die Tür und kann es dieses Mal kaum erwarten auszusteigen, zum Leidwesen von Masdar, der nicht weiß, was ich sagen werde. Alexandra bringt das von mir gewünschte Mikrofon. Auf diesen Anlass hatte ich seit Langem gewartet:

»Mehr als nur eine Premiere in der Geschichte der Luftfahrt ist Solar Impulse eine Premiere in der Geschichte der Energieversorgung. Wir sind 40 000 Kilometer ohne Treibstoff geflogen und jetzt müsst ihr diesem Beispiel folgen.«

Ich weiß im Augenblick nicht weiter. Die Umstehenden klatschen Beifall. Ich fasse mich wieder:

»Wir können unsere Welt nicht weiter mit veralteten Methoden verschmutzen, nur weil wir Angst haben, unsere Denkweise zu verändern. Es gibt schon rentable und alltagstaugliche Lösungen für den Verkehr, den Häuserbau und die Elektro-Infrastrukturen. Wachen wir auf! Hören wir nicht mehr auf die Bedenkenträger! Ergreifen wir mutig die notwendigen Maßnahmen für eine Welt mit sauberer Technologie!

Die Zukunft ist sauber, die Zukunft seid ihr, die Zukunft ist jetzt. Viel Glück!«

Das Team steht vor dem Flugzeug mit einem Banner, auf dem der Leitgedanke steht, der den Menschen im Gedächtnis bleiben soll: *40 000 Kilometer ohne Kraftstoff. Eine Premiere im Energiebereich. Folgt unserem Beispiel. Zumindest steht nun fest, dass unser Ziel nicht bloß ein Flugabenteuer war!*

Damit habe ich getan, was ich mir für den offiziellen Teil vorgenommen hatte. Jetzt kann ich meiner Freude freien Lauf lassen und den außergewöhnlichen Moment in vollen Zügen genießen. Ich weiß, dass er zu schnell vorübergehen wird.

Estelle, Oriane und Solange werfen sich mir gleichzeitig in die Arme. Vor 17 Jahren, bei meiner Landung mit dem Breitling Orbiter, waren sie ebenfalls dabei, kamen aber ihrem Alter nach hintereinander auf mich zu, so schnell ihre kleinen Beine rennen konnten.

André und ich bitten Sultan Al Jaber auf ein Podium und begrüßen zunächst Albert von Monaco, unseren treuen Schirmherrn, der für ein paar Stunden eingeflogen war, um mit uns die Landung zu feiern; dann Doris Leuthard, unsere Schweizer Ministerin für Energie und Umwelt, die mutig für die Energiewende kämpft; und schließlich den Kollegen von Doris aus dem Emirat, der ganz glücklich ist, nun zusätzliche Argumente für die Energiediskussion im eigenen Land zu haben. Die Zuschauer klatschen lang anhaltenden Beifall.

Aber wir sind noch nicht am Ende. Seit dem 28. November 2003 träume ich von diesem Erfolg, der mir erlaubt, Stefan Catsicas auf dem Siegespodium zu begrüßen. Er steht mitten im Publikum. Ich bitte ihn zu uns auf das Podium:

»Stefan, erinnerst du dich noch, welchen Blick wir uns bei der Ankündigung des Projekts zuwarfen?«

»Ich habe ihn nie vergessen!«

»Heute gewinnt er dank dir seine volle Bedeutung.«

Wieder dieser intensive Blickkontakt.

Der Kreis schließt sich. Wir haben es geschafft. Alles kann beginnen.

Epilog

Bertrand und André

Bertrand sagte von Anfang an, das Projekt werde erst nach der Weltumrundung wirklich beginnen und der Erfolg werde das Vertrauen in die sauberen Technologien, welche die Gesellschaft für ihre eigene Zukunft so nötig hat, stärken. Gelingt es uns, diese Einstellung beizubehalten, oder fallen wir nach dem Abenteuer in ein schwarzes Loch?

Si2 kommt in ein riesiges Zelt, wo das Team mit dem Auseinanderbau beginnt. Das Material, mit dem wir 16 Monate lang geflogen sind, verschwindet in Kisten. Einige Teammitglieder sind dabei sehr flink, andere sind nachdenklich und sehen, wie uns der Geist des grünen Drachens, der uns beschützt hat, verlässt. Ihre Gesichter spiegeln starke Gefühle wider. Alle fürchteten sich vor diesem Augenblick und ihre Nerven liegen blank. Sie ahnen schon, wie sehr sich ihr Leben verändern wird. Ein solches Abenteuer gibt es nicht so leicht ein zweites Mal.

Glücklicherweise lassen die Medien uns beide nicht mehr los, sodass wir mit dem Erzählen unserer Geschichte fortfahren können. Wir geben 14 Stunden lang Interviews. Wir haben nicht das Gefühl, schon gelandet zu sein.

»Was ist Ihre schönste Erinnerung? Was war der schwierigste Moment? Haben Sie Angst gehabt?«

Wir fliegen immer noch über den Pazifik, über den Atlantik und die Golden Gate Bridge, über die Freiheitsstatue und die Pyramiden. Die Stimmen von Ban Ki-moon und von Marion Cotillard sind immer noch im Cockpit zu vernehmen. Die Batterien überhitzen sich, das Alarmsignal des Überwachungssystems ertönt ununterbrochen. Der Vollmond begleitet uns bis zum nächsten Tag, an dem unser ewiger Flug weitergeht. Die aufgehende Sonne überträgt ihre Energie auf die Flügel. Bilder ziehen vor unseren Augen vorbei, das typische leise Surren unserer Elektromotoren haben wir für immer im Ohr. Das Knacken der Karbonkonstruktion hindert uns am Einschlafen. So richtig landen werden wir wohl nie.

»Was ist Ihr nächstes Projekt?«

Diese Frage musste ja kommen! Als ob wir süchtig nach Aktivitäten wären, als ob wir um jeden Preis etwas Neues brauchen und so schnell wie möglich vergessen wollen, was wir gerade geleistet haben. Candide, die Hauptfigur in dem Roman von Voltaire, hätte geantwortet: »Ich werde jetzt unseren Garten bestellen …«

In unserer heutigen Zeit müssen wir unseren Planeten bestellen. Hier gibt es so viel zu tun, um eine bessere Lebensqualität zu erreichen. Dazu wollen wir beitragen.

André prescht vor:

»Stellen Sie sich eine elektrische, autonome Verkehrsart vor, bei der man wie ein Hubschrauber vertikal startet, vielleicht sogar vom Dach eines Gebäudes, um dann wie ein Flugzeug die einzelnen Städte anzufliegen, ohne Lärm und ohne Luftverschmutzung. Sie halten das für Science-Fiction? Nun, nicht mehr lange. Das ist ab jetzt mein Arbeitsgebiet. Mein Ziel ist eine autonom fliegende Maschine ohne Pilot, bevor ich aus Altersgründen meine Pilotenlizenz abgeben muss! Es muss sich in einem ersten Schritt nicht um ein Solarsystem handeln. Die Batterien können am Boden für einige Flugstunden geladen werden. Vor 13 Jahren lachten alle über die Idee eines Elektroantriebs für Flugzeuge. Heute haben die NASA und Airbus Entwicklungspläne auf diesem Gebiet angekündigt.«

Nach dem Ingenieur spricht nun der Mediziner:

Mein Ziel ist es, bis in zwei Jahren 1000 Lösungsvorschläge zu sammeln, die sowohl ökologisch auch finanziell rentabel sind und den Regierungen ermöglichen, energiepolitisch anspruchsvollere Ziele zu erreichen. Zu diesem Zweck wird die Stiftung Solar Impulse die Weltallianz für saubere Technologien gründen. Ich möchte gerne die Akteure auf diesem Gebiet zusammenbringen, also Großunternehmen, kleine und mittlere Betriebe, Start-up-Unternehmen und Institutionen, die alle saubere Produkte herstellen, nutzen und verbreiten. Sie sprechen zwar von Energie, aber ohne durchschlagenden Erfolg… Ich möchte ihnen dazu auf diesem Gebiet verhelfen. Wir liefern ihnen die Kommunikationsmittel, die wir für Solar Impulse entwickelt haben, sowie unsere Kontakte zur Politik und zu den Medien. Ich möchte Investitionen in diesen Bereichen anregen und die besten Ideen veröffentlichen. Ich habe genug von Leuten, die vom Klimawandel nur unter dem Gesichtspunkt der damit verbundenen Probleme reden. Unser Abenteuer soll einen Beitrag zu diesem Ziel leisten.

Was unser Flugzeug betrifft, das uns zuverlässig um die Welt getragen hat, so wissen wir noch nicht genau, was nach seiner Rückkehr in die Schweiz im Bauch eines Jumbo aus ihm werden soll. Natürlich würden wir es am liebsten wieder fliegen lassen, aber dafür wären neue finanzielle Mittel nötig. André würde es gerne zu einer Drohne umbauen, um die Idee von Plattformen in der Stratosphäre zu beweisen, die dort mehrere Monate ununterbrochen fliegen und die Funktion von Satelliten auf einfachere und nachhaltigere Weise ergänzen.

Käme ein Museum infrage? Das war der Traum von Bertrand. Er möchte das Flugzeug, das zuerst die Weltumrundung mit Solarenergie schaffte, im Nationalen Luft- und Raumfahrtmuseum des Smithsonian-Instituts unterbringen. Damit hat übrigens die ganze Geschichte angefangen. Aber mit einer solchen Flügelspannweite müsste man das Museum ausbauen. Ob das eines Tages geschieht? Man wird sehen.

Zuvor müssen wir aber die gedrehten Filme begutachten und vor allem ein Buch schreiben. Wir haben uns entschieden, es gemeinsam zu machen, um die unterschiedliche Art und Weise hervorzuheben, auf die wir das Abenteuer erlebt haben. Gaby Rossier unterstützte Bertrand beim Steuern von Solar Impulse, Tristan Jordis wird André beim Abfassen seines Textes behilflich sein. Als wir zu Beginn des Projekts die Auswirkungen von Sauerstoffmangel in einer Druckentlastungskammer getestet haben, stellte André Berechnungen an und Bertrand schrieb Gedichte. Wir haben sehr viel voneinander gelernt, aber der Literat ist ebenso wenig zum Mathematiker geworden wie der Mathematiker zum Literaten.

Was wir verstanden haben und mitteilen wollen, ist die Tatsache, dass das Unmögliche nur in den Köpfen von Leuten existiert, die sich die Zukunft nur so wie ihre Gegenwart vorstellen können. Der erste Slogan von Solar Impulse war übrigens »Inventing the Future« (Die Zukunft erfinden), und das haben wir versucht. Durch Leidenschaft, Ausdauer, Widerstandskraft und staunende Bewunderung haben wir für uns und unsere Mannschaft eine einzigartige Lebenserfahrung gewonnen. Unsere Hoffnung ist, dass dadurch möglichst viele Menschen Gefallen daran finden, es uns gleichzutun.

Es liegt an jedem Einzelnen, nachzufolgen, seine Träume zu leben und im Geiste eines Pioniers sein Schicksal zu erfinden.

Danksagung und Bildnachweis

Wir danken ganz herzlich den Teammitgliedern von Solar Impulse

Das Team für strategische Planung im Kontrollzentrum

Luftfahrtechnik und Datensicherung

Sébastien Demont
Oliver Ensslin
Robert Fraefel
Daniel Frossard
Manuel Haag
Roger Jegerlehner
Richard Leblois
Michael McGrath
Ralph Paul
Martin Pfister
Thomas Seiler

Flugplanung und Support

Michael Anger
Maurizio Babbo
Florian Becker
Christophe Béesau
Jean-Pierre Boss
Martin Bryner
Raymond Clerc
Christoph Etter
Yves-André Fasel
Laila Fathi
Andreas Fürlinger
Niklaus Gerber
Eleonora Grava
Yves Heller
Julian Krönert
Michel Masserey
Christoph Schlettig
Jean-Luc Schorer
Wim de Troyer
Luc Trullemans
Geng Xiulin
Stéphane Yong

Luftfahrtechnik

Bertrand Cardis
Peer Frank
Ursula Frankhof
Boris Kölmel

Philippe Lauper
Herbert Lieser
Nicolas Loretan
Stevan Marienkovic
Björn Müller
Bruno Neiniger
Heiner Neumann
Josef (Sepp) Niedernhuber
Karl Osen
Gerald Piller
Ewald Regenscheit
Hannes Ross
Lukas Staub
Antoine Toth

Testpiloten und Kontrollausschuss für Sicherheit

Marcus Basien
Peter Frei
Claude Nicollier
Markus Scherdel
Rogers Smith

Veranstaltungen, Logistik und Verwaltung

Marcel Aeberli
Marc de Borst
Adeline Hochedez
Dirk Mühlemann
Margret Neuenschwander
Eliane Rasch
Karen Sandoorkhan
Kevin Schellinger
Brigitte Zahnd

Kommunikation

Laura Aubert
Valentine Barbier-Mueller
Marc Baumgartner
Nathalie Berger
Jérôme Bontron
Vincent Colegrave
Julie Conti
Cléa Emery
David Facchin
Yin Fang
Alexandra Gindroz
Christoph Hanger
Fabienne Lemaignen
Jeremy Lovey
Haley McInnis
Frédéric Pesse
Martin Saive
Loredana Serra
Anna Wisniewska

Multimedia

Maximilien Bron
Guillaume Fialip
David Grand-Guillaume
Emmanuel Gripon
Henri Guareschi
Didier Humbert
Maxime Humbert
Laurent Kaeser
Nathalie Kaeser
Quinn Kanaly
Conor Lennon
Kari Lundgren

Jacques Méry
Frédéric Merz
Daniel Meyers
Fabien Modrono
Michael Ottenwaelter
Michael Parent
David Patthey
Micael Pavoine
François de Raemy
Larissa Ratl
Emmanuel Sanders
Jacky Sanders
Jean François Vercasson
Nicolas Zanghi

Ein Team mit Aktivitäten rund um die Welt

Veranstaltungen und Logistik

Léone-Aure Bes
Yasemin Borschberg
Viola Brodbeck
Charlotte Campiche
Jonathan Derain
Alexandra Grand D'Hauteville
Steven Grütter
Sandro Heimberg
Pauline Lecheneau
Marta Lopes
Nicolas Lugeon
Carole Margueron
Valérie Nocton
Nadine Piatkowski
Nicolas Pivin
Damien Rizet
Ivan Roberts
Sophie Verhoeven
Violaine Walther
Jelena Weber

Internationale Beziehungen, Finanzen und Partner

Gregory Blatt
Stephanie Divjak
Vania Mégevand
Constantin de Nassau
Anne-Christine Perren
Alain Pirlot
Philippe Rathle

Flugzeugmanagement am Boden

David Cahon
Eoin Caldwell
Stéphane Collet
Valérie Cristini
Samuel Dépraz
David Germann
Yannick Junod
Paige Kassalen
Axel Lance
Richard Lavanchy
Olivier Loubersac
Philippe Manuel
Gabriel Molina-Caratti
Guy Morex
Raphaëlle Nicolet
Tahan Pangaribuan
Marion Perret
Charly Petain

Daniel Ramseier
Kevin Renggli
Loran Reymond
Nils Ryser
Jérôme Seydoux
Gilles Stauffer
Tamara Tursijan
Claude Vanzella
Stefan Wieland
Laurent Wülser
Jim Wüst
Catherine Zanga

Luftfahrtechnik und Instandhaltung

Nicolas Acha Orbea
Dylan Gorton
Martin Meyer
Jonas Schär
Peter Schindler
André Schneeberger
Peter Stegovec
Hans Wüstemann

Kommunikation

Alhasan Alredaini
Marie Barbier-Mueller
Alexandra Barraquand
Mohamed Mounir Bellal
Bruno Boehm
Daniel Cohen
Claudia Durgnat
Emily Geer
Victoire Margairaz
Elke Neumann
Marie Perez
Michèle Piccard

Multimedia

Niels Ackermann
Jón Björgvinsson
Antoine Bosson
Christophe Chammartin
Mathieu Czernichow
Amélie Descloux
Noel Dockstader
Daniel Jónsson
Olga Papakonstantopoulou
Anna Pizzolante
Noemi Renevey
Jean Revillard
Meera Sankar

Wir möchten den Partnern von Solar Impulse herzlich danken

Hauptpartner

- SOLVAY
- OMEGA
- SCHINDLER
- ABB

Offizielle Partner

- COVESTRO
- ALRAN
- SWISSRE CORPORATE SOLUTIONS
- MOËT HENNESSY
- GOOGLE
- SWISSCOM

Offizielle Förderer

- AIR LIQUIDE ADVANCED TECHNOLOGIES
- CLARINS
- DASSAULT SYSTÈMES
- MCKINSEY & COMPANY
- NESTLÉ RESEARCH
- VICTORINOX
- BKW ENERGIE AB
- SERVICES INDUSTRIELS DE GENÈVE

Offizielle Ausrüster

- DECISION SA
- ETEL
- HIRSLANDEN
- LANTAL TEXTILES
- MEYER BURGER TECHNOLOGY AG
- NESTLÉ HEALTH SCIENCE
- SIEMENS PLM SOFTWARE
- SOLARMAX
- STROMER
- SUNPOWER
- VACUUMSCHMELZE GMBH

Institutionelle Partner

- EPFL (ÉCOLE POLYTECHNIQUE FÉDÉRALE DE LAUSANNE)
- IRENA
- SWISS CONFÉDÉRATION

Partner der Weltumrundung

- GOUVERNEMENT PRINCIER
- PRINCIPAUTÉ DE MONACO
- PRINCE ALBERT II OF MONACO FOUNDATION
- ABOU DHABI
- MASDAR

Partner der Luftfahrt

- ACI EUROPE
- ACI WORLD
- DASSAULT AVIATION
- EMPA
- ESA
- EUROCONTROL
- IATA
- ICAO
- SKYGUIDE

Fachpartner

- ABAECHERLI DRUCK
- AEROFEM
- AIR ENERGY
- AIR STAR
- ALR
- AVESCO RENT
- CARAN D'ACHE
- CELEROTON
- COBHAM SATCOM
- COBHAM SURVEILLANCE
- CONNOVA
- CONSTELLIUM
- COURVOISIER IMPRIMEUR
- CREATIVES
- DLR
- DRAKA FILECA
- DRIVETEK
- EADS DEFENSE & SEURITY
- EURAAUDIT SUISSE
- EUREKA CORPORATION
- EUROPAVIA (Switzerland)
- FIDEXAUDIT REVISION SA
- FIDULEM
- FLY-IN BALLOONS
- FRIDERICI SPECIAL
- GONTHIER & SCHNEEBERGER
- HERPA
- HS TURBOMASCHINEN
- IDC
- IMAGINE SA
- INFOMANIAK NETWORK
- INSTITUT DE MICROTECHNIQUE DE L'UNIVERSITÉ DE NEUCHATEL
- INSTITUT ROYAL MÉTÉOROLOGIQUE
- DE BELGIQUE
- INTER-TRANSLATIONS
- ITC GLOBAL & INTELSAT
- JEPPESEN
- LANITZ-PRENA FOLIEN FACTORY
- LE TRUC
- LISTA OFFICE
- LUCERNE UNIVERSITY OF APPLIED SCIENCE AND ARTS
- MAKROARTS
- METEOSUISSE
- MICHELIN
- MICRO-BEAM
- MH DECORS
- MÖBEL PFISTER
- NIKON AB
- NÜSSLI SCHWEIZ AB
- ON AIR
- PIELLEITALIA
- PLASMA COMMUNICATION
- P&TS MARQUES
- QNX SOFTWARE SYSTEMS
- RUAG AEROSPACE
- SAVEURS & COULEURS

SKF (Switzerland)
SOURIAU
SQS
TAVERNIER TSCHANZ
THE MATHWORKS
TRANSCAT PLM
TRIADEM SOLUTIONS
UDITIS
VECTRONIX
XCOM GLOBAL
ZHAW; ZURICH UNIVERSITY OF APPLIED SCIENCE

Weitere Ausrüster

AC PROPULSION AD & C
ALTIUM
BERINGER
BONTRON & CO
LAKE GENEVA REGION
LA SOURIS VERTE
LUMIÉRE NOIRE
METTLER TOLEDO
MODECO
MOUNTAIN HIGH E&S CO
ON TOP
REZO.CH
RTS – RADIO TÉLÉVISION SUISSE
TRANSMETRA

Bildnachweis

Offizielle Fotografen

Jean Revillard – Agentur Renzo.ch und sein Team:
Niels Ackermann
Christophe Chammartin
Amélie Descloux
Fred Mertz
Anna Pizzolante
Olga Stefatou

Freiberufliche Fotografen

Breitling
Ejercito del Aire
EPFL
Francis Demange
Dominique Favre
Stephane Gros – Lumière Noire
Laurent Kaeser
La Souris Verte
Claudio Leonardi – EPFL
Philippe Rathle
Solar Impulse